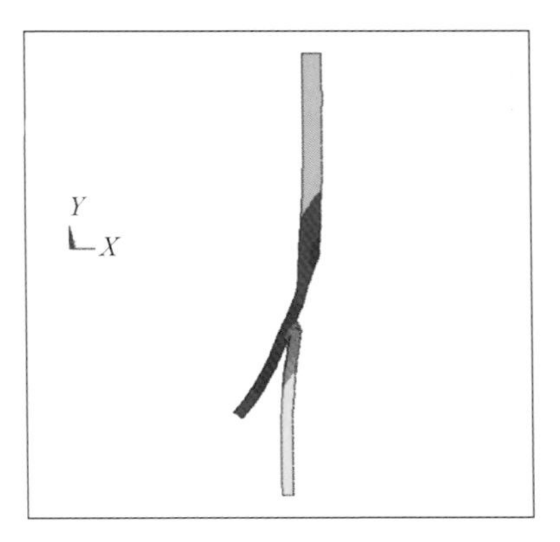

图 6-7　总体薄膜应力

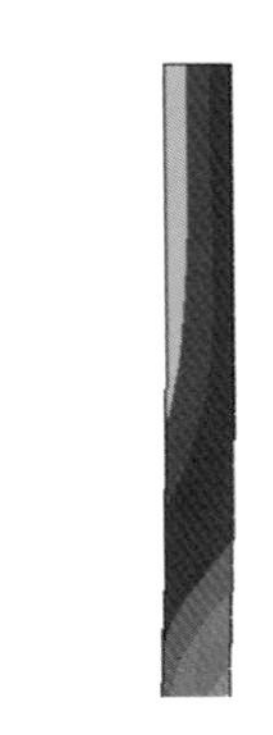

图 6-9　局部薄膜加弯曲应力

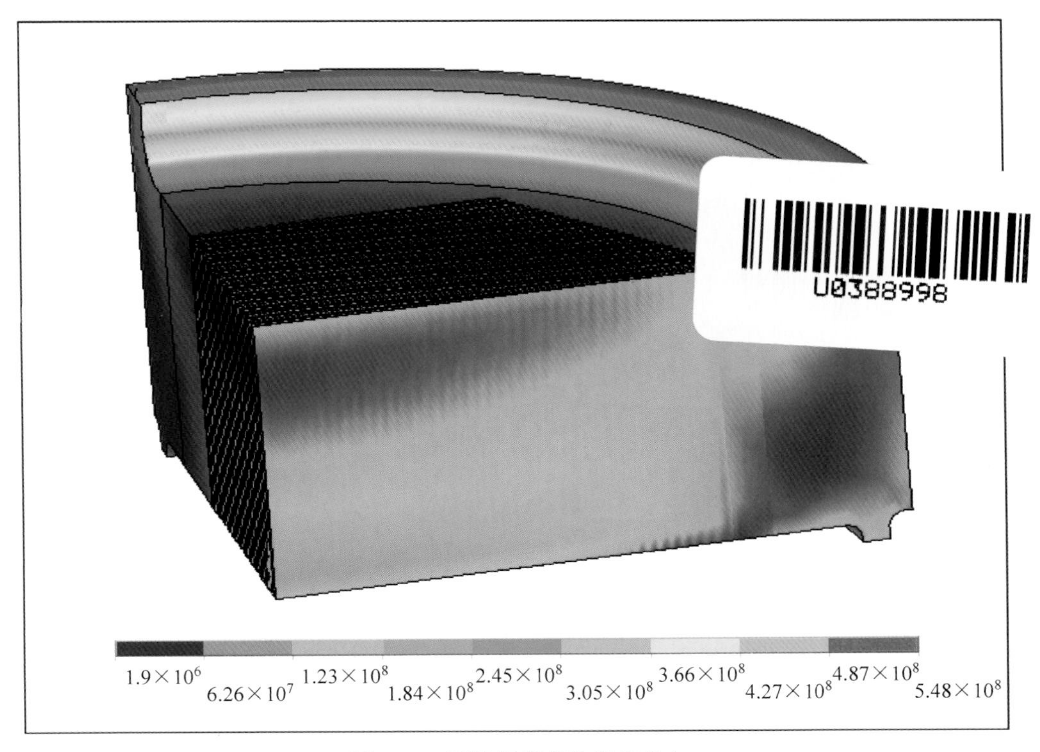

图 6-10　厚管板根部的峰值应力

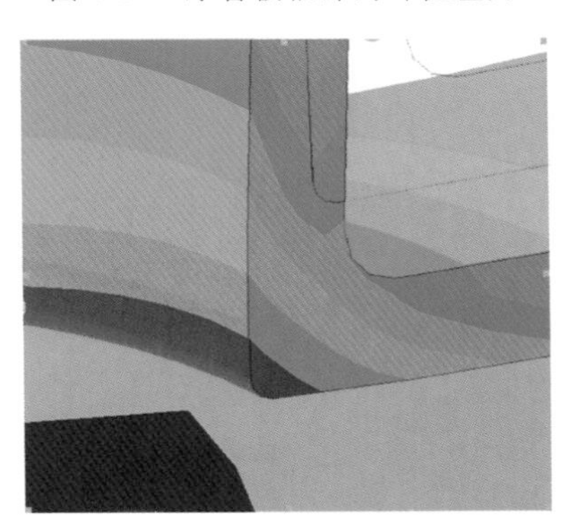

图 6-12　接管补强区的斜弯曲应力

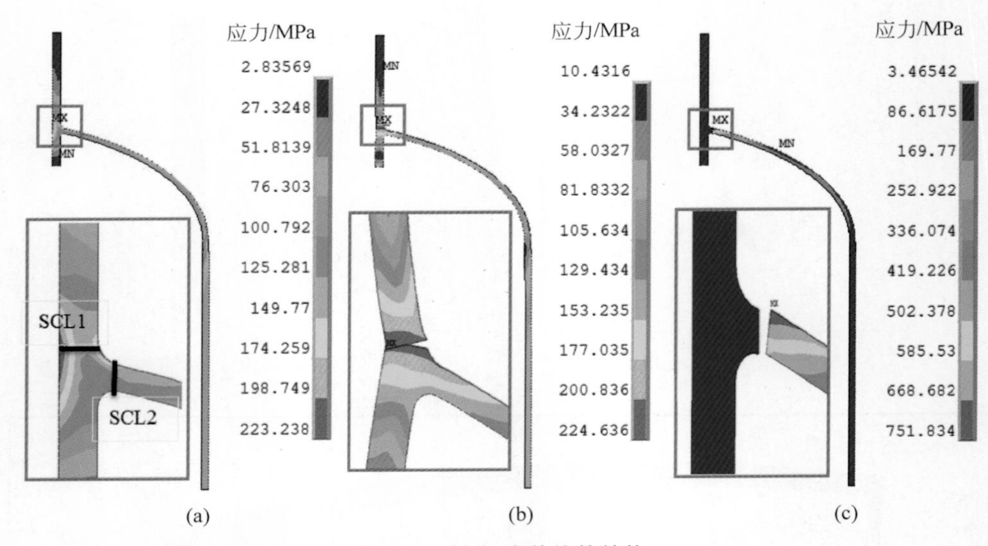

图 6-26　封头-内伸接管结构

(a) 原始结构；(b) 一次结构 A；(c) 一次结构 B

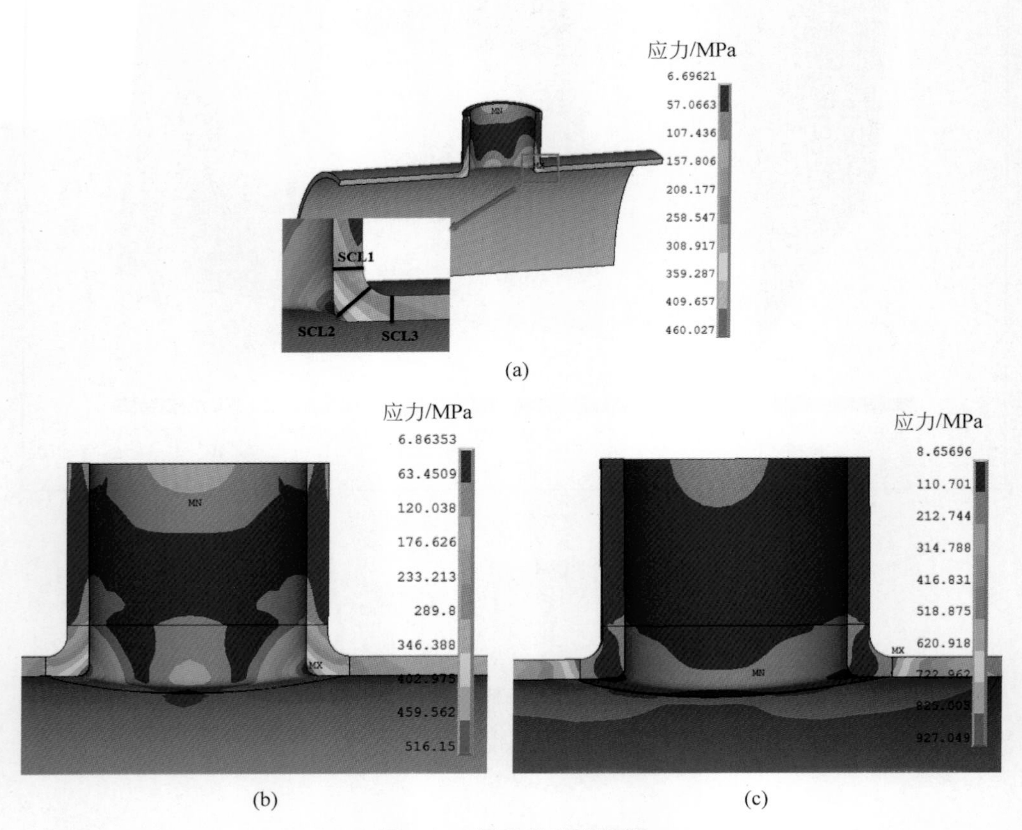

图 6-27　圆柱壳开孔接管

(a) 原始结构；(b) 一次结构 A；(c) 一次结构 B

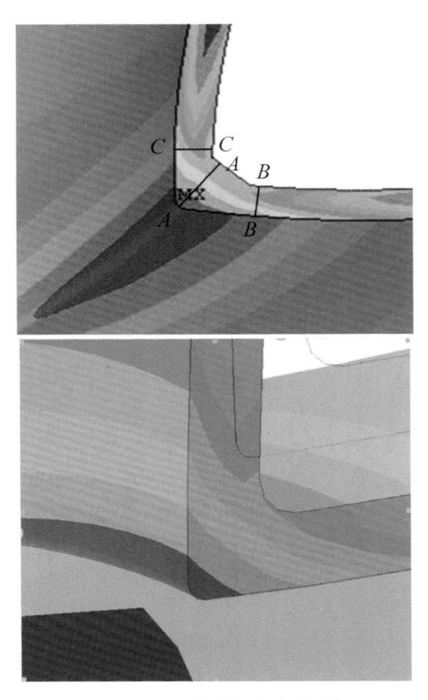

图 6-28　筒体开孔接管

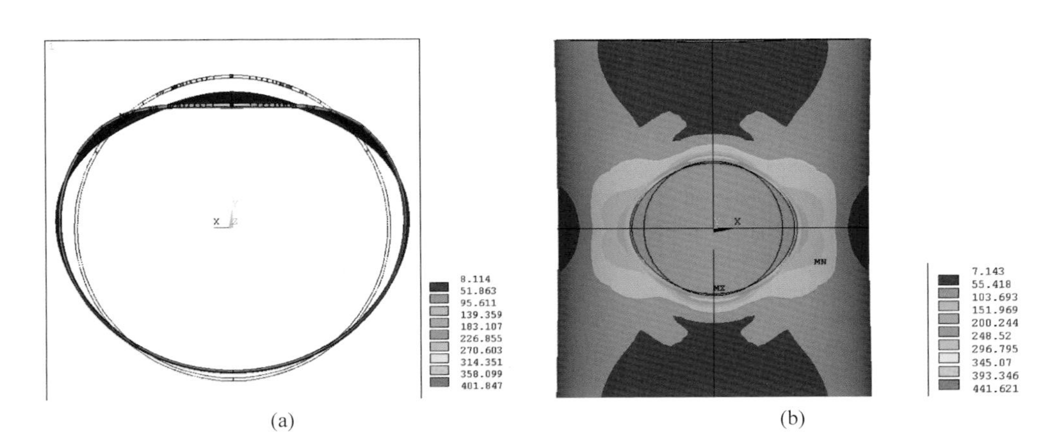

图 6-33　补强区的弯曲变形

(a) 孔口凹陷；(b) 孔口椭圆化

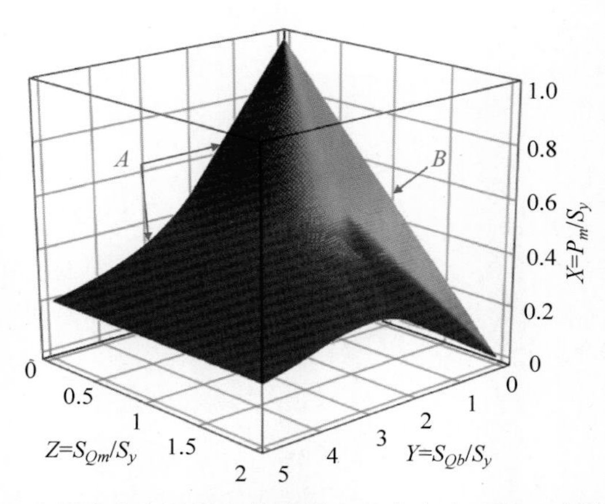

图 8-7　承受一次薄膜应力及循环热薄膜和弯曲应力时的三维棘轮边界曲面图

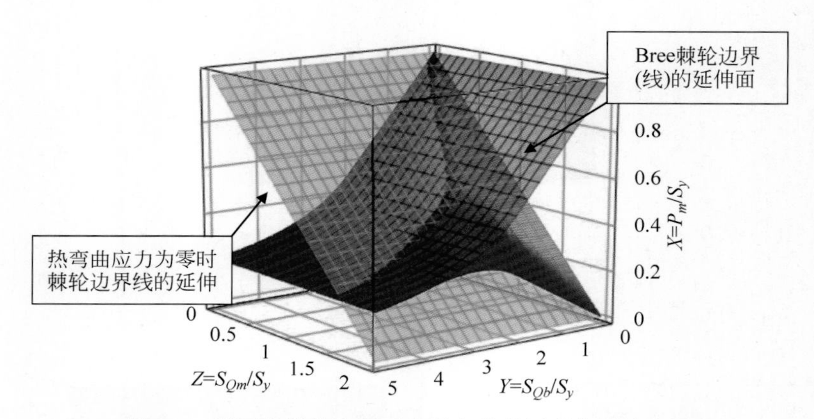

图 8-8　用两个简单边界面来保守地保证真实棘轮边界

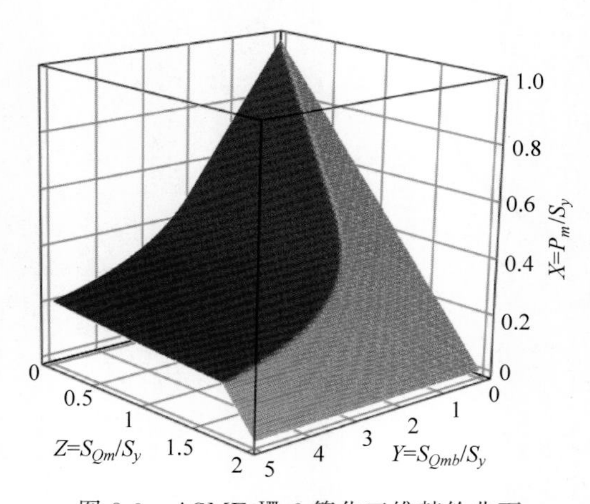

图 8-9　ASME Ⅷ-2 简化三维棘轮曲面

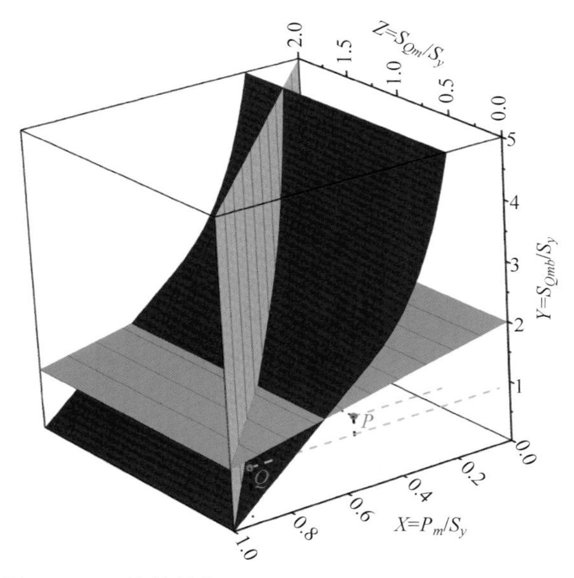

图 8-10　三维热棘轮边界和 3S 准则平面的关系示意图

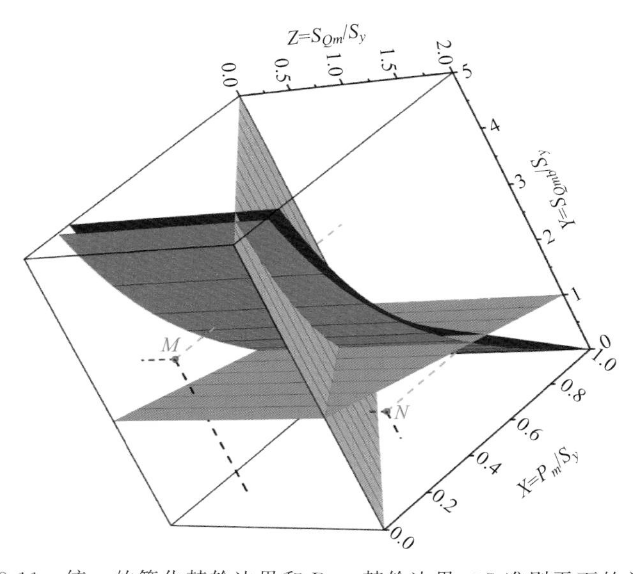

图 8-11　统一的简化棘轮边界和 Bree 棘轮边界、3S 准则平面的关系

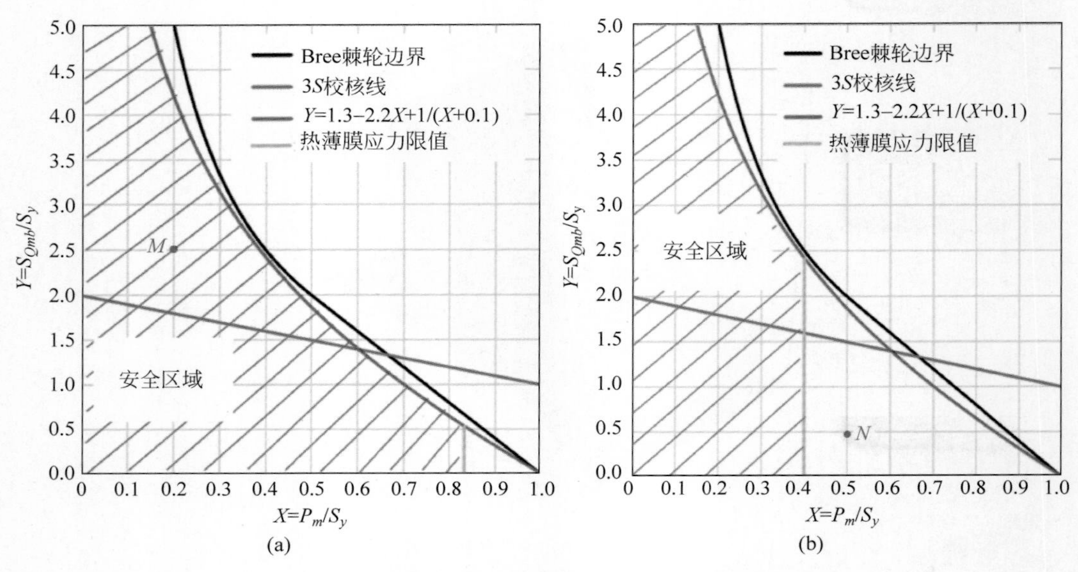

图 8-12　简化的弹性应力棘轮评定方法的举例

(a) $(X,Y,Z)=(0.2,2.5,0.33)$；(b) $(X,Y,Z)=(0.5,0.5,1.2)$

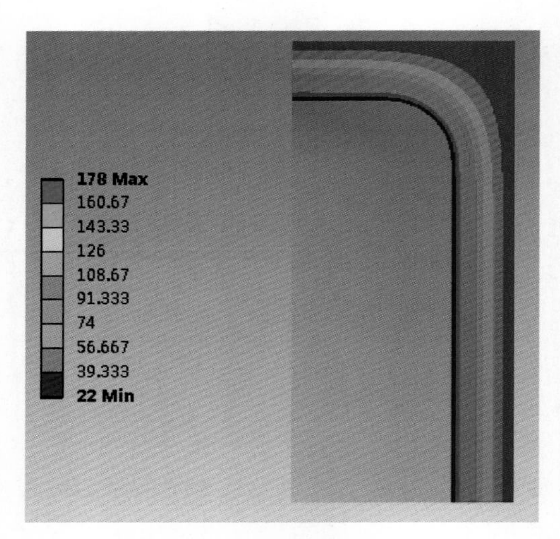

图 8-23　工况 A 沿壁厚的温度分布

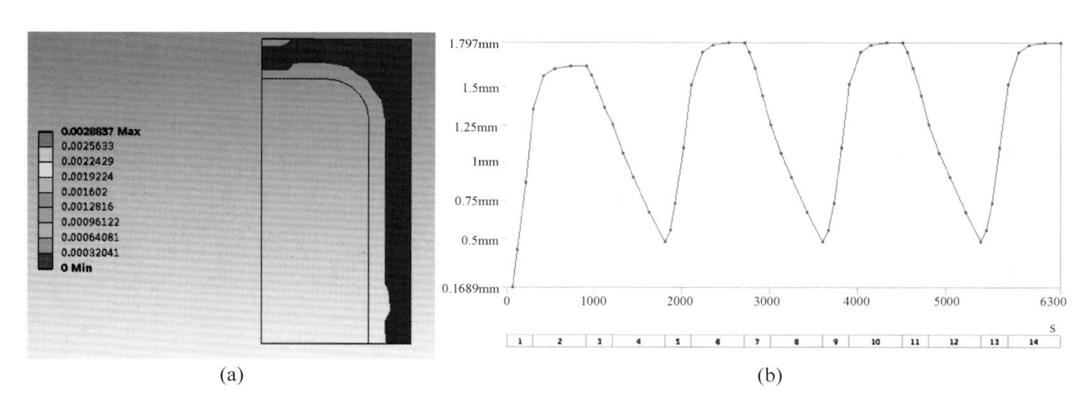

图 8-24　工况 A 的计算结果

(a) 弹性核示意图；(b) 最大位移示意图

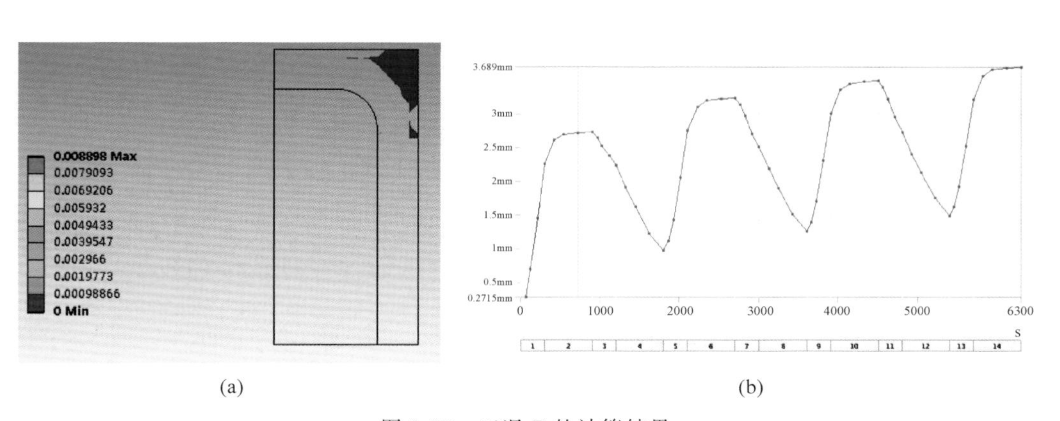

图 8-25　工况 B 的计算结果

(a) 弹性核示意图；(b) 最大位移示意图

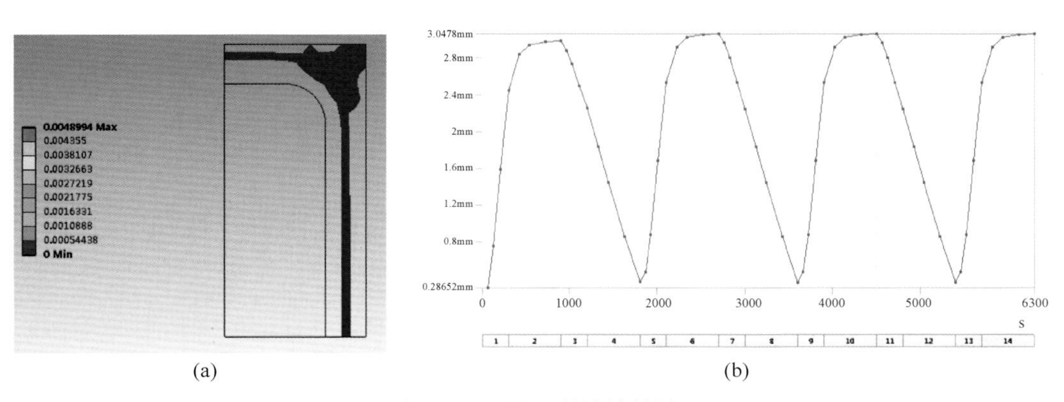

图 8-26　工况 C 的计算结果

(a) 弹性核示意图；(b) 最大位移示意图

压力容器分析设计

理论和释义

陆明万、沈鋆　王汉奎　编著

清华大学出版社
北京

内 容 简 介

本书从力学的基本原理和基本概念出发，简明清晰、系统深入地对压力容器分析设计方法和规范主要规则的来源和理论基础做出较为深入的讲述，结合工程应用的重点和难点对一些典型的问题或容易混淆的问题做出辨析和解释，帮助读者深入理解规范和灵活应用规范。

本书可供从事压力容器分析设计的工程师和高等院校化工机械专业研究生和高年级学生参考。

图书在版编目(CIP)数据

压力容器分析设计：理论和释义/陆明万，沈鋆，王汉奎编著. —北京：清华大学出版社，2024.9(2025.5重印)

ISBN 978-7-302-65866-5

Ⅰ. ①压… Ⅱ. ①陆… ②沈… ③王… Ⅲ. ①压力容器—设计 Ⅳ. ①TH490.22

中国国家版本馆 CIP 数据核字(2024)第 063834 号

责任编辑：孙亚楠
封面设计：何凤霞
责任校对：薄军霞
责任印制：曹婉颖

出版发行：清华大学出版社

网　　址：https://www.tup.com.cn，https://www.wqxuetang.com
地　　址：北京清华大学学研大厦 A 座　　邮　　编：100084
社 总 机：010-83470000　　邮　　购：010-62786544
投稿与读者服务：010-62776969，c-service@tup.tsinghua.edu.cn
质量反馈：010-62772015，zhiliang@tup.tsinghua.edu.cn

印 装 者：三河市龙大印装有限公司
经　　销：全国新华书店
开　　本：185mm×260mm　**印　张**：19.25　**插　页**：4　**字　　数**：473 千字
版　　次：2024 年 9 月第 1 版　**印　　次**：2025 年 5 月第 3 次印刷
定　　价：119.00 元

产品编号：092831-01

序言1

压力容器是装载易燃危险介质、承受高温高压的通用设备，广泛应用于石油化工、核反应堆、航天航空、热能工程等领域。随着现代工业和科学技术的迅猛发展，压力容器的设计和制造水平取得了重大进步。为了设计出既安全可靠又经济省料的先进产品，世界各国的压力容器设计规范都在不断地更新发展，采用更现代的基础理论和分析方法来更准确地评定压力容器的承载能力和安全性。

固体力学是压力容器强度设计的理论基础，包括材料力学、弹性力学、板壳理论、塑性力学、有限元法、断裂力学、蠕变力学等一系列分支学科。早期的压力容器设计规范以材料力学和弹性力学中的简化公式为理论基础。1965 年美国 ASME-Ⅲ规范正式颁布了基于分析设计方法的新版本，首次将压力容器设计建立在完整的弹性应力分析（弹性力学）基础之上，而且在评定准则中引进了考虑塑性失效的判据。2002 年欧盟 EN 标准和 2007 年美国 ASME Ⅷ-2 规范又先后推出以失效模式为纲、以弹塑性分析（塑性力学）为基础的分析设计方法，颁布了更为先进的压力容器设计规范。我国也即将颁布新修订的、与国际接轨的设计标准。近年来，弹塑性断裂力学和蠕变力学也已经成为世界各国含缺陷压力容器安全评定规范和高温设计规范的理论基础。

我国工科院校的力学基础课是理论力学和材料力学（或合并为工程力学），仅少数专业设有少学时的选修课“弹性力学与有限元法”。为了正确理解和掌握现代压力容器规范中的分析设计方法，工程师们需要通过自学来增补固体力学的知识。现有的各类固体力学教材大多是为力学专业学生编写的，理论性强、学时多、自学难度大。工程师们都希望有一本简明易懂、结合工程应用的入门教材。针对这样的需求，本书第一部分综述了弹性力学、塑性力学和有限元法中最重要的基本概念、基本原理和基本方法，按工程师的思维特点，精简抽象的理论推演，突出物理概念和形象思维，结合经典应用实例进行讲述，是一本简明易懂的固体力学入门教程。本书第二部分从力学基本概念和基本原理出发简明清晰、系统深入地讲解压力容器分析设计规范的基本思想和应用规则，结合工程应用的重点和难点进行详细的分析与讨论，解答疑难问题，是一本指导工程设计人员准确理解和熟练掌握分析设计方法的重要参考书。

陆明万教授是我的学生，1962 年毕业于由钱学森教授倡议创办的清华大学工程力学研究班。后留清华大学工程力学系任职。1979 年赴瑞士苏黎世联邦理工学院当访问学者，从事轴对称板壳弹塑性问题摄动解法的研究，获博士学位。回国后加入我领导的教学科研团队，当我的助理和博士生副导师，是我主编的研究生教材《弹性薄壳理论》和《张量分析》的合作者，和我共同参与压力容器强度分析和设计规范的研究工作。他主编的教材《弹性理论基础》荣获全国优秀教材二等奖，后来又为工科专业编写了《工程弹性力学与有限元法》。1969 年他参与了采用 ASME-Ⅲ规范的核反应堆压力容器设计工作，对应力分析设计方法产生浓厚兴趣，从此展开了基于力学原理来理解和阐述分析设计规范条例的深入研究工作。他参与了我国压力容器分析设计标准 JB 4732—1995 和 GB/T 4732—2024 的编制和修订工作，长期为工程师们讲授压力容器分析设计方法的基本原理和力学基础，广受好评。他和合作者共同编著的本书吸收了他多年的研究成果和教学经验，尤其在第 6 章～第 9 章中有不少新颖独到的见解和论述。本书概念清晰、叙述简明、内容丰富，是一本值得推荐的关于压力容器分析设计方法的专著。

中国科学院院士、清华大学航天航空学院教授

黄克智

2021 年 10 月于北京清华园

序言2

压力容器是广泛应用于众多工业和民生领域的承压类特种设备。它拥有密闭的承压边界,介质常处于高温高压或易燃易爆状态,一旦发生事故,将对人们的生命和财产造成不可估量的损失。因此,世界各国均制定相应的法律、法规和技术规范体系来保障压力容器安全运行,例如国际 ISO 标准、美国 ASME 规范和欧盟 EN 标准等。随着现代压力容器向高参数、大型化、轻量化发展,实现安全性与经济性的统一是当今压力容器设计、制造和维护技术的发展方向。在设计方面,各国标准规范除了按规则设计的方法外,普遍采用基于弹塑性理论和数值分析的分析设计方法作为现代压力容器设计的常用手段。

近年来,我国压力容器设计、制造和维护能力取得了很大的进步,通过有效地考虑失效模式和控制失效风险实现了压力容器基于风险的设计制造。我国于 1995 年正式颁布 JB 4732《钢制压力容器——分析设计标准》,该标准提供了以弹性应力分析为基础的分析设计方法。随着近 20 年来设计理念和分析方法的更新以及制造和检验能力的提高,经过增补和修订的新版 JB 4732 标准也即将颁布。新版标准针对塑性垮塌、局部过度应变、屈曲、棘轮、疲劳等失效模式,提供了弹性应力分析和弹塑性分析两种设计方法,在标准附录中还吸纳了高温蠕变分析设计方法。新增的弹塑性分析方法可以更真实地反映压力容器部件的承载能力,更充分地发挥材料的潜力,同时能避免在有些情况下应力分类遇到的困惑。新版标准将为我国压力容器的设计制造与国际接轨,提高我国产品的质量、安全性和竞争力提供有力保障。

压力容器分析设计是以弹性力学、塑性力学等力学学科为理论基础的,掌握好力学的基本概念和基本方法是正确理解和熟练应用标准条款的重要前提之一。本书从力学基本理论出发来讲述失效模式、应力分类、评定准则和分析方法等压力容器分析设计标准涉及的核心问题。基于基本的力学原理和清晰的力学概念,尽量避免冗长的数学推演,采用简明易懂的思路,深入浅出地讲解标准要义,并对应用中常见的疑难问题通过工程实例给出详细解释。本书有助于工程设计人员掌握力学的基本概念和思路;有助于他们深入理解压力容器分析设计标准的精髓和应用注意事项,以便正确熟练地应用标准,避免盲目套用;有助于他们对各类计算软件给出的分析结果是否正确进行直观的辨别和查找出错原因。

本书第一作者陆明万是清华大学教授,曾任中国机械工程学会压力容器分会设计专委会副主任委员、北京市压力容器学会主任委员和《压力容器》杂志编委。他既是力学专家又长期从事压力容器分析设计规范的研究,曾为 JB 4732 标准编制组成员讲解 ASME Ⅷ-2 规范的基本思想和力学基础,并参与 JB 4732—1995 和 GB/T 4732—2024 标准的编制和修订工作,曾应全国锅炉压力容器标准化技术委员会、压力容器设计研究机构和制造厂家邀请赴全国各地讲课数十次。20 世纪 80 年代,我大学毕业入职机械部合肥通用机械研究所后听的第一堂压力容器结构应力分析的课就是陆明万教授的课。他的讲课内容概念清晰、深入浅出、理论与工程应用相结合，深受工程师们的赞誉。本书充分反映了他40年来的研究成果和教学经验。

正值我国新版压力容器分析设计标准即将颁布之际，本书的出版将为我国压力容器分析设计人员提高业务水平提供有益的帮助，可作为新版标准宣贯、培训时用的补充教材。

中国工程院院士

中国机械工业集团有限公司总工程师

中国机械工程学会副理事长压力容器分会荣誉理事长

陈学东

2021年10月于北京

前言

近50年来国际压力容器规范不断更新。自分析设计方法推出以来设计理念发生了划时代的变化，从规则设计发展到弹性应力分析设计，再到弹塑性分析设计，形成了一套以弹性力学和塑性力学为坚实理论基础的、面向失效模式的压力容器设计方法和相应的设计规范。

分析设计规范和规则设计规范不同，它并不具体给出某典型压力容器部件的计算公式，而是给出普遍适用于各种结构部件的通用设计原则和方法。规范中列举的若干压力容器部件的典型例子，只是为了帮助用户理解和掌握规范。对于规范没有提到的众多实际问题需要用户自己去举一反三、灵活应用。从事分析设计的工程师不能再沿袭规则设计中的“套规范”习惯（即按照规范规定的规则、公式和步骤按部就班地计算出结果），而是需要基于力学理论对弹性应力分析或弹塑性分析的结果进行详细的评定，这些评定需要对结构的受力、变形和失效过程有深入的理解。因篇幅所限，分析设计规范中的条例都只能简明扼要地给出名词定义和应用规则，而无法详细介绍其力学背景。如果初学者不从力学机理出发、只是咬文嚼字地去“解读”规范，就不容易理解和掌握规范的精髓，甚至产生误解。

压力容器分析设计方法的理论基础是弹性力学、板壳理论、塑性力学、有限元法、结构稳定性理论、疲劳分析等力学理论，这些都是力学专业的专业课程，每门课程都有一本厚厚的教材，虽然内容丰富、论述严谨，但涉及大量数学推导。压力容器工程师们在大学期间大多只学了工程力学和少量弹性力学及有限元法的基础知识，要靠业余时间来自学这些力学课程往往感到既困难又过于费时。工程师的特点是具有丰富的工程经验、习惯于从直观概念而非数学推理来理解和处理问题。目前尚缺少一些为工程师们编写的、从力学概念出发、简明系统地讲述力学基本原理的教材。

压力容器分析设计在我国已经广泛应用于核工程、石油化工、机械工程等众多领域。许多刚进入压力容器设计领域的年轻工程师和原来从事规则设计的工程师都迫切期望读到一些既讲述力学基础理论又阐明分析设计方法基本原理和实际应用的教材和参考书。

我长期从事弹塑性力学、板壳理论、计算力学、连续介质力学等方面的教学科研工作。1969—1971年参与了核反应堆压力容器设计工作，在反应堆主容器设计中按ASME-Ⅲ规范完成了应力分析和安全评定。从此对压力容器分析设计方法产生浓厚兴趣，开展了基于力学原理来理解、阐述和应用分析设计规范条例的研究工作。1985年应邀为压力容器规范编制组成员和压力容器学会各分会的代表讲课，介绍压力容器应力分析设计方法及其力学基础。此后参与了我国压力容器分析设计标准《钢制压力容器——分析设计标准》(JB 4732—1995)和修订后的“压力容器 分析设计”标准(GB/T 4732—2024)的编制工作。近40年来应全国锅炉压力容器标准化技术委员会及各压力容器设计研究院和制造厂家的邀请为各类压力容器分析设计培训班和研讨班讲授分析设计方法，同时结合工程实际问题向工程界的同行们学习并展开了深入的学术研讨，受益匪浅。本书汇集了我多年的教学经验和研究成果，希望能在力学基础理论和压力容器分析设计方法之间架起一座沟通和融合的桥梁，为推广分析设计方法做出一些贡献。本书第二作者沈鋆是教授级高工、上海理工大学硕士生导师、清华大学力学博士、英国斯特莱斯克莱德大学访问学者。他长期从事基于分析设计的压力容器和核反应堆部件的设计研究工作，是GB/T 4732—2024标准的编制组成员和全国压力容器分析设计人员培训考核班的授课老师。本书第三作者王汉奎是中国特种设备检测研究院高级工程师、清华大学力学博士(计算力学方向)，现在主要从事材料性能测试、安全评估和失效分析等工作。

本书有两个宗旨。一是用简洁易懂的语言来系统讲授与分析设计相关的力学基础知识，力求物理概念清晰、数学推导精简、结合工程应用，为读者打好必要的力学基础。二是从力学机理出发来讲述分析设计法规范的基本概念和基本原理，通过对典型的、容易混淆的问题的辨析和研讨，帮助读者深入理解规范和准确灵活地应用规范，为今后积累经验、成长为具有坚实理论知识和敏锐判断能力的资深设计人员打下良好基础。

本书的第1章是绪论，回顾压力容器分析设计的发展历史及特点。

第2章～第4章讲述力学基础，包括弹性力学(含板壳理论)、塑性力学和有限元法，可作为工科专业"弹塑性力学课程"的参考教材。这部分的重点是阐述力学的基本概念、基本原理和应用注意事项。省略严谨的数学证明和推导过程，精选与压力容器分析设计紧密相关的内容，补充经典教材中没有提及的新内容，例如伯吕(Bree)图等。塑性力学是工程师们较为陌生而又十分重要的基础，本书对梁弯曲、厚壁筒、伯吕图等重要实例给出了较详细的论述和推导。

第5章～第9章讲述分析设计方法和规范。包括失效模式、应力分类法、塑性垮塌、局部失效、屈曲、安定和棘轮、疲劳。这部分的重点是阐述压力容器分析设计方法的基本概念、基本原理和应用实例。采用工程师们容易理解和接受的语言和思路。不仅讲述设计规范规定了哪些规则，更注重说明制定这些规则的理由和背景。结合对工程实例的剖析，解答应用中出现的疑点和难点。叙述中也融入了我们的学习心得和研究成果，例如：

- 指出当$\sigma_m>2[\sigma]/3$或$\sigma_m/\sigma_b>4/5$时ASME的一次薄膜加弯曲应力评定准则是不安全的，并给出了安全的修正评定准则(3.3.2节)。
- 提出"平衡应力"和"协调应力"的概念及应力分类的两大判据(6.3.2节和6.3.3节)。
- 阐明峰值应力的自限性，提出"1/4厚度判据"(6.3.3.2节和6.4.2节)。
- 介绍如何读懂和应用应力云纹图(6.3.4节)。
- 解释应力线性化后当量应力呈非线性分布的原因(6.4.6节)。
- 提出区分一次应力和二次应力的一次结构法及准确进行应力评定的一次结构评定法(6.5节)。
- 建议将筒体开孔接管中一次弯曲应力的许用极限放松至$S_{Ⅲ}=2.3S$(6.6.2.3节)。
- 提出一种新的热胀管系-容器系统的分部设计方法——载荷释放比法(6.6.4.1节)。
- 提出一种管系-容器系统热胀应力评定准则——两倍弹性极限载荷准则(6.6.4.2节)。
- 提出确定极限载荷的零曲率法(7.2.4.2节)。
- 提出基于零曲率法和双切线法的极限载荷实验测定方法(7.2.5.1节)。
- 提出塑性垮塌评定的二元准则(7.3.3节)。

- 对 3S 准则的适用范围进行了深入讨论(8.2.2 节)。
- 提出一种简易的简化弹性棘轮评定方法(8.2.4.2 节)。
- 提出一种棘轮评定的棘轮机构判据(8.3.2.1 节)。
- 提出计算结构应变的应变线性化方法(8.3.2.2 节)。
- 提出一种累积损伤棘轮评定准则和用于交替组合工况的载荷单元评定法(8.3.2.3 节)。

本书准备出英文版,所以讲述内容以 ASME Ⅷ-2 规范为蓝本,同时补充我国 GB/T 4732—2024 标准和欧盟 EN 标准的相关内容。

本书第 4 章由王汉奎编写,第 8 章和第 9 章由沈鋆编写,陆明万编写其余各章,并对第 4 章、第 8 章和第 9 章进行补充修改。本书的插图由唐艳芳绘制。

深切缅怀我的恩师黄克智院士,他学术精湛、德高望重。感谢恩师为本书作序。感谢陈学东院士对我科研工作和本书编写的热诚支持,并为本书作序。感谢寿比南总师、秘书长长期关心和支持我参与规范培训和相关科研工作。

本书可供压力容器设计人员和研究人员使用,也可作为高等院校相关专业研究生和高年级本科生的教学参考书。

陆明万

2023 年 9 月于北京清华园

目录

第1章

绪　　论

本章首先回顾国内外压力容器分析设计方法和相应规范的发展历史，然后讲述规则设计和分析设计方法的区别、特点以及相互间既独立又互补的关系，最后介绍作为分析设计新阶段的弹塑性分析方法的创新特色。

1.1　历史回顾

从19世纪末到20世纪初锅炉和压力容器的爆炸事件频繁发生。在全面调查分析事故原因和审查原有设计资料的基础上，美国机械工程师学会（ASME）在三年内召开了多次讨论会和公开意见听证会，最终拟定了“固定式锅炉的建造和许用工作压力规则”（1914版），后来发展成“ASME锅炉及压力容器规范”的第Ⅰ卷“动力锅炉”。美国最早的压力容器规范是ASME第Ⅷ卷“非直接受火压力容器制造规则”（1924版），后来于1934年颁布了由ASME与石油工业界联合编写的API—ASME非直接受火压力容器制造规则。这两个压力容器规范相互独立并存，直至1952年又合并为ASME第Ⅷ卷“非直接受火压力容器制造规则”。1968年ASME第Ⅷ卷出现了重大变革，原第Ⅷ卷的内容全部归入第Ⅷ卷第Ⅰ分册“压力容器”，采用“规则设计”方法（design by rule，欧盟标准称为design by formula），简称ASME Ⅷ-1；另外参照ASME第Ⅲ卷新增了第Ⅷ卷第Ⅱ分册“压力容器的另一规则”，采用“分析设计”方法（design by analysis），简称ASME Ⅷ-2。1997年又颁布了ASME Ⅷ-3，是第一个高压容器规范“高压容器构造的另一规则”。

压力容器的分析设计方法最早颁布于1963年的ASME规范第Ⅲ卷“核容器的构造规则”[1]中，列为其第一分册NB分卷“一级部件”之正文“NB 3200分析法设计”。三年后，移植（有些修改）到ASME Ⅷ-2 1968版[2]，主要内容列于“附录4 以应力分析方法为基础的设计”“附录5 以疲劳分析为基础的设计”和“附录6 实验应力分析”。2007年7月颁布的ASME Ⅷ-2[3]系统总结了1968年以来（尤其是近20年来）分析设计方法在基本思想和基本方法方面的重大进展，进行了全面整理、扩充和重新改写，引入压力容器弹塑性分析设计方法，成为新一代的分析设计规范。

分析设计方法作为规则设计方法的替代和补充，是压力容器设计的新里程碑，具有划时代的意义。世界各国都对其十分重视，并获得了广泛应用。英国、法国、日本等许多工业发达国家都承认分析设计规范的合理性，并吸收其精华对本国规范进行了相应的增补。2002年5月由奥地利、比利时、捷克、丹麦、芬兰、法国、德国、希腊、冰岛、爱尔兰、意大利、卢森堡、马耳他、荷兰、挪威、葡萄牙、西班牙、瑞典、瑞士、英国等国的国家标准团体联合组成的欧盟标准委员会用英语、法语、德语三种语言同时发布了欧盟标准 EN 13445-3：2002"非直接受火压力容器"[4]。其中附录 B 和附录 C 集中论述了分析设计方法，在正文中也吸收和反映了分析设计的思想。

ASME Ⅲ规范颁布分析设计方法后引起我国核工程界的高度关注。经过学习、消化和吸收，在1970年前后开始将其应用于核反应堆的结构设计，并于1974年在压水堆设计中正式立项进入正规化。我国压力容器界对分析设计方法也十分重视。由中国石油化工总公司、化工部和机械部联合组建的我国压力容器规范编制组在完成基于规则设计方法的《钢制石油化工压力容器设计规定》第二版的修订任务后(该设计规定是我国国标 GB 150《钢制压力容器》1989 版的前身)，于1982年开始筹备《钢制压力容器——分析设计标准》的编制工作，并在全国多次举办压力容器工程师的培训班介绍和推广分析设计方法。各大设计院积极开展 ASME 规范和欧盟 EN 标准的学习，并将分析设计方法应用于设计工作。围绕分析设计方法的基本概念和如何基于有限元分析结果进行应力分类等问题开展了广泛深入的学术讨论。在此基础上于1995年颁布了机械工业部行业标准 JB 4732—1995《钢制压力容器——分析设计标准》[5]，同年10月15日正式实施。

随着改革开放和经济发展，中国已成为压力容器的制造大国，产品远销海外，相应的技术标准既要有中国特色，也要与国际接轨。美国 ASME Ⅷ-2 规范 2007 版和欧盟 EN 13445 标准 2002 版的颁布开创了压力容器弹塑性分析的新阶段。在全国锅炉压力容器标准化技术委员会的组织领导下于2018年5月启动了 JB 4732—1995 的修订工作，并将其提升为国家标准 GB/T 4732—2024《压力容器　分析设计》[6-11]，于2024年7月正式颁布。新标准不仅全面补充了压力容器弹塑性分析设计方法，也对弹性应力分析方法进行了增补和修改。

1.2 规则设计与分析设计

1.2.1 规则设计

规则设计方法是传统压力容器设计规范的经典方法，其设计思想的主要特点如下：

(1) 设计中采用由弹性板壳理论或材料力学导出的、只考虑薄膜应力和弯曲应力的简单计算公式来确定压力容器部件的厚度，而不作详细的应力分析。对局部应力集中情况则基于简化分析模型的弹性力学解析解或根据实验模型的测试结果给出一个经验修正系数，对应力随设计参数变化的情况则采用图表或近似拟合公式来表达。

(2) 采用弹性失效准则。认为若结构中最大应力点达到屈服条件，则结构因丧失纯弹性状态(开始出现塑性变形)而失效。这被通俗地称为"一点强度理论"。

(3) 只考虑载荷由零开始单调递增地加大到最大值的"一次加载"过程，而不考虑循环加载情况。

规则设计的这些特点反映了当时力学理论和计算技术的现状。当时塑性力学尚处于发展阶段，还未达到工程实际应用的水平。尤其是与高速计算机紧密结合的有限元非线性分析尚未成熟。工程师们使用计算尺、手摇计算机等工具进行工程设计计算，只能完成简单公式的计算，较为复杂的计算均需归纳为图表或曲线供工程师们查表或读数。

随着工业生产的现代化，对设备设计的要求越来越高。规则设计方法暴露出许多急需改进的缺点，例如：

(1) 绝大多数工程结构中的应力分布是不均匀的，应力集中系数有时高达 3～10 倍。根据一点强度理论，无论是薄膜应力、弯曲应力还是应力集中处的最大应力都应采用统一的安全系数。若按最大应力来设计必导致十分保守，若按薄膜加弯曲应力进行设计又常导致应力集中处出现裂纹，在采用统一安全系数的前提下很难协调这一对矛盾。

(2) 当压力容器部件内的温度分布不均匀或热膨胀受到约束时会产生热应力。有时想把部件内的机械应力与热应力之和控制在传统设计规范的许用应力水平之下很不容易。例如，在设计高温高压容器时，增加壁厚能使内压引起的机械应力下降，但同时会导致内外壁温差加大、热应力上升。若对热应力和机械应力采用统一的安全系数，设计就会遇到困难。

(3) 虽然试验数据表明在弹性循环应力下压力容器用钢的疲劳寿命大于 10^7 次，而压力容器部件在设计寿命(30～50 年)内所承受的应力循环次数一般都不超过此数，所以理论上讲基于弹性失效准则的老规范不需要做疲劳分析。但是工程实践证明，在循环载荷下高应力区内的应力往往超过弹性失效准则，疲劳失效是压力容器部件中最常见的事故，因而疲劳分析是必要的。规则设计不能做疲劳分析使设计者相当无奈。

(4) 虽然规则设计中的壁厚计算等基本公式都是精确的，但是对局部细节的处理(如应力集中系数、开孔补强等)都带有经验因素。规则设计不能对压力容器部件进行全面而详细的应力分析，因而会遗漏某些对压力容器安全性起关键作用的安全评定要求。

(5) 一些新型的、几何形状复杂的部件往往找不到相应的规则设计计算公式。

传统规范为了弥补上述缺点、保证结构的安全性，通常采用较大的安全系数，同时要求进行实物抽样试验。这样做将导致材料和经费的浪费，也延长了产品的设计周期。

随着压力容器规范的更新和发展，规则设计的内容也发生适当的调整。例如，在规则设计的有些条款中也引入了应力分类的概念，并对不同应力采用不同的安全系数；ASME Ⅷ-2 2007 版将针对特定压力容器部件的解析解都归入规则设计；为适应广泛采用计算机编程的现状，新规范删除已使用多年的图表曲线，直接给出复杂的解析解公式或实验曲线的拟合方程。

1.2.2 分析设计

为了解决上述矛盾，设计出轻巧省料、安全可靠的先进产品，催生了具有划时代意义的分析设计方法。它为压力容器的设计提供了功能强大的分析手段和安全可信的评定准则，是一种将安全性和经济性有效结合的先进设计方法。其设计思想的主要特点如下：

(1) 要求进行详细的弹性应力分析或弹塑性分析，以及屈曲分析。

(2) 采用塑性失效准则，允许压力容器部件出现局部的、可控的塑性变形。

(3) 面向不同的失效模式采用不同的安全系数和不同的安全评定方法。

(4) 除了对一次加载情况进行评定外，还要求对循环加载情况下的疲劳和棘轮失效模式进行安全评定。

(5) 降低安全系数。将基于强度极限的安全系数由 3.0 降至 2.4。

分析设计的这些特点基于当代力学理论、计算机性能、制造工艺和检测技术的迅猛发展。塑性力学理论与充分利用高速计算机的有限元方法紧密结合,已能有效地完成各类形状复杂、载荷多样的实际工程结构的弹塑性分析。新型材料、高水平制造工艺和高精度检测技术的发展大大减小了产品制造过程中的不确定性,提高了产品的质量,为采用更低的安全系数打下了坚实基础。

与规则设计相比,分析设计的设计成本高、周期长,适用于安全性要求高、材料和制造费用大、重量限制严格、处于高温高压恶劣环境、结构新颖复杂等情况下的压力容器设计。对于压力低、尺寸小、成本低廉、已有丰富的设计和制造经验的常用压力容器,更适于采用规则设计。

1.2.3 独立和互补关系

规则设计和分析设计是两种既相互独立又相互补充的设计规范。

两者的独立性(或替代性)表现为:规则设计能独立完成的设计,可以直接应用,不必再做分析设计。分析设计所完成的设计,也不受规则设计能否通过的影响。新规范中已明确说明,允许分析设计所确定的厚度小于规则设计所要求的厚度并且没有最小厚度的要求。

两者的互补性表现为:规则设计不能独立完成的设计(如疲劳分析、复杂几何形状和载荷情况),可以用分析设计来补充完成。反之,分析设计也需要借助规则设计的公式来确定部件的初步设计方案,然后才能做详细应力分析。

应该指出,由于 ASME Ⅷ-1 分册和Ⅷ-2 分册的适用材料、许用应力及工艺、检验等诸方面的要求都不相同,这两个规范不能混用。采用分析设计来协助规则设计完成的内容(例如,补做疲劳分析),必须满足Ⅷ-2 分册的相关要求。

1.3 分析设计的两个发展阶段

分析设计的发展分两个阶段。按 ASME Ⅷ-2 规范来分,2007 年以前为第一阶段,下面简称为老规范;2007 年版开创了第二阶段,简称为新规范。欧盟在 2002 年颁布的设计标准 EN 13445-3:2002 和新规范的设计思想是一致的。下面介绍新规范的主要创新思想,并与老规范做些对比。

(1) 引进弹塑性分析方法

老规范创造性地提出了基于弹性应力分析和塑性失效准则的应力分类设计方法,简称"应力分类法",为建立区别于规则设计的分析设计方法奠定了基础。新规范除了继续采用应力分类法以外,又增加了基于弹塑性分析和面向失效模式的评定准则的新设计方法,欧盟标准把它称为"直接法"。

应力分类法采用弹性应力分析的计算结果,以各类应力的大小作为安全评定的依据。弹塑性分析方法基于弹塑性分析的计算结果,按失效模式的不同分别以结构承载能力(极限载荷、垮塌载荷、屈曲临界载荷)、塑性应变大小或载荷循环次数等作为安全评定的依据。

（2）面向失效模式

新规范是一种面向失效模式的压力容器设计规范。它以失效模式为编制主线，对不同的失效模式规定了不同的设计计算方法和评定准则。新版 ASME Ⅷ-2 主要考虑五种失效模式：一次加载下的塑性垮塌失效、局部失效和屈曲垮塌失效以及循环载荷下的疲劳失效和棘轮失效。欧盟标准还考虑失去静力平衡（如设备倾覆等）的失效模式。

（3）引进数值分析

老规范中的应力分析方法包括解析解方法、数值分析方法和实验应力分析方法。规范中给出了不少弹性板壳理论中较为复杂的解析解公式，给出了实验应力分析的实施指南，但是对现代工程设计中已广泛应用且十分有效的数值分析方法却未作进一步的论述和具体规定。新规范首次把数值分析方法全面引入分析设计规范，除弹性应力分析外还扩充了弹塑性分析，对如何在工程设计中应用数值分析方法（主要是有限元法）制定了一系列应该遵循的指导性原则和具体实施步骤。

新版 ASME Ⅷ-2 把所有基于特定的常用压力容器部件导出的计算公式的设计方法都称为"规则设计"，而把基于适用于任意几何形状和载荷工况（而非具体部件）的分析方法的设计方法称为"分析设计"。按此定义，所有的解析解都被归入规则设计。而数值分析方法具有通用性，能满足"针对任意几何形状和载荷工况"的要求，因而新规范中的"分析设计"是以数值分析方法为中心的。

数值分析方法的引进全面扩展了分析设计的应用范围，使它能够胜任形状越来越复杂、工作环境越来越严峻的各类压力容器部件的设计工作。精度好、效率高、使用方便的通用有限元分析软件已成为开展分析设计工作必不可少的有力工具。

（4）降低安全系数

材料进入塑性后有两个重要特性参数：屈服极限 σ_y 是表征由弹性进入塑性状态的特征参数；强度极限 σ_b 是表征材料最大承载能力的特征参数。延性好的材料以 σ_y 为主要控制参数，取屈服安全系数 $n_y=1.5$ 公认为是安全的。延性较差的高强钢或脆性材料以 σ_b 为主要控制参数，早期取强度安全系数为 $n_b=4\sim6$。一般而言，屈强比 σ_y/σ_b 越高，延性越差。压力容器设计规范兼顾两者的影响，规定基本许用应力 S 取为 σ_y/n_y 和 σ_b/n_b 中较小者。若令 $\sigma_y/n_y=\sigma_b/n_b$，得到许用应力由屈服极限控制转入强度极限控制的临界屈强比 $y=\sigma_y/\sigma_b=n_y/n_b$。

新版 ASME Ⅷ-2 和欧盟 EN-13445 都与老规范一样，取屈服安全系数为 $n_y=1.5$，但把强度安全系数 n_b 由 3.0 降至 2.4，即把临界屈强比由 0.5 提高到 0.625。可以看到，这一调整不仅将屈强比大于 0.625 的、由强度极限控制的压力容器用钢（不包括螺栓用的高强钢）的许用应力提高了 25%，而且还提高了屈强比在 0.50～0.65 的一大批碳钢和低合金钢的许用应力。考虑到分析设计规范采用的压力容器用钢都是延性好的优质材料，适度提高许用应力是合理的。

许用应力的调整对提高分析设计规范的经济性和市场竞争能力具有重大意义。

（5）新规范还有不少局部性的重要修改，将在下面各章中陆续介绍

压力容器设计是一个创新意识非常活跃的工程领域，它紧跟科学技术的发展、不断更新设计方法。随着弹性理论、板壳理论和线性有限元分析方法的成熟，20 世纪 60 年代压力容器界提出了基于弹性应力分析和塑性失效准则的"弹性应力分析设计方法"。进入 21 世纪

后，由于塑性理论和非线性有限元分析方法的日趋成熟，欧盟标准[4]和ASME规范[3]先后推出了压力容器的弹塑性分析设计方法。为适应现代工程装备的需求，向着大型化、极端环境(高温、高压、深冷)、轻量化、新材料、高效节能绿色、高参数等方向发展，压力容器规范还将不断引入新的设计方法，例如，高温蠕变分析、断裂力学分析等(有些相关内容已在ASME规范第Ⅲ卷中出现)。

参考文献

[1] ASME Boiler and Pressure Vessel Code, Section Ⅲ, Rules for Construction of Nuclear Vessels[S]. 1963.
[2] ASME Boiler and Pressure Vessel Code, Section Ⅷ, Division 2, Alternative Rules, Rules for Construction of Pressure Vessels[S]. 1968.
[3] ASME Boiler and Pressure Vessel Code, Section Ⅷ, Division 2, Alternative Rules, Rules for Construction of Pressure Vessels[S]. 2007.
[4] BS EN 13445-3, Unfired Pressure Vessels, Part 3: Design[S]. 2002.
[5] JB 4732—1995 钢制压力容器——分析设计标准[S]. 中国标准出版社，1995.
[6] GB/T 4732.1—2024 压力容器　分析设计，第1部分：通用要求[S]. 中国标准出版社，2024.
[7] GB/T 4732.2—2024 压力容器　分析设计，第2部分：材料[S]. 中国标准出版社，2024.
[8] GB/T 4732.3—2024 压力容器　分析设计，第3部分：公式法[S]. 中国标准出版社，2024.
[9] GB/T 4732.4—2024 压力容器　分析设计，第4部分：应力分类法[S]. 中国标准出版社，2024.
[10] GB/T 4732.5—2024 压力容器　分析设计，第5部分：弹塑性分析方法[S]. 中国标准出版社，2024.
[11] GB/T 4732.6—2024 压力容器　分析设计，第6部分：制造、检验和验收[S]. 中国标准出版社，2024.

第2章

弹 性 力 学

本章讲述弹性力学一般理论和弹性板壳理论两部分。一般理论部分重点讲述弹性力学的基本概念和基本思想以及各类方程和公式的物理意义，省略了方程和公式的详细推导过程。板壳理论部分除了介绍板壳结构的特点和基本理论外，重点讲述了与压力容器相关的回转壳的薄膜理论和边缘效应解、圆板和环板等问题。

2.1 应力和应力张量

从事有限元应力分析和压力容器分析设计的工程师首先要全面准确地掌握好应力和应力张量的基本概念。

2.1.1 应力

应力是作用在单位面积截面上的内力。弹性力学引入高等数学中的极限概念来定义应力：设作用在截面面元 ΔS 上的内力为 $\Delta \boldsymbol{F}$（见图 2-1），则应力是当面元 ΔS 趋于零时单位截面上内力的极限：

$$\boldsymbol{\sigma}=\lim_{\Delta S \to 0} \frac{\Delta \boldsymbol{F}}{\Delta S} \tag{2-1}$$

和力一样，作用在物体截面上的应力是一个矢量。

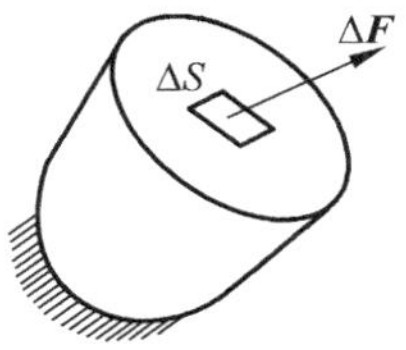

图 2-1 应力示意图

应力有三个重要特性。首先，应力是内力。从事压力容器设计的人们都十分熟悉压力的概念。压力和应力都是单位面积上的作用力，量纲和计量单位也相同，但是两者有本质的区别。压力是作用在物体表面上的外力，在应力分析中它是给定的已知载荷；而应力是作用在物体内部的内力，仅当用截面把物体切开时才暴露出来，它是为了平衡外部机械载荷或为了满足变形连续要求而产生的，在应力分析中是待求的未知量。

其次，应力与截面方向有关。通过物体内的一个点可以做无穷多个截面，在同一载荷作用下这些截面上的应力是各不相同的。以图 2-2 中的单向拉伸试件为例。过中心点 O 作三个截面 A、B 和 C。在横截面 A 上没有剪应力，只有正应力 $\sigma_A=F/S$，其中 F 为总拉力，S 为横截面 A 的面积；在 45°斜截面 B 上既有正应力又有剪应力，它们的大小都等于 $\sigma_A/2$；而在纵截面 C 上正应力和剪应力均为零。所以在论及某个应力时，不仅要关心其作用点的

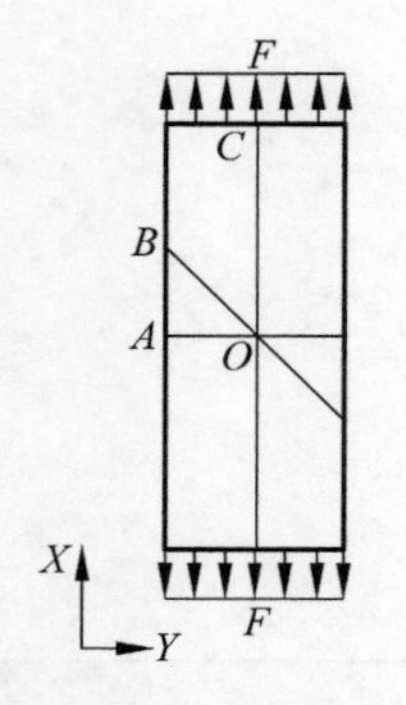

图 2-2 单向拉伸试件

位置，还要辨明其作用截面的方向。而压力与作用表面的方向无关，给定某点处的压力后，无论表面方向如何，所受压力都相同。

最后，应力是矢量，具有方向性。压力始终垂直于它的作用表面，只需要确定其大小。而应力是矢量，有三个分量，可以沿截面的法线方向和切线方向分解为正应力和剪应力。由于在规则设计中工程结构的强度校核只关心结构中当量应力(第一强度理论为最大正应力，第三强度理论为最大剪应力或第四强度理论为米塞斯当量应力)的大小，而不管它们的方向，所以有些习惯于压力容器规则设计的工程师常以为应力也是只有大小的数(数学中称为标量)，而忽视了它的方向性。当进行压力容器分析设计时首先要改变这一观念。

应力矢量在不同坐标系中的分量是不同的，参见图 2-3。图 2-3(b)的局部坐标系 x,y,z 通常取为：z 沿截面的外法线方向，x,y 位于截面内，沿两个相互垂直的切线方向。在局部坐标系中先将应力 σ 分解为垂直于截面的正应力 σ_z 和作用于截平面内的剪应力 τ。再进一步将 τ 沿坐标 x 和 y 方向分解为剪应力分量 τ_{zx} 和 τ_{zy}。图 2-3(a)的总体坐标系 X,Y,Z 是物体所在的参考坐标系。需要注意的是，总体坐标系中的 σ_Z 并不是正应力，σ_X 和 σ_Y 也不是剪应力分量。所以，在查看有限元分析的应力分量计算结果时必须首先辨明其参考坐标系的方向。以图 2-2 中斜截面 B 上的应力为例。若在局部坐标系中分解(图 2-4(b))得到正应力 σ 和剪应力 τ，大小均为 $\sigma_A/2$。而在总体坐标系中分解(图 2-4(a))将得到 $\sigma_X=\sigma_A/\sqrt{2}$，$\sigma_Y=0$，它们既非正应力也非剪应力。

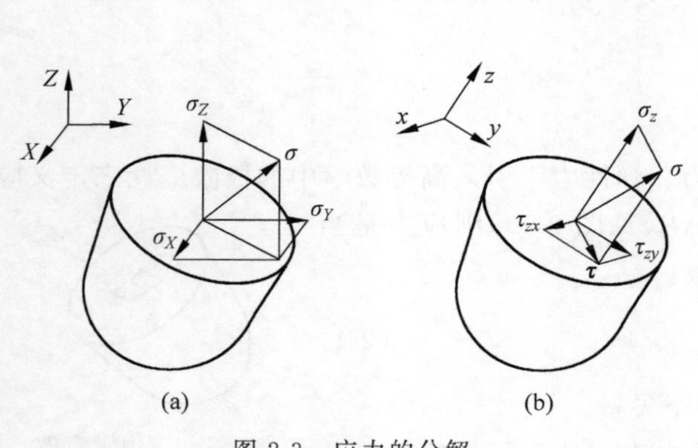

图 2-3 应力的分解

(a) 总体坐标分解；(b) 局部坐标分解

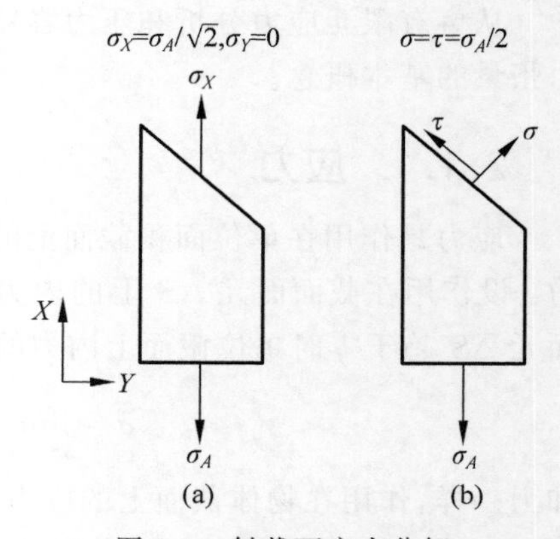

图 2-4 斜截面应力分解

(a) 总体坐标；(b) 局部坐标

2.1.2 应力张量

要全面了解一个物体在给定载荷作用下的受力情况，就必须知道物体内任意点处、任意方向截面上所受的应力。物体内一点处所有截面上的受力情况总称为一点应力状态。如何描述通过一点的无穷多个截面上的无穷多种受力情况呢？这就需要抓住物理现象的本质。一点应力状态的本质是它具有两重方向性：

(1) 截面的方向性。不同方向截面上的受力情况各不相同。截面的方向可以用其外法

线 $\boldsymbol{n}$ 来表示，$\boldsymbol{n}$ 是一个矢量，有 3 个分量。

(2) 应力的方向性。当截面方向确定后，作用在截面上的应力又是一个矢量，在三维坐标中也有 3 个分量。

具有多重方向性的物理量在数学中用张量来表示，有几重方向性就称为几阶张量。张量是矢量概念的推广，矢量和标量也可以称为一阶和零阶张量。一点应力状态是具有截面和应力两重方向性的二阶张量，称为应力张量。

用应力张量可以完整地描述物体中的一点应力状态。一旦确定了应力张量，物体内该点处的受力情况就完全清楚了，马上就能算出通过该点的无穷多个截面中的任一截面上的应力，详见 2.1.3 节。

在三维空间中一个 n 阶张量有 3^n 个分量。应力张量是二阶张量，共有 9 个分量。图 2-5 是应力张量的一种直观表示。用平行于三个坐标面的三对相邻截面从物体中切出一个六面体微元。其中外法线与坐标轴 x,y,z 同向的三个面元称为正面，外法线与坐标轴反向的另三个面元称为负面。把作用在三个正面上的应力矢量分别沿坐标轴正向分解，得到应力张量的 9 个应力分量，它们是

$$\begin{pmatrix} \sigma_{xx} & \tau_{xy} & \tau_{xz} \\ \tau_{yx} & \sigma_{yy} & \tau_{yz} \\ \tau_{zx} & \tau_{zy} & \sigma_{zz} \end{pmatrix} \tag{2-2}$$

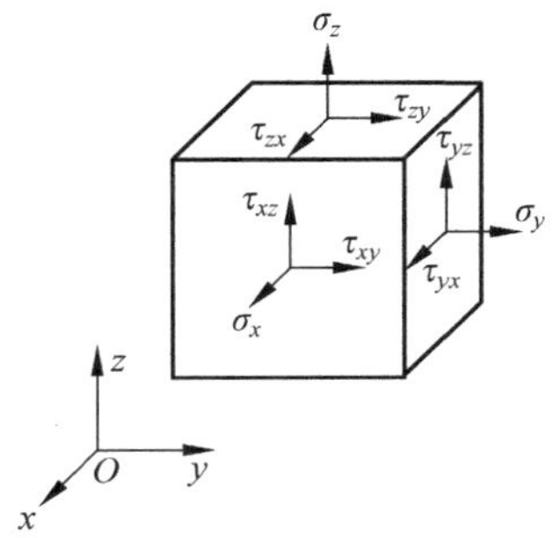

图 2-5 应力张量

每个分量右下角有两个指标，表示张量的两个方向性，第一指标表示截面面元的法线方向，第二指标表示应力矢量的分解方向。正应力垂直于截面，沿面元法线方向，所以两个指标相同，通常简写成 σ_x，σ_y 和 σ_z。剪应力作用于截面内，6 个剪应力分量满足剪应力互等定理，即 $\tau_{xy}=\tau_{yx}$，$\tau_{yz}=\tau_{zy}$ 和 $\tau_{zx}=\tau_{xz}$，因而应力张量是对称张量，只有 6 个独立分量。所有应力分量知道后，应力张量就完全确定了。

若采用指标符号，式(2-2)可以缩写成 $\sigma_{ij}(i,j=1,2,3)$。指标符号由一个名称和一组指标组成。例如，这里 σ 是应力张量的名称，9 个应力分量都用同一个名称。右下角的 i 和 j 是指标，其数目为张量的阶数，应力是二阶张量，有两个指标。后面用括号标明指标的取值范围，是张量所在空间的维数，在三维空间中取 1,2,3，分别代表 x,y,z。两个指标 i 和 j 独立地分别取 1,2,3，经过排列组合得到 9 个应力分量。当维数确定后可以省略后面说明取值范围的括号 $(i,j=1,2,3)$，仅用 σ_{ij} 来表示应力张量。

弹性力学中应力的正向规定是：正面上的应力分量与坐标轴同向为正、反向为负；负面上的应力分量与坐标轴反向为正、同向为负。这个规定客观地反映了作用与反作用原理和“受拉为正、受压为负”的传统观念，并具有数学处理上的一致性。

应力张量随空间点的位置不同而变化，整个物体的应力状态统称为应力张量场。应力分析时一定要注意应力三要素：点位、截面和分解方向。首先确定点位，得到该点处的应力张量；再确定截面，得到该截面上的应力矢量；最后确定分解方向，得到该应力矢量在给定分解方向上的应力分量。只有明确了应力三要素才能准确地理解应力分析结果的意义。

2.1.3 任意截面上的应力

一点处的应力张量确定后，如何计算该点处无穷多个截面上的应力呢？弹性力学给出

了如下两组公式。

2.1.3.1 斜面应力公式

任意方向截面上的应力可以按如下公式由已知应力张量的分量来计算：

$$\begin{cases} p_x = \sigma_x l + \tau_{yx} m + \tau_{zx} n \\ p_y = \tau_{xy} l + \sigma_y m + \tau_{zy} n \\ p_z = \tau_{xz} l + \tau_{yz} m + \sigma_z n \end{cases} \tag{2-3}$$

其中，l,m,n 为斜面外法线在 x,y,z 坐标系中的方向余弦；p_x,p_y,p_z 为斜面应力 $\boldsymbol{p}$ 在 x,y,z 坐标系中的分量。一般来说，坐标 x,y,z 并不沿斜面的法向和切向。p_x,p_y,p_z 既非正应力，也非剪应力，所以用斜面应力公式来计算斜截面上的正应力和剪应力并不方便，还需要将 p_x,p_y,p_z 投影到斜面的法向和切向上。斜面应力公式通常用于给定力边界条件。

斜面应力公式由图 2-6 中四面体微元的平衡方程导出。推导过程在各种弹性力学教材中都能找到，这里不再赘述。值得指出的是，所有的平衡方程都是力（它等于应力和其作用面的面积之乘积）的平衡方程，不能把应力误当作力来建立平衡关系。以图 2-4(a)为例，若按应力来建立"平衡"关系，将得到 $\sigma_X = \sigma_A$。但是按式(2-3)求得的正确结果是 $\sigma_X = \sigma_A/\sqrt{2}$，这是因为上端 σ_X 作用的斜截面面积比下端 σ_A 作用的横截面大了 $\sqrt{2}$ 倍。

2.1.3.2 应力的坐标转换公式

在有限元应力分析中经常会采用总体坐标系和局部坐标系等多个参考坐标系。和应力矢量一样，应力张量在不同坐标系中的分量也是不同的。但是作为一个客观物理量，应力张量（即一点应力状态）本身不会因人为地选择不同参考坐标系而改变。为了保证应力张量的客观性，不同坐标系中的应力分量间必须满足如下坐标转换公式，简称应力转换公式：

$$\begin{bmatrix} \sigma'_x & \tau'_{xy} & \tau'_{xz} \\ \tau'_{yx} & \sigma'_y & \tau'_{yz} \\ \tau'_{zx} & \tau'_{zy} & \sigma'_z \end{bmatrix} = \begin{bmatrix} l_1 & m_1 & n_1 \\ l_2 & m_2 & n_2 \\ l_3 & m_3 & n_3 \end{bmatrix} \begin{bmatrix} \sigma_x & \tau_{xy} & \tau_{xz} \\ \tau_{yx} & \sigma_y & \tau_{yz} \\ \tau_{zx} & \tau_{zy} & \sigma_z \end{bmatrix} \begin{bmatrix} l_1 & l_2 & l_3 \\ m_1 & m_2 & m_3 \\ n_1 & n_2 & n_3 \end{bmatrix} \tag{2-4}$$

其中，l_1,m_1,n_1；l_2,m_2,n_2；l_3,m_3,n_3 分别是新坐标轴的三个单位基矢量 $\boldsymbol{\nu}'_x,\boldsymbol{\nu}'_y,\boldsymbol{\nu}'_z$ 在老坐标系 x,y,z 中的方向余弦，参见图 2-7。凡右上角带撇的量都是新坐标系中的量。式(2-4)中等号右边由方向余弦组成的第一个矩阵称为坐标转换矩阵，第三个矩阵是它的转置矩阵。

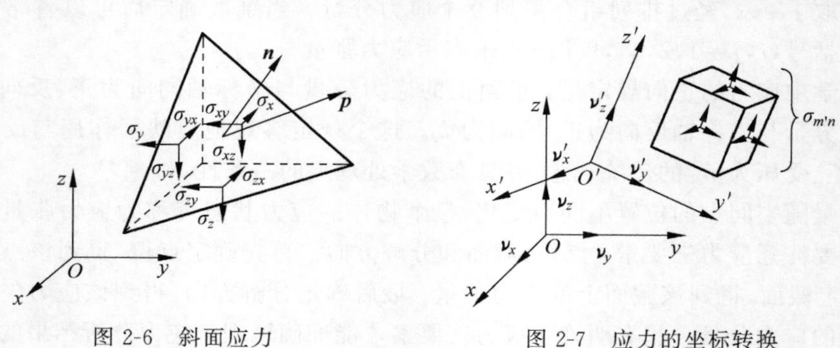

图 2-6 斜面应力　　图 2-7 应力的坐标转换

可以用应力转换公式来计算任意斜截面上的应力。只要把新（局部）坐标系选为斜面的外法线方向和斜面内两个相互垂直的方向，斜截面就成为新坐标系中微元体的一个正面，应力转换公式给出的新应力分量就是该斜面上的正应力和剪应力。在有限元应力分析中常采用此方法。

应力转换公式是根据应力张量的客观性导出的，利用它就能由 9 个应力分量计算任意斜截面上的应力，实现了用应力张量完整描述一点应力状态的功能。

2.1.4　若干重要公式

2.1.4.1　主应力和最大剪应力

弹性力学研究了当截面方向改变时截面上应力的变化规律。一般情况下，截面上的应力矢量并不沿截面的法线方向，截面上将同时存在正应力和剪应力。但是，弹性力学证明了：在通过考察点的无穷多个截面中，至少存在三个只受正应力而无剪应力的相互垂直的截面，这些截面称为主平面，其法线方向称为主方向。作用在三个主平面上的应力矢量称为主应力，它们都是垂直于主平面(即沿主方向)的正应力。三个主应力相互正交，通常将它们按代数值大小排序，称为第一主应力 σ_1、第二主应力 σ_2 和第三主应力 σ_3。

主应力的大小和方向完全由其作用点处的应力状态(应力张量)决定。三维应力状态下的主应力计算公式比较复杂，由于现有的有限元应力分析软件都具有计算主应力的功能，这里从略。读者可以从参考文献[1]的 2.5 节和参考文献[2]的 2.6 节中找到。虽然通常很少计算主应力的方向，但在概念上必须清楚主应力是有特定方向的，对于不同的应力状态主应力的方向是不同的。

主应力具有客观性，是不随参考坐标系的人为选择而改变的客观物理量，简称不变量，常用作描述客观物理规律的特征量。例如，在强度理论中用主应力或其函数来表征一点应力状态的危险程度。

弹性力学证明，在一点处所有可能截面上的正应力中主应力 σ_1 和 σ_3 分别是最大正应力和最小正应力(按代数值)：

$$\sigma_{\max}=\sigma_1,\quad \sigma_{\min}=\sigma_3 \tag{2-5}$$

最大剪应力等于最大主应力与最小主应力之差的一半：

$$\tau_{\max}=(\sigma_1-\sigma_3)/2 \tag{2-6}$$

最大剪应力的作用面与 σ_1 和 σ_3 成 45°角，在该截面上同时作用有正应力 $\sigma_n=(\sigma_1+\sigma_3)/2$，见图 2-8。

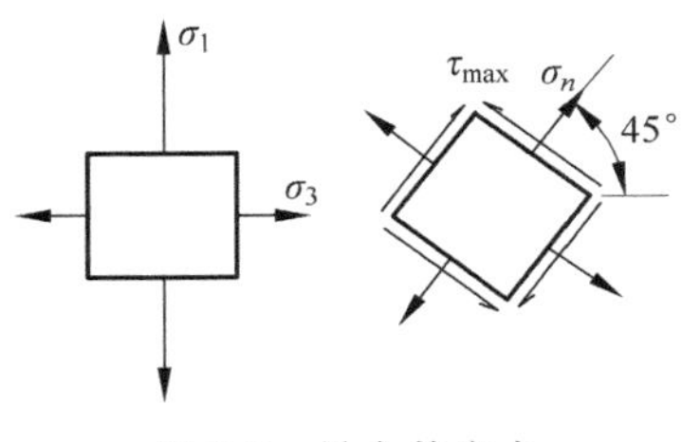

图 2-8　最大剪应力

2.1.4.2　强度理论和当量应力

强度理论研究材料失效的判断准则，其关键是要找到一种简单而客观的特征量来作为失效的判据，这些特征量统称为当量应力(equivalent stress，在力学文献中常译为等效应力)，记为 σ_{eq}。一点应力状态可以用 9 个应力分量来表示，但应力分量随参考坐标不同而变化，没有客观性，不能直接用作强度判据。2.1.4.1 节讲到的主应力既具有客观性又能反映一点应力状态的危险程度，所以各类强度理论都选择主应力或其函数来作当量应力。

第一强度理论的判据是最大正应力的绝对值，相应的当量应力为

$$\sigma_{eq1}=\max(|\sigma_1|,|\sigma_3|)\leqslant[\sigma] \tag{2-7}$$

其中，$[\sigma]$是材料的许用应力。

第二强度理论的判据是最大伸长应变，利用胡克定律把它改写成用主应力表示的当量应力：

$$\sigma_{\mathrm{eq2}}=\sigma_1-\mu(\sigma_2+\sigma_3)\leqslant[\sigma] \tag{2-8}$$

其中，μ 为泊松比。

第三强度理论的判据是最大剪应力，为了能直接引用单向拉伸试验测定的许用应力，把它放大一倍作为当量应力：

$$\sigma_{\mathrm{eq3}}=\sigma_1-\sigma_3\leqslant[\sigma] \tag{2-9}$$

在压力容器分析设计中 σ_{eq3} 称为应力强度。

第四强度理论的判据是畸变能，把它改写成用主应力表示的当量应力为

$$\sigma_{\mathrm{eq4}}=\frac{1}{\sqrt{2}}\sqrt{(\sigma_1-\sigma_2)^2+(\sigma_2-\sigma_3)^2+(\sigma_3-\sigma_1)^2}\leqslant[\sigma] \tag{2-10}$$

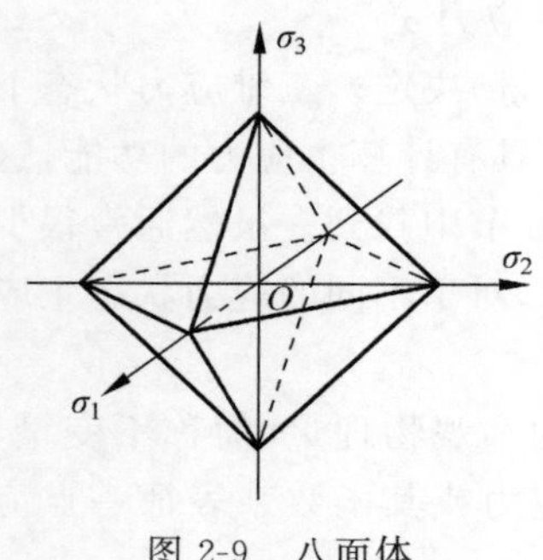

图 2-9　八面体

σ_{eq4} 称为米泽斯(von Mises)当量应力。它与八面体剪应力 τ_0 成正比，即 $\sigma_{\mathrm{eq4}}=(3/\sqrt{2})\tau_0$。八面体是由与三个主应力方向等倾(法线与三个主方向夹角相等)的八个斜面所组成的微元体，如图 2-9 所示。作用在这些斜面上的剪应力称为八面体剪应力，它与导致形状畸变的塑性变形相关。这些面上还作用有八面体正应力，它等于应力张量的平均正应力$(\sigma_1+\sigma_2+\sigma_3)/3$，它与导致各向均匀体积胀缩的弹性变形相关，第四强度理论不予考虑。由此可见，第三和第四强度理论都是以剪应力为判据的强度理论。

大量试验表明，第一和第二强度理论适用于脆性材料，而第三和第四强度理论适用于延性材料。

需要指出的是，虽然当量应力本身是一个数，但它是由主应力(或最大剪应力，八面体剪应力)计算出来的，它们都是具有方向性的矢量，不同应力状态下它们的方向和作用面都不同。所以当把两个分应力状态叠加时，总应力状态的当量应力并不等于两个分应力状态的当量应力之和。正确的做法是，先把两个分应力状态的应力张量在同一个坐标系中分解成分量，把对应的应力分量相加(因为对应应力分量的方向相同，可以求代数和)，然后再用叠加后的总应力分量来计算总应力状态的当量应力，这个步骤简称为先加(应力分量)后算(当量应力)法则。

例如，图 2-10 中的应力状态 C 由状态 A 和 B 叠加而成，按第三强度理论求状态 C 的应力强度。看上一排图，按先加后算法则，状态 A 和 B 的应力分量相加结果如状态 C 所示。计算状态 C 的应力强度得到 $\sigma_{\mathrm{eq3}}^{(c)}=2\sigma$。如果先算出状态 A 和 B 的应力强度，则为 $\sigma_{\mathrm{eq3}}^{(a)}=\sigma_{\mathrm{eq3}}^{(b)}=2\sigma$，再数值相加，就得到错误的结果 $\sigma_{\mathrm{eq3}}^{(c)}=4\sigma$。为了说明出错原因，在下一排图中分别画出了三个应力状态中最大剪应力的方向和作用面，显然状态 A、B 和 C 中最大剪应力的方向和作用面都不相同，所以不能简单地把状态 A 和 B 的剪应力的大小(或应力强度)相加来计算状态 C 的剪应力大小(或应力强度)。

可以看到，先算(当量应力)后相加的结果大于先加后算的结果，因而是偏保守的。其原

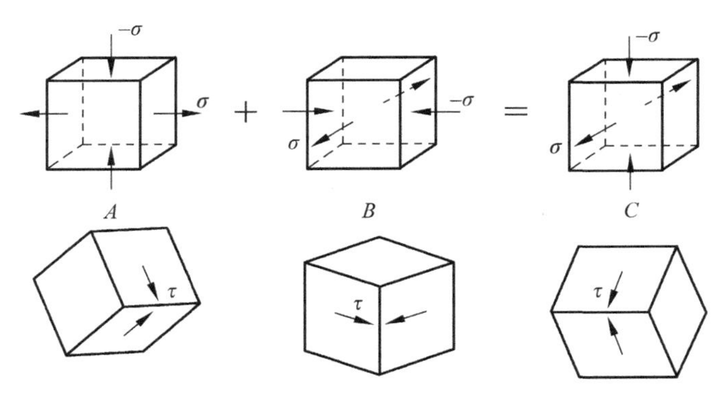

图 2-10 应力状态叠加和当量应力计算

因类似于矢量三角形的两边(分矢量)之和大于第三边(合矢量)。但有时是过于保守了,例如本例达到了两倍。

计算米泽斯当量应力 σ_{eq4} 时也应遵循先加后算法则,因为各分应力状态和总应力状态中八面体剪应力的方向和作用面也是各不相同的。

2.1.4.3 应力球量和应力偏量

应力张量可以分解成球形张量和偏斜张量。应力球量$\boldsymbol{\sigma}_0$ 代表一种平均的等向应力状态(三向等拉或等压,等压时即为静水压状态):

$$\boldsymbol{\sigma}_0=\begin{pmatrix}\sigma_0 & 0 & 0\\ 0 & \sigma_0 & 0\\ 0 & 0 & \sigma_0\end{pmatrix} \tag{2-11}$$

其中,$\sigma_0=(\sigma_x+\sigma_y+\sigma_z)/3$ 是平均正应力。对各向同性材料,应力球量引起微元体的体积胀缩。

应力偏量$\boldsymbol{\sigma}'$是应力张量与其应力球量之差:

$$\boldsymbol{\sigma}'=\boldsymbol{\sigma}-\boldsymbol{\sigma}_0=\begin{pmatrix}\sigma_x-\sigma_0 & \tau_{xy} & \tau_{xz}\\ \tau_{yx} & \sigma_y-\sigma_0 & \tau_{yz}\\ \tau_{zx} & \tau_{zy} & \sigma_z-\sigma_0\end{pmatrix} \tag{2-12}$$

它表示实际应力状态对其平均等向应力状态的偏离,应力偏量引起微元体的形状畸变。

实验观测表明:应力球量引起的体积变形(胀缩)是弹性的。塑性变形完全是形状畸变,体积变形为零,是不可压缩的,它只与应力偏量有关,所以应力偏量在塑性力学中起着重要作用。

2.1.4.4 应力不变量

将三个相互垂直的主应力方向选为坐标轴,称为主轴。相应的坐标系称为主坐标系。应力张量在任意坐标系和主坐标系中的分量分别为

$$\begin{pmatrix}\sigma_x & \tau_{xy} & \tau_{xz}\\ \tau_{yx} & \sigma_y & \tau_{yz}\\ \tau_{zx} & \tau_{zy} & \sigma_z\end{pmatrix},\quad \begin{pmatrix}\sigma_1 & 0 & 0\\ 0 & \sigma_2 & 0\\ 0 & 0 & \sigma_3\end{pmatrix} \tag{2-13}$$

其中,σ_1、σ_2、σ_3 是三个主应力。

应力张量有三个应力不变量，它们是

$$\begin{cases} I_1=\sigma_x+\sigma_y+\sigma_z=\sigma_1+\sigma_2+\sigma_3 \\ I_2=\begin{vmatrix}\sigma_x & \tau_{xy}\\ \tau_{yx} & \sigma_y\end{vmatrix}+\begin{vmatrix}\sigma_y & \tau_{yz}\\ \tau_{zy} & \sigma_z\end{vmatrix}+\begin{vmatrix}\sigma_x & \tau_{xz}\\ \tau_{zx} & \sigma_z\end{vmatrix}=\sigma_1\sigma_2+\sigma_2\sigma_3+\sigma_3\sigma_1 \\ I_3=\begin{vmatrix}\sigma_x & \tau_{xy} & \tau_{xz}\\ \tau_{yx} & \sigma_y & \tau_{yz}\\ \tau_{zx} & \tau_{zy} & \sigma_z\end{vmatrix}=\sigma_1\sigma_2\sigma_3 \end{cases} \tag{2-14}$$

其中，应力第一不变量 I_1 是应力的一次式，是式(2-13)左式中 3 个对角元素之和，它等于平均正应力的 3 倍，与等向胀缩的弹性体积变形有关。应力第二不变量 I_2 是应力的二次式，是式(2-13)左式中对角线上 3 个二阶行列式之和。在减去应力球量后，应力偏量的第二不变量 J_2 与畸变能直接相关，因而在塑性力学中有重要应用，它的计算公式是

$$J_2=\frac{1}{6}[(\sigma_1-\sigma_2)^2+(\sigma_2-\sigma_3)^2+(\sigma_3-\sigma_1)^2]=\frac{1}{3}\sigma_{\text{eq4}}^2 \tag{2-15}$$

应力第三不变量 I_3 是应力的三次式，是式(2-13)左式的三阶行列式。岩土和高强钢等材料的塑性本构模型与应力偏量的第三不变量有关。

2.2 位移和应变

2.2.1 位移

在载荷作用下，物体内各质点将产生位移。位移后质点 P 移动到新的位置 P'，见图 2-11。用 $\boldsymbol{r}$ 和 $\boldsymbol{r}'$ 分别表示质点在老位置和新位置的矢径，则位移矢量 $\boldsymbol{u}$ 是由移动引起的矢径增量：

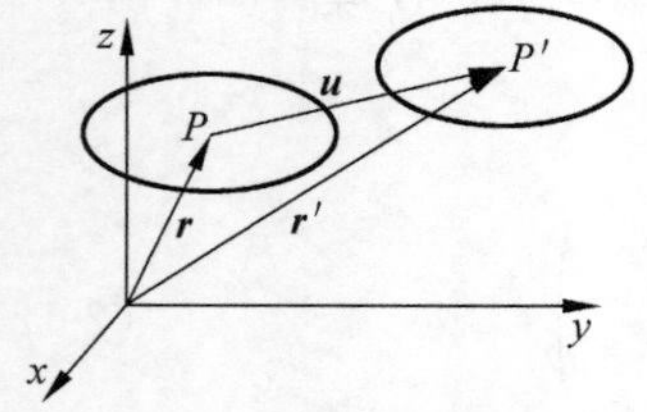

图 2-11 物体的位移

$$\boldsymbol{u}=\boldsymbol{r}'-\boldsymbol{r} \tag{2-16}$$

三个位移分量分别记为 u,v,w。物体内各点位移矢量的集合称为位移场。

位移是描述物体运动和变形的基本参量。当位移场给定后，物体内各微元的位置和形状变化都随之确定。弹性力学把微元的局部位移场分解成平移、转动和应变三个部分之和，简称为位移场的加法分解：

(1) 随参考点的刚体平移，用位移矢量表示。一般取微元中心点或坐标值最小的点作为参考点。

(2) 绕参考点的刚体转动，用转动张量表示。

(3) 微元的变形(包括体积胀缩和形状畸变)，用应变张量表示。

微元的应变通过胡克定律与应力相关联，对结构的变形和强度有直接影响，我们将在下面重点讲述应变的特性。微元的刚体平移和刚体转动与应力无关，在强度计算中不予考虑。但是它们对结构的变形(刚度)会产生重要影响，尤其是薄壁或细长的弹性结构会出现应变很小而变形很大的情况，通常称为小应变大变形非线性问题。

图 2-12 画出了细长悬臂梁中微元 dl 的变形情况，有微元中心点的刚体平移 w_0、绕中

心点的刚体转动 θ 和微元的变形，包括弯矩引起的弯曲变形和横剪力引起的剪切变形。虽然微元的变形很小，但微元转动 θ 的影响很大，即使位于微元右边的那段梁没有任何变形，只凭该微元的刚体转动也能导致梁端产生 θl_1 的显著挠度。

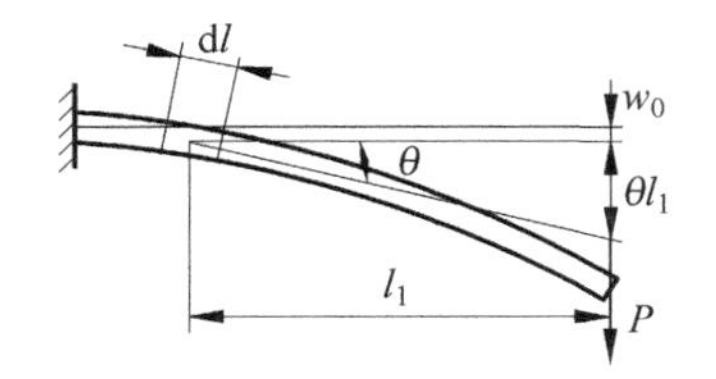

图 2-12 刚体平移和转动的影响

有许多利用小应变大挠度状态的典型例子。工程测量中常用的钢卷尺，虽然它被卷了一圈又一圈，主要是微元的刚体转动而应变很小，所以都是弹性变形，拉出来还能弹成直线。计算机键盘的每个按键下有一个扁球壳形的橡皮弹簧，加力时它向下反转与下面的触点接触，一松手它又以回弹的方式迅速脱离接触。由于整个变形过程都是弹性小应变情况，所以可以无数次地反复操作而不破坏。

2.2.2 应变-位移公式

应变是由物体内相邻点的位移不同而引起的。和应力一样，应变也有 9 个分量，3 个正应变和 6 个剪应变，详见 2.2.3 节。正应变是变形引起的单位长度线元[①]的伸长(或缩短)，用于描述微元几何尺寸的变化。正应变有 3 个，沿 x,y,z 方向的正应变分别记为 $\varepsilon_x,\varepsilon_y,\varepsilon_z$(小应变情况)或 E_{xx},E_{yy},E_{zz}(大应变情况)。剪应变是变形引起的两个相互垂直线元间夹角减小(或扩大)量的一半，用于描述微元几何形状的畸变。剪应变有 6 个，在 x-y，y-z，z-x 平面内的剪应变分别记为 ε_{xy} 和 ε_{yx}，ε_{yz} 和 ε_{zy}，ε_{zx} 和 ε_{xz}(小应变情况)或 E_{xy} 和 E_{yx}，E_{yz} 和 E_{zy}，E_{zx} 和 E_{xz}(大应变情况)。

相邻两点的位移差与位移对坐标的一阶导数有关，所以正应变和剪应变都由位移的一阶导数确定。大应变情况下的应变-位移公式(又称格林应变公式)为

$$\begin{cases}
E_{xx}=\dfrac{\partial u}{\partial x}+\dfrac{1}{2}\left[\left(\dfrac{\partial u}{\partial x}\right)^2+\left(\dfrac{\partial v}{\partial x}\right)^2+\left(\dfrac{\partial w}{\partial x}\right)^2\right]\\
E_{yy}=\dfrac{\partial v}{\partial y}+\dfrac{1}{2}\left[\left(\dfrac{\partial u}{\partial y}\right)^2+\left(\dfrac{\partial v}{\partial y}\right)^2+\left(\dfrac{\partial w}{\partial y}\right)^2\right]\\
E_{zz}=\dfrac{\partial w}{\partial z}+\dfrac{1}{2}\left[\left(\dfrac{\partial u}{\partial z}\right)^2+\left(\dfrac{\partial v}{\partial z}\right)^2+\left(\dfrac{\partial w}{\partial z}\right)^2\right]\\
E_{xy}=E_{yx}=\dfrac{1}{2}\left(\dfrac{\partial u}{\partial y}+\dfrac{\partial v}{\partial x}+\dfrac{\partial u}{\partial x}\dfrac{\partial u}{\partial y}+\dfrac{\partial v}{\partial x}\dfrac{\partial v}{\partial y}+\dfrac{\partial w}{\partial x}\dfrac{\partial w}{\partial y}\right)\\
E_{yz}=E_{zy}=\dfrac{1}{2}\left(\dfrac{\partial v}{\partial z}+\dfrac{\partial w}{\partial y}+\dfrac{\partial u}{\partial y}\dfrac{\partial u}{\partial z}+\dfrac{\partial v}{\partial y}\dfrac{\partial v}{\partial z}+\dfrac{\partial w}{\partial y}\dfrac{\partial w}{\partial z}\right)\\
E_{zx}=E_{xz}=\dfrac{1}{2}\left(\dfrac{\partial w}{\partial x}+\dfrac{\partial u}{\partial z}+\dfrac{\partial u}{\partial z}\dfrac{\partial u}{\partial x}+\dfrac{\partial v}{\partial z}\dfrac{\partial v}{\partial x}+\dfrac{\partial w}{\partial z}\dfrac{\partial w}{\partial x}\right)
\end{cases}\tag{2-17}$$

可以看到，在大应变公式中除了位移一阶导数的一次项外，还出现了二次非线性项，即位移一阶导数的乘积项。

对于小应变情况，可以忽略二次非线性项，简化为小应变公式：

---

① 一维的微元称为线元，二维的微元称为面元，三维的微元称为体元。

$$\begin{cases}\varepsilon_x=\dfrac{\partial u}{\partial x}, & \varepsilon_{xy}=\varepsilon_{yx}=\dfrac{1}{2}\left(\dfrac{\partial u}{\partial y}+\dfrac{\partial v}{\partial x}\right)\\ \varepsilon_y=\dfrac{\partial v}{\partial y}, & \varepsilon_{yz}=\varepsilon_{zy}=\dfrac{1}{2}\left(\dfrac{\partial v}{\partial z}+\dfrac{\partial w}{\partial y}\right)\\ \varepsilon_z=\dfrac{\partial w}{\partial z}, & \varepsilon_{zx}=\varepsilon_{xz}=\dfrac{1}{2}\left(\dfrac{\partial w}{\partial x}+\dfrac{\partial u}{\partial z}\right)\end{cases} \tag{2-18}$$

对工程中常用的金属材料来说，与弹性极限对应的应变一般小于 0.01，所以工程结构的弹性变形问题大多属于小应变范畴，可以采用式(2-18)。格林应变公式适用于塑性大应变问题和橡胶等超弹性材料的弹性大应变问题。

应变-位移公式(式(2-17)和式(2-18))也称为变形几何方程。

结构的变形问题通常分为三大类：

(1) 小应变-小变形问题。由于应变很小，可以采用线性几何方程(2-18)。由于变形很小，可以假设按变形前的结构几何形状来建立力的平衡方程。这是最常见的线性弹性力学问题。

(2) 小应变-大变形问题。仍可采用小应变几何方程(2-18)，但由于变形较大，必须按变形后的结构几何形状来建立力的平衡方程。例如，梁、板、壳等薄壁结构的大挠度问题、薄壁构件的弹性后屈曲问题等。

(3) 大应变-大变形问题。由于应变较大，必须采用非线性几何方程(2-17)，同时要按变形后的结构几何形状来建立力的平衡方程。例如，橡胶部件的超弹性大变形问题、锻压等塑性成形过程的大变形问题等。

后两类问题称为几何非线性问题。需要注意大应变(large strain)和大变形(large deformation)是两个不同的概念。应变是描述微元变形的物理量，不包括微元的平移和转动；变形是指结构形状的变化，微元的平移和转动对结构的整体形状也有很大影响。大应变是指要采用非线性变形几何方程(2-17)，大变形是指要采用考虑变形后结构几何形状的非线性平衡方程。

大位移(large displacement)和大挠度(large deflection)的含义与大变形基本相同。位移是结构内各点的位置变化，变形是结构形状的变化，当结构内各点的位置给定后结构的形状就自然显现。在有限元分析中正是通过输出位移场来观察结构变形后的形状。为了实现承载功能，工程结构必须设置足够的约束来限制其整体的刚体运动，所以只有结构发生大变形才可能导致结构内的各点出现大位移。挠度是位移的一个分量，专指薄壁(或细长)结构中垂直于中面(或中线)的位移。

前面曾列举过钢卷尺、扁球壳弹性元件等小应变-大变形非线性问题的例子。在这类问题中变形几何方程是线性的，但与结构变形相关的平衡方程是非线性的。为了更清楚地说明这个概念，我们来考察图 2-13 中水平索的平衡问题。索长为 $2L$，截面积为 F，材料的杨氏模量为 E，索的中间悬挂一个重为 P 的物体。由于重力与未变形的水平索垂直，而索的张力在铅垂方向的分力为零，所以在未变形情况下即使索上落了一只蚊子，而索的张力也平衡不了，为此必须按变形后下垂索的几何形状来建立平衡方程。由图 2-13 可以得到索的张力为

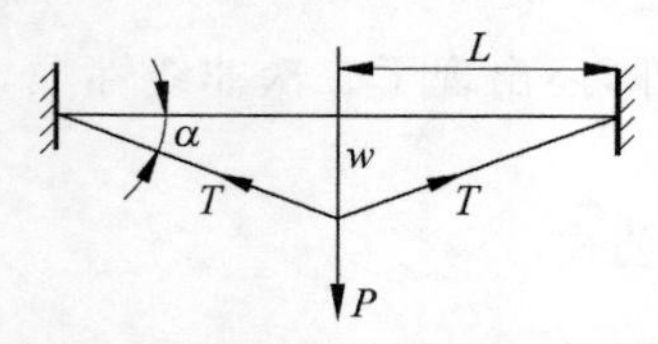

图 2-13 索的平衡-几何非线性

$$T=\frac{P}{2\sin\alpha}$$

设中点挠度为 w，对小应变情况 ε 远小于 1，所以 $\sin\alpha=w/[L(1+\varepsilon)]\simeq w/L$。代入上式得到：

$$T=PL/(2w)$$

可见变形后的平衡方程与结构的变形 w 相关。

根据几何关系：

$$w=\sqrt{L^2(1+\varepsilon)^2-L^2}\simeq\sqrt{2\varepsilon L^2}$$

利用胡克定律 $\varepsilon=T/(EF)=PL/(2wEF)$。代入上式，简化后得到：

$$w=L\sqrt[3]{P/(EF)} \tag{2-19}$$

式(2-19)表明：挠度 w 和载荷 P 是三次方根的非线性关系。因而当平衡方程与结构变形有关时，即使小应变情况也会变成几何非线性问题。

2.2.3　应变张量

和应力张量相对应，应变张量也是一个二阶张量，它有 9 个分量：

$$\begin{pmatrix}\varepsilon_{xx} & \varepsilon_{xy} & \varepsilon_{xz}\\ \varepsilon_{yx} & \varepsilon_{yy} & \varepsilon_{yz}\\ \varepsilon_{zx} & \varepsilon_{zy} & \varepsilon_{zz}\end{pmatrix} \tag{2-20}$$

可以用指标符号缩写为 ε_{ij}。

对小应变情况，各分量的计算见式(2-18)，位于对角线上的三个分量为正应变，通常简写成 ε_x，ε_y 和 ε_z。其余 6 个分量为剪应变，它们是材料力学中定义的工程剪应变 γ_{ij} 的一半，即

$$\varepsilon_{xy}=\varepsilon_{yx}=\gamma_{xy}/2,\quad \varepsilon_{yz}=\varepsilon_{zy}=\gamma_{yz}/2,\quad \varepsilon_{zx}=\varepsilon_{xz}=\gamma_{zx}/2 \tag{2-21}$$

图 2-14 表明，工程剪应变 γ_{xy} 是由微元上的两对剪应力 τ_{xy} 和 τ_{yx} 共同引起的。若只加一对剪应力 τ_{xy} 或 τ_{yx}，面元只会转动而无变形。弹性力学定义的剪应变 ε_{xy} 和 ε_{yx} 分别对应于剪应力 τ_{xy} 和 τ_{yx}，所以是 γ_{xy} 的一半。

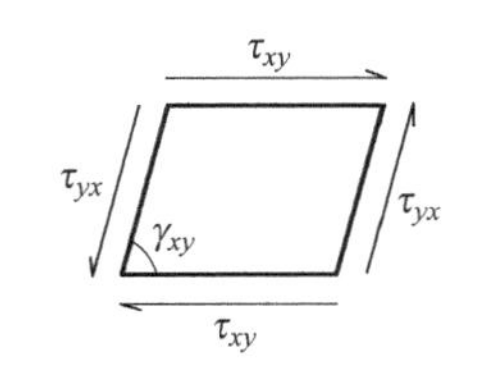

图 2-14　剪应变与剪应力

应变张量是完整描述物体中一点邻域内微元变形情况(简称一点应变状态)的物理量。应变张量是几何量，应力张量是力学量，两者物理意义不同，但数学上有不少相似的性质：

(1) 应变张量也有两重方向性。一个是所考察的线元方向，用应变分量 ε_{ij} 的第一指标表示；另一个是线元末端对始端的相对位移方向，用应变分量的第二指标表示。当两个指标相同时，如 ε_{11} 或 ε_{22}，相对位移沿线元方向，是正应变；当两个指标不同时，如 ε_{12} 或 ε_{21}，相对位移与线元垂直，线元发生转动，微元两边(是互相垂直的两个线元)的相对转动就是剪应变。

(2) 新、老坐标中的应变分量也满足坐标转换公式，只要把式(2-4)中的应力分量替换成相应的应变分量就是应变的坐标转换公式。

(3) 应变张量也至少有三个相互垂直的主方向。在主方向上只有正应变，称为主应变，

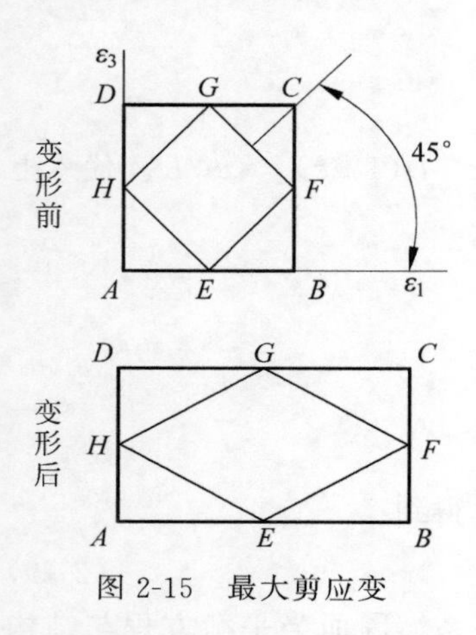

图 2-15 最大剪应变

没有剪应变。将主应变按代数值排序为 $\varepsilon_1,\varepsilon_2,\varepsilon_3$，其中 ε_1 和 ε_3 分别是所有正应变中的最大值和最小值。

对各向同性材料，主应力和主应变的方向是一致的，对各向异性材料，则两者的方向不同。

（4）最大工程剪应变是最大主应变与最小主应变之差：

$$\gamma_{\max}=2\varepsilon_{13}=\varepsilon_1-\varepsilon_3 \tag{2-22}$$

它出现在 ε_1-ε_3 平面内、法线与主应变方向成 45°的微元上，见图 2-15。图中画了两个相互嵌套的微元。变形前外微元与主方向一致，而内微元旋转 45°。变形后外微元出现最大主应变、最小正应变，而内微元产生最大剪应变，且形状发生畸变，见图 2-15 下图。本例说明，虽然对各向同性材料正应力只引起正应变，正方形微元变成矩形微元，但在该点的应变状态中只要偏离应变主方向就会出现剪切变形，除非发生均匀的等向胀缩变形。

（5）也有类似于式(2-10)的米泽斯当量应变：

$$\varepsilon_{\mathrm{eq}}=\frac{\sqrt{2}}{3}\sqrt{(\varepsilon_1-\varepsilon_2)^2+(\varepsilon_2-\varepsilon_3)^2+(\varepsilon_3-\varepsilon_1)^2} \tag{2-23}$$

注意，右端根号前的系数不同。八面体正应变和八面体剪应变的计算公式也与八面体正应力和八面体剪应力的相似。

（6）应变张量也可以分解成球形张量与偏斜张量。应变球量表示微元的体积胀缩，而应变偏量描述微元的形状畸变。

2.3 弹性力学基本方程和一般原理

2.3.1 弹性力学的基本方程

弹性力学基本方程有三大类，详细介绍如下。

2.3.1.1 平衡方程

平衡方程表达物体上作用力的平衡关系。理论力学研究外力作用下物体的整体平衡关系，把物体简化为刚体，不考虑物体内部的受力情况。材料力学和弹性力学都需研究物体内部的受力情况，用截面法从物体中取出微元，研究微元的局部平衡。材料力学研究一维的杆、柱、梁、轴等物体，只需用一对垂直于中心轴的截面取出一个杆段来作为微元。弹性力学研究三维一般问题，需用三对垂直于坐标轴的平面从物体内部取出微元。如图 2-16 所示，在直角坐标系中取出边长为 $\mathrm{d}x,\mathrm{d}y,\mathrm{d}z$ 的正六面体微元。微元内受体力 $\boldsymbol{f}$，其分量为 f_x，f_y，f_z。微元表面受应力作用，不同截面上的应力随截面位置的不同而变化。三个正面上的应力分量分别比相应的负面上的应力分量增加一个微分增量。例如，负面上的正应力 σ_x 经过距离 $\mathrm{d}x$ 到正面上变为 $\sigma_x+\dfrac{\partial\sigma_x}{\partial x}\mathrm{d}x$ 等。写出微元在 x,y,z 三个方向上力（等于应力乘其作用面积）的平衡关系，简化后得到如下平衡微分方程：

$$
\begin{cases}
\dfrac{\partial \sigma_x}{\partial x}+\dfrac{\partial \tau_{yx}}{\partial y}+\dfrac{\partial \tau_{zx}}{\partial z}+f_x=0 \\
\dfrac{\partial \tau_{xy}}{\partial x}+\dfrac{\partial \sigma_y}{\partial y}+\dfrac{\partial \tau_{zy}}{\partial z}+f_y=0 \\
\dfrac{\partial \tau_{xz}}{\partial x}+\dfrac{\partial \tau_{yz}}{\partial y}+\dfrac{\partial \sigma_z}{\partial z}+f_z=0
\end{cases}
\tag{2-24}
$$

这是物体内部微元的静力平衡条件，称为平衡微分方程，简称平衡方程。其中的外力项只包含体力。作用在物体外表面上的外力将通过力边界条件施加到物体上，详见 2.3.2 节。

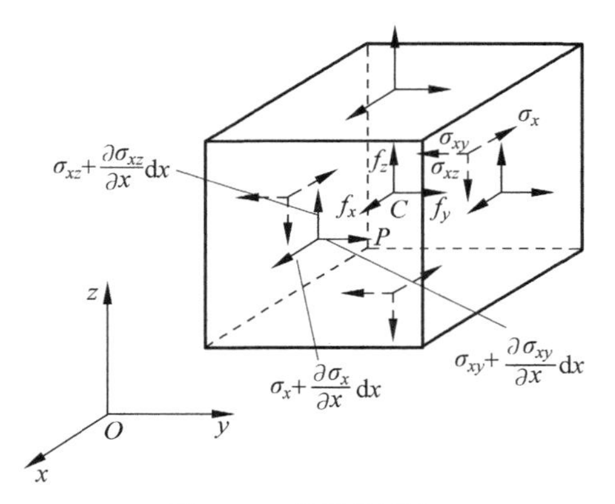

图 2-16　微元的平衡

根据达朗伯(D'Alembert)原理，假设将惯性力——$\rho(\partial^2 \boldsymbol{u}/\partial t^2)$当作体力加到微元上，并移到方程的右端，可由式(2-24)直接写出动力学微分方程：

$$
\begin{cases}
\dfrac{\partial \sigma_x}{\partial x}+\dfrac{\partial \tau_{yx}}{\partial y}+\dfrac{\partial \tau_{zx}}{\partial z}+f_x=\rho\dfrac{\partial^2 u}{\partial t^2} \\
\dfrac{\partial \tau_{xy}}{\partial x}+\dfrac{\partial \sigma_y}{\partial y}+\dfrac{\partial \tau_{zy}}{\partial z}+f_y=\rho\dfrac{\partial^2 v}{\partial t^2} \\
\dfrac{\partial \tau_{xz}}{\partial x}+\dfrac{\partial \tau_{yz}}{\partial y}+\dfrac{\partial \sigma_z}{\partial z}+f_z=\rho\dfrac{\partial^2 w}{\partial t^2}
\end{cases}
\tag{2-25}
$$

其中，ρ 是单位体积的质量密度，u,v,w 是位移分量，它们对时间 t 的二阶偏导数就是加速度分量。平衡方程(2-24)是当加速度为零时动力学方程(2-25)的特殊情况。惯性力可以忽略不计的缓慢运动情况称为准静态，例如，材料试验机中被缓慢加载的试件，此时动力学问题简化为静力学问题。

平衡微分方程(或动力学微分方程)给出了应力张量随空间坐标(和随时间)变化时应该满足的客观规则。

2.3.1.2　几何方程和协调方程

变形体的几何方程(文献中常称运动学方程)已经在 2.2.2 节中给出，即应变-位移公式，包括格林应变公式(式(2-17))和小应变公式(式(2-18))。

几何方程(2-18)有六个方程，但只含三个位移分量 u,v,w。如果事先给定的三个位移分量均为连续函数，则通过求导由式(2-18)可以派生出六个应变分量。反过来，如果任意给定六个应变分量，能否通过调整三个位移分量来满足式(2-18)中的六个方程呢？大家知道，要联立求解只含三个变量的六个代数方程是不可能的，除非这六个方程互相不独立，存在某种相互关系。与此类似，六个几何方程之间也应存在某种微分约束关系。

从变形几何关系来看，变形连续性要求变形前连续的物体在变形后仍保持连续。材料力学和结构力学中的变形连续条件要求结构相邻部件在连接界面处的位移和转角相等。弹性力学除了要求满足界面处的变形连续条件外，在物体内部各微元间还应满足局部的变形连续条件，否则将出现开裂或重叠现象。

局部变形连续条件要求位移分量 u,v,w 在变形前、后都是连续函数。高等数学指出连续函数的特性是：对坐标的高阶偏导数与求导顺序无关。由此弹性力学推导出如下应变分量间的微分约束关系，称为应变协调方程：

$$\begin{cases}\dfrac{\partial^2\varepsilon_x}{\partial y^2}+\dfrac{\partial^2\varepsilon_y}{\partial x^2}-\dfrac{\partial^2\gamma_{xy}}{\partial x\partial y}=0\\[2mm]\dfrac{\partial^2\varepsilon_y}{\partial z^2}+\dfrac{\partial^2\varepsilon_z}{\partial y^2}-\dfrac{\partial^2\gamma_{yz}}{\partial y\partial z}=0\\[2mm]\dfrac{\partial^2\varepsilon_z}{\partial x^2}+\dfrac{\partial^2\varepsilon_x}{\partial z^2}-\dfrac{\partial^2\gamma_{zx}}{\partial z\partial x}=0\\[2mm]\dfrac{\partial^2\varepsilon_x}{\partial y\partial z}=\dfrac{1}{2}\dfrac{\partial}{\partial x}\left(-\dfrac{\partial\gamma_{yz}}{\partial x}+\dfrac{\partial\gamma_{zx}}{\partial y}+\dfrac{\partial\gamma_{xy}}{\partial z}\right)\\[2mm]\dfrac{\partial^2\varepsilon_y}{\partial z\partial x}=\dfrac{1}{2}\dfrac{\partial}{\partial y}\left(-\dfrac{\partial\gamma_{zx}}{\partial y}+\dfrac{\partial\gamma_{xy}}{\partial z}+\dfrac{\partial\gamma_{yz}}{\partial x}\right)\\[2mm]\dfrac{\partial^2\varepsilon_z}{\partial x\partial y}=\dfrac{1}{2}\dfrac{\partial}{\partial z}\left(-\dfrac{\partial\gamma_{xy}}{\partial z}+\dfrac{\partial\gamma_{yz}}{\partial x}+\dfrac{\partial\gamma_{zx}}{\partial y}\right)\end{cases}\tag{2-26}$$

其中前三个方程是 x-y、y-z 和 z-x 平面内的二维应变协调方程，后三个方程是三个正应变分别与三个剪应变之间的协调条件。

2.3.1.3 本构方程

平衡方程是力学量之间的关系，几何方程和协调方程是几何量之间的关系，只有通过本构方程才能把力学量和几何量联系起来。本构方程描述材料受力后的变形特性。线性弹性材料的本构方程就是胡克定理。胡克(Hooke R)在单向拉伸情况下用实验证明了：弹性材料的应力和应变之间存在线性关系，把它推广到三维情况，称为广义胡克定律。对金属、塑料等工程常用的各向同性材料，广义胡克定律可以表示为

$$\begin{cases}\varepsilon_x=\dfrac{1}{E}[\sigma_x-\mu(\sigma_y+\sigma_z)],\quad \gamma_{xy}=\dfrac{1}{G}\tau_{xy}\\[2mm]\varepsilon_y=\dfrac{1}{E}[\sigma_y-\mu(\sigma_z+\sigma_x)],\quad \gamma_{yz}=\dfrac{1}{G}\tau_{yz}\\[2mm]\varepsilon_z=\dfrac{1}{E}[\sigma_z-\mu(\sigma_x+\sigma_y)],\quad \gamma_{zx}=\dfrac{1}{G}\tau_{zx}\end{cases}\tag{2-27}$$

其中，E 和 μ 分别为杨氏模量和泊松比；G 是剪切模量，它是剪应力与工程剪应变之间的弹性常数。剪切模量与杨氏模量和泊松比间存在如下关系：

$$G=\frac{E}{2(1+\mu)} \tag{2-28}$$

所以独立的弹性常数只有 2 个。

式(2-27)表明：对各向同性材料，正应力只引起正应变(左三式)，剪应力只引起剪应变(右三式)，它们是互不耦合的。

压力容器中使用的纤维增强复合材料可以简化为正交各向异性材料。正交各向异性材料在三个正交方向上的性质是不同的，需要独立测定，其他方向上的性质则可以根据这三个方向的性质来确定。此类材料的广义胡克定律为

$$\begin{cases}\varepsilon_x=\frac{1}{E_x}\sigma_x-\frac{\mu_{xy}}{E_y}\sigma_y-\frac{\mu_{zx}}{E_z}\sigma_z, & \gamma_{xy}=\frac{1}{G_{xy}}\tau_{xy}\\ \varepsilon_y=-\frac{\mu_{xy}}{E_x}\sigma_x+\frac{1}{E_y}\sigma_y-\frac{\mu_{yz}}{E_z}\sigma_z, & \gamma_{yz}=\frac{1}{G_{yz}}\tau_{yz}\\ \varepsilon_z=-\frac{\mu_{zx}}{E_x}\sigma_x-\frac{\mu_{yz}}{E_y}\sigma_y+\frac{1}{E_z}\sigma_z, & \gamma_{zx}=\frac{1}{G_{zx}}\tau_{zx}\end{cases} \tag{2-29}$$

可以看到，正交各向异性材料也是正应力只引起正应变，剪应力只引起剪应变。但是三个方向的杨氏模量、泊松比和剪切模量各不相同，独立的弹性常数增加到 9 个。

需要指出的是，对于各向异性材料的一般情况，任何一个应力分量都可能引起任何一个应变分量的变化，正应力会引起剪应变，剪应力也会引起正应变。

在连续介质力学中，弹性、塑性、黏弹性、流体等各种材料的应力(应力率)和应变(应变率)之间的材料特性方程统称为本构方程。

2.3.2　边界条件和界面条件

2.3.1 节讲到的三组微分方程是物体内部需要满足的弹性力学基本方程，物体外部所受的载荷和约束情况要通过边界条件来给定。满足三组基本方程的通解有无穷多个，只有进一步满足给定的边界条件后才能唯一地确定物体的变形和应力状态。

对于用有限元软件进行结构应力分析的工程师来说，基本方程的求解过程将由软件自动完成，用户的主要任务是针对实际的工程结构建立合理的简化计算模型和给定正确的边界(或界面)条件。如果所建的简化模型或所给的边界条件不能真实反映实际工程情况，那么程序输出的完整而漂亮的计算结果都是错误的，将误导用户做出错误的设计方案。

2.3.2.1　边界条件

物体的表面是物体的边界，通常有三种基本边界情况。

(1) 力边界 S_σ

在力边界上施加载荷，即给定作用在单位面积上的表面力。

自由表面是力边界中表面力为零的特殊情况。

在弹性力学中没有集中力，应将其转化为与其静力等效的、作用在一个小面积上的均布表面力。集中力矩则转化为与其静力等效的非均布(一般为线性分布)表面力。

(2) 位移边界 S_u

在位移边界上施加约束，即给定位移(或应变)分量的值。对梁、板、壳等结构也可以给定转角，即位移的一阶导数值。

(3) 混合边界 S_C

一部分表面为力边界、另一部分表面为位移边界的情况。例如，图 2-17 中的水坝，受水压的 OA 面和自由表面 $ABCD$ 为力边界，埋入岩土中的 OE 面和 ED 面为位移边界。

在物体表面某点处可以对一个方向给定力边界，另一方向给定位移边界。例如，图 2-18 中可移动基础的下边界，在铅垂方向上给定位移为零，在水平方向上给定剪应力为零。

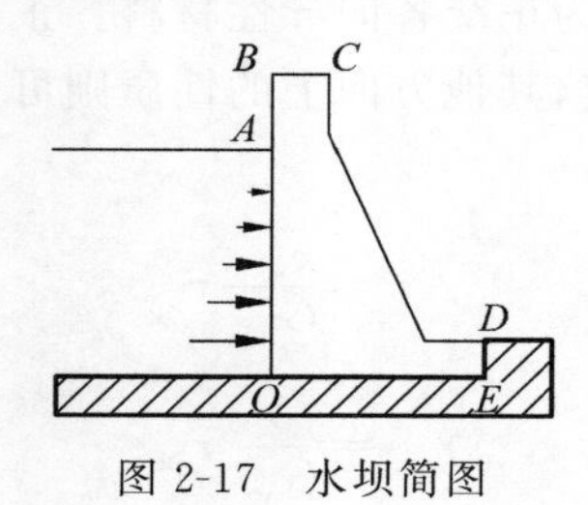

图 2-17 水坝简图

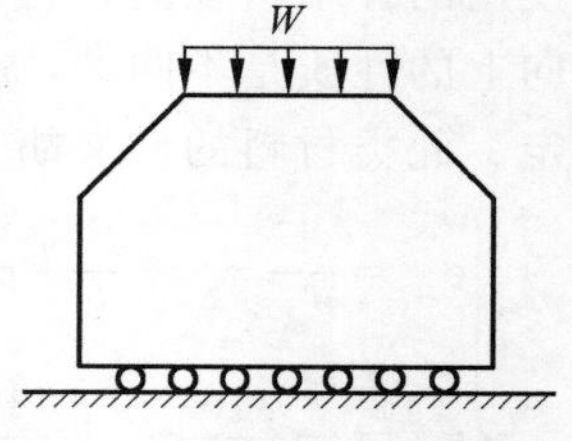

图 2-18 可移动的基础

(4) 弹性边界 S_E

在弹性边界上既不给定表面力 X，也不给定边界位移 u，而是给定两者间的弹性系数 k：

$$u=kX \tag{2-30}$$

如果所用的有限元程序没有给定弹性边界条件的功能，可以用弹簧杆单元或弹性实体单元来代替弹性边界，并在杆单元的另一端或实体单元的外边界给定位移约束条件。新增单元的弹性特性要根据弹性系数 k 来确定。

对于弹性动力学问题，还需要给定初始条件，即 $t=0$ 时刻的位移分量和速度分量。

在给定边界条件时必须遵循如下原则：

(1) 在物体表面每一点(对有限元分析是每个节点)的三个相互正交的方向上都必须给定边界条件。在没有给定边界条件的点或方向上，一般都按自由表面处理，否则解是不确定的。

(2) 力边界条件和位移边界条件不能重叠，否则会出现矛盾条件，导致弹性力学问题无解。在有限元分析中，一般是自动保留位移边界条件，重叠的力边界条件无效。

(3) 在静力问题中，给定的位移约束条件应足以防止物体发生整体刚体运动，即必须限制物体的三个刚体平动和三个刚体转动自由度，否则解是不确定的。在有限元分析中会导致总体刚度矩阵奇异，因而无解。

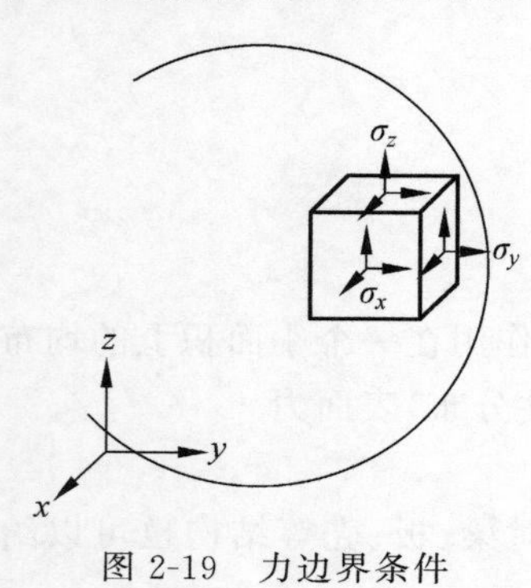

图 2-19 力边界条件

(4) 在力边界条件中只能给定物体表面的应力分量，位于物体内部的微元面上的应力分量是待求的未知量，不能人为给定。在图 2-19 中画出一个临近物体表面的微元，其垂直于 y 轴的微元面是物体的自由表面，其余五个微元面都在物体内部。力边界条件只能给定表面上的应力分量 $\sigma_y=0,\tau_{yx}=0,\tau_{yz}=0$，另外三个分量 σ_x，σ_z 和 τ_{zx} 是未知内力，既不知道也不允许给定。初学者常误认为边界微元的六个应力分量都是力边界条件，于是凭猜测胡乱给定 σ_x，σ_z 和 τ_{zx} 的值。

2.3.2.2　界面条件

界面是弹性体内两个部分间的连接面或两种不同材料的交界面。界面两侧物体间的连续条件称为界面条件。它有时并不具体给定界面上位移分量或应力分量的大小，而是给定界面两侧的位移分量或应力分量间的相互关系。界面条件的数目是相应边界条件数的两倍。

常见的界面有黏结面和滑移面两种。

(1) 在黏结面上位移分量和应力分量全都连续，界面条件为

$$\begin{cases} u_n^{(1)}=u_n^{(2)}, & \sigma_n^{(1)}=\sigma_n^{(2)} \\ u_x^{(1)}=u_x^{(2)}, & \tau_{nx}^{(1)}=\tau_{nx}^{(2)} \\ u_y^{(1)}=u_y^{(2)}, & \tau_{ny}^{(1)}=\tau_{ny}^{(2)} \end{cases} \tag{2-31}$$

其中，上角标(1)、(2)分别表示界面的两侧，下角标 n,x,y 分别表示界面的法线方向和界面内的两个正交方向。

当黏结面一侧为固定的刚体时，界面条件退化为对另一侧弹性体的固定边界条件：

$$u_n=0,\quad u_x=0,\quad u_y=0 \tag{2-32}$$

(2) 在滑移面上滑移方向的应力分量为零，且位移分量不连续。例如，法向连续、界面内可以滑移的界面条件为

$$\begin{cases} u_n^{(1)}=u_n^{(2)}, & \sigma_n^{(1)}=\sigma_n^{(2)} \\ \tau_{nx}^{(1)}=0, & \tau_{nx}^{(2)}=0 \\ \tau_{ny}^{(1)}=0, & \tau_{ny}^{(2)}=0 \end{cases} \tag{2-33}$$

和边界条件一样，界面条件只能限制界面上的物理量，而不能限制物体内部的物理量。例如，图 2-20 中受 z 向拉伸的胶粘接头，虽然在胶与金属的粘接界面上应力和位移分量都连续，但因胶与金属的泊松比不同，界面上、下微元的内部物理量 $\sigma_x^{(1)}\neq\sigma_x^{(2)}$。图 2-21 是由两种材料组成的、受纯剪切作用的板材，虽然在界面上剪应力和位移都连续，但因上、下材料的剪切模量不同，界面两侧的剪应变 $\gamma_{xy}^{(1)}\neq\gamma_{xy}^{(2)}$。

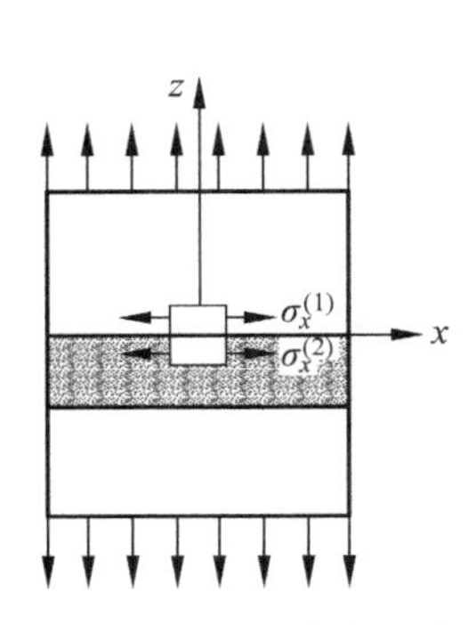

图 2-20　内部正应力不连续

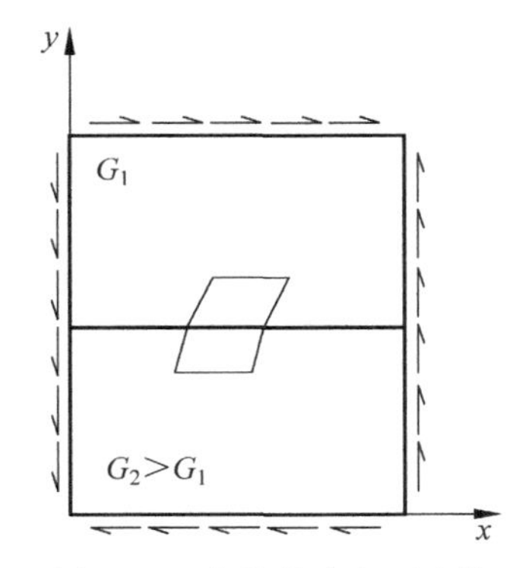

图 2-21　内部剪应变不连续

2.3.2.3　对称和反对称条件

对于几何形状对称的物体，如果施加的载荷和约束也对称(或反对称)，则变形后物体的位移场和应力场也将对称(或反对称)。利用对称(或反对称)条件可以使有限元分析的计算

量大为减少。例如,图 2-22 是高梁的对称和反对称变形情况,可以只取左半或右半部分进行分析,而在对称(或反对称)面(图中的 y 轴)上给定对称(或反对称)条件。图 2-23 中的多孔圆盘可以用 1 和 2 两个对称面只取其十分之一进行有限元分析。

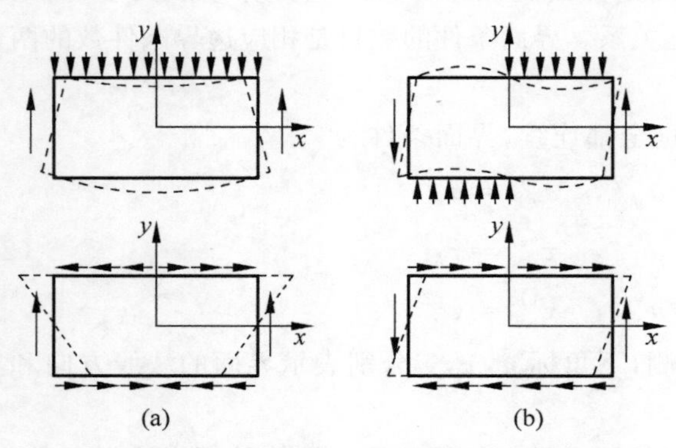

图 2-22 高梁的对称与反对称情况
(a) 对称;(b) 反对称

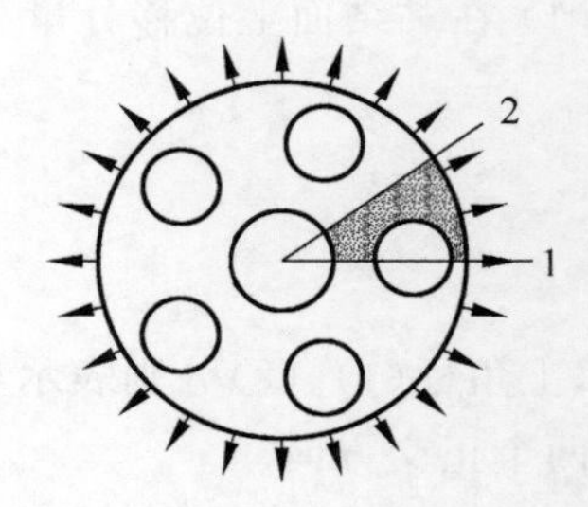

图 2-23 多孔圆盘

图 2-24 中 y 轴为几何对称面,左右两个微元本来在对称面处是连在一起的,在 y 轴两边的 BE 是同一个面,为了显示应力分量才把它们分开。根据对称原理将图 2-24(a)中对称面右图的各矢量镜面映射到左图,得到对称情况;再将左上图中的矢量全部反向到左下图,得到反对称情况。

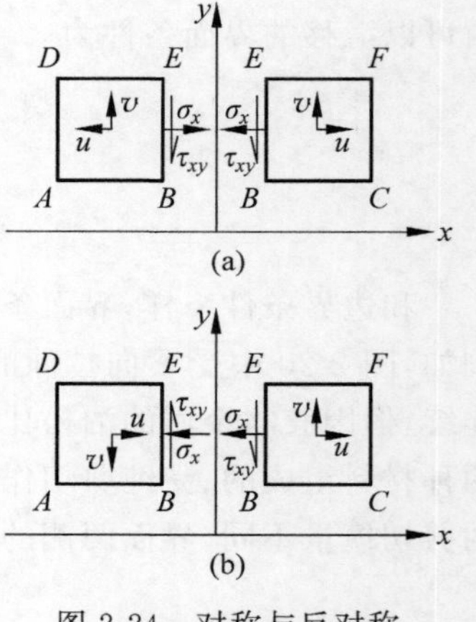

图 2-24 对称与反对称
(a) 对称;(b) 反对称

根据应力和位移的正向规定可以看到:在图 2-24(a)的对称情况下垂直于对称面的应力分量 σ_x 和平行于对称面的位移分量 v 在对称面两侧大小和正负都相同,称为对称分量;垂直于对称面的位移分量 u 和平行于对称面的应力分量 τ_{xy} 则大小相等、正负相反,称为反对称分量。在图 2-24(b)的反对称情况下,前者称反对称分量,而后者称对称分量。

根据上述分析,由对称条件可以确定:

(1) 对称分量沿对称面法线方向的偏导数必为零,因为在跨越对称面时它的值保持不变。但是用对称条件无法确定对称分量的值,因为只要两侧分量相等,无论它们的值是多少都能满足对称条件。

(2) 反对称分量在对称面处的值必为零,因为其两侧的值一正一负,若不为零则无法满足两侧相等的对称条件。

把这些规律推广到三维情况和反对称情况,就得到表 2-1 中的对称条件和表 2-2 中的反对称条件。

由表 2-1 和表 2-2 可见:无论是对称情况还是反对称情况,在对称面上都能给出三个函数值为零和三个法向导数为零的条件。在有限元分析中,若在边界面上处处给定表中所列的三个函数值为零的条件,则三个偏导数为零的条件往往也能自动满足。例如图 2-25,若在对称面 y-z 上处处给定 $u=0$ 和 $\tau_{xy}=\tau_{xz}=0$(对应于表 2-1 的第三行),则自然有$\frac{\partial u}{\partial y}=0$,

代入 $\tau_{xy}=\frac{G}{2}\left(\frac{\partial u}{\partial y}+\frac{\partial v}{\partial x}\right)=0$ 后，可得到第一个偏导数$\frac{\partial v}{\partial x}=0$；再由 $\tau_{xz}=0$ 可同理证明第二个偏导数$\frac{\partial w}{\partial x}=0$。最后，因 $\tau_{xy}=0$，根据剪应力互等定理，有 $\tau_{yx}=0$，再由微元在 x 方向的无体力平衡方程，可以证明$\partial\sigma_x/\partial x=0$。

表 2-1　位移分量和应力分量的对称性

对称面	对称分量		反对称分量	
	位移	应力	位移	应力
x-y	$\frac{\partial u}{\partial z}=\frac{\partial v}{\partial z}=0$	$\frac{\partial \sigma_z}{\partial z}=0$	$w=0$	$\tau_{zx}=\tau_{zy}=0$
y-z	$\frac{\partial v}{\partial x}=\frac{\partial w}{\partial x}=0$	$\frac{\partial \sigma_x}{\partial x}=0$	$u=0$	$\tau_{xy}=\tau_{xz}=0$
z-x	$\frac{\partial w}{\partial y}=\frac{\partial u}{\partial y}=0$	$\frac{\partial \sigma_y}{\partial y}=0$	$v=0$	$\tau_{yz}=\tau_{yx}=0$

表 2-2　位移分量和应力分量的反对称性

反对称面	反对称分量		对称分量	
	位移	应力	位移	应力
x-y	$u=v=0$	$\sigma_z=0$	$\frac{\partial w}{\partial z}=0$	$\frac{\partial \tau_{zx}}{\partial z}=\frac{\partial \tau_{zy}}{\partial z}=0$
y-z	$v=w=0$	$\sigma_x=0$	$\frac{\partial u}{\partial x}=0$	$\frac{\partial \tau_{xy}}{\partial x}=\frac{\partial \tau_{xz}}{\partial x}=0$
z-x	$w=u=0$	$\sigma_y=0$	$\frac{\partial v}{\partial y}=0$	$\frac{\partial \tau_{yz}}{\partial y}=\frac{\partial \tau_{yx}}{\partial y}=0$

梁、板、壳单元的内力素（包括薄膜力 N_x 和 N_y、面内剪力 N_{xy} 和 N_{yx}、横剪力 Q_x 和 Q_y、弯矩 M_x 和 M_y 及扭矩 M_{xy} 和 M_{yx} 等，参见 2.4 节）由横截面上的应力分量沿厚度积分得到。内力素的对称性取决于构成它的应力分量的对称性。例如，图 2-26 中梁的轴力 N 和弯矩 M 由对称应力分量 σ_x 积分而来，所以都是对称分量，它们在对称面 y-z 上的值并不为零；而横剪力 Q 由反对称应力分量 τ_{yx} 积分而来，是反对称分量，它在对称面上必等于零。位移分量（例如，梁的挠度 w）的对称性和上述三维情况同样判断。

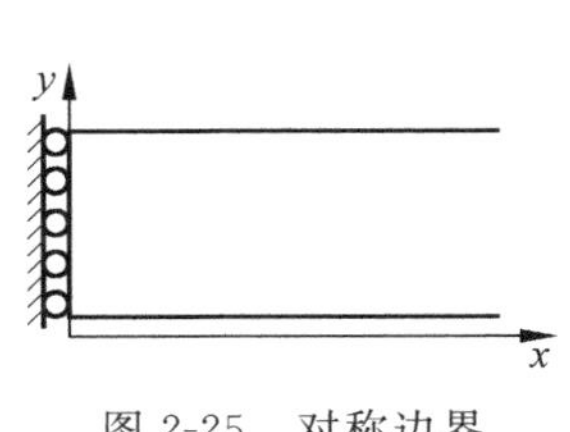

图 2-25　对称边界

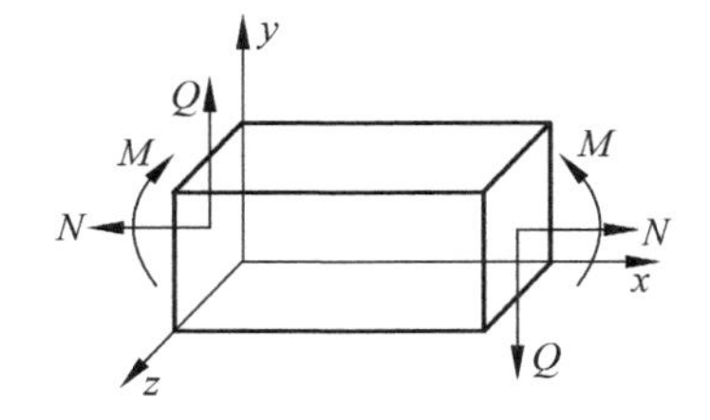

图 2-26　梁的位移和内力

2.3.2.4　接触条件

工程中有许多接触问题，例如，滚珠与轴承圈的接触、车轮与铁轨的接触、O 型密封圈与法兰的接触等。接触条件是两个接触物体间的界面条件，它包括变形关系和面力关系两个方面。

(1) 不可嵌入条件：两个物体 A 和 B 的表面可以相互接触、滑移或脱离，但不能相互嵌入，即

$$\gamma_N = u_N^A - u_N^B \leqslant 0, \quad \gamma_T = u_T^A - u_T^B \begin{cases} =0, & \text{无滑移} \\ \neq 0, & \text{有滑移} \end{cases} \tag{2-34}$$

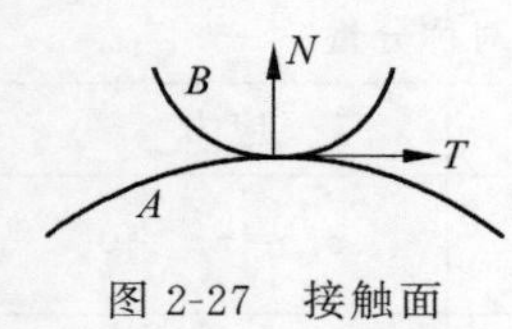

图 2-27 接触面

其中，u_N^A 和 u_N^B 分别为主体 A 和从体 B 沿接触面法向 N 的位移，以主体 A 的外法线方向为正，参见图 2-27。γ_N 称为嵌入量，它不能大于零，γ_N 为负表示有间隙。u_T^A 和 u_T^B 是两物体沿接触面切向 T 的位移，γ_T 为两物体的相对滑移量。

(2) 面力条件：

$$\sigma_N^A = \sigma_N^B \leqslant 0, \quad \begin{cases} \tau_T^A = \tau_T^B = 0, & \text{无摩擦} \\ |\tau_T^A| = |\tau_T^B| \leqslant f\,|\sigma_N^A|, & \text{有摩擦} \end{cases} \tag{2-35}$$

其中，σ_N^A 和 σ_N^B 是两物体的法向接触应力，它只能是压应力，若出现拉应力则表示该接触应该脱离；τ_T^A 和 τ_T^B 是两物体沿接触面切向的应力，无摩擦时为零，有摩擦时若绝对值小于库仑摩擦力则无滑移，若等于库仑摩擦力则产生滑移；f 是库仑摩擦系数。

接触面是一种特殊的界面。接触条件式(2-34)和式(2-35)中含有不等式的条件，而且接触力和接触面积的大小均与接触处的变形情况有关，所以接触条件是一种复杂的非线性界面条件，要通过迭代来求解。即使线弹性、小变形情况，接触问题的载荷-位移关系也是非线性的。

2.3.3 弹性力学一般原理

2.3.3.1 叠加原理

叠加原理：物体受两组载荷共同作用时的应力场或位移场等于每组载荷单独作用时的应力场或位移场之和，且与加载顺序无关。

叠加原理是线弹性理论中普遍适用的一般原理，利用它可以把复杂载荷情况简化为若干简单载荷情况的组合。弹性力学的许多典型问题都能在各种手册[3-5]中找到解答，灵活应用叠加原理可以将这些已有的解析解组合起来去处理较复杂的工程问题。

叠加原理可用于载荷叠加或边界条件叠加。在处理位移边界条件的叠加时应注意：满足给定位移边界条件的是总位移 $u_i = u_i' + u_i'' = \bar{u}_i$，并非要求分位移都满足 $u_i' = \bar{u}_i$ 和 $u_i'' = \bar{u}_i$。例如，若位移边界条件要求 $u_i = 0$，则 $u_i' = u_i'' = 0$ 或 $u_i' = -u_i''$ 都可以满足条件。

证明叠加原理的前提条件是所有基本方程和边界/界面条件都是线性的，所以叠加原理仅适用于线弹性小变形情况，不适用于任何非线性问题。

非线性问题有三大类：

(1) 几何非线性问题，又称大变形问题，包括小应变-大变形问题和大应变-大变形问题两类，详见 2.2.2 节。此时平衡方程建立在变形后的几何形态上，会出现与变形相关的非线性项。对大应变情况，应变-位移方程也是非线性的。

(2) 材料非线性问题。此时本构方程是非线性的，胡克定理不再适用。例如，非线性弹性材料、弹塑性材料、考虑裂纹损伤的岩土和混凝土材料等。

(3) 边界条件非线性问题。此时边界/界面条件具有非线性特征。例如，接触问题、载荷随变形而改变的非保守力系情况（如气动弹性引起的颤振问题）、非线性支承边界问题（如磁浮轴承）、流固耦合等多种边界耦合问题。

2.3.3.2 解的唯一性原理

解的唯一性原理：线性弹性力学问题的解是唯一的。

唯一性原理明确告诉我们：无论用什么方法求得的解，只要能满足全部基本方程和边界/界面条件，就一定是问题唯一的真解。这是线性弹性力学中各种试凑解法的理论基础，也是将各种不同解法（包括解析、实验和数值）的结果相互校对的理论依据。

应用时要注意正确地给出物理问题的数学描述，包括建立正确的简化模型和给出适定的边界/界面条件，否则解可能不存在或不唯一。

2.3.3.3 圣维南原理

实际工程问题往往只知道总的载荷值，无法给出载荷沿边界的详细分布规律。圣维南原理提供了一种静力等效的简化方案，有两种提法。

(1) 静力等效原理：若把作用在物体局部表面上的外力用另一组与它静力等效（即合力和合力矩与它相等）的力系来代替，则这种等效处理的影响将随远离该局部作用区而迅速衰减。

(2) 局部影响原理：由作用在物体局部表面上的自平衡力系（即合力与合力矩为零的力系）所引起的应力和应变，在远离（远大于该局部作用区的线性尺寸）作用区的地方将衰减到可以忽略不计的程度。

由于外力与其静力等效力系之差是一个自平衡力系，所以这两种提法是完全等价的。

圣维南原理不仅被大量线弹性小变形情况的实验观测和工程经验所证实，还能举出许多大变形和非弹性情况的实例。例如，用老虎钳夹铁丝，即使铁丝进入塑性，甚至被剪断，远离断口的铁丝部分并不受影响。

诸多经验表明，静力等效处理的影响区尺寸一般不大于载荷作用区尺寸的 2～3 倍。这里的“载荷作用区”是指自平衡力系（或实际载荷与静力等效载荷之差）的作用区。例如，图 2-28(a)中将均布载荷用静力等效的集中力来代替，则载荷作用区的尺寸为均布载荷的 L，而非集中力的 $L'=0$。图 2-28(b)中单向拉伸试件夹持方式的影响区尺寸为试件的横向尺寸 L，而与夹持段长度 L'无关。因为夹持传给试件的力是 $A-A$ 截面上的非均匀分布拉应力，与其静力等效的是试件测量段内均匀分布的拉应力，两者的作用区尺寸都是 L。图 2-28(c)的载荷作用区尺寸是一个波长 L，而非整个载荷的作用尺寸，因为载荷在一个波长范围内已经构成了自平衡力系。对波长 L 很短的高频载荷或把载荷展成三角级数得到的高阶谐波项，其影响区仅限于边界面附近 $2L\sim3L$ 深度，这称为“集肤效应”。

利用圣维南原理可以把位移边界转化为等效的力边界。图 2-29 中悬臂梁固支端的应力分布并不清楚，但根据总体平衡条件可以算出约束反力的合力 P 与合力矩 $M=Pl$。将未知应力分布用其静力等效的、沿厚度线性分布的应力边界来代替，其影响范围仅为梁截面高度的量级。

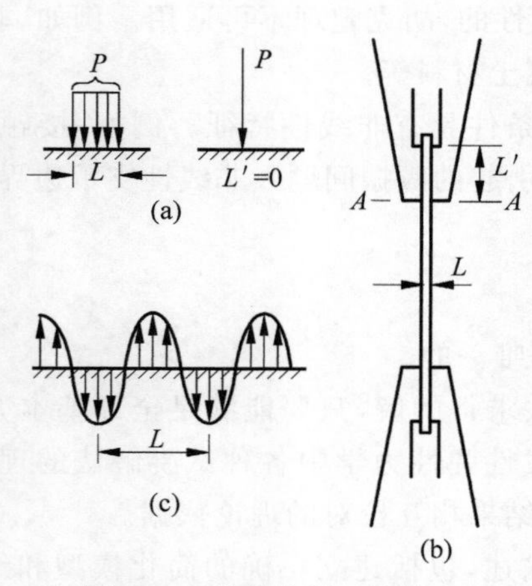

图 2-28 载荷作用区的确定

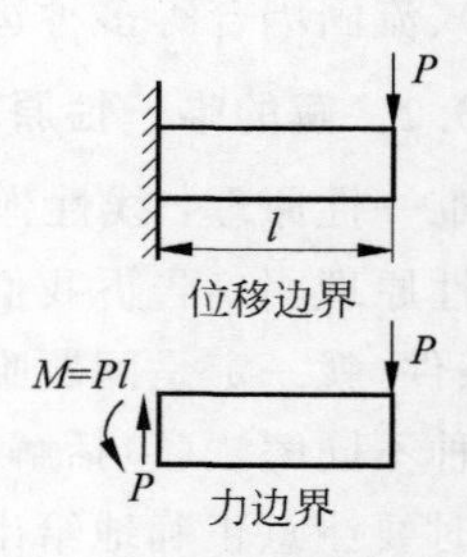

图 2-29 等效力边界

圣维南原理是针对三维实体部件建立的。对于薄壁杆件、薄壳等薄壁结构，当载荷影响区内结构的最小几何尺寸小于载荷作用区的线性尺寸时，圣维南原理不再适用。图 2-30 是右端固支的受扭杆件，固支端面的翘曲被限制，引起垂直于端面的自平衡的正应力。此正应力能影响多远与杆截面的形状有关。图 2-30 中曲线表明，此干扰在实心矩形截面杆(曲线3)中迅速衰减，影响范围与杆截面尺寸同量级；但对于槽形薄壁杆(曲线 1 和曲线 2)，正应力将影响整个杆长，圣维南原理不再适用，因为薄壁杆的最小尺寸(壁厚)已小于载荷作用区的尺寸。

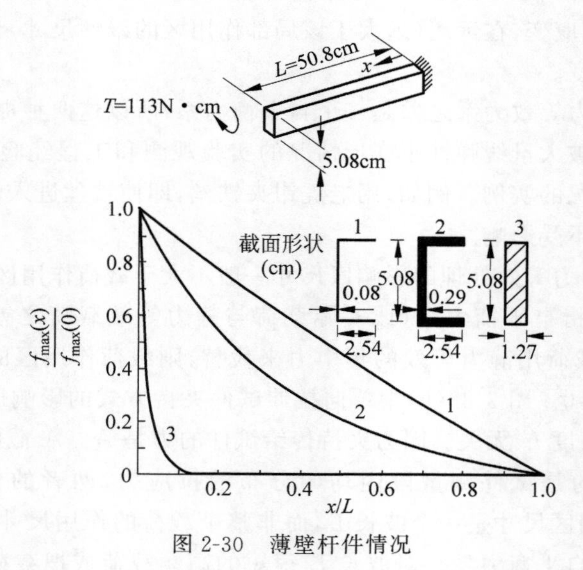

图 2-30 薄壁杆件情况

关于弹性力学一般理论的参考书很多，工程师们可查阅文献[1]、文献[2]、文献[6]～文献[8]。

2.4 弹性板壳理论

2.4.1 概述

大部分压力容器的主体结构都由板壳部件组成。

由板壳厚度的中点构成的曲面称为中面。中面为平面的部件称为平板，中面为曲面的部件称为壳体。通常将从圆柱壳或锥壳中用轴向和环向切面截出的部分称为曲板，而从球壳中截出的部分称为扁壳。根据中面的几何形状，还可以分出圆板、矩形板、环板和球壳、圆柱壳、锥壳、回转壳等。

板壳部件的共同几何特征是：厚度 h 比中面最小尺寸 L 小得多，即 $h/L \ll 1$。通常将 $h/L \leqslant 1/5$ 的部件称为薄板或薄壳。在板壳理论中板壳结构被简化为没有厚度的几何平面(板)或曲面(壳)，即它们的中面。给定厚度只是为了计算该平(曲)面的刚度特性。

板壳部件可以承受垂直于中面的横向载荷和沿中面的面内载荷。平板在横向载荷作用下产生弯曲应力，是平板弯曲问题；在面内载荷作用下产生面内应力，是弹性力学的平面应力问题。两者互不耦合，可以独立求解。承受法向载荷的壳体在沿壳体中面切向的理想支承下可以完全用面内薄膜应力来承担载荷，相应的分析称为薄膜理论或无矩理论。但是在许多情况下，由于边界上的非理想支承或壳体内部的几何形状突变，壳体内将同时存在薄膜应力和弯曲应力，相应的分析称为弯曲理论或有矩理论。

薄膜应力沿壁厚均匀分布，载荷由整个壁厚的材料共同承担，弯曲应力沿壁厚线性分布，载荷主要由内、外表面附近的部分材料来承担，所以薄膜应力的承载能力比弯曲应力强得多。壳体的横向载荷主要由薄膜应力来承担，其承载效率远高于主要由弯曲应力承载的梁、板型部件。例如，若平板封头和球形封头的半径 R 和厚度 h 都相同，在相同内压下平板封头中的最大应力将比球形封头大 1.5～2.5(R/h)倍[①]，若 $R/h=10$，则达到 15～25 倍。

板壳中面法线方向的位移称为横向位移或挠度 w。若最大挠度不大于板的厚度(即 $w \leqslant h$)，称为小挠度问题，属于线性理论。若 $w>h$，则为大挠度问题，应考虑几何非线性效应。

薄板和薄壳小挠度理论的基本假设是基尔霍夫(Kirchhoff)假设，通常简称为直法线假设，包括：

(1) 直法线假设：变形前垂直于中面的法线，变形后仍为直线并垂直于变形后的中面。

(2) 平面应力假设：板壳内与中面平行的各薄层均处于平面应力状态，即厚度方向的正应力为零，又称层间无挤压假设。

(3) 法线无伸长假设：中面法线上各点的挠度均等于该法线与中面之交点的挠度。

直法线假设是材料力学中平截面假设的推广，两个相互垂直的平截面的交线就是法线。直法线假设认为：虽然在垂直于中面的横截面内存在横剪力，但它不引起剪切变形，即横向剪切刚度无穷大。对于厚跨比 $h/L>1/5$ 的高梁、厚板、厚壳结构，横向剪切变形不能再忽略，于是提出了考虑横向剪切变形的铁木辛柯(Timoshenko)梁理论和赖斯纳—明特林(Reissner-Mindlin)板(壳)理论。他们假设：变形前垂直于中面的法线(或平截面)，变形后

① 系数 1.5 和 2.5 分别对应于固支圆板和简支圆板(泊松比取 0.33)情况。

仍为直线(或平面),但因发生横向剪切变形不再垂直于变形后的中面。此理论在中等厚度或复合材料梁、板、壳结构中有重要应用。

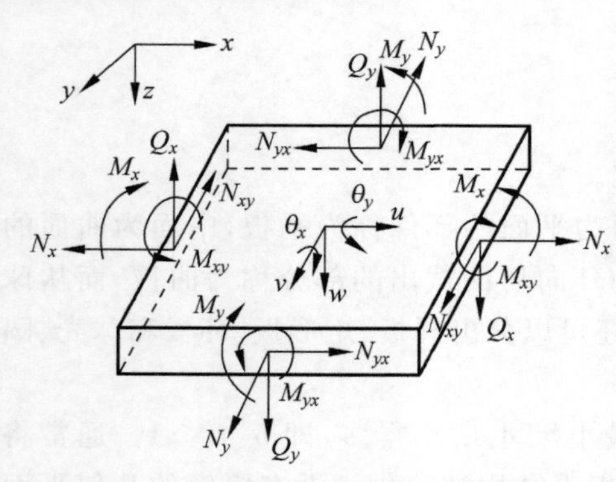

图 2-31 板壳的自由度和内力素

板壳微元有 5 个自由度,即沿位于中面内的坐标轴 x 和 y 的面内位移 u 和 v、垂直于中面的挠度 w、绕 y 轴和 x 轴的转角 θ_x 和 θ_y①,见图 2-31。由于板壳微元在上、下表面外都是空的,没有绕 z 轴的转动刚度,所以在弹性关系中不会出现绕 z 轴的转动自由度 θ_z。板壳微元绕 z 轴如何转动完全由其在面内的变形情况所决定。

板壳微元有 3 个面内应变分量 $\varepsilon_x,\varepsilon_y,\gamma_{xy}$,它们与面内位移 u 和 v 的一阶导数相关。有 2 个曲率分量 κ_x,κ_y 和 1 个扭率分量 κ_{xy},它们与转角 θ_x 和 θ_y 的一阶导数相关。

和梁一样,板壳结构的内部受力情况用内力表示:将作用在单位宽度板壳截面上的各应力分量沿厚度积分得到内力分量,包括作用于中面内的薄膜力 N_x,N_y 和 $N_{xy}=N_{yx}$(其中 N_x 和 N_y 为拉(或压)力,N_{xy} 和 N_{yx} 为面内剪力)以及垂直于中面的横剪力 Q_x,Q_y。将各应力分量和其作用点离中面的距离 z 相乘后沿厚度积分得到内力矩分量,包括弯矩 M_x、M_y 和扭矩 $M_{xy}=M_{yx}$。内力分量和内力矩分量总称为应力合成(stress resultant)或内力素,参见图 2-31。

下面分别对平板和薄壳两类结构进行更深入的讨论。

2.4.2 薄板弯曲理论

平板由对称于中面的上、下两个表面和垂直于中面的边界面构成。除了基尔霍夫假设外,薄板弯曲理论还假设中面不发生面内位移,即面内位移 $u=v=0$,位移分量只有中面挠度 $w(x,y)$。平板的面内变形问题另由弹性力学的平面应力问题去处理。

平板的面内应变和曲率都由挠度完全确定:

$$\varepsilon_x=-z\frac{\partial^2 w}{\partial x^2},\quad \varepsilon_y=-z\frac{\partial^2 w}{\partial y^2},\quad \gamma_{xy}=-2z\frac{\partial^2 w}{\partial x\partial y} \tag{2-36}$$

$$\kappa_x=-\frac{\partial^2 w}{\partial x^2},\quad \kappa_y=-\frac{\partial^2 w}{\partial y^2},\quad \kappa_{xy}=-\frac{\partial^2 w}{\partial x\partial y} \tag{2-37}$$

代入平面应力胡克定律得到应力表达式:

$$\begin{cases}\sigma_x=-\dfrac{Ez}{1-\nu^2}\left(\dfrac{\partial^2 w}{\partial x^2}+\nu\dfrac{\partial^2 w}{\partial y^2}\right)\\ \sigma_y=-\dfrac{Ez}{1-\nu^2}\left(\dfrac{\partial^2 w}{\partial y^2}+\nu\dfrac{\partial^2 w}{\partial x^2}\right)\\ \tau_{xy}=-\dfrac{Ez}{1+\nu}\dfrac{\partial^2 w}{\partial x\partial y}\end{cases} \tag{2-38}$$

① 在板壳理论中习惯上定义 $\theta_x=\frac{\partial w}{\partial x}$,$\theta_y=\frac{\partial w}{\partial y}$。

在薄板弯曲问题中薄膜力 $N_x=N_y=N_{xy}=0$，它们另由平面应力问题考虑，弯矩 M_x 和 M_y，扭矩 M_{xy} 及横剪力 Q_x，Q_y 的计算公式为

$$\begin{cases}M_x=\int_{-h/2}^{h/2}\sigma_x z\mathrm{d}z=-D\left(\dfrac{\partial^2 w}{\partial x^2}+\nu\dfrac{\partial^2 w}{\partial y^2}\right)=D(\kappa_x+\nu\kappa_y)\\ M_y=\int_{-h/2}^{h/2}\sigma_y z\mathrm{d}z=-D\left(\dfrac{\partial^2 w}{\partial y^2}+\nu\dfrac{\partial^2 w}{\partial x^2}\right)=D(\kappa_y+\nu\kappa_x)\\ M_{xy}=M_{yx}=\int_{-h/2}^{h/2}\tau_{xy} z\mathrm{d}z=-D(1-\nu)\dfrac{\partial^2 w}{\partial x\partial y}=D(1-\nu)\kappa_{xy}\end{cases}\tag{2-39}$$

$$\begin{cases}Q_x=\int_{-h/2}^{h/2}\tau_{xz}\mathrm{d}z=-D\dfrac{\partial}{\partial x}\left(\dfrac{\partial^2 w}{\partial x^2}+\dfrac{\partial^2 w}{\partial y^2}\right)=-D\dfrac{\partial}{\partial x}(\kappa_x+\kappa_y)\\ Q_y=\int_{-h/2}^{h/2}\tau_{yz}\mathrm{d}z=-D\dfrac{\partial}{\partial y}\left(\dfrac{\partial^2 w}{\partial x^2}+\dfrac{\partial^2 w}{\partial y^2}\right)=-D\dfrac{\partial}{\partial y}(\kappa_x+\kappa_y)\end{cases}\tag{2-40}$$

其中，$D=Eh^3/[12(1-\nu^2)]$称为板的抗弯刚度。式(2-39)是弯矩和曲率以及扭矩和扭率间的弹性关系。式(2-40)表明横剪力与曲率之和的一阶偏导数相关。

薄板中的弯曲应力和面内剪应力沿板厚呈线性分布，最大应力发生在上、下表面处，计算公式和材料力学相同(宽度 $b=1$)：

$$\sigma_x\Big|_{z=\mp h/2}=\mp\frac{6M_x}{h^2},\quad \sigma_y\Big|_{z=\mp h/2}=\mp\frac{6M_y}{h^2},\quad \sigma_{xy}\Big|_{z=\mp h/2}=\mp\frac{6M_{xy}}{h^2}\tag{2-41}$$

横向剪应力沿板厚呈抛物线分布，最大剪应力发生在中面处，计算公式也同材料力学：

$$\tau_{xz}=\frac{3}{2h}\left(1-\frac{4z^2}{h^2}\right)Q_x,\quad \tau_{yz}=\frac{3}{2h}\left(1-\frac{4z^2}{h^2}\right)Q_y\tag{2-42}$$

平板弯曲问题的基本方程是用挠度表示的横向力平衡方程：

$$\frac{\partial^4 w}{\partial x^4}+2\frac{\partial^4 w}{\partial x^2\partial y^2}+\frac{\partial^4 w}{\partial y^4}=\frac{q(x,y)}{D}\tag{2-43}$$

平板边界每点处有挠度和转角两个自由度，因而只能给定两个边界条件，但作用在边界面上的内力素却有三个。以垂直于 y 轴的边界面为例，它有挠度 w 和转角 θ_y 两个自由度，却有弯矩 M_y、横剪力 Q_y 和扭矩 M_{yx} 三个内力素，其中 M_y 和 Q_y 分别对应于自由度 θ_y 和 w，而 M_{yx} 没有对应的自由度。导致此问题的原因是直法线假设。基于该假设扭矩 M_{yx} 只引起微元刚体转动，没有与之对应的变形自由度(横截面内的剪切变形)。对于刚性微元，可利用静力等效原理，用一对由横剪力构成的力偶矩来替代扭矩 M_{yx}。参见图 2-32 的边界面 BC，作用在单位宽度微元 1 和 2 上的扭矩分别为 M_{yx} 和 $M_{yx}+(\partial M_{yx}/\partial x)\mathrm{d}x$。把左微元 1 的扭矩 M_{yx} 转换成作用于两侧的一对横剪力 M_{yx}，左侧向下，右侧向上，力臂为 $\mathrm{d}x=1$。同样，把右微元 2 的扭矩转换成另一对横剪力 $M_{yx}+(\partial M_{yx}/\partial x)$。在两微元交界面处，微元 1 的横剪力 M_{yx} 抵消了微元 2 的横剪力 $M_{yx}+(\partial M_{yx}/\partial x)$ 的一部分，剩下向下的增量

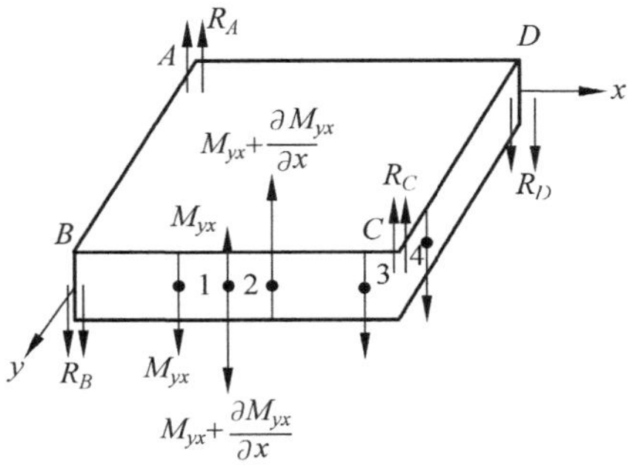

图 2-32　等效横剪力和角点力

$\partial M_{yx}/\partial x$。把它和该点处原有的横剪力 Q_y 相加得到等效横剪力 $\widetilde{Q}_y=Q_y+\partial M_{xy}/\partial x$。沿 BC 边界以及其他三条边界上的所有点都可以做同样的等效处理。最终得到如下等效横剪力边界条件：

$$\begin{cases}\widetilde{Q}_x=Q_x+\dfrac{\partial M_{xy}}{\partial y} & \text{（边界法线沿 } x \text{ 方向）}\\ \widetilde{Q}_y=Q_y+\dfrac{\partial M_{xy}}{\partial x} & \text{（边界法线沿 } y \text{ 方向）}\end{cases} \tag{2-44}$$

再看四个角点处，BC 边角点 C 左侧微元 3 的右横剪力 $-M_{yx}|_C$ 向上，而 CD 边角点 C 右侧微元 4 的左横剪力也向上，它们叠加后形成角点力 $R_C=-2M_{xy}|_C$，其他角点可以类似处理，最终得到四个集中力，称为角点力：

$$R_A=-2M_{xy}|_A,\quad R_B=2M_{xy}|_B,\quad R_C=-2M_{xy}|_C,\quad R_D=2M_{xy}|_D \tag{2-45}$$

等效横剪力和角点集中力是板壳理论中的特有概念。对于大多数工程问题，不会在边界上主动施加分布扭矩型的外载荷，但是它会出现在自由边界条件和位移边界的约束反力中。

矩形板常见的边界条件有：

$$\text{固支边：} w=0,\begin{cases}\partial w/\partial y=0 & \text{（边界平行于 } x\text{）}\\ \partial w/\partial x=0 & \text{（边界平行于 } y\text{）}\end{cases} \tag{2-46}$$

$$\text{简支边：} w=0,\begin{cases}M_y=0 & \text{（边界平行于 } x\text{）}\\ M_x=0 & \text{（边界平行于 } y\text{）}\end{cases} \tag{2-47}$$

$$\text{自由边：}\begin{cases}M_y=0\\ M_x=0\end{cases},\begin{cases}\widetilde{Q}_y=0 & \text{（边界平行于 } x\text{）}\\ \widetilde{Q}_x=0 & \text{（边界平行于 } y\text{）}\end{cases} \tag{2-48}$$

在同一点处不能同时给定挠度和等效横剪力或转角和弯矩。

圆板和环板在压力容器中有广泛应用，例如，平盖、法兰等。求解这类问题采用极坐标系较为方便。

极坐标系中平板弯曲问题的基本方程为

$$\left(\frac{\partial^2}{\partial r^2}+\frac{1}{r}\frac{\partial}{\partial r}+\frac{1}{r^2}\frac{\partial^2}{\partial\theta^2}\right)\left(\frac{\partial^2 w}{\partial r^2}+\frac{1}{r}\frac{\partial w}{\partial r}+\frac{1}{r^2}\frac{\partial^2 w}{\partial\theta^2}\right)=\frac{q(r,\theta)}{D} \tag{2-49}$$

其中，r 和 θ 为径向坐标和环向坐标。

由位移求内力素的公式为（正向定义见图 2-33）

$$\begin{cases}M_r=-D\left[\dfrac{\partial^2 w}{\partial r^2}+\nu\left(\dfrac{1}{r}\dfrac{\partial w}{\partial r}+\dfrac{1}{r^2}\dfrac{\partial^2 w}{\partial\theta^2}\right)\right]\\ M_\theta=-D\left[\left(\dfrac{1}{r}\dfrac{\partial w}{\partial r}+\dfrac{1}{r^2}\dfrac{\partial^2 w}{\partial\theta^2}\right)+\nu\dfrac{\partial^2 w}{\partial r^2}\right]\\ M_{r\theta}=M_{\theta r}=-D(1-\nu)\left(\dfrac{1}{r}\dfrac{\partial^2 w}{\partial r\partial\theta}-\dfrac{1}{r^2}\dfrac{\partial w}{\partial\theta}\right)\end{cases} \tag{2-50a}$$

$$
\begin{cases}
Q_r = -D\dfrac{\partial}{\partial r}\left(\dfrac{\partial^2 w}{\partial r^2}+\dfrac{1}{r}\dfrac{\partial w}{\partial r}+\dfrac{1}{r^2}\dfrac{\partial^2 w}{\partial \theta^2}\right)\\
Q_\theta = -D\dfrac{1}{r}\dfrac{\partial}{\partial \theta}\left(\dfrac{\partial^2 w}{\partial r^2}+\dfrac{1}{r}\dfrac{\partial w}{\partial r}+\dfrac{1}{r^2}\dfrac{\partial^2 w}{\partial \theta^2}\right)
\end{cases}
\tag{2-50b}
$$

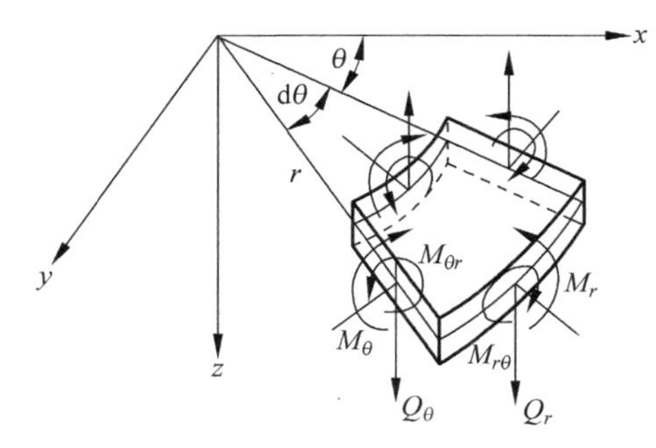

图 2-33 圆板的微元

由内力素计算应力分量的公式和矩形板的相同,只要把式(2-41)和式(2-42)中的下标 x,y 分别改为 r,θ。

对于轴对称载荷情况,式(2-49)简化为

$$
\left(\frac{\mathrm{d}^2}{\mathrm{d}r^2}+\frac{1}{r}\frac{\mathrm{d}}{\mathrm{d}r}\right)\left(\frac{\mathrm{d}^2 w}{\mathrm{d}r^2}+\frac{1}{r}\frac{\mathrm{d}w}{\mathrm{d}r}\right)=\frac{q(r)}{D} \tag{2-51}
$$

其通解为

$$
w = Ar^2 + Br^2\ln\frac{r}{a} + C\ln\frac{r}{a} + D + \hat{w}(r) \tag{2-52}
$$

其中,A、B、C、D 为待定积分常数,由边界条件确定;a 为圆板半径;$\hat{w}(r)$为特解。

将式(2-51)改写成

$$
\frac{1}{r}\frac{\mathrm{d}}{\mathrm{d}r}\left\{\frac{1}{r}\frac{\mathrm{d}}{\mathrm{d}r}\left[\frac{1}{r}\frac{\mathrm{d}}{\mathrm{d}r}\left(r\frac{\mathrm{d}w}{\mathrm{d}r}\right)\right]\right\}=\frac{q(r)}{D} \tag{2-53}
$$

当载荷 $q=q(r)$给定时,特解 $\hat{w}(r)$可以由此式积分得到。

圆板外边界 $r=a$ 处的常见边界条件如下:

(1) 固支边

$$
w=0,\quad \frac{\partial w}{\partial r}=0 \tag{2-54}
$$

(2) 简支边

$$
w=0,\quad M_r=\overline{M}_r \tag{2-55}
$$

其中,$\overline{M}_r$ 为边界处给定的分布弯矩,若无弯矩,$\overline{M}_r=0$。

(3) 自由边

$$
M_r=0,\quad \widetilde{Q}_r=Q_r+\frac{1}{r}\frac{\partial M_{r\theta}}{\partial \theta}=0 \tag{2-56}
$$

其中,$\widetilde{Q}_r$ 是等效横剪力。由于圆板的边界是光滑的圆,不会出现角点力。

对于实心圆板,在板中心 $r=0$ 处要满足如下条件:

(1) 中心挠度 w 有界;

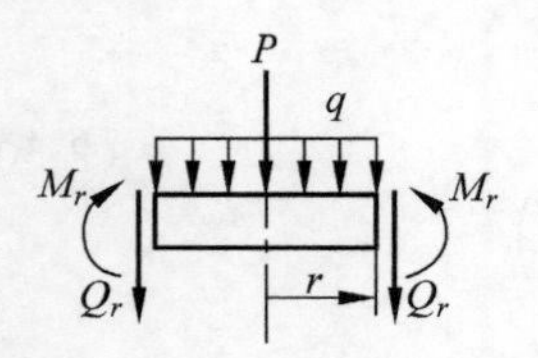

图 2-34 中心小圆板的平衡

(2) 当中心无集中力时，中心弯矩 M_r 和 M_θ 有界；

(3) 当中心有集中力时，从板中心取出半径为 r 的小圆板(图 2-34)，由其 z 向平衡条件可知横剪力应满足：

$$Q_r = -\frac{P}{2\pi r} - \frac{qr}{2} \tag{2-57}$$

对于环板，在外边界 $r=a$ 和内边界 $r=b$ 处的常见边界条件同式(2-54)～式(2-56)。

下面列举两个与压力容器密切相关的解例。

2.4.2.1 受均布载荷的圆板

压力容器的平盖可以简化为半径为 a、承受均布载荷 $q(r)=p$ 的圆板，考虑简支和固支两种边界情况。

将 p 代入式(2-53)，积分后得到特解，再代入通解(式(2-52))得到挠度：

$$w = Ar^2 + Br^2 \ln\frac{r}{a} + C\ln\frac{r}{a} + K + \frac{p}{64D}r^4 \tag{2-58}$$

将挠度代入内力素式(2-50)得：

$$\begin{cases} M_r = -D\left[2(1+\nu)A + (3+\nu)B + 2(1+\nu)B\ln\frac{r}{a} - \frac{1-\nu}{r^2}C\right] - \frac{(3+\nu)pr^2}{16} \\ M_\theta = -D\left[2(1+\nu)A + (1+3\nu)B + 2(1+\nu)B\ln\frac{r}{a} + \frac{1-\nu}{r^2}C\right] - \frac{(1+3\nu)pr^2}{16} \\ M_{r\theta} = 0, \quad Q_r = -\frac{4DB}{r} - \frac{pr}{2}, \quad Q_\theta = 0 \end{cases} \tag{2-59}$$

在板的中心 $r=0$ 处 $\ln(r/a)=-\infty$，根据实心圆板中心挠度有界的条件，必须令式(2-58)中的积分常数 $C=0$。对比式(2-57)和式(2-59)中的 Q_r 得到常数 $B=P/(8\pi D)$，当板的中心无集中载荷($P=0$)时，积分常数 $B=0$。于是均布载荷下实心圆板的通解为

$$w = Ar^2 + K + \frac{p}{64D}r^4 \tag{2-60}$$

简支和固支圆板的边界条件分别为

(1) 简支：$w\big|_{r=a}=0, M_r\big|_{r=a}=0$。

(2) 固支：$w\big|_{r=a}=0, \frac{\partial w}{\partial r}\big|_{r=a}=0$。

将式(2-60)代入边界条件可以定出积分常数 A 和 K。再将 A、B、C、K 代入式(2-58)、式(2-59)，最终得到板的挠度和弯矩。

均布载荷简支圆板：

$$\begin{cases} w = \frac{p}{64D}(a^2 - r^2)\left(\frac{5+\nu}{1+\nu}a^2 - r^2\right) \\ M_r = \frac{p}{16}(3+\nu)(a^2 - r^2) \\ M_\theta = \frac{p}{16}[(3+\nu)a^2 - (1+3\nu)r^2] \end{cases} \tag{2-61}$$

均布载荷固支圆板：

$$\begin{cases} w=\dfrac{p}{64D}(a^2-r^2)^2 \\ M_r=\dfrac{p}{16}[(1+\nu)a^2-(3+\nu)r^2] \\ M_\theta=\dfrac{p}{16}[(1+\nu)a^2-(1+3\nu)r^2] \end{cases} \tag{2-62}$$

最大挠度发生在板的中点处：

$$\begin{cases} \text{简支：} w_{\max}=\dfrac{5+\nu}{1+\nu}\dfrac{pa^4}{64D} \\ \text{固支：} w_{\max}=\dfrac{pa^4}{64D} \end{cases} \tag{2-63}$$

简支板的最大弯矩发生在板的中心处：

$$M_r\Big|_{r=0}=M_\theta\Big|_{r=0}=\frac{3+\nu}{16}pa^2 \tag{2-64}$$

固支板的最大弯矩发生在板的边界处：

$$M_r\Big|_{r=a}=-\frac{1}{8}pa^2,\quad M_\theta\Big|_{r=a}=-\frac{\nu}{8}pa^2 \tag{2-65}$$

当取 $\nu=0.3$ 时，简支板的最大弯矩是固支板的 1.65 倍。

2.4.2.2 外边受横剪力的简支环板

压力容器的法兰可以简化为外边受横剪力的简支环板，见图 2-35。

环板在内边界 $r=b$ 处简支，边界条件为

$$w=0,\quad M_r=0$$

在外边界 $r=a$ 处承受横剪力 Q_0，边界条件为

$$Q_r=-Q_0,\quad M_r=0$$

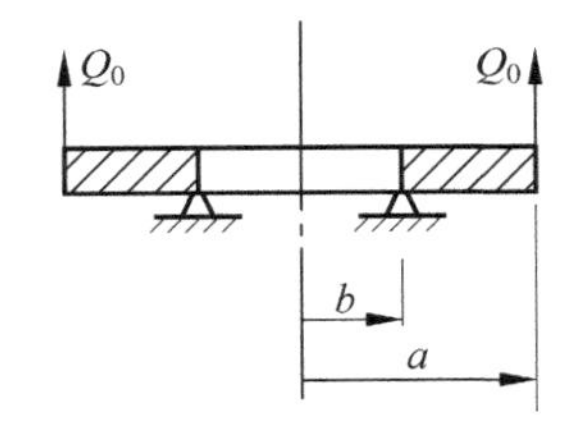

图 2-35　外边受横剪力的简支环板

环板和圆板的通解相同。环板的中心是空的，不需要满足中心挠度有限的条件，因而常数 C 不为零。将式(2-58)和式(2-59)代入上述边界条件，令 $p=0$(无分布载荷)，可得到确定诸积分常数的方程。由此解出 A、B、C、K，代回式(2-58)和式(2-59)，得到外边受横剪力的简支环板的挠度、转角和弯矩公式：

$$\begin{cases} w=\dfrac{Q_0a^3}{4D}\left\{\left(1-\dfrac{r^2}{a^2}\right)\left[\dfrac{3+\nu}{2(1+\nu)}-\dfrac{b^2}{a^2-b^2}\ln\dfrac{b}{a}\right]+\dfrac{r^2}{a^2}\ln\dfrac{r}{a}+\dfrac{2b^2}{a^2-b^2}\dfrac{1+\nu}{1-\nu}\ln\dfrac{b}{a}\ln\dfrac{r}{a}\right\} \\ \theta=\dfrac{\partial w}{\partial r}=\dfrac{Q_0a^3}{2D}\left[\dfrac{r}{a^2}\left(\ln\dfrac{r}{a}-\dfrac{1}{1+\nu}+\dfrac{b^2}{a^2-b^2}\ln\dfrac{b}{a}\right)+\dfrac{1}{r}\dfrac{1+\nu}{1-\nu}\dfrac{b^2}{a^2-b^2}\ln\dfrac{b}{a}\right] \\ M_r=-\dfrac{Q_0a^3}{2}\left[\dfrac{1+\nu}{a^2}\left(\ln\dfrac{r}{a}+\dfrac{b^2}{a^2-b^2}\ln\dfrac{b}{a}\right)-\dfrac{1+\nu}{r^2}\dfrac{b^2}{a^2-b^2}\ln\dfrac{b}{a}\right] \\ M_\theta=-\dfrac{Q_0a^3}{2}\left[\dfrac{1+\nu}{a^2}\left(\ln\dfrac{r}{a}+\dfrac{b^2}{a^2-b^2}\ln\dfrac{b}{a}-\dfrac{1-\nu}{1+\nu}\right)+\dfrac{1+\nu}{r^2}\dfrac{b^2}{a^2-b^2}\ln\dfrac{b}{a}\right] \end{cases} \tag{2-66}$$

2.4.3 回转壳的薄膜理论

回转壳的中面是一个回转曲面，它由一条平面曲线（包括直线）绕与其共面的回转轴旋转一周而生成。该平面曲线是回转壳的子午线或母线。回转壳的微元如图 2-36 所示。垂直于回转轴的平面与回转壳中面的交线是一个圆，称为平行圆，其半径记为 r_0。坐标 φ 沿子午线方向，坐标 θ 沿平行圆方向，坐标 z 沿壳体中面的主法线方向，指向回转轴为正，三者构成正交曲线坐标系。回转曲面的子午线的曲率半径称为第一主曲率半径 R_1，沿中面法线方向；第二主曲率半径 R_2 也沿中面法线方向，其长度为从回转轴到壳体中面的法线长度。R_2 与平行圆半径的关系为

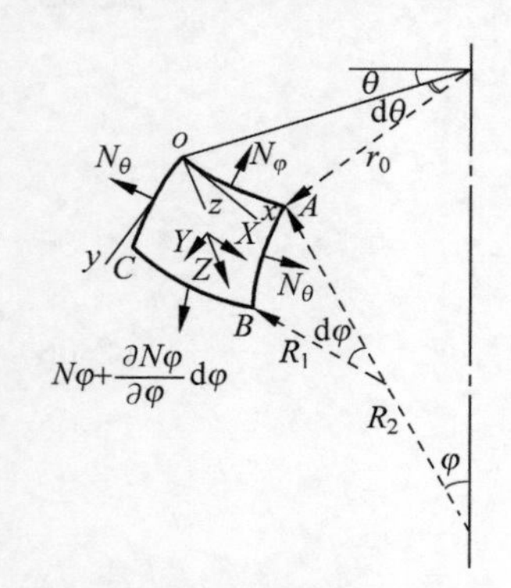

图 2-36 回转壳微元的薄膜平衡

$$r_0 = R_2 \sin\varphi \tag{2-67}$$

微元 $OABC$ 的弧长和面积分别为

$$\begin{cases} \overset{\frown}{OA} = r_0 \mathrm{d}\theta = R_2 \sin\varphi \mathrm{d}\theta \\ \overset{\frown}{OC} = R_1 \mathrm{d}\varphi \\ \mathrm{d}A = R_1 R_2 \sin\varphi \mathrm{d}\varphi \mathrm{d}\theta \end{cases} \tag{2-68}$$

图 2-36 中的局部坐标 x 沿环向（平行圆切线方向，θ 增加为正），y 沿切向（子午线切线方向，φ 增加为正），z 沿外法线的反方向。作用在微元单位面积上的分布载荷为 X, Y, Z，它们的正向与局部坐标 x, y, z 相同。

薄壳理论中的薄膜理论又称无矩理论，研究仅由沿壁厚均匀分布的薄膜应力来承载的情况，壳体中没有弯矩、扭矩和横剪力。它是最简单的薄壳理论，此时的薄壳基本方程将由八阶偏微分方程退化为四阶，在适当的边界条件下可简化为仅靠平衡方程就能求解的静定问题。它又是最实用的薄壳理论，因为薄膜应力状态是壳体最有效的承载方式，许多典型壳体结构的大部分区域都处于薄膜应力状态。薄壳中出现纯薄膜应力状态的前提条件是：除了法向分布载荷外，其他的载荷和约束（支承条件）都必须作用在中面内，即沿中面切线方向，而且壳体中面是光滑曲面。

在轴对称的载荷和边界条件下，回转壳的变形和应力状态都是轴对称的。此时环向位移 $u=0$，非零分量只剩切向位移 v 和法向位移 w，正应变 ε_r、ε_θ 和薄膜力 N_r、N_θ。

下面来推导回转壳薄膜理论的平衡方程。首先考察法向平衡。图 2-37(a)是自顶向下看到的平行圆截面，环向薄膜力 N_θ 作用在子午向的弧长 $R_1\mathrm{d}\varphi$ 上（见图 2-36），微元的总环

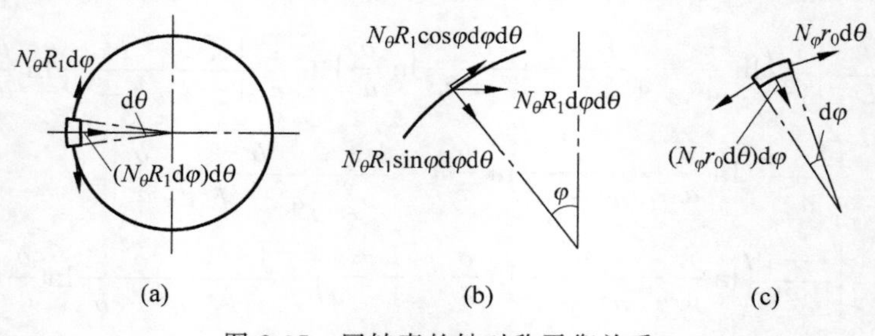

图 2-37 回转壳的轴对称平衡关系

向薄膜力为 $N_\theta R_1 \mathrm{d}\varphi$。微元是曲面，图 2-37(a)中微元的上、下截面沿各自的平行圆径向，相互夹角为 $\mathrm{d}\theta$，导致两侧环向薄膜力不共线，在平行圆径向形成合力 $(N_\theta R_1 \mathrm{d}\varphi)\mathrm{d}\theta$。图 2-37(b)和图 2-37(c)都是由前向后看到的垂直截面。图 2-37(b)将上述沿平行圆径向的力 $N_\theta R_1 \mathrm{d}\varphi \mathrm{d}\theta$ 分解，其内法线方向的分量为 $N_\theta R_1 \sin\varphi \mathrm{d}\varphi \mathrm{d}\theta$。在图 2-37(c)中沿子午线切向的薄膜力 N_φ 作用在平行圆弧长 $r_0 \mathrm{d}\theta$ 上，总切向薄膜力为 $N_\varphi r_0 \mathrm{d}\theta$。该微元两侧截面有夹角 $\mathrm{d}\varphi$，导致两侧切向薄膜力在内法线方向形成合力 $(N_\varphi r_0 \mathrm{d}\theta)\mathrm{d}\varphi = N_\varphi R_2 \sin\varphi \mathrm{d}\varphi \mathrm{d}\theta$。将法向载荷 Z 乘其作用面积得到 $ZR_1 R_2 \sin\varphi \mathrm{d}\varphi \mathrm{d}\theta$。根据静力平衡要求，上述三个法向力之和应为零，除以 $R_1 R_2 \sin\varphi \mathrm{d}\varphi \mathrm{d}\theta$ 后得到回转壳的法向平衡方程：

$$\frac{N_\varphi}{R_1} + \frac{N_\theta}{R_2} + Z = 0 \tag{2-69}$$

再看轴向平衡，图 2-38 是截出的回转壳头部，壳面上作用有分布载荷 Y 和 Z，下截面上作用有切向薄膜力 N_φ。将 Y 和 Z 投影至轴向(设向下为正)并沿整个壳体表面积分得到外载荷在轴向的合力：

$$P = \int_0^{2\pi} \int_0^{\varphi} (Y\sin\varphi + Z\cos\varphi) R_1 r_0 \mathrm{d}\varphi \mathrm{d}\theta \tag{2-70}$$

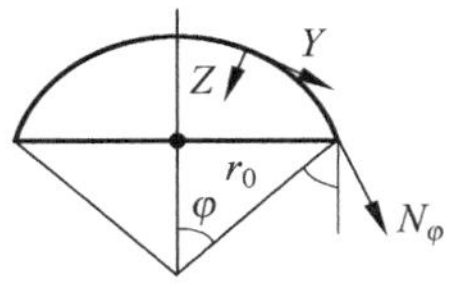

图 2-38　回转壳轴向整体平衡

将 N_φ 乘以其作用面的弧长 $2\pi r_0$ 再投影至轴向，它应与外载荷的轴向合力相平衡，于是得到回转壳的轴向整体平衡方程：

$$2\pi r_0 N_\varphi \sin\varphi + P = 0 \tag{2-71}$$

式(2-69)和式(2-71)是回转壳轴对称薄膜理论的基本方程。这是一组简单的代数方程，载荷给定后由轴向平衡方程(2-70)解出 N_φ，再由法向平衡方程(2-69)解出 N_θ：

$$N_\varphi = \frac{-P}{2\pi r_0 \sin\varphi}, \quad N_\theta = -R_2\left(\frac{N_\varphi}{R_1} + Z\right) \tag{2-72}$$

相应薄膜应力为

$$\sigma_\varphi = \frac{N_\varphi}{h}, \quad \sigma_\theta = \frac{N_\theta}{h}, \quad \tau_{\varphi\theta} = 0 \tag{2-73}$$

代入胡克定律得到中面应变：

$$\varepsilon_\varphi = \frac{1}{Eh}(N_\varphi - \nu N_\theta), \quad \varepsilon_\theta = \frac{1}{Eh}(N_\theta - \nu N_\varphi) \tag{2-74}$$

回转壳的应变和位移关系为

$$\varepsilon_\varphi = \frac{1}{R_1}\left(\frac{\mathrm{d}v}{\mathrm{d}\varphi} - w\right), \quad \varepsilon_\theta = \frac{1}{R_2}(v\cos\varphi - w) \tag{2-75}$$

从推导过程可以看到：①薄膜内力和薄膜应力均由平衡方程完全确定，所以回转壳中全部总体薄膜应力均是平衡外部机械载荷所需要的一次应力(详见第 5 章)。②回转壳的薄膜理论可以由平衡方程独立求解，按结构力学的术语，它是个静定问题。

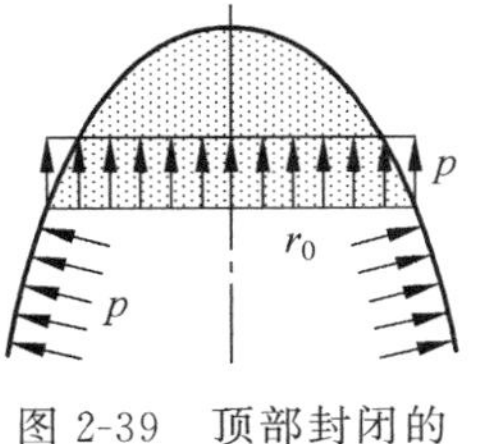

图 2-39　顶部封闭的内压容器

对于顶部封闭的内压容器(图 2-39)，平行圆 r_0 以上壳体所受内压的轴向总合力 P 就等于内压乘平行圆面积，即 $P = -\pi r_0^2 p$。注意到 $Z = -p$，由式(2-72)得到顶部封闭内压容器的薄膜应力通用计算公式：

$$N_{\varphi}=\frac{pR_2}{2},\quad N_{\theta}=p\left(R_2-\frac{R_2^2}{2R_1}\right) \tag{2-76}$$

对圆柱壳和圆锥壳等子午线为直线的壳体，$R_1=\infty$，代入式(2-76)得到 $N_{\theta}=pR_2=2N_{\varphi}$，即环向薄膜力比子午向大一倍。

将图 2-40 中圆柱壳、圆锥壳和球壳的 R_1 和 R_2 代入式(2-76)分别得到其薄膜内力为

圆柱壳：$N_{\varphi}=\dfrac{pr}{2},\quad N_{\theta}=pr$ (2-77)

圆锥壳：$N_{\varphi}=\dfrac{pr}{2\cos\alpha}=\dfrac{ps}{2}\tan\alpha,\quad N_{\theta}=2N_{\varphi}$ (2-78)

球壳：$N_{\varphi}=N_{\theta}=\dfrac{pr}{2}$ (2-79)

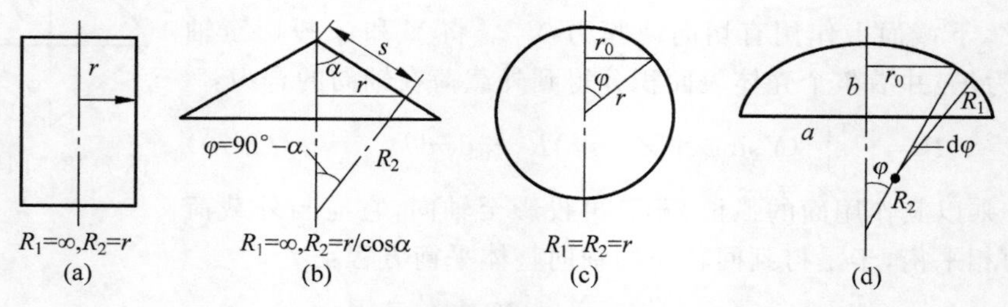

图 2-40 典型回转壳的主曲率半径 R_1 和 R_2

(a) 圆柱壳；(b) 圆锥壳；(c) 球壳；(d) 椭球壳

椭球壳的主曲率半径为

$$\begin{cases} R_1=\dfrac{a^2b^2}{(a^2\sin^2\varphi+b^2\cos^2\varphi)^{3/2}}=R_2^3\dfrac{b^2}{a^4} \\ R_2=\dfrac{a^2}{(a^2\sin^2\varphi+b^2\cos^2\varphi)^{1/2}}=\dfrac{(a^4y^2+b^4x^2)^{1/2}}{b^2} \end{cases} \tag{2-80}$$

代入式(2-76)得到压力容器椭球封头的薄膜内力 N_{φ} 和 N_{θ}。在椭球顶中心处 $\varphi=0$，由式(2-80)得 $R_1=R_2=a^2/b$，相当于 $R=a^2/b$ 的球壳，薄膜力为 $N_{\varphi}=N_{\theta}=pR/2$。在下边界大圆处 $\varphi=\pi/2$，由式(2-80)得 $R_1=b^2/a$，$R_2=a$，代入式(2-76)得：

$$N_{\varphi}=\frac{pa}{2},\quad N_{\theta}=pa\left(1-\frac{a^2}{2b^2}\right) \tag{2-81}$$

所以当 $a>\sqrt{2}b$ 时(如标准椭球封头 $a=2b$)，边界处 N_{θ} 为负，环向将出现压应力。若壳体很薄(如啤酒厂的发酵容器)，在内压作用下椭球封头和碟形封头在边界处会发生环向屈曲，形成褶皱波形。

2.4.4 圆柱壳的轴对称有矩理论

圆柱壳在工程中有广泛应用，例如，压力容器、锅炉、管道、储液罐、火箭筒体、核反应堆的主壳和安全壳、潜水艇艇身等。在内压或外压作用下，圆柱壳主要承受薄膜应力，但在几何形状或载荷不连续的部位以及与其他部件连接的部位还会出现较高的弯曲应力。本节以圆柱壳为例讲述薄壳理论中“边缘效应解”的重要概念。

采用图 2-41 的圆柱坐标系，轴向坐标为 x，环向坐标为 φ，径向坐标为 z（指向圆心为正）。轴向子午线是直线，曲率为零。环向曲率半径为 R。

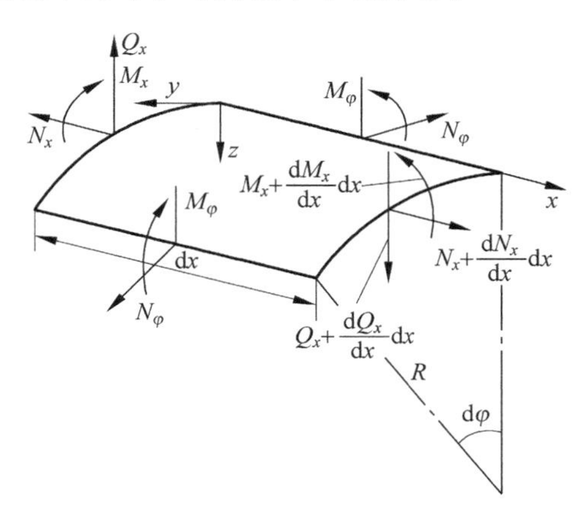

图 2-41　圆柱壳的微元

为了建立平衡方程，取一个瓦片形微元。微元面上承受均布外压 Z。考虑轴对称变形情况，面内剪力 $N_{x\varphi}=N_{\varphi x}=0$，扭矩 $N_{x\varphi}=N_{\varphi x}=0$，横剪力 $Q_{\varphi}=0$，且其他内力素（薄膜力 N_x 和 N_{φ}，弯矩 M_x 和 M_{φ} 及横剪力 Q_x）均为坐标 x 的函数，与坐标 φ 无关。

除了如下 x 向和 z 向的力平衡方程及绕 y 轴的力矩平衡方程外，微元的另三个平衡方程自动满足：

$$\begin{cases}\dfrac{\mathrm{d}N_x}{\mathrm{d}x}R\,\mathrm{d}x\,\mathrm{d}\varphi=0\\[2ex]\dfrac{\mathrm{d}Q_x}{\mathrm{d}x}R\,\mathrm{d}x\,\mathrm{d}\varphi+N_{\varphi}\,\mathrm{d}x\,\mathrm{d}\varphi+ZR\,\mathrm{d}x\,\mathrm{d}\varphi=0\\[2ex]\dfrac{\mathrm{d}M_x}{\mathrm{d}x}R\,\mathrm{d}x\,\mathrm{d}\varphi-Q_xR\,\mathrm{d}x\,\mathrm{d}\varphi=0\end{cases}\tag{2-82}$$

由第一方程得 N_x 为常数，该常数由轴向整体平衡条件确定。另两个方程简化为

$$\begin{cases}\dfrac{\mathrm{d}Q_x}{\mathrm{d}x}+\dfrac{1}{R}N_{\varphi}=-Z\\[2ex]\dfrac{\mathrm{d}M_x}{\mathrm{d}x}-Q_x=0\end{cases}\tag{2-83}$$

和材料力学中梁的弯曲方程相比，第一方程中多出了 N_{φ}/R 项，因而式(2-83)的两个方程中含有三个未知量，成为静不定问题，需要与几何方程联立求解。

对轴对称情况，环向位移 $\nu=0$。圆柱壳的几何关系是

$$\varepsilon_x=\frac{\mathrm{d}u}{\mathrm{d}x},\quad \varepsilon_{\varphi}=-\frac{w}{R}\tag{2-84}$$

其中，u 和 w 分别为轴向和径向位移。后一公式表明 ε_{φ} 和 w 成正比，即轴对称变形下圆柱壳的环向应变完全由其径向挠度所确定。

薄膜应力沿壁厚均匀分布，所以将平面应力状态的胡克定律乘以厚度 h（即沿壁厚积分）就得到薄膜力与中面应变间的弹性关系：

$$\begin{cases} N_x = \dfrac{Eh}{1-\nu^2}(\varepsilon_x + \nu\varepsilon_\varphi) = \dfrac{Eh}{1-\nu^2}\left(\dfrac{du}{dx} - \nu\dfrac{w}{R}\right) \\ N_\varphi = \dfrac{Eh}{1-\nu^2}(\varepsilon_\varphi + \nu\varepsilon_x) = \dfrac{Eh}{1-\nu^2}\left(-\dfrac{w}{R} + \nu\dfrac{du}{dx}\right) \end{cases} \tag{2-85}$$

将第一式乘以$-\nu$再与第二式相加得到：

$$N_\varphi = -\frac{Ehw}{R} + \nu N_x \tag{2-86}$$

圆柱坐标系是正交坐标系，所以弯矩和曲率间的弹性关系与平板的式(2-39)相似：

$$M_x = D(\kappa_x + \nu\kappa_\varphi),\quad M_\varphi = D(\kappa_\varphi + \nu\kappa_x) \tag{2-87}$$

其中抗弯刚度为

$$D = \frac{Eh^3}{12(1-\nu^2)} \tag{2-88}$$

κ_x和κ_φ是由弯矩引起的曲率变化。在轴对称小变形过程中环向曲率保持不变，$\kappa_\varphi = 0$；轴向曲率变化$\kappa_x = -d^2w/dx^2$，与材料力学公式相同。于是式(2-83)变成

$$M_x = -D\frac{d^2w}{dx^2},\quad M_\varphi = \nu M_x \tag{2-89}$$

后一公式表明，轴对称变形下圆柱壳的环向弯矩M_φ完全由轴向弯矩M_x的泊松效应确定。

将式(2-83)第二式代入第一式，得：

$$\frac{d^2M_x}{dx^2} + \frac{1}{R}N_\varphi = -Z \tag{2-90}$$

再把式(2-86)和式(2-89)代入，对均匀厚度壳体(简称等厚壳)，有

$$D\frac{d^4w}{dx^4} + \frac{Eh}{R^2}w = Z + \frac{\nu}{R}N_x \tag{2-91}$$

对均匀压力情况，由轴向整体平衡得到$N_x = -ZR/2$，式(2-91)右端成$Z(1-\nu/2)$。当泊松比$\nu = 0.1 \sim 0.3$时，该项的影响为5%～15%，且使载荷项减小，可保守地将其忽略。于是圆柱壳的边缘效应求解方程为

$$\frac{d^4w}{dx^4} + 4\beta^4 w = \frac{Z}{D} \tag{2-92}$$

其中，$\beta^4 = 3(1-\nu^2)/(R^2h^2)$。这是一个四阶常系数常微分方程，其通解如下，称为边缘效应解：

$$w = e^{\beta x}(C_1\cos\beta x + C_2\sin\beta x) + e^{-\beta x}(C_3\cos\beta x + C_4\sin\beta x) + f(x) \tag{2-93}$$

其中，$C_1 \sim C_4$是积分常数，由边界条件确定。右端前两项为齐次解，最后一项是特解。设x轴由左向右为正，右端第二项随x的增加而振荡衰减，是圆柱壳左端边界的边缘效应解；右端第一项随$-x$绝对值的增加而振荡衰减，是圆柱壳右端边界的边缘效应解。下面举两个例子来说明边缘效应的衰减特性和总体结构不连续的概念。

例1　边缘效应解

考虑图2-42中左端受均布弯矩M_0和横剪力Q_0的长圆柱壳。表面压力$Z=0$，因而特解$f(x)=0$。本例的壳体很长，左边界上的弯矩和横剪力对右端的影响已经衰减殆尽，故右端的绕度$w=0$。通解式(2-93)中的第一项随x的增加而递增，为满足右端$w=0$的条

件，该项必须为零，于是

$$w=\mathrm{e}^{-\beta x}(C_3\cos\beta x+C_4\sin\beta x) \tag{a}$$

代入左端 $x=0$ 处的边界条件：

$$M_x\Big|_{x=0}=-D\frac{\mathrm{d}^2w}{\mathrm{d}x^2}=M_0,\quad Q_x\Big|_{x=0}=-D\frac{\mathrm{d}^3w}{\mathrm{d}x^3}=Q_0 \tag{b}$$

求得：

$$C_3=-\frac{1}{2\beta^3D}(Q_0+\beta M_0),\quad C_4=\frac{M_0}{2\beta^2D} \tag{c}$$

代入式(a)得到 w 的最终表达式：

$$w=\frac{\mathrm{e}^{-\beta x}}{2\beta^3D}\{\beta M_0[\sin(\beta x)-\cos(\beta x)]-Q_0\cos(\beta x)\} \tag{2-94}$$

引入如下四个衰减函数，边缘效应解可以用它们的线性组合来表示：

$$\begin{aligned}&\varphi(\beta x)=\mathrm{e}^{-\beta x}(\cos\beta x+\sin\beta x),\quad \theta(\beta x)=\mathrm{e}^{-\beta x}\cos\beta x,\\&\psi(\beta x)=\mathrm{e}^{-\beta x}(\cos\beta x-\sin\beta x),\quad \zeta(\beta x)=\mathrm{e}^{-\beta x}\sin\beta x\end{aligned} \tag{2-95}$$

它们的衰减规律如图 2-43 所示。

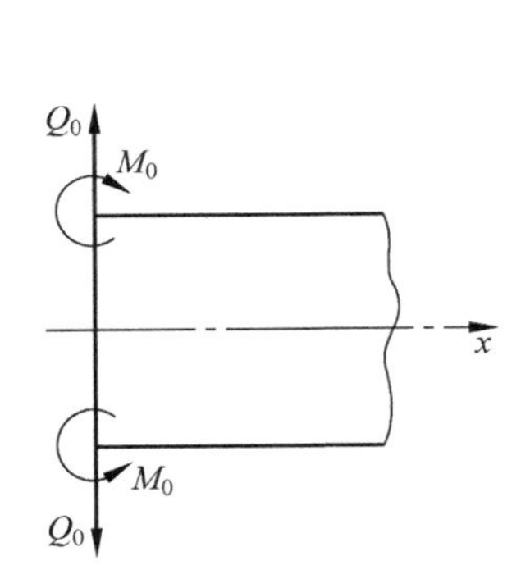

图 2-42　边界弯矩与横剪力

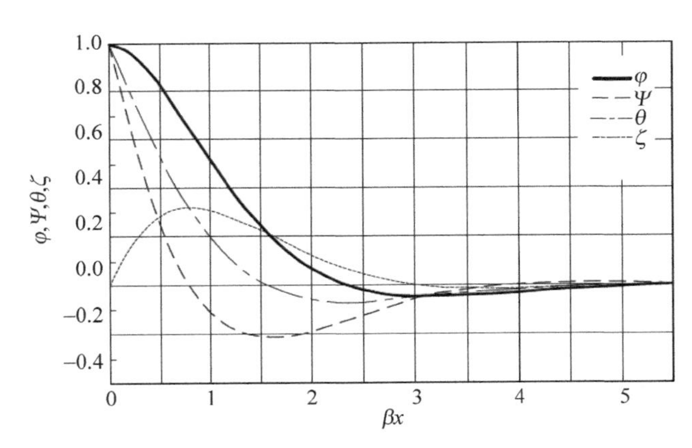

图 2-43　四个衰减函数

四个函数对 x 的一阶导数(用右上角加撇表示)和 $x=0$ 处的边界值(用右下角加零表示)分别是

$$\varphi'=-2\beta\zeta,\quad \Psi'=-2\beta\theta,\quad \theta'=-\beta\varphi,\quad \zeta'=\beta\Psi,\quad \varphi_0=1,\quad \Psi_0=1,\quad \theta_0=1,\quad \zeta_0=0 \tag{d}$$

由式(2-90)和式(d)得到绕度、转角、弯矩、横剪力的表达式：

$$\begin{cases}w=-\dfrac{1}{2\beta^3D}[\beta M_0\Psi(\beta x)+Q_0\theta(\beta x)]\\[2mm]\dfrac{\mathrm{d}w}{\mathrm{d}x}=\dfrac{1}{2\beta^2D}[2\beta M_0\theta(\beta x)+Q_0\varphi(\beta x)]\\[2mm]M_x=\dfrac{1}{\beta}[\beta M_0\varphi(\beta x)+Q_0\zeta(\beta x)]\\[2mm]Q_x=-[2\beta M_0\zeta(\beta x)-Q_0\Psi(\beta x)]\end{cases} \tag{2-96}$$

绕度和转角的最大值均发生在 $x=0$ 的边界上：

$$w_{\max}=-\frac{1}{2\beta^3 D}(\beta M_0+Q_0),\quad \left(\frac{\mathrm{d}w}{\mathrm{d}x}\right)_{\max}=\frac{1}{2\beta^2 D}(2\beta M_0+Q_0) \tag{2-97}$$

式(2-96)给出了由边界作用力和力矩引起的边缘效应解，它描述了圆柱壳边缘附近的变形和受力状态，适当调整半径大小后可以推广应用至各种回转壳的情况。边缘效应解在工程中具有重要意义，大多数压力容器的变形和受力状态主要由两部分叠加而成：一部分是内压(或垂直于壳体表面的分布力)作用下的总体薄膜应力状态，另一部分是边界(或与其他部件连接处)附近的边缘效应状态。

图 2-43 表明，边缘效应解具有沿轴向迅速衰减的特性，因而是局部效应。当距离边界 $L_0=2.5\sqrt{Rh}$(即 $\beta x=3.213$)时，四个函数均衰减到可以忽略的程度(误差小于 5%)。通常把 L_0 称为边缘效应的衰减长度。对壳体内远离边界超过衰减长度的区域，边界的影响可以忽略不计。当圆柱壳长度超过两倍衰减长度时，两端的边缘效应区不会发生重叠。另外，各函数的最大值均出现在 $L_1=\sqrt{Rh}$(即 $\beta x=1.285$)的范围内，而且若将各函数的最大值定为 1.5，则该函数值大于 1.1 的区域在轴向的延伸范围均小于 L_1。

边缘效应解是压力容器应力分析设计中定义局部一次薄膜应力的理论依据，上述两个特征长度 L_0 和 L_1 是确定局部薄膜应力范围的重要参数。

边缘效应解的衰减特性来自式(2-92)的第二项，其系数 $4\beta^4$ 对应于材料力学中弹性地基梁方程的地基弹性系数 k，因而和弹性地基梁的解一样具有衰减性。追根溯源，该第二项来自式(2-90)中的 N_φ/R，即圆柱壳的环向薄膜力起到了弹性地基的作用。

现在来考察边缘效应的机理。沿圆柱壳轴向取出一个中心角为 $\mathrm{d}\varphi$ 的"瓦形梁"。考虑其端部长度为 $\mathrm{d}x$ 的微元(图 2-44)，作用于微元两侧的环向薄膜力 $N_\varphi \mathrm{d}x$ 并不共线，它们有一个夹角 $\mathrm{d}\varphi$，合成后得到径向力 $N_\varphi \mathrm{d}x\mathrm{d}\varphi$，除微元面积 $R\mathrm{d}x\mathrm{d}\varphi$ 后，得到式(2-90)中的弹性地基反力 $q=N_\varphi/R$。由此找到了出现边缘效应现象的机理：若将圆柱壳沿轴向切割成许多独立的瓦形梁，梁的抗弯刚度很小，在图 2-42 所示的边界弯矩 M_0 和横剪力 Q_0 作用下会产生很大的向外径向绕度，像花瓣那样张开。但现在的瓦形梁微元是圆柱壳的一部分，必须满足圆柱壳的环向连续条件，不能自由张开，因而径向挠度必然引起环向应变(见式(2-84)第二式)和环向薄膜力 N_φ，N_φ 给瓦形梁施加了"弹性地基"，阻止它张开。由于圆柱壳的环向薄膜刚度很大，很小的径向挠度就能引起很大的 N_φ，边界弯矩和横剪力引起的绕度很快就会被边界附近微元的环向薄膜刚度所吸收，因而出现迅速衰减的边缘效应现象。

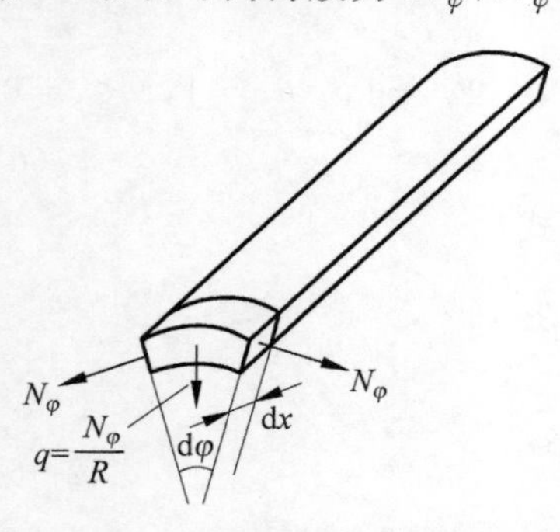

图 2-44　环向力的弹性地基效应

边缘效应解的精度为$\sqrt{h/R}$量级，即壳体越薄，厚径比越小，精度越高。该解可以推广应用于子午线变化比较缓慢的其他回转薄壳(如球壳、圆锥壳、椭球壳、抛物线壳等)，只需把其中的圆柱壳半径 R 改为相应壳体的第二主曲率半径 R_2。

例 2　组合壳体和总体结构不连续

许多压力容器是组合壳结构，例如，由筒体和球形、椭球形或锥形封头组合而成。考虑图 2-45 中的球形封头压力容器，半径为 R，壁厚为 h，承受内压 p。内压下圆柱壳和球壳中薄膜力和径向位移的薄膜解为

$$\begin{cases} \text{柱壳：} N_x = \dfrac{pR}{2}, \quad N_\theta = pR, \quad w_1 = \dfrac{pR^2}{Eh}\left(1 - \dfrac{\nu}{2}\right) \\ \text{球壳：} N_\varphi = N_\theta = \dfrac{pR}{2}, \quad w_2 = \dfrac{pR^2}{Eh}\left(\dfrac{1-\nu}{2}\right) \end{cases} \tag{2-98}$$

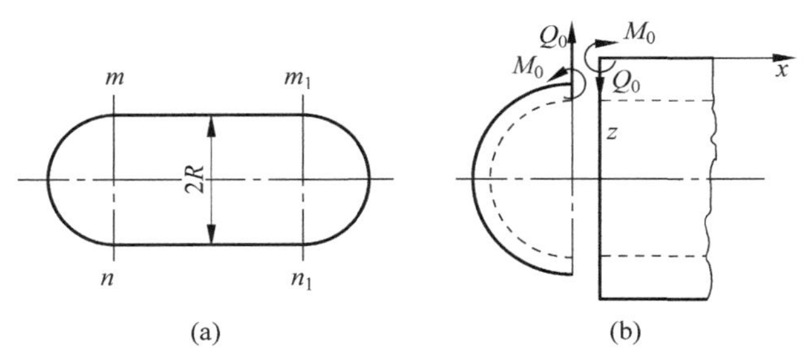

图 2-45　球形封头压力容器

式(2-98)中挠度沿外法线方向为正。取泊松比 $\nu=0.3$，得 $w_1=2.43w_2$，即在薄膜应力状态下圆柱壳的径向位移是球壳的 2.43 倍，因而在连接处出现径向不连续的脱节现象(见图 2-45(b))，称为总体结构不连续。总体结构不连续是指容器两部分间薄膜应力状态的变形不连续，而非真的结构中面不连续(如果正是这样，容器就泄漏了)。总体结构不连续主要出现在壳体几何(子午线的斜率、曲率或厚度)突变处、材料突变处、载荷突变处、壳体与其他部件连接处等。筒体与平封头或锥形封头的连接是子午线斜率突变的例子。本例(还有椭球封头、碟形封头)是子午线曲率突变(由圆柱壳的曲率为零到球壳的曲率为 R)的例子。

真实结构变形后必须满足变形连续条件。为了克服薄膜应力状态变形的不连续，在连接界面的球壳侧和圆柱壳侧分别施加大小相等、方向相反的弯矩 M_0 和横剪力 Q_0，调整它们的大小使两侧位移和转角相等，以满足变形连续条件。对于第二主曲率半径和壁厚与圆柱壳的 R 和 h 相等的球形封头特殊情况，球壳和圆柱壳的边缘效应解相同。当加上一对 Q_0 使两侧位移相等时，两侧的转角也自然相等，因而弯矩 $M_0=0$。

由式(2-96)第一式得到 Q_0 引起的圆柱壳和球壳的边界位移为 $Q_0/(2\beta^3 D)$，圆柱壳位移向内，球壳位移向外，根据位移连续条件要求，用它们来克服脱节量 $\Delta w = w_1 - w_2 = \dfrac{pR^2}{2Eh}$，即

$$2\left(\frac{Q_0}{2\beta^3 D}\right) = \Delta w = \frac{pR^2}{2Eh} \tag{a}$$

由此解得：

$$Q_0 = \frac{pR^2\beta^3 D}{2Eh} = \frac{p}{8\beta} \tag{b}$$

代入式(2-96)得到总体结构不连续处的边缘效应：

$$w=\frac{Q_0}{2\beta^3 D}\theta(\beta x)=\frac{pR^2}{4Eh},\quad M_x=-\frac{Q_0}{\beta}\zeta(\beta x)=-\frac{pRh}{8\sqrt{3(1-\nu^2)}}\zeta(\beta x) \tag{c}$$

球形封头在连接处边缘效应的最大轴向应力为$(\sigma_x)_{\max}=1.293\,\dfrac{pR}{2h}$，比薄膜解大30%；最大环向应力为$(\sigma_\theta)_{\max}=1.032\,\dfrac{pR}{h}$，仅比薄膜解大3%。

将球形封头改为椭球封头，取长轴半径$a=R$，短轴半径为b。连接界面处椭球封头的薄膜解为

$$N_\varphi=\frac{pR}{2},\quad N_\theta=pR\left(1-\frac{R^2}{2b^2}\right),\quad w_2=\frac{pR^2}{Eh}\left(1-\frac{R^2}{2b^2}-\frac{\nu}{2}\right) \tag{2-99}$$

薄膜解在界面处的脱节量为$w_1-w_2=\dfrac{pR^2}{2Eh}\left(\dfrac{R^2}{b^2}\right)$，克服不连续性需要的横剪力为$Q_0=\dfrac{p}{8\beta}\left(\dfrac{R^2}{b^2}\right)$，其中系数$(R/b^2)$是椭球封头相对球形封头的边缘效应放大系数。对$b=R/2$的标准椭球封头，最大轴向应力$(\sigma_x)_{\max}=2.172\,\dfrac{pR}{2h}$，比薄膜解增加了1.2倍；最大环向应力$(\sigma_\theta)_{\max}=1.128\,\dfrac{pR}{h}$，比薄膜解大13%。

综上所述，总体结构不连续是指容器两部分间薄膜应力状态的变形不连续。由连接处的附加弯矩M_0和横剪力Q_0引起的薄膜应力和弯曲应力都是为了克服不连续、满足变形连续条件所需要的，因而是二次应力(详见第6章)。

式(b)表明Q_0(和M_0，若有的话)及其引起的二次应力均与内压成正比，但它们并不是内压直接引起的，对平衡内压也不起任何作用。内压引起的是筒体和封头间的薄膜变形脱节量Δw，二次应力的作用是消除脱节量Δw，只因Δw与内压成正比才导致二次应力也正比于内压。本例说明，如果压力容器存在结构不连续，则机械载荷在直接引起一次应力的同时，也会间接地引起二次应力。此类二次应力虽然与机械载荷成正比，却并不起平衡载荷的作用。

关于板壳理论的参考书籍可以参见文献[1]、文献[9]～文献[11]。

在文献[3]～文献[5]中给出了许多弹性力学和板壳理论的经典解答，可供工程设计人员参考。

参考文献

[1] 陆明万，张雄，葛东云. 工程弹性力学与有限元法[M]. 北京：清华大学出版社，2005.
[2] 陆明万，罗学富. 弹性理论基础[M]. 2版. 北京：清华大学出版社，施普林格出版社，2001.
[3] 杜庆华. 工程力学手册[M]. 北京：高等教育出版社，1994.
[4] FLÜGGE W. Handbook of engineering mechanics[M]. McGraw-Hill，1962.
[5] YOUNG W C，BUDYNAS R G. Roark's formulas for stress and strain[M]. 7th Edition. McGraw-

Hill,2002.
[6] TIMOSHENKO S P,GOODIER J N. Theory of elasticity[M]. 3rd Edition. McGraw-Hill,1970.
[7] FUNG Y C. A first course in continuum mechanics[M]. Prentice-Hall,1997.
[8] FUNG Y C,DONG P. Classical and computational solid mechanics[M]. World Scientific,2001.
[9] 黄克智,等. 板壳理论[M]. 北京:清华大学出版社,1987.
[10] TIMOSHENKO S P, WOINOWSKY-KRIEGER S. Theory of plates and shells[M]. 2nd Edition. McGraw-Hill,1959.
[11] FLÜGGE W. Stresses in shells[M]. 2nd Edition. Springer-Verlag,1973.

第3章

塑性力学

本章首先介绍了塑性力学如何建立弹塑性材料的本构模型，综述了塑性力学的一系列基本概念和法则；然后详细讲述与压力容器规范紧密相关的矩形梁、厚壁筒和Bree图等经典弹塑性问题的解析解；最后介绍极限分析的上、下限定理和应用实例，包括简支梁、简支圆板和回转壳。

3.1 弹塑性分析概述

自从欧盟标准EN13445(2002)和美国规范ASME Ⅷ-2(2007)颁发以来，压力容器分析设计方法就从弹性应力分析进入弹塑性分析的新时代。除了保留原有的“弹性应力分析方法”(EN称“应力分类法”)外，新规范又用大量篇幅增加了“弹塑性应力分析方法”(EN称“直接法”)。新方法要求设计人员首先完成压力容器部件的弹塑性分析，然后根据弹塑性分析的结果按照规范要求进行安全评定。这样，设计人员仅掌握弹性力学的知识和有关极限载荷、安定、疲劳、棘轮等塑性失效模式的基本概念就不够用了，必须进一步掌握与弹塑性分析相关的塑性力学基本知识。

弹塑性分析除了考虑结构的弹性响应外，还进一步考虑结构进入塑性状态后的响应。当最大应力点达到屈服后，结构内出现塑性变形，并由局部区域逐步发展成大范围的整体结构的塑性变形。

弹性力学有三大类基本方程：

(1) 力平衡方程。包括物体内部微元的平衡微分方程和物体边界的力边界条件。

(2) 变形几何方程。包括物体内部的应变-位移关系、应变协调方程和物体边界的位移边界条件。

(3) 本构方程。即材料特性方程，对线弹性材料就是广义胡克定律。

塑性力学的基本方程还是上述三大类，而且前两类方程和边界条件都与弹性力学相同。不同之处仅是材料特性发生变化，广义胡克定律不再适用，要改用非线性的塑性本构关系。因此，弹塑性有限元分析的计算模型和边界条件都与弹性分析完全一样，只要把材料模式由弹性改为弹塑性，并输入相关的材料塑性特性参数，当应力达到屈服条件后程序就会自动进入弹塑性分析。

关于塑性力学的基本理论和典型解例可参阅中、外出版的塑性力学教材和专著[1-8]。

3.2 塑性本构模型

3.2.1 单向应力-应变关系

材料的塑性特性和弹性特性有很大区别。先来讨论大家熟悉的单向拉伸情况。图 3-1 为单向拉伸应力-应变曲线。当应力达到初始屈服极限 σ_{s0}，即弹性极限(曲线上的 1 点)后材料进入塑性状态。对于应变硬化材料，载荷可以继续增加，加载路径为曲线 1-2-3 段。若加载到 2 点时卸载，应力将按弹性关系卸载，卸载路径 2-4 段的斜率与弹性路径 O-1 段相同。若从 4 点开始再加载，初始是弹性的，沿卸载路径 2-4 反向向上，到达 2 点后又发生屈服，对应的应力 σ_{s1} 称为后继屈服极限。对应变强化材料，$\sigma_{s1}>\sigma_{s0}$，工程中称为冷作硬化。若继续加载，材料对以往的加载历史有记忆，因而将沿与 1-2 段光滑连接的路径 2-3 前进，而不是按初始屈服的趋势走虚线路径 2-3′。点 4 和原点间的应变差 ε_p 为不可恢复的塑性残余应变。

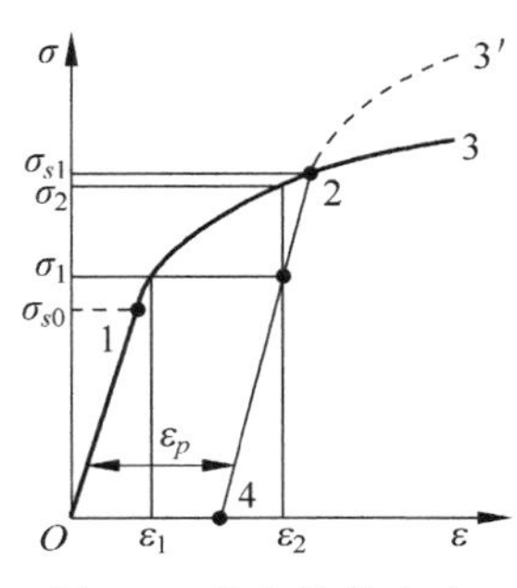

图 3-1 单向拉伸应力-应变曲线

从图 3-1 可以看出塑性应力-应变关系的几个特点：

(1) 非线性。加载路径不再是直线，而变成曲线或折线。但需指出，非线性不是塑性变形的独有特性，有些材料(如橡胶)的弹性应力-应变曲线也可以是非线性的。不同的是，非线性弹性变形在卸载时能沿原来的非线性加载路径返回到初始无应变状态，而塑性变形是不可恢复的，卸载后留有残余变形。

(2) 加卸载性质不同。加载是塑性的，走曲线路径；卸载沿直线返回，直到反向屈服前都是弹性的。

(3) 历史相关性。弹性的应力和应变间有一一对应关系，与加载历史无关。但是塑性阶段的应力-应变关系与加载历史相关，不再一一对应。图 3-1 表明，应力 σ_1 在加载时对应于应变 ε_1，而卸载时对应于应变 ε_2；反过来，应变 ε_2 也对应着两个应力，加载时为 σ_2，卸载时为 σ_1。两个值中该选哪个值完全由加载历史来决定。

图 3-2 是塑性力学中常用的各种简化本构模型(或称材料模型)。图 3-2(a)是无塑性应变硬化的弹性-理想塑性材料，图 3-2(b)是弹性-线性硬化材料，图 3-2(c)是幂硬化材料。由于忽略弹性应变可使寻找塑性力学问题的解析解大为方便，而弹性应变又远小于塑性应变，因而提出了刚性-理想塑性材料模型，如图 3-2(d)所示。

图 3-3 是反向加载情况的材料塑性特性。若卸载后接着反向加载，并达到反向屈服，记反向屈服极限为 σ_{s1}^-(其代数值为负)，则可能出现三类硬化情况：

(1) 若 $\sigma_{s1}-\sigma_{s1}^-=2\sigma_{s1}$，正、反向屈服极限等量硬化，弹性直线段的中点保持在横轴上不变，称为各向同性硬化。

(2) 若 $\sigma_{s1}-\sigma_{s1}^-=2\sigma_{s0}$，屈服应力范围 $\sigma_{s1}-\sigma_{s1}^-$ 保持为无硬化的 $2\sigma_{s0}$，而弹性直线段的中点上移，导致反向屈服极限变小(即具有反向屈服软化的包辛格(J. Bauschinger)效应)，

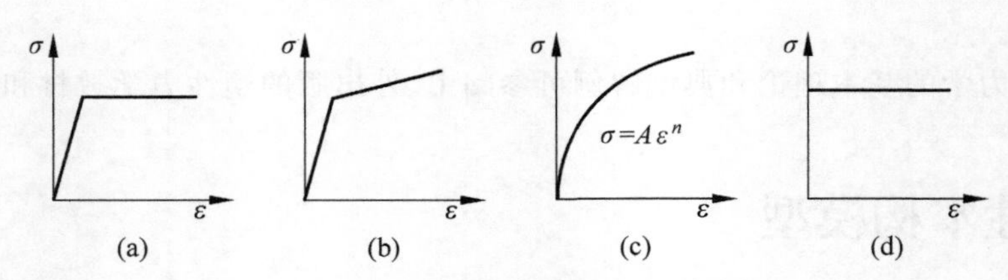

图 3-2 各种简化的塑性材料模型

(a) 弹性-理想塑性；(b) 弹性-线性硬化；(c) 幂硬化；(d) 刚性-理想塑性

称为运动硬化。

(3) 若屈服应力范围 $\sigma_{s1}-\sigma_{s1}^{-}$ 增大，且弹性直线段中点移动，称为混合硬化。

图 3-4 是循环加载情况的材料塑性特性。可以看到，随着循环次数的增加，应力-应变曲线不断向外扩张，这是循环硬化现象。每个循环的应力-应变曲线构成一个迟滞回线，其中第一和第二循环的差别最大，随后不断减小，经过若干次循环后趋于稳定迟滞回线，即图 3-4 中最外圈的闭合曲线。有限元分析中的循环加载应力-应变关系常采用这个稳定迟滞回线。

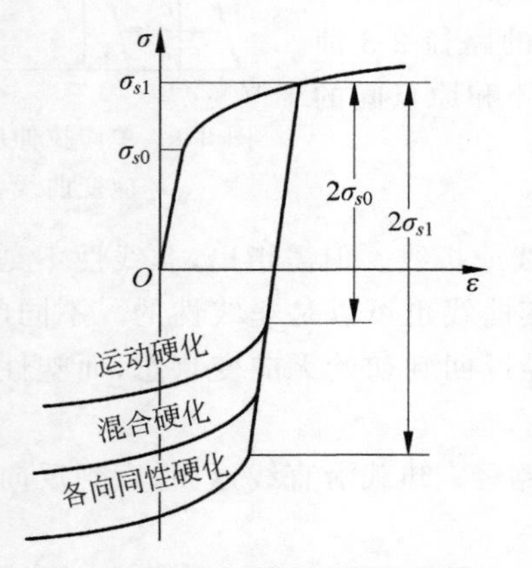

图 3-3 反向加载应变硬化特性

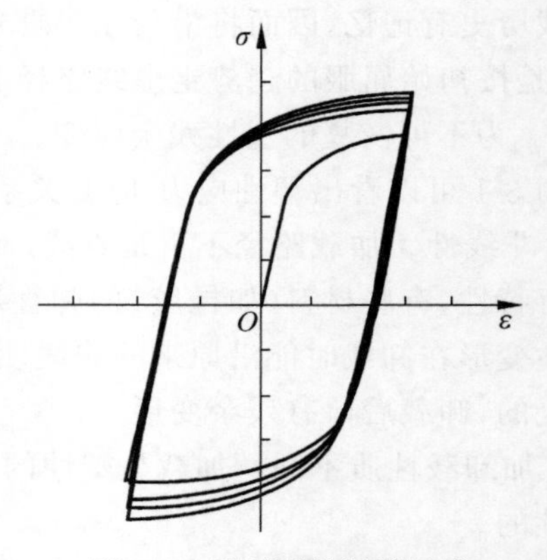

图 3-4 循环硬化迟滞回线

从上述介绍可以看到，即使是单调加载情况(即应力单调增加而无反向卸载或循环的加载情况)，塑性力学要处理的问题也比弹性力学复杂得多，包括：材料何时进入塑性？进入塑性后如何确定塑性流动方向？材料的应变硬化规律如何？在当前加载步下应该采用塑性加载曲线关系还是弹性卸载直线关系？塑性应力-应变关系怎样描述？我们将在 3.2.2 节中针对一般应力状态逐一展开讨论。

3.2.2 塑性力学的重要准则和法则

3.2.2.1 屈服准则

判断材料从弹性进入塑性的条件称为屈服准则或屈服条件。为了表达任意复杂应力状态下材料发生塑性屈服的条件，屈服准则定义了一种简单而统一的应力度量，称为当量应力 σ_e，当当量应力达到材料单向拉伸试验测定的屈服极限 σ_s 时，材料就发生塑性屈服。这样，通过当量应力就能把材料单向拉伸试验测定的结果推广应用于任意复杂应力状态。

为了寻找适用的当量应力，人们对各种材料进行了大量的试验。对不同类型的材料定义了不同的当量应力和相应的屈服准则。材料力学归纳出四种最常用的屈服准则，称为第一、第二、第三和第四强度理论。其中第四和第三强度理论最适用于压力容器常用的金属材料，分别称为米泽斯(R. von Mises)准则和特雷斯卡(H. Tresca)准则。它们定义的当量应力分别为

$$\sigma_{e4}=\frac{1}{\sqrt{2}}\sqrt{(\sigma_1-\sigma_2)^2+(\sigma_2-\sigma_3)^2+(\sigma_3-\sigma_1)^2} \tag{3-1}$$

$$\sigma_{e3}=\sigma_1-\sigma_3 \tag{3-2}$$

其中，σ_{e4} 与微元的畸变能(或八面体剪应力)有关，而 σ_{e3} 是最大剪应力的两倍，所以第四和第三强度理论又分别称为畸变能准则和最大剪应力准则。由式(3-1)和式(3-2)可见，特雷斯卡准则只考虑了最大主应力 σ_1 和最小主应力 σ_3 对屈服的影响，而米泽斯准则能进一步考虑中间主应力 σ_2 的影响。

多向复杂应力状态可以用应力空间来描述，应力空间是以三个主应力为直角坐标的空间。任一应力状态都可以根据其三个主应力的值在应力空间中表示为一个点，见图 3-5。将各种应力状态下材料进入塑性时的“屈服点”连接起来构成一个曲面，称为屈服面。屈服面是屈服准则的几何表示。

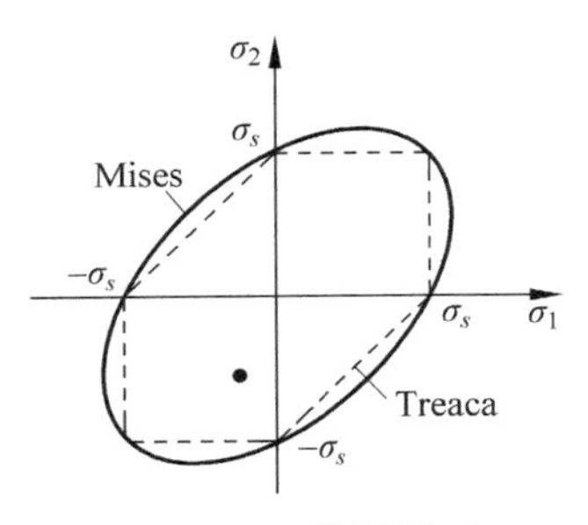

图 3-5　二维屈服面

在二维应力空间(σ_1，σ_2)中，与米泽斯准则和特雷斯卡准则对应的屈服面分别是一个椭圆及其内接六边形，如图 3-5 所示。在 6 个角点处两种屈服准则完全等价，这 6 个角点对应的应力状态分别是：σ_1 和 σ_2 方向的单向拉伸和单向压缩(4 个点)以及 σ_1 与 σ_2 联合的等向拉伸和等向压缩(2 个点)。在其他位置特雷斯卡准则比米泽斯准则保守，两者的最大偏差发生在纯剪切情况，此时最大偏差为 15.5%，即 $\sigma_{e4}/\sigma_{e3}=2/\sqrt{3}=1.155$。曾经做过大量验证试验，结果表明米泽斯准则较为准确。从应用角度考虑，特雷斯卡准则是分段线性的，由六个线性方程联合组成，便于寻找解析解；米泽斯准则虽然是二次非线性的，但具有统一的表达式，便于数值计算。有限元分析常采用米泽斯准则。

在三维主应力空间(σ_1，σ_2，σ_3)中，米泽斯准则和特雷斯卡准则分别是一个圆柱曲面和与其内接的正六角柱形面，如图 3-6 所示。为了给出更为简明的屈服面图形表示方法，将应力张量分解为球形张量和偏斜张量(简称球量和偏量，见 2.1.4.3 节，应力张量的分解与材料性质无关，所以同样适用于塑性力学)。应力球量表示各个方向都受大小相等的平均正应力 σ_0，对各向同性材料，它仅导致纯弹性的体积胀缩变形而无剪切变形。塑性变形仅与应力偏量有关，它导致剪切变形和形状畸变，而体积保持不变，即具有不可压缩性，相应的泊松比 $\mu=0.5$。

在三维应力空间中有一根通过坐标原点且与三个坐标轴夹角都相等的轴，称为等倾轴。它是图 3-6 中柱形屈服面的中心轴。等倾轴与三个坐标轴的夹角均为 54.74°，相应的方向余弦为 $1/\sqrt{3}$。垂直于等倾轴的平面称为偏量平面。通过坐标原点的偏量平面称为 π 平面，等倾轴上离原点距离为 $\sigma_0/\sqrt{3}$ 的点对应于只有三个主应力 σ_0 的应力状态，通过该点的偏量平面与三个坐标轴的交点就是该应力状态的应力球量 σ_0。当应力点沿等倾轴移动时，发生

弹性胀缩体积变形而无塑性变形；当应力点沿各偏量平面移动时，发生塑性畸变变形而无体积变形。塑性变形仅与应力偏量有关而与球量无关，所以三维应力状态下的屈服准则可以简单地用处处应力球量为零($\sigma_0=0$)的 π 平面上的二维曲线来表示。当 π 平面沿等倾轴移动到任意偏量平面时，应力球量发生改变，但应力偏量不变，因而屈服面形状也不会变，于是图 3-6 中的三维屈服面是一个以等倾轴为中心轴、横截面图形保持不变的柱形曲面。

朝向原点沿等倾轴方向去观察 π 平面，得到 π 平面上的等轴测图，如图 3-7 所示。此时等倾轴投影成原点 O，三个主应力轴的夹角成 120°，米泽斯屈服面成一个圆，特雷斯卡屈服面成正六边形。π 平面上的三个坐标轴本来是三个主应力轴($\sigma_1,\sigma_2,\sigma_3$)在 π 平面上的投影($\sigma_1',\sigma_2',\sigma_3'$)，比原主应力轴缩小$\sqrt{2/3}$倍。为了方便，通常把 π 平面等比例放大$\sqrt{3/2}$倍，改用主应力轴($\sigma_1,\sigma_2,\sigma_3$)来画图。此时屈服面也被放大了，原来 π 平面上米泽斯圆的半径为$\sqrt{2/3}\sigma_s$，在图 3-7 中放大成 σ_s。在放大后的 π 平面上可以直接用有限元分析得到的三个主应力来绘制加卸载过程的应力变化路径，以判断计算点处于弹性状态还是塑性状态。泽曼(J. L. Zeman)在其专著[9]中介绍了一种利用 π 平面上的应力路径来判断在循环加载下结构是否处于安定状态的方法。

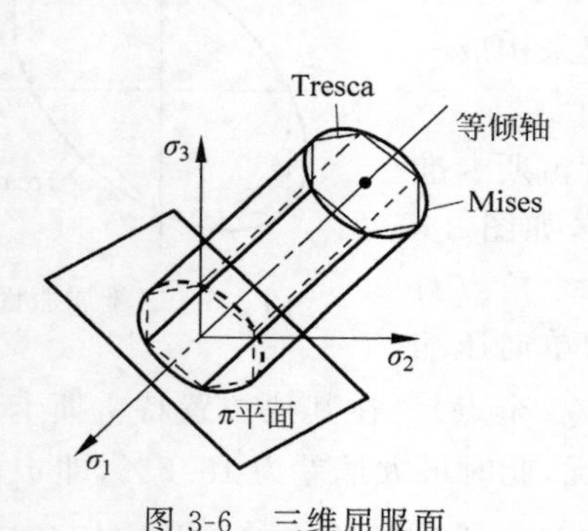

图 3-6　三维屈服面

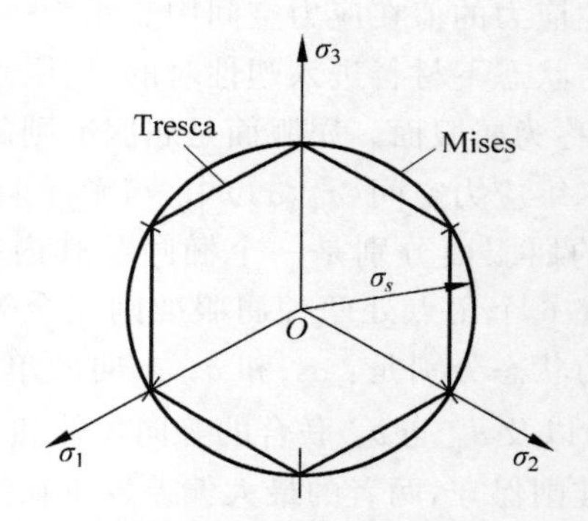

图 3-7　π 平面上的屈服面

屈服准则应用于：①判断物体内一点处何时开始进入塑性。②和下面讲述的加卸载准则一起决定当前应采用什么本构关系进行计算。③确定弹-塑性区交界面的位置。

屈服面是应力空间中的空间曲面，其方程为

$$F(\sigma_{ij},k)=f(\sigma_{ij})-k=0 \tag{3-3}$$

其中，$F(\sigma_{ij})$称为屈服函数；k 是控制屈服面大小的参数，与球方程 $x^2+y^2+z^2-R^2=0$ 中半径 R 的作用相似，初始屈服面的大小用 k_0 表示。米泽斯准则的屈服函数为

$$F(\sigma_{ij})=\frac{1}{6}[(\sigma_1-\sigma_2)^2+(\sigma_2-\sigma_3)^2+(\sigma_3-\sigma_1)^2]-\frac{1}{3}\sigma_{s0}^2 \tag{3-3a}$$

其中，$k_0=\sigma_{s0}^2/3$。

3.2.2.2　硬化法则

刚从弹性进入塑性时的屈服面称为初始屈服面，塑性变形过程中的即时屈服面称为后继屈服面或加载面。对于单向应力情况，它们分别对应于图 3-1 中的初始屈服极限 σ_{s0} 和后继屈服极限 σ_{s1}。硬化法则研究塑性加载过程中屈服面的硬化规律，即如何确定后继屈服面的大小和位置。

对无应变硬化的理想塑性材料，加载过程中屈服面的大小和位置始终保持不变，这相当于在单向拉伸时屈服应力始终等于 σ_{s0}。不同之处在于：对多向应力情况，加载过程中应力点将在屈服面上滑移，但不会离开屈服面。对应变硬化材料，后继屈服面的大小和位置是不断改变的，其变化规律与材料的应变硬化机理有关，参见图 3-8 和图 3-3。

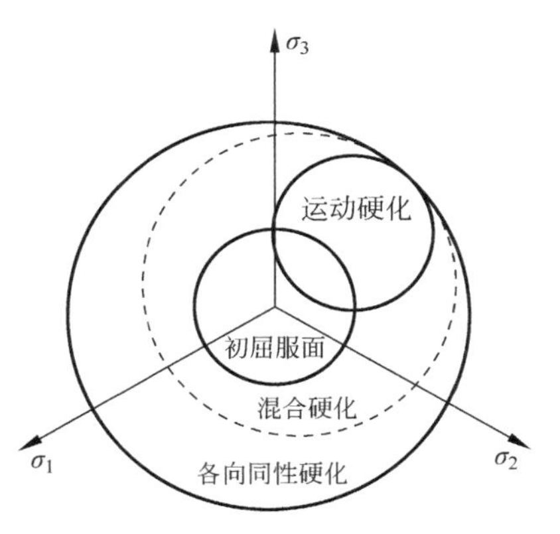

图 3-8　各类应变硬化法则

(1) 各向同性硬化。硬化后的后继屈服面是初始屈服面在各方向上的等比例扩大，即相似放大。各向同性硬化模型忽略了由塑性变形引起的材料各向异性，适用于单调加载情况和材料无包辛格效应时的反复加载情况。

(2) 运动硬化，又称随动硬化。后继屈服面的形状大小和初始屈服面相同，但中心点位置发生移动。运动硬化模型适用于单调加载情况和材料有包辛格效应时的反复加载情况。按屈服面中心点的移动方向，运动硬化又分为普拉格(W. Prager)运动硬化模型和齐格勒(H. Ziegler)运动硬化模型。前者假设屈服面中心沿即时屈服面在即时应力点处的法线方向移动，后者假设屈服面中心沿即时屈服面中心与即时应力点的连线方向移动。对单调加载情况以及反复加载下的三维问题、平面应变问题、轴对称问题和扭转问题等较多情况，这两种运动硬化模型是等价的，但对反复加载下的平面应力问题等少数情况，齐格勒模型的适用性更广。

(3) 混合硬化。各向同性硬化表现为屈服面的均匀膨胀，运动硬化表现为屈服面随其中心点的平移。实际工程材料往往是屈服面既膨胀又移动，称为混合硬化。

采用不同的硬化法则对反复加载情况则影响较大，计算时要认真选择硬化模型。在实际应用中可以对材料做单向拉-压试验，按图 3-3 来判断其硬化特性。当没有适用的试验数据时，一般(尤其是循环加载情况)选择较为保守的运动硬化法则。

后继屈服面的一般方程为

$$\begin{cases} F(\sigma_{ij},\alpha_{ij},k)=f[\sigma_{ij}-\alpha_{ij}(\bar{\varepsilon}_p)]-k(\bar{\varepsilon}_p)=0 \\ \bar{\varepsilon}^p=\int \mathrm{d}\bar{\varepsilon}^p=\int \dfrac{\sqrt{2}}{3}\sqrt{(\mathrm{d}\varepsilon_1^p-\mathrm{d}\varepsilon_2^p)^2+(\mathrm{d}\varepsilon_2^p-\mathrm{d}\varepsilon_3^p)^2+(\mathrm{d}\varepsilon_3^p-\mathrm{d}\varepsilon_1^p)^2} \end{cases} \tag{3-4}$$

其中，α_{ij} 为移动张量或背应力，它表示应力空间中后继屈服面中心相对于初始屈服面中心的偏移量，是表征材料运动硬化的特性参数。若没有运动硬化，则屈服面中心保持不动，$\alpha_{ij}=0$。k 控制屈服面的大小，是表征材料各向同性硬化的特性参数。若没有各向同性硬化，则屈服面大小保持不变，$k=k_0$。塑性应变是导致材料应变硬化的原因，所以 α_{ij} 和 k 都是当量塑性应变 $\bar{\varepsilon}^p$ 的函数。对非线性问题要通过积分当量塑性应变增量 $\mathrm{d}\bar{\varepsilon}^p$ 来计算即时的当量塑性应变 $\bar{\varepsilon}^p$，如式(3-4)所示。

后继屈服面的大小由材料的单向拉伸曲线确定。参见图 3-1，初始屈服面(点 1，屈服极限为 σ_{s0})的 $k_0=\sigma_{s0}^2/3$，当塑性应变达到 ε^p(点 2)时应变硬化后的屈服极限为 σ_{s1}，相应地后继屈服面将扩大为 $k=\sigma_{s1}^2/3$。对多向应力状态，只要将应力 σ 和塑性应变 ε_p 改为当量应力

$\bar{\sigma}$ 和当量塑性应变 $\bar{\varepsilon}^p$，就可以将单向拉伸应力-应变曲线推广为材料应变硬化的一般变化规律。

3.2.2.3 流动法则

对理想塑性材料，塑性变形是不可控的，所以常把塑性变形称为塑性流动。在一维情况下，塑性变形的方向是唯一确定的。在二维和三维情况下，塑性变形的方向要根据流动法则来判定。塑性变形由先后发生的塑性应变增量 $d\varepsilon_{ij}^p$ 逐步累积而成，流动法则的作用是给出塑性应变增量的方向。

流动法则与塑性势有关。塑性势 $Q(\sigma_{ij})$ 是与塑性变形相关的势能，它是一种类似于弹性力学中应变余能①的、用应力表示的能量函数。流动法则认为，塑性应变增量 $d\varepsilon_{ij}^p$ 与塑性势的梯度 $\partial Q/\partial\sigma_{ij}$ 成正比：

$$d\varepsilon_{ij}^p = d\lambda \frac{\partial Q}{\partial \sigma_{ij}} \tag{3-5}$$

其中，$d\lambda$ 是一个非负的比例系数，称为塑性流动因子，它是一个随加载历史而变化的量，用"一致性条件"来确定。一致性条件要求：屈服面上的应力点在塑性变形的每个时刻都必须落在即时的后继屈服面上。对一维情况即要求加载过程中应力点始终落在应力-应变曲线(图 3-1)上。虽然屈服函数 $F(\sigma_{ij}, H_k)$ 随着加载的进程不断改变，但每个时刻都应该满足屈服面方程 $F(\sigma_{ij}, H_k)=0$，因而

$$dF = \frac{\partial F}{\partial \sigma_{ij}} d\sigma_{ij} + \sum_k \frac{\partial F}{\partial H_k} dH_k = 0$$

其中，H_k 表示各种硬化参数，包括控制屈服面大小的各向同性硬化参数 k 和控制屈服面中心移动的背应力 α_{ij} 等。

塑性势 Q 和屈服函数 F 都是应力的函数，可以用应力空间中的曲面来表示，其梯度方向就是该曲面的外法线方向。所以式(3-5)表明，塑性应变增量 $d\varepsilon_{ij}^p$ 与塑性势梯度 $\partial Q/\partial\sigma_{ij}$ 的方向相同，即正交于塑性势曲面。

根据塑性势函数与屈服函数的关系，可以区分两类流动法则：

(1) 若 $Q(\sigma_{ij})=F(\sigma_{ij})$，即把屈服函数和塑性势函数关联起来，称为关联流动法则。此时屈服面和塑性势面是同一个曲面，塑性应变增量将与屈服面正交，所以又称为正交流动法则。常用的金属材料都服从关联流动法则。

(2) 若 $Q(\sigma_{ij})\neq F(\sigma_{ij})$，则称为非关联流动法则。此时塑性应变增量与塑性势面正交而与屈服面不正交，所以又称为非正交流动法则。它适用于混凝土和岩土等材料。

图 3-9 是两类流动法则的示意图。可以看到，在即时应力点处塑性应变增量 $d\varepsilon_{ij}^p$ 始终垂直于塑性势面，但不一定与屈服面正交。

需要指出的是，通常说流动法则"给出了塑性流动的方向"并不是说给出了考察点处的材料在几何空间中真实发生的塑性变形方向，而是指在应力空间中(即在图 3-9 所示的主应力坐标系中)给出了塑性应变增量的方向，即塑性应变增量各分量之间的比例关系。

---

① 弹性力学中应变余能 U_c 的公式是 $\varepsilon_{ij}=\partial U_c/\partial\sigma_{ij}$，和式(3-5)类似，但有两个重要区别：首先其左端是应变而非应变增量，其次其右端没有待定常量 $d\lambda$。

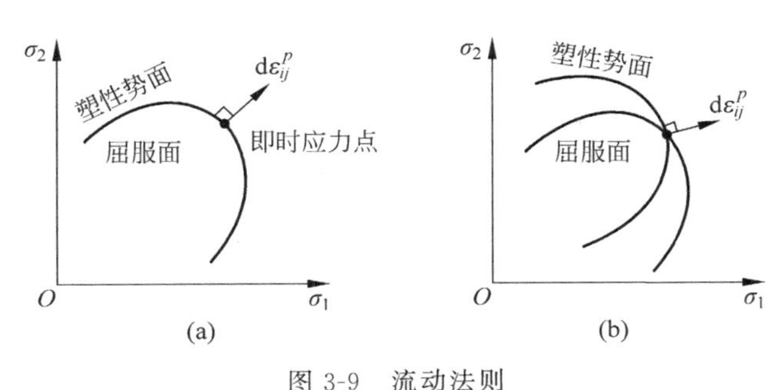

图 3-9 流动法则

(a) 正交流动法则；(b) 非正交流动法则

3.2.2.4 加卸载准则

加卸载通常是指作用在物体上的载荷增加或减小。弹性物体内的应力和载荷成正比，但进入塑性后物体内的材料性质不再均匀，当载荷增加时将出现应力重分配现象，有些地方可能出现局部卸载情况，所以塑性力学将根据应力和应变的变化而非载荷的变化情况来判断局部区域的加卸载状态。当应力状态处于屈服面上时，能引起塑性应变增加的应力变化(可以是增加或减少)称为加载。塑性加载和弹性卸载状态下材料的性质不同，有限元计算的每个增量步都随时要判断该计算点是处于加载状态还是卸载状态，然后才能决定采用哪种本构关系。加卸载准则是判断加、卸载的基本依据。

工程中常用的结构材料是应变硬化材料(又称稳定材料)。应变硬化材料的塑性变形特性是：当塑性应变增加时($d\varepsilon_{ij}^p>0$)，应力也随之增加或对理想塑性材料应力保持不变($d\sigma_{ij}\geqslant 0$)，因而应力增量在塑性应变增量上所做的塑性功是非负的，即

$$d\sigma_{ij}\,d\varepsilon_{ij}^p \geqslant 0 \tag{3-6}$$

再基于关联流动法则可导出如下德鲁克(D. C. Drucker)加卸载准则：

(1) 若 $F=0$，且$\dfrac{\partial F}{\partial\sigma_{ij}}d\sigma_{ij}>0$，为塑性加载；

(2) 若 $F=0$，且$\dfrac{\partial F}{\partial\sigma_{ij}}d\sigma_{ij}<0$，为弹性卸载；

(3) 若 $F=0$，且$\dfrac{\partial F}{\partial\sigma_{ij}}d\sigma_{ij}=0$，对应变硬化材料为中性变载，对理想塑性材料为塑性加载。

上面三种情况都要先判断是否满足左边的屈服条件 $F=0$，若当前应力点还在屈服面内，那无论是加载还是卸载都是弹性的。右边用于判断加卸载的第二个条件来自塑性功非负准则和关联流动法则：根据关联流动法则将式(3-5)中的 Q 换成 F，代入式(3-6)，删去不影响不等关系的非负常量 $d\lambda$ 就能得到准则中的相关项。情况(1)表示应力增量 $d\sigma$ 指向屈服面外，与屈服面外向法线 $\boldsymbol{n}$ 的夹角为锐角(参见图 3-10)，屈服面扩大，因而是塑性加载。情况(2)表示应力增量指向屈服面内，与屈服面外向法线的夹角为钝角，进入弹性区，因而是卸载。情况(3)表示应力点沿屈服面切向滑移，虽然应力分量有变化，但仍留在屈服面上，既不是塑性加载也没有弹性卸载，故称为“中性变载”。对理想塑性材料，后继屈服面与初始屈服面重合，所以应力点在屈服面上滑移也会导致塑性变形，属于塑性加载情况。

岩土等材料的应力-应变曲线如图 3-11 所示。加载初期曲线斜率为正，材料是应变硬

化的、稳定的。当应力达到最大值后，曲线斜率变负。随着塑性应变增加，应力反而减小，在塑性加载（即塑性应变增加）时，应力做负功。这类材料称为应变软化材料或不稳定材料。对于软化材料，上述在应力空间中的德鲁克加卸载准则不再适用。伊留申（A. A. Il'yushin）在应变空间中建立了相应的加卸载准则。

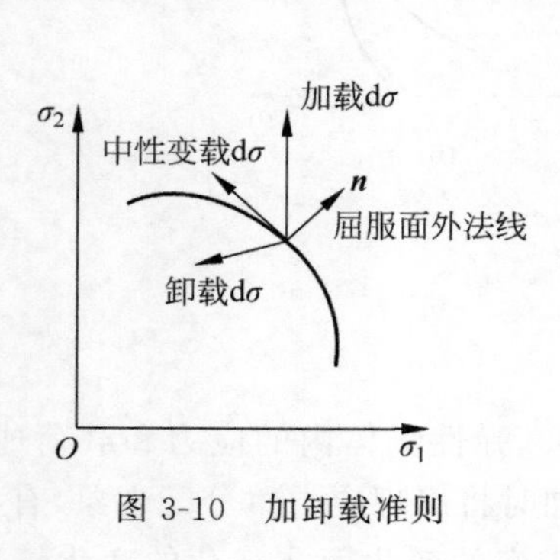

图 3-10　加卸载准则

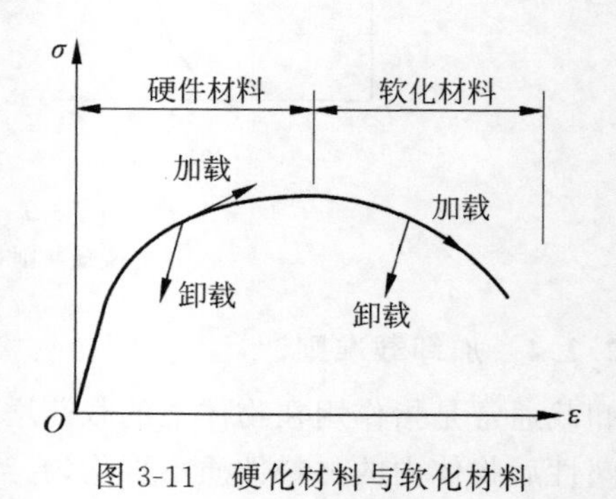

图 3-11　硬化材料与软化材料

3.2.3　弹塑性本构关系

3.2.3.1　增量理论和全量理论

塑性增量理论又称流动理论，它建立了应力与塑性应变增量间的本构关系，采用逐步加载（或卸载）的方式先计算各个载荷步中的应变增量、应力增量和位移增量，然后把增量逐步叠加起来求总应变、总应力和总位移等全量。增量理论可以准确反映塑性变形过程的加卸载历史，普遍适用于单调加载或循环加载、比例加载或非比例加载等各种情况，有限元分析均采用增量理论。

塑性全量理论又称形变理论，它建立了应力与塑性应变全量在单调加载过程中的非线性本构关系，直接求解全量。全量理论可以反映塑性变形的非线性特性，但不能描述塑性变形的历史相关性，等价于求解一个非线性弹性力学问题。用全量理论寻找解析解较为方便，主要应用于简单加载或偏离简单加载不大的情况。

简单加载要求满足如下四个条件：

(1) 小变形情况；

(2) 所有载荷按同一比例单调增长（即比例加载），如有位移边界条件，只能施加零位移边界条件；

(3) 材料是不可压缩的，泊松比 $\mu=0.5$；

(4) 当量应力和当量应变满足幂函数关系 $\sigma_e=A\varepsilon_e^n$（$A$ 和 n 为材料常数）。这是个充分条件，但不一定是必要条件。在满足或偏离前三个条件不大的情况下，可以采用单向拉伸试验测定的应力-应变曲线来代替幂函数关系。

3.2.3.2　增量理论的弹塑性本构关系

三维弹塑性本构关系的推导过程比较复杂，要综合应用上面介绍的屈服准则、流动法则、硬化法则等一系列基本关系。下面仅讲述最简单的情况：满足米泽斯屈服准则和关联流动法则的理想弹塑性材料。

为了简化，下面的推导采用张量符号，对不熟悉张量运算的工程师们主要是了解一下推导过程的物理意义及弹性和塑性本构关系的区别。

先对屈服函数做些变换，米泽斯屈服函数式(3-3)右端第一项就是应力偏量 s_{ij} 的第二不变量 $J_2=s_{ij}s_{ij}/2$，第二项 $k^2=\sigma_s^2/3$，于是可以写为

$$F(\sigma_{ij})=J_2-\sigma_s^2/3=0 \tag{3-7}$$

因此基于米泽斯准则的塑性增量理论也称为 J_2 流动理论。

将式(3-7)放大三倍，利用当量应力 $\bar{\sigma}$ 与 J_2 的关系 $3J_2=\bar{\sigma}^2$，将米泽斯屈服准则改写成

$$F'(\sigma_{ij})=\bar{\sigma}^2-\sigma_s^2=0 \tag{3-8}$$

再利用关联流动法则(此时 $Q=F$)，将式(3-7)代入式(3-5)，注意到 J_2 的偏导数 $\partial J_2/\partial\sigma_{ij}$ 就是应力偏量 s_{ij} 且理想塑性材料的屈服极限 $\sigma_s=\sigma_{s0}$ 为常数，可以得到：

$$\mathrm{d}\varepsilon_{ij}^p=\mathrm{d}\lambda s_{ij} \tag{3-9}$$

即塑性应变增量与应力偏量成正比。当 $\mathrm{d}\lambda=0$ 时塑性应变增量为零，是弹性卸载；当 $\mathrm{d}\lambda>0$ 时有塑性应变增量，是塑性加载。塑性流动因子 $\mathrm{d}\lambda$ 根据一致性条件来确定。一致性条件就是要求在加载过程中，即时应力点应始终处于屈服面上。对理想塑性材料屈服面保持不变，应力点只能在屈服面上滑移。所以推导 $\mathrm{d}\lambda$ 时要用到屈服准则。

利用当量塑性应变增量的定义 $\mathrm{d}\bar{\varepsilon}^p=\sqrt{(2/3)\mathrm{d}\varepsilon_{ij}^p\mathrm{d}\varepsilon_{ij}^p}$ 和式(3-9)导出的应力偏量 s_{ij}，式可以把 J_2 改写成

$$J_2=\frac{1}{2}s_{ij}s_{ij}=\frac{\mathrm{d}\varepsilon_{ij}^p\mathrm{d}\varepsilon_{ij}^p}{2(\mathrm{d}\lambda)^2}=\frac{3(\mathrm{d}\bar{\varepsilon}^p)^2}{4(\mathrm{d}\lambda)^2} \tag{3-10}$$

代人屈服准则式(3-7)就可以确定 $\mathrm{d}\lambda$：

$$\mathrm{d}\lambda=\frac{3}{2}\frac{\mathrm{d}\bar{\varepsilon}^p}{\sigma_s}=\frac{3}{2}\frac{\mathrm{d}\bar{\varepsilon}^p}{\bar{\sigma}} \tag{3-11}$$

其中后一个等号利用了式(3-8)。代入式(3-9)得到塑性应变增量为

$$\mathrm{d}\varepsilon_{ij}^p=\frac{3}{2}\frac{\mathrm{d}\bar{\varepsilon}^p}{\bar{\sigma}}s_{ij} \tag{3-12}$$

进入塑性后，总应变增量是弹性应变增量和塑性应变增量之和：

$$\mathrm{d}\varepsilon_{ij}=\mathrm{d}\varepsilon_{ij}^e+\mathrm{d}\varepsilon_{ij}^p \tag{3-13}$$

由弹性力学知道，应力偏量 s_{ij} 与弹性应变偏量 e_{ij}^e 成正比，比例系数为 $2G$，G 为剪切模量；平均正应力 σ_0 和平均正应变 ε_0 成正比，比例系数为 $3K$，K 为体积模量。写成增量形式有

$$\begin{cases}\mathrm{d}s_{ij}/\mathrm{d}e_{ij}^e=2G\\ \mathrm{d}\sigma_0/\mathrm{d}\varepsilon_0=3K\end{cases} \tag{3-14}$$

考虑到塑性应变增量只有偏量没有球量，由上式和式(3-9)或式(3-12)得到弹塑性本构关系，常称为普朗特-罗伊斯(Prandtl-Reuss)方程：

$$\begin{cases}\mathrm{d}e_{ij}=\dfrac{\mathrm{d}s_{ij}}{2G}+\mathrm{d}\lambda s_{ij}\\ \mathrm{d}\varepsilon_0=\dfrac{\mathrm{d}\sigma_0}{3K}\end{cases} \tag{3-15}$$

对理想塑性材料，可写为

$$\begin{cases} \mathrm{d}e_{ij} = \dfrac{\mathrm{d}s_{ij}}{2G} + \dfrac{3}{2}\dfrac{\mathrm{d}\bar{\varepsilon}^{p}}{\bar{\sigma}}s_{ij} \\ \mathrm{d}\varepsilon_{0} = \dfrac{\mathrm{d}\sigma_{0}}{3K} \end{cases} \tag{3-16}$$

若忽略弹性应变增量，式(3-16)简化为

$$\mathrm{d}\varepsilon_{ij} = \mathrm{d}\varepsilon_{ij}^{p} = \frac{3}{2}\frac{\mathrm{d}\bar{\varepsilon}^{p}}{\bar{\sigma}}s_{ij} \tag{3-17}$$

称为刚塑性本构关系，或莱维-米泽斯(Levy-Mises)方程，其分量形式为

$$\begin{cases} \mathrm{d}\varepsilon_{x}^{p} = \dfrac{\mathrm{d}\bar{\varepsilon}^{p}}{\bar{\sigma}}\left[\sigma_{x} - \dfrac{1}{2}(\sigma_{y} + \sigma_{z})\right] \\ \mathrm{d}\varepsilon_{y}^{p} = \dfrac{\mathrm{d}\bar{\varepsilon}^{p}}{\bar{\sigma}}\left[\sigma_{y} - \dfrac{1}{2}(\sigma_{z} + \sigma_{x})\right] \\ \mathrm{d}\varepsilon_{z}^{p} = \dfrac{\mathrm{d}\bar{\varepsilon}^{p}}{\bar{\sigma}}\left[\sigma_{z} - \dfrac{1}{2}(\sigma_{x} + \sigma_{y})\right] \\ \mathrm{d}\varepsilon_{xy}^{p} = \dfrac{3}{2}\dfrac{\mathrm{d}\bar{\varepsilon}^{p}}{\bar{\sigma}}\tau_{xy} \\ \mathrm{d}\varepsilon_{yz}^{p} = \dfrac{3}{2}\dfrac{\mathrm{d}\bar{\varepsilon}^{p}}{\bar{\sigma}}\tau_{yz} \\ \mathrm{d}\varepsilon_{zx}^{p} = \dfrac{3}{2}\dfrac{\mathrm{d}\bar{\varepsilon}^{p}}{\bar{\sigma}}\tau_{zx} \end{cases} \tag{3-18}$$

和广义胡克定律式(2-27)相比可以看到：前三式中的泊松比为 1/2，说明塑性变形时体积保持不变。系数 $\mathrm{d}\bar{\varepsilon}^{p}/\bar{\sigma}$ 相当于杨氏模量的倒数，但现在该系数是随当量塑性应变增量 $\mathrm{d}\bar{\varepsilon}^{p}$ 而变化的，反映了塑性变形的非线性和历史相关性。

3.3 梁的弹塑性解

3.3.1 承弯梁

在工程结构中梁主要用于承受由横向载荷引起的弯矩。材料力学给出如下几种载荷工况下梁内的最大弯矩 $M_{\max}$：

受均布载荷 q 的简支梁： $M_{\max} = ql^{2}/8$ （在跨中点） (3-19a)

跨中点受集中载荷 P 的简支梁： $M_{\max} = Pl/4$ （在跨中点） (3-19b)

端部受集中载荷 P 的悬臂梁： $M_{\max} = P$ （在根部） (3-19c)

其中，l 为梁的长度。

现在考察矩形截面梁最大弯矩截面上的应力分布。弹性阶段弯曲应力沿高度线性分布，上拉下压，对中性轴反对称，如图 3-12(a)所示。最大应力 $\sigma_{\max} = 6M_{\max}/(bh^{2})$ 发生在上表面。当最大应力达到屈服极限($\sigma_{\max} = \sigma_{s}$)时得到截面在纯弹性状态下所能承受的最大弯矩，即弹性极限弯矩 M_{e}。取梁的中性轴处 $z=0$，应力沿厚度的分布规律为 $\sigma = \dfrac{2\sigma_{s}}{h}z$，由此求得弹性极限弯矩为

$$M_e = 2b\int_0^{h/2} \frac{2\sigma_s}{h} z^2 \mathrm{d}z = \frac{1}{6}\sigma_s bh^2 \tag{3-20}$$

其中，b 和 h 为梁的宽度和高度。

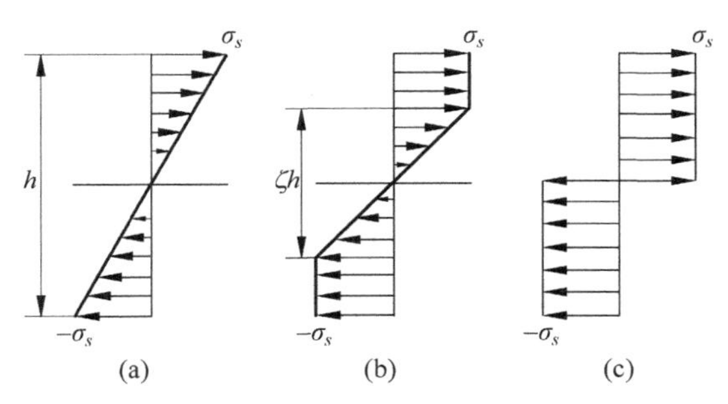

图 3-12　梁截面的弹塑性应力分布

(a) $M=M_e$；(b) $M_e<M<M_p$；(c) $M=M_p$

随着载荷继续增加，梁的上下表面附近进入塑性，梁中心部分仍保持弹性，称为弹性核。对理想塑性材料，塑性区的应力均为 σ_s，在弹性核内为线性分布，如图 3-12(b)所示。将应力对中性轴的弯矩沿高度积分得到：

$$M = 2b\left(\int_{\zeta h/2}^{h/2} \sigma_s z \mathrm{d}z + \int_0^{\zeta h/2} \frac{2\sigma_s}{h} z^2 \mathrm{d}z\right) = \frac{1}{2}M_e(3-\zeta^2) \tag{3-21}$$

其中，ζ 为弹性核的高度与梁高之比。由于变形后梁的截面仍保持平面，此时梁的曲率完全由梁中心区内弹性核的变形所控制，外侧塑性区的塑性流动因受此限制而不能无限增大，所以梁还能继续承载。

载荷继续增加，塑性区不断向中性轴扩大，直至弹性核消失(即 $\zeta=0$)，截面完全进入屈服状态，如图 3-12(c)所示。将 $\zeta=0$ 代入式(3-21)得到矩形梁截面所能承受的最大塑性弯矩，称为塑性极限弯矩，它是弹性极限弯矩的 1.5 倍：

$$M_p = \frac{1}{4}\sigma_s bh^2 = 1.5M_e \tag{3-22}$$

当弹性约束消失后，最大弯矩截面变成一个可以转动的塑性铰。塑性铰是一个理想模型，它和工程中常见的机械铰有两个本质区别。首先，机械铰不能承受任何弯矩，而塑性铰在转动时始终作用有塑性极限弯矩 M_p，且 M_p 在转动过程中做塑性功。其次，机械铰可以正反两向自由转动，而塑性铰是单向的，只能向塑性变形方向转动，若反向则为弹性卸载状态，不能自由转动。

当最大弯矩达到塑性极限弯矩时塑性铰形成，结构变成可动的垮塌机构。例如，简支梁变成三铰可动机构，悬臂梁变成可以转动的杆，它们都是没有承载能力的垮塌机构。在理想塑性假设下，结构因形成垮塌机构而发生不可限制的总体塑性流动且不能继续承载的状态称为极限状态，相应的载荷称为塑性极限载荷，简称极限载荷，它是结构的最大承载能力。

令式(3-19)各式中的 $M_{\max}=M_p$，就得到各载荷工况下梁的塑性极限载荷：

$$q_L = 2\sigma_s b(h/l)^2 \quad \text{(均布载荷简支梁)} \tag{3-23a}$$

$$P_L = \sigma_s bh^2/l \quad \text{(跨中点集中载荷简支梁)} \tag{3-23b}$$

$$P_L = \sigma_s bh^2/(4l) \quad \text{(端点集中载荷悬臂梁)} \tag{3-23c}$$

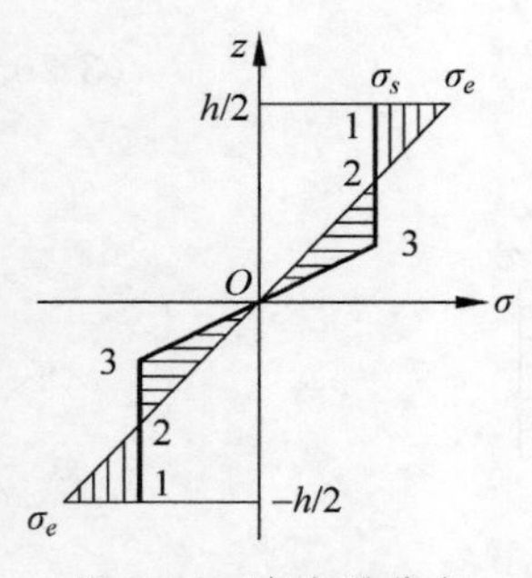

图 3-13　应力重分布

式(3-22)表明,矩形截面梁的塑性极限弯矩 M_p 比弹性极限弯矩 M_e 大 1.5 倍。塑性状态的承载能力高于弹性状态的原因是:结构通过应力重分布实现了载荷重分配,原来由高应力区材料承担的载荷在进入塑性后逐步转移给低应力弹性区的材料来承担。在这过程中结构不断挖掘承载潜力,直至所有可能利用的材料都进入屈服,达到结构的承载极限而最终垮塌。图 3-13 描述了梁截面的应力重分布过程。名义弹性应力沿梁高线性分布,其最大值 σ_e 超过屈服极限 σ_s。在上下表面附近名义应力超过屈服极限 σ_s 的 1-2 区已经进入塑性。对理想塑性材料,塑性区的应力最大只能是 σ_s,因而应力三角形 1-2-σ_e 实际上并不存在。本来应该由这部分应力所承受的外载荷必须转移给附近低应力区的材料来承担,于是塑性区继续向梁的中心区扩展,直至低应力区增加的应力三角形 O-2-3 足以替代 1-2-σ_e 来平衡外载荷时塑性流动才会停止。随着载荷的增加塑性区不断向中心扩展,直至变为图 3-12(c)而垮塌。

塑性极限载荷与弹性极限载荷之比称为结构的承载潜力系数 η:

$$\eta=\frac{塑性极限载荷}{弹性极限载荷}=\frac{M_p}{M_e} \tag{3-24}$$

低应力区可供利用的材料越多,梁的承载潜力系数越高。各种形状梁截面的承载潜力系数 η 各不相同。由图 3-14 可以看出,工字梁的材料利用率很高,而承载潜力系数较小,其大部分材料分配在高应力区(翼缘)而低应力区(腹板)的面积很小,所以 η 接近于 1.0;反之,三角形和菱形截面的材料大多布置在低应力区,可供利用的材料比例大,承载潜力系数就较大。

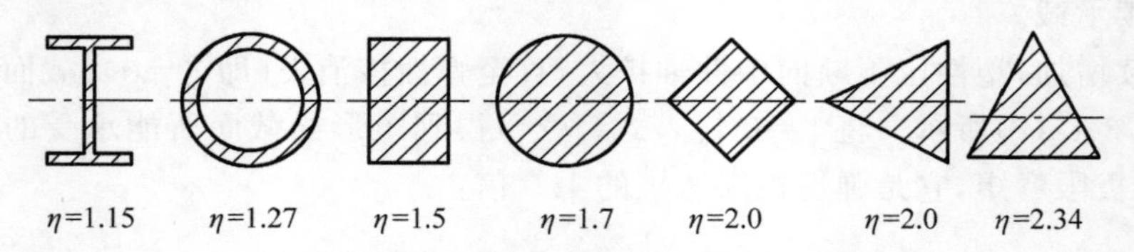

图 3-14　各种梁截面的承载潜力系数

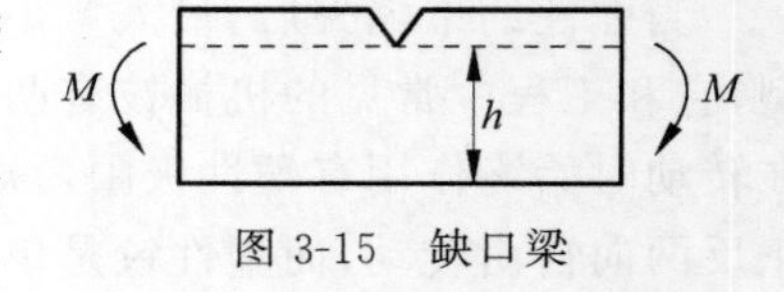

图 3-15　缺口梁

并非所有低应力区的材料都可以利用,只有在塑性变形发展方向上的材料才能用于提高结构的承载能力。图 3-15 是带缺口的承弯梁。它的极限弯矩与以虚线为高度的无缺口直梁相同。因为缺口处高应力引起的塑性区是向下发展的,虚线以上的低应力材料对提高梁的承载能力没有贡献。应该指出,虽然缺口梁的极限载荷与高为 h 的直梁相同,但其承载潜力系数要比直梁大得多。因为在缺口处有应力集中,缺口梁的弹性极限载荷远低于直梁。

3.3.2　拉-弯梁

考察图 3-16 所示受拉-弯联合作用的梁。在轴向拉力 N 作用下,梁的中性轴下移到离下表面为 x 的位置。当达到极限状态时,梁中性轴以上的材料均进入拉伸屈服,以下均进入压缩屈服,应力分布如图 3-17 所示。该应力分布的合力和合力矩分别与外载 N 和 M 相平衡,由此得到:

$$N=\sigma_s(h-2x)b \tag{3-25}$$

$$M=\sigma_s x(h-x)b \tag{3-26}$$

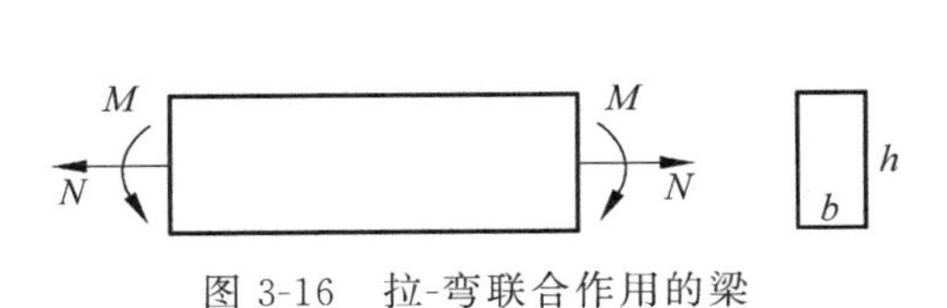

图 3-16　拉-弯联合作用的梁

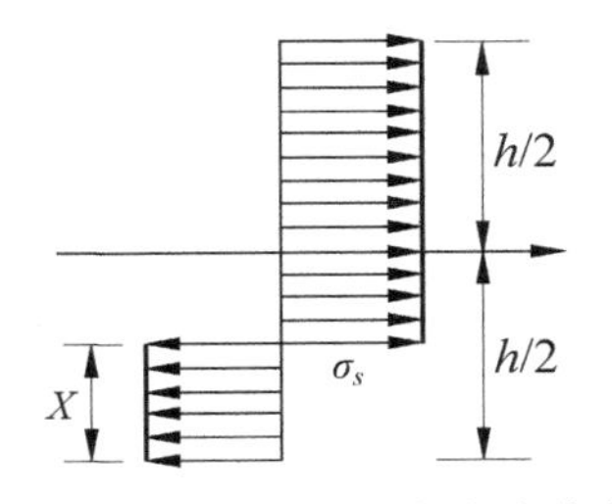

图 3-17　极限状态下的应力分布

由式(3-25)解出 x，代入式(3-26)，化简后有

$$\frac{N^2}{4\sigma_s b}+M=\frac{\sigma_s h^2 b}{4} \tag{3-27}$$

这是极限状态下应力和外载的平衡条件。将 N 和 M 用薄膜应力 σ_m 和弯曲应力 σ_b 表示：

$$N=\sigma_m bh,\quad M=\sigma_b bh^2/6 \tag{3-28}$$

代入式(3-27)，化简后得到：

$$\left(\frac{\sigma_m}{\sigma_s}\right)^2+\frac{2}{3}\left(\frac{\sigma_b}{\sigma_s}\right)=1 \tag{3-29}$$

为了和 ASME Ⅷ-2 规范的一次薄膜加弯曲应力设计准则 $P_m+P_b\leqslant 1.5[\sigma]$ 做比较，将式(3-29)改写成

$$\frac{\sigma_m+\sigma_b}{\sigma_s}-\frac{5}{3}=-\frac{3}{2}\left(\frac{\sigma_m}{\sigma_s}-\frac{1}{3}\right)^2 \tag{3-30}$$

得到图 3-18 中曲线①的方程，即文献[10]给出的极限曲线方程。

注意，图 3-18 的纵坐标 $(\sigma_m+\sigma_b)/\sigma_s$ 和横坐标 σ_m/σ_s 都含有薄膜应力 σ_m/σ_s，因而相互并不独立。图 3-18 还给出了按 $(\sigma_m+\sigma_b)/[\sigma]$ 和 $\sigma_m/[\sigma]$ 计算的坐标值，以便和规范对比。

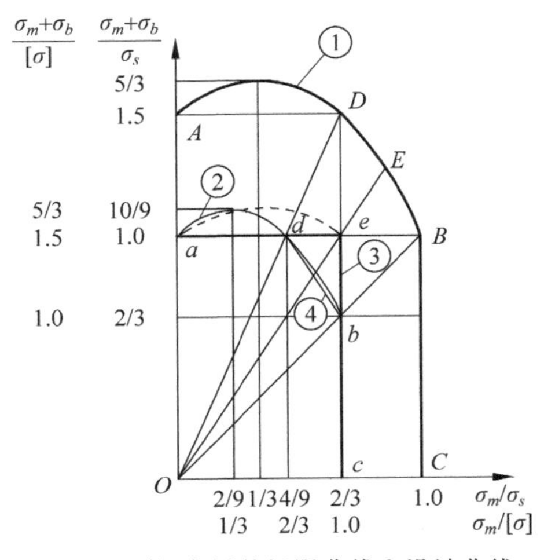

图 3-18　拉-弯梁的极限曲线和设计曲线

分析设计规范规定：防止总体塑性垮塌的许用设计载荷取为极限载荷除安全系数 $n_s=1.5$。在图 3-18 中各应力点的加载路径是连接原点 O 和该应力点的射线，例如，O-A、O-B、O-C 等。施加安全系数 1.5 相当于将这些射线缩短为原来的 $\frac{1}{1.5}$，极限曲线①上的 A、D、B、C 各点分别沿射线向原点收缩 1/3 到 a、d、b、c，得到许用设计曲线②。图中曲线 a-d-b 段用细实线表示。极限曲线①和许用设计曲线②在图形上是相似变换。

ASME 规范采用的许用设计曲线③是矩形折线 a-e-c。对应的两个准则是：①一次总体薄膜应力 $P_m \leqslant 1.0[\sigma]$，其中 $[\sigma]=\sigma_s/1.5$，对应于垂直线 e-c；②一次薄膜加弯曲应力 $P_m+P_b \leqslant 1.5[\sigma]$，对应于水平线 a-e。

有人曾用如下论述来证明 ASME 的两个准则是保守的：先对薄膜应力 σ_m（横坐标）引入材料安全系数 $n_s=1.5$，将极限曲线 BC 向左推移到垂直线 Dc 的位置。再对纵坐标（薄膜加弯曲应力 $\sigma_m+\sigma_b$）引入设计安全系数 $n_s=1.5$，将极限曲线 AD 段向下移动成弧形虚线 a-e。最后保守地将弧线 a-e 向下压成水平线 a-e，就得到"偏保守的"ASME 许用设计曲线 a-e-c。似乎前两步加了安全系数是安全的，最后将曲线压成直线又是保守处理，因而证明了 ASME 准则的保守性。

实际上，矩形右上角 d-e-b 部分已经超出了精确的许用设计曲线②，因而是危险的。出现此问题的原因是图 3-18 中的纵坐标 $\sigma_m+\sigma_b$ 和横坐标 σ_m 相互并不独立，不能先后独立地对横坐标和纵坐标施加安全系数。以 B 点为例，该处 $\sigma_m=\sigma_s$ 和 $\sigma_m+\sigma_b=\sigma_s$，即该点的弯曲应力 $\sigma_b=0$。对横坐标 σ_m 引入安全系数 1.5 后变成 $\sigma_m=2\sigma_s/3$，而 σ_b 仍为零，因而相应的纵坐标变成 $\sigma_m+\sigma_b=2\sigma_s/3+0=2\sigma_s/3$，即 B 点应沿射线 OB 向着原点移动到 b 点，这样纵、横坐标都加了安全系数 1.5，是安全的。但 ASME 许用设计曲线是独立地对横坐标 σ_m 加安全系数，而不考虑其对纵坐标 $\sigma_m+\sigma_b$ 的影响，人为地假设 B 点向左推移到 e 点。该点的纵坐标仍为 $\sigma_m+\sigma_b=\sigma_s$，没有加任何安全系数，显然是不安全的。

图 3-18 表明：当 $\sigma_m \leqslant 2[\sigma]/3$ 时 ASME 的矩形设计曲线 a-e-c 是安全的，但当压力引起的薄膜应力 $\sigma_m > 2[\sigma]/3$ 时安全系数下降，在 e 点处降至最小值 1.3（见参考文献[11]），作为工程设计规范还是可接受的。

程丰渊和陆明万[11]建议了一个能保证安全裕度≥1.5、应用又较简单的修正一次薄膜加弯曲应力准则，它基于图 3-18 中折线 a-d-b 的方程：

$$\begin{cases} P_m+P_b \leqslant 1.5[\sigma], \quad P_m \leqslant \dfrac{2}{3}[\sigma] \text{ 或 } \dfrac{\sigma_m}{\sigma_b} \leqslant \dfrac{4}{5} \\ P_m+\dfrac{2}{5}P_b \leqslant [\sigma], \quad P_m > \dfrac{2}{3}[\sigma] \text{ 或 } \dfrac{\sigma_m}{\sigma_b} > \dfrac{4}{5} \end{cases} \tag{3-31}$$

由图 3-18 可以看到，直线 d-b 与精确的许用设计曲线（弧线 d-b）非常接近，且偏于安全。

3.4 圆筒的弹塑性解

3.4.1 薄壁圆筒和回转壳

弹性薄壳理论给出薄壁圆筒的薄膜应力如下：

$$\sigma_\theta=\frac{pr}{h},\quad \sigma_x=\frac{\sigma_\theta}{2}=\frac{pr}{2h},\quad \sigma_z=0 \tag{3-32}$$

其中，σ_θ、σ_x、σ_z 分别为环向、轴向和法向(厚度方向)应力，它们分别是第一、第二和第三主应力；p、r 和 h 分别为内压、半径和厚度。这些薄膜应力沿厚度均匀分布，影响范围遍及全壳，所以一旦达到屈服条件，将导致圆筒出现大范围的整体塑性流动而不能继续承载，相应的压力称为塑性极限压力。

将式(3-32)代入当量应力公式(式(3-1)和式(3-2))得到：

$$\sigma_{e4}=\frac{\sqrt{3}}{2}\sigma_\theta=\frac{\sqrt{3}}{2}\frac{pr}{h},\quad \sigma_{e3}=\sigma_\theta=\frac{pr}{h} \tag{3-33}$$

令当量应力等于屈服应力 σ_s 时，得到：

$$p_{L4}=\frac{2}{\sqrt{3}}\frac{\sigma_s h}{r},\quad p_{L3}=\frac{\sigma_s h}{r} \tag{3-34}$$

它们分别是基于米泽斯和特雷斯卡屈服准则的薄壁圆筒的塑性极限压力。

薄壁球壳的薄膜应力是

$$\sigma_\theta=\sigma_\varphi=\frac{pr}{2h},\quad \sigma_z=0 \tag{3-35}$$

代入当量应力公式得到：

$$\sigma_{e4}=\sigma_{e3}=\frac{pr}{2h} \tag{3-36}$$

令当量应力等于屈服应力时得到薄壁球壳的塑性极限压力：

$$p_{L4}=p_{L3}=\frac{2\sigma_s h}{R} \tag{3-37}$$

顶部封闭的各类回转壳的薄膜应力计算公式见式(2-76)，加上 $\sigma_z=0$，代入屈服准则，很容易求得相应的塑性极限压力。

3.4.2 厚壁圆筒

当圆筒的外径与内径之比(简称径比)$b/a>1.2$ 时称为厚壁圆筒。高压容器、炮筒等工程结构均为厚壁圆筒。弹性力学给出内压厚壁圆筒中应力的精确解(参见第2章文献[1])：

$$\sigma_r=\frac{pa^2}{b^2-a^2}\left(1-\frac{b^2}{r^2}\right),\quad \sigma_\theta=\frac{pa^2}{b^2-a^2}\left(1+\frac{b^2}{r^2}\right),\quad \tau_{r\theta}=0 \tag{3-38}$$

其中，p 为内压；σ_r、σ_θ 分别为径向和环向应力；a、b、r 分别为圆筒的内径、外径和圆筒壁内任意点处的半径。弹性应力分布情况见图3-19(a)。最大应力发生在内壁，该处环向受拉为第一主应力，径向受压为第三主应力，无论两端封闭(高压容器)或自由(炮筒)轴向应力都是中间主应力。

考虑理想弹塑性材料，采用特雷斯卡屈服准则：

$$\sigma_\theta-\sigma_r=\frac{2pa^2b^2}{r^2(b^2-a^2)}=\sigma_s$$

屈服首先发生在内壁 $r=a$ 处，此时厚壁圆筒的弹性极限压力为

$$p_e=\frac{\sigma_s}{2}\left(1-\frac{a^2}{b^2}\right) \tag{3-39}$$

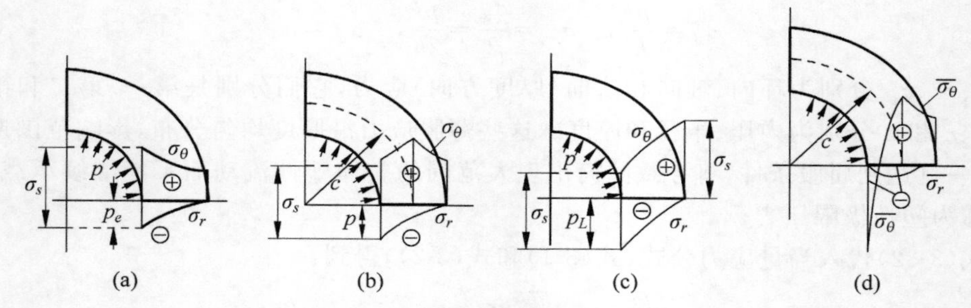

图 3-19　厚壁圆筒的应力分布

(a) 弹性极限状态；(b) 弹塑性状态；(c) 塑性极限状态；(d) 卸载残余应力

可以看到，当外径 $b\to\infty$ 时，弹性极限压力最大只能达到 $p_e=\sigma_s/2$，想通过增加壁厚来继续提高弹性承载能力是不可能的。

随着压力继续增加塑性区不断向外扩展，圆筒截面分为内外两个环形层，如图 3-19(b)所示。内层为塑性区，外层为弹性区，其交界面的半径为 $r=c$。

厚壁圆筒的平衡方程是

$$\frac{\mathrm{d}\sigma_r}{\mathrm{d}r}+\frac{\sigma_r-\sigma_\theta}{r}=0$$

在塑性区内满足屈服条件 $\sigma_\theta-\sigma_r=\sigma_s$，代入后得到：

$$\frac{\mathrm{d}\sigma_r}{\mathrm{d}r}=\frac{\sigma_s}{r}$$

对 r 积分有

$$\sigma_r=\sigma_s\ln r+C$$

由边界条件 $r=a$ 处 $\sigma_r=-p$ 确定常数 C，得到塑性区应力为

$$\sigma_r=\sigma_s\ln\frac{r}{a}-p,\quad \sigma_\theta=\sigma_r+\sigma_s,\quad \tau_{r\theta}=0 \tag{3-40}$$

当 $r=c$ 时，

$$\sigma_r\big|_{r=c}=\sigma_s\ln\frac{c}{a}-p \tag{3-41}$$

外层弹性区是一个内径为 c、外径为 b 的厚壁圆筒，其内壁是弹塑性交界面，处于刚要进入屈服的弹性极限状态，所以作用于其上的压力为弹性极限压力 p_e。将式(3-39)代入式(3-38)，并将内径 a 改为 c，得到弹性区应力为

$$\sigma_r=\frac{\sigma_s c^2}{2b^2}\left(1-\frac{b^2}{r^2}\right),\quad \sigma_\theta=\frac{\sigma_s c^2}{2b^2}\left(1+\frac{b^2}{r^2}\right),\quad \tau_{r\theta}=0 \tag{3-42}$$

弹塑性状态下的应力分布见图 3-19(b)。

由交界面处的应力连续条件(作用与反作用定理)知道弹性区内壁压力应等于塑性区在 $r=c$ 处应力的负值，因而 $p_e=-\sigma_r\big|_{r=c}$。将式(3-39)的 a 改为 c，和式(3-41)一起代入此连续条件，得到塑性区深度 c 与内压 p 的关系：

$$p=\sigma_s\left[\ln\frac{c}{a}+\frac{1}{2}\left(1-\frac{c^2}{b^2}\right)\right] \tag{3-43}$$

这是个超越方程，通常用数值方法来确定 c。

当塑性区扩展到外壁面时，整个厚壁圆筒进入塑性，结构达到极限状态。将 $c=b$ 代入式(3-43)得到特雷斯卡屈服准则下厚壁圆筒的塑性极限压力：

$$p_{L3}=\sigma_s \ln \frac{b}{a} \tag{3-44}$$

在塑性极限状态下的应力分布见图 3-19(c)。此时最大环向应力发生在外壁，达到拉伸屈服应力 σ_s。沿整个厚度都发生屈服，即满足屈服条件 $\sigma_\theta-\sigma_r=\sigma_s$，因而图 3-19(c)中的 σ_r 曲线与 σ_θ 曲线平行。

若采用米泽斯屈服准则，厚壁圆筒的塑性极限压力为

$$p_{L4}=\frac{2}{\sqrt{3}}\sigma_s \ln \frac{b}{a}=\frac{2}{\sqrt{3}}p_{L3} \tag{3-45}$$

比较式(3-44)、式(3-45)和式(3-39)得到厚壁圆筒的承载潜力系数为

$$\eta_{L3}=\frac{p_{L3}}{p_e}=\frac{2\ln(b/a)}{1-(a/b)^2},\quad \eta_{L4}=\frac{2}{\sqrt{3}}\eta_{L3} \tag{3-46}$$

表 3-1 给出了各种径比 b/a 下厚壁圆筒的承载潜力系数。

表 3-1　不同径比厚壁圆筒的承载潜力系数

b/a	1.2	1.3	1.5	1.7	2.0	2.22	2.5	2.7	3.0
η_{L3}	1.193	1.285	1.460	1.623	1.848	2.0	2.182	2.302	2.472

下面来研究卸载情况。将厚壁圆筒的内压增加到 $p_e<p<p_{L3}$，处于弹塑性状态，然后完全卸载。卸载是弹性过程，卸载应力可以按弹性解计算。将卸载应力与加载结束时的弹塑性应力叠加就能得到卸载后的残余应力。将式(3-38)分别与式(3-40)和式(3-42)叠加得到残余应力为

$$\begin{cases}\bar{\sigma}_r=-p+\sigma_s \ln \dfrac{r}{a}-\dfrac{pa^2}{b^2-a^2}\left(1-\dfrac{b^2}{r^2}\right)\\[2ex] \bar{\sigma}_\theta=-p+\sigma_s\left(1+\ln \dfrac{r}{a}\right)-\dfrac{pa^2}{b^2-a^2}\left(1+\dfrac{b^2}{r^2}\right)\end{cases},\quad \text{塑性区 } a\leqslant r\leqslant c \text{ 内} \tag{3-47a}$$

$$\begin{cases}\bar{\sigma}_r=\left(\dfrac{\sigma_s c^2}{2b^2}-\dfrac{pa^2}{b^2-a^2}\right)\left(1-\dfrac{b^2}{r^2}\right)\\[2ex] \bar{\sigma}_\theta=\left(\dfrac{\sigma_s c^2}{2b^2}-\dfrac{pa^2}{b^2-a^2}\right)\left(1+\dfrac{b^2}{r^2}\right)\end{cases},\quad \text{弹性区 } c\leqslant r\leqslant b \text{ 内} \tag{3-47b}$$

这里用 $\bar{\sigma}$ 表示残余应力。卸载后残余应力的分布见图 3-19(d)。可以看到，在完全卸载状态下最大环向残余应力也发生在内壁。随着载荷 p 增加，卸载后的残余应力也增大，当载荷足够大时内壁将发生反向屈服。反向屈服的条件是

$$\bar{\sigma}_\theta-\bar{\sigma}_r=-\sigma_s$$

由式(3-47a)和式(3-47b)计算 $\bar{\sigma}_\theta-\bar{\sigma}_r$，发现其最大负值发生在内壁 $r=a$ 处：

$$[\bar{\sigma}_\theta-\bar{\sigma}_r]_{r=a}=\sigma_s-\frac{2pb^2}{b^2-a^2}$$

代入反向屈服条件得到卸载时发生反向屈服的临界压力 p_s 为

$$p_s=\sigma_s\left(1-\frac{a^2}{b^2}\right)=2p_e \tag{3-48}$$

从反向屈服到正向屈服有 $2p_e$ 的弹性范围，所以在完全卸载后如果再反复施加循环载荷 $0\to p_s=2p_e\to 0$，厚壁圆筒的响应将始终是弹性的。在塑性力学中，若结构仅在初始几个加载循环中产生塑性变形，而在后继循环中始终保持弹性行为，不再产生新的塑性变形，则称结构是弹性安定的。结构在保证安定的前提下所能承受的最大载荷称为安定载荷。式(3-48)给出了厚壁圆筒的安定压力 p_s，它是弹性极限压力 p_e 的两倍。

安定载荷能够大于弹性极限载荷的机理是：卸载时形成了有利的残余应力。该弹性残余应力与加载应力正负相反，重新加载时首先要抵消反向残余应力，回到零应力状态，然后再开始正向加载过程，因而弹性安定范围扩大了。

在高压容器和炮筒制造中广泛采用自增强技术，即先对容器施加超过 p_e（但小于 p_s）的内压，导致在完全卸载后厚壁圆筒内壁处形成有利的残余压应力场，因而使用时可以在弹性范围内承受更大的操作压力。

在图 3-20 中画出了极限载荷潜力系数 η_L（表 3-1）和安定载荷潜力系数 η_s（恒等于 2.0）随径比 b/a 的变化规律。可以看到，当 $b/a=2.22$ 时 $\eta_L=\eta_s$，两线相交于 C 点。当壁厚较薄（$b/a<2.22$）时 $\eta_L<\eta_s$，圆筒首先达到极限载荷，发生不可限制的总体塑性流动而垮塌，结构已经不再安定，想继续加载到安定载荷 p_s 是不可能的[①]，所以图中交点 C 左边的 η_s 线画为虚线。当 $b/a>2.22$ 时 $\eta_L>\eta_s$，若载荷超过安定载荷而小于极限载荷，结构虽不会垮塌，但是不安定的，所以交点 C 上面的 η_L 线画为虚线。各种壁厚的圆筒的安定区位于图 3-20 中实线的右下方。

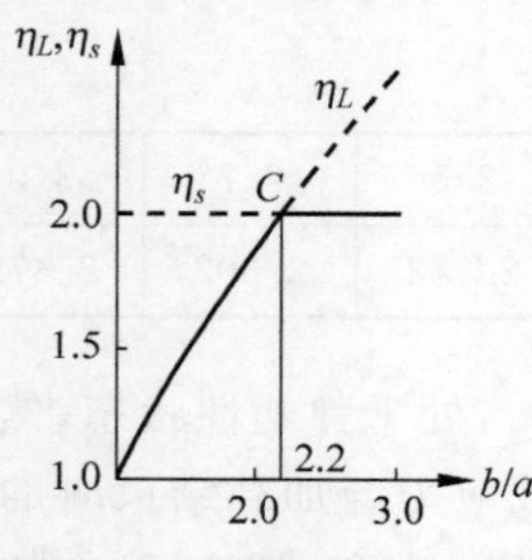

图 3-20　厚壁筒的安定区

应力集中较严重的结构在高应力区较容易达到安定载荷，而低应力区范围大，导致极限载荷较高。所以应力分布越不均匀，越容易丧失安定，而应力分布较均匀的结构则先发生塑性垮塌。

最后给出内、外半径分别为 a 和 b 的内压厚壁球壳的弹性极限压力、塑性极限压力和安定压力，以供参考：

$$p_e=\frac{2}{3}\sigma_s\left(1-\frac{a^3}{b^3}\right) \tag{3-49}$$

$$p_L=2\sigma_s\ln\frac{b}{a} \tag{3-50}$$

$$p_s=2p_e \tag{3-51}$$

厚壁球壳的承载潜力系数和安定潜力系数为

$$\eta_L=\frac{3\ln(b/a)}{1-(a^3/b^3)},\quad \eta_s=2.0 \tag{3-52}$$

---

① 压力容器通常施加 $0-p-0$ 的脉动循环载荷，当 $p_L<p<p_s$ 时，在第一循环的前半周尚未加载到工作压力 p 就已发生垮塌，无法继续循环加载。除非采用位移控制加载，或按对称循环方式 $(p/2)-(-p/2)-(p/2)$ 加载，才可能使循环载荷的范围达到安定载荷 p_s。

当径比 $b/a=1.7$ 时 $\eta_L=\eta_s$，极限载荷等于安定载荷。

3.5 伯吕(Bree)图

伯吕(J. Bree)针对快中子增殖反应堆燃料包壳问题研究了薄壁管在恒定内压和径向循环热梯度联合作用下的塑性行为[12]，将其研究成果综合为按塑性失效模式分区的伯吕图，见图 3-29。该图清晰而直观地表达了各种塑性失效模式间的转换界线和形成各种弹塑性状态的应力条件。本节将详细讲述该图的来源及相关基本概念。

把燃料包壳简化为无限长的薄壁圆柱壳，半径为 R，厚度为 h。承受恒定内压 p 和径向循环热梯度 $0\to\Delta T/h\to 0$，其中 ΔT 为内壁高于外壁的温差。

3.5.1 一维简化模型

由内压 p 引起的环向和轴向薄膜应力为

$$\sigma_\theta=pR/h=\sigma_p,\quad \sigma_z=\sigma_p/2 \tag{3-53}$$

壁厚方向 $\sigma_x=0$。符号 σ_p 表示由压力引起的恒定应力。

由热梯度引起的循环热应力最大值为

$$\sigma_t=E\alpha\Delta T/[2(1-\nu)] \tag{3-54}$$

其中，E、ν 和 α 是材料的杨氏模量、泊松比和热膨胀系数。热应力沿壁厚为线性分布 $\sigma_t(x)=2x\sigma_t/h$，x 为由壁厚中点起算的径向坐标，内外表面的热应力分别为 $-\sigma_t$ 和 σ_t。热梯度引起的环向与轴向热应力相等。于是，薄壁管外壁应力的弹性解为

$$\sigma_\theta=\sigma_p+2x\sigma_t/h,\quad \sigma_z=\sigma_p/2+2x\sigma_t/h \tag{3-55}$$

要寻找双向应力状态下塑性理论的解析解比较困难。为了进一步简化，将式(3-54)代入式(3-55)第一式，定义 $\Delta T'=\Delta T/(1-\nu)$ 为等效温差，分母 $(1-\nu)$ 反映了双向热应力的影响，于是将双向应力问题简化为只受如下环向应力且不能自由弯曲的一维模型，见图 3-21。

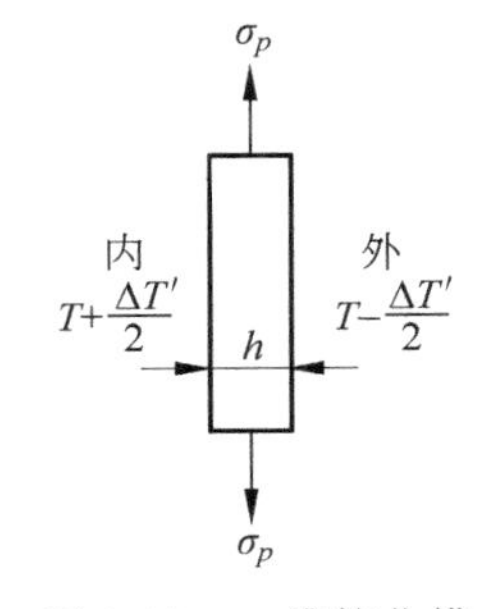

图 3-21 一维简化模

$$\sigma=\sigma_p+2x\sigma_t/h=\sigma_p+E\alpha\Delta T'x/h \tag{3-56}$$

一维问题只有一个方向，可以省略 σ_θ 的下标 θ。

由于燃料包壳的管壁薄，径厚比大，可以忽略曲率影响将环向微元简化为一维直杆。不能自由弯曲假设对应于变形过程中管截面曲率不变，保持轴对称。因中间应力对最大剪应力准则没有影响，不必考虑式(3-55)第二式的 σ_z。

为了平衡内压，应力沿壁厚的积分应满足如下平均应力条件：

$$\frac{1}{h}\int_{-h/2}^{h/2}\sigma\,\mathrm{d}x=\sigma_p \tag{3-57}$$

单向应力状态下由理想塑性材料的屈服准则得到：

$$\begin{cases}|\sigma|=\sigma_s, & \text{塑性区内}\\ |\sigma|<\sigma_s, & \text{弹性区内}\end{cases} \tag{3-58}$$

其中，σ_s 是材料的屈服极限。

一维模型的总应变 ε 由弹性应变 σ/E、热应变 αT 和塑性应变 η 三部分组成：

$$\varepsilon=\sigma/E+\alpha T+\eta \tag{3-59}$$

由于不能自由弯曲，总应变沿厚度方向始终保持常数。

沿壁厚的平均温度只引起薄壁管的径向自由胀缩，并不导致热应力。忽略平均温度后沿厚度的温度分布为 $T=-\Delta T' x/h$。代入式(3-59)并利用式(3-54)得到一维模型的塑性本构关系：

$$\begin{cases}E\varepsilon=\sigma-2\sigma_t x/h+E\eta, & \text{热循环前半周}\\ E\varepsilon=\sigma+E\eta, & \text{热循环后半周}\end{cases} \tag{3-60}$$

热循环的前半周为反应堆加载运行工况，施加热梯度。后半周为卸载停堆工况，施加反向热梯度，最终热梯度为零。

3.5.2 理想塑性材料的解析解

下面基于理想塑性假设来求解上述一维简化模型。

3.5.2.1 单侧进入塑性的情况

先考虑薄壁管在第一循环前半周(运行工况)外表面进入塑性而内表面保持弹性的情况。此时由内压应力加热应力得到的弹性名义应力分布为图 3-22 中的虚线，其外表附近的三角形部分超过了屈服极限 σ_s。对理想塑性材料，塑性区所能承受的最大应力是 σ_s，超出的应力必须通过应力重分布转移到弹性低应力区。应力重分布伴随着塑性流动。经过重分布，应力由沿壁厚线性分布变为折线分布，如图 3-22 中的粗实线，内表应力 σ_i 小于屈服极限。弹性区应力分布为斜线，斜率为 $2\sigma_t/h$，塑性区应力分布为水平线。两者的方程分别是

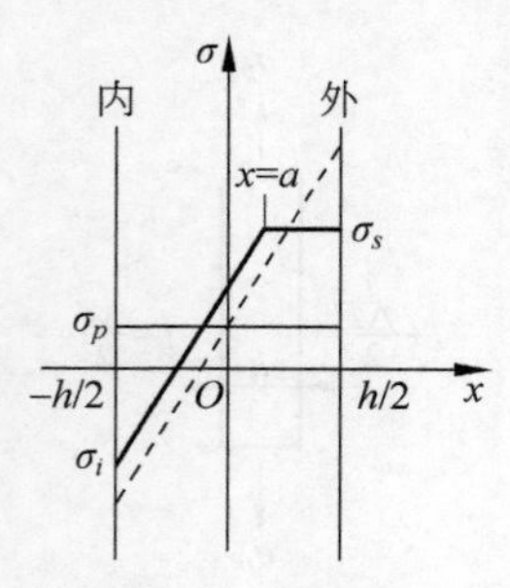

图 3-22　应力重分布

$$\begin{cases}\sigma=\dfrac{2\sigma_t}{h}(x-a)+\sigma_s, & x<a\\ \sigma=\sigma_s, & x\geqslant a\end{cases} \tag{3-61}$$

弹塑性交界面位于 $x=a$ 处。仅当重分布后的应力能与内压平衡时，塑性流动才能停止，所以弹塑性界面位置 a 由平均应力与内压的平衡条件来确定，将式(3-61)代入式(3-57)左端，积分得：

$$\begin{aligned}\frac{1}{h}\int_{-h/2}^{h/2}\sigma\,\mathrm{d}x&=\frac{1}{h}\int_{-h/2}^{a}\left[\frac{2\sigma_t}{h}(x-a)+\sigma_s\right]\mathrm{d}x+\frac{1}{h}\int_{a}^{h/2}\sigma_s\,\mathrm{d}x\\&=\sigma_s-\sigma_t(1/2+a/h)^2=\sigma_p\end{aligned}$$

由此解得：

$$a=-\frac{h}{2}\left[1-2\sqrt{(\sigma_s-\sigma_p)/\sigma_t}\right] \tag{3-62}$$

下面分 $a<0$ 和 $a\geqslant 0$ 两种情况来讨论。为了让读者直观地理解应力重分布过程和棘轮形成的机理，本节采用借助图形进行推理而不用沿壁厚逐段积分方程的方法来讲解。

1) $a<0$ 的情况

此时第一循环前半周受内压和热梯度共同作用，经过图 3-22 所示的应力重分布和塑性

流动以后，外表侧塑性区的范围超过半个壁厚，如图 3-23(a)所示。

先考察应力。在第一循环后半周(停车工况)，内压保持不变而燃料停止发热，相当于施加一个反向热梯度，使薄壁管的最终热梯度等于零。将反向热梯度引起的热应力加到图 3-23(a)的应力分布上，得到图 3-23(c)中的虚线应力分布。在壁厚中心处反向热应力为零，所以应力与图 3-23(a)中的 σ_s 相等。当 $x<a$ 时，反向热应力的斜率与图 3-23(a)中应力分布的斜率对消，所以成水平线。在壁厚内半侧该应力分布超过了屈服极限，于是又发生应力重分布和塑性流动，调整至图 3-23(c)的实线应力分布才达到平衡。由于内压不变，后半周与前半周的载荷不同之处仅是热梯度反向，所以图 3-23(c)中调整后的实线应力分布就是图 3-23(a)对壁厚中心线的镜面映射，弹塑性界面位于 $x=-a$ 处。

第二循环前半周在图 3-23(c)实线应力分布上加正向热应力，经过重分布后应力又回到图 3-23(a)。第二循环后半周的应力调整过程和第一循环后半周相同，应力又回到图 3-23(c)。以后各后继循环均是如此在图 3-23(a)和图 3-23(c)间循环往复。

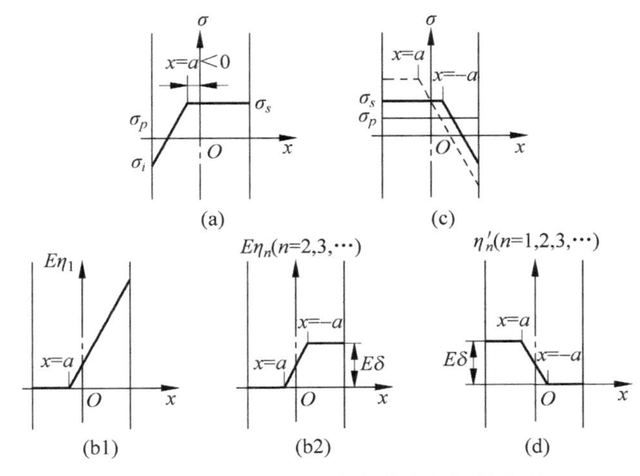

图 3-23　棘轮情况的应力分布和塑性变形

再考察塑性变形。应力重分布伴随着塑性变形，由于存在低应力弹性区，塑性流动是有限可控的。

将第一循环前半周图 3-23(a)的应力分布代入塑性本构关系式(3-60)第一式得到 $E\eta$ 的分布，如图 3-23(b1)所示。内侧弹性区的塑性变形 η 为零，所以 $E\eta$ 为横轴上的水平线。外侧塑性区的 $E\eta$ 线可以由式(3-60)第一式直接判断出来：该式左端总应变 ε 沿厚度均匀分布(不能自由弯曲)，斜率为零；在塑性区 $a\leqslant x\leqslant h/2$ 内右端第一项处处为 $\sigma=\sigma_s$，斜率也为零，所以 $E\eta$ 的斜率必与右端第二项热梯度的斜率相反，为 $2\sigma_t/h$，将此斜线与 $x=a$ 处的弹性水平线连上(变形连续)就得到图 3-23(b1)的 $E\eta$ 分布曲线。$E\eta$ 是与塑性应变对应的名义弹性应力。由于 E 是常数，可以直接用 $E\eta$ 图来讨论塑性应变 η 沿壁厚的分布规律。在图 3-23 中分别用 $\eta_1,\eta_2,\cdots,\eta_n$ 和 $\eta_1',\eta_2',\cdots,\eta_n'$ 表示第一、第二以及后继的第 n 循环的前半周和后半周的塑性应变。

将应力分布图 3-23(c)代入塑性本构关系式(3-60)第二式，得到后半周新产生的塑性变形项 $E\eta_1'$，如图 3-23(d)所示。其中外侧弹性区的塑性变形为零，塑性区 $E\eta$ 线的斜率可由式(3-60)第二式直接判断：由于总应变 ε 的斜率为零，故右端两项 σ 与 $E\eta$ 的斜率之和为零。注意，现在的总 η 是前半周已产生的 η_1 与后半周新增的 η_1' 之和。前半周产生的 $E\eta_1$（图 3-23(b1)）与后半周 σ（图 3-23(c)）的斜率之和在中间段（$a<x<-a$）是 $2\sigma_t/h$，在内侧（$x<a$）是零，所以图 3-23(d)中新增 $E\eta_1'$ 的斜率在中间段和内侧分别为 $-2\sigma_t/h$ 和零。根据变形连续的要求，把这三段线连起来就是图 3-23(d)。将中间段斜率乘其 x 方向投影长度得到内外侧两个平台的高差为 $E\delta=2a\cdot 2\sigma_t/h$。

接着考察第二循环。将第二循环前半周的应力分布图 3-23(a)代入式(3-60)第一式可以得到新增的 $E\eta_2$ 分布，如图 3-23(b)所示。注意，现在的 $\eta=\eta_1+\eta_1'+\eta_2$，所以图 3-23(b)中各段线的斜率等于图 3-23(b1)的相应斜率减去 $E\eta_1+E\eta_1'$ 的斜率。于是有：内侧弹性区是零水平线，中间段斜率与图 3-23(b1)相同，外侧斜率为零，成图 3-23(b2)，它是图 3-23(d)的镜面映射。卸载后第二循环后半周的新增塑性变形 $E\eta_2'$ 又回到图 3-23(d)。从第三循环开始，前半周和后半周的应力和新增塑性变形将始终是从图 3-23(a)到图 3-23(c)和从图 3-23(b2)到图 3-23(d)的循环往复。将图 3-23(b2)和图 3-23(d)相加后发现，每经过一个完整循环都有 $E\eta_n+E\eta_n'=E\delta$，其中

$$\delta=2a\cdot 2\sigma_t/Eh=(2\sigma_t/E)\left[1-2\sqrt{(\sigma_s-\sigma_p)/\sigma_t}\right] \tag{3-63}$$

即每个循环沿整个壁厚都会递增一个定量的环向永久塑性变形 δ，导致薄壁管逐个循环地向外鼓胀。这种逐个循环递增并不断累积的总体塑性变形将最终导致结构垮塌，称为递增(prograssive)塑性失效。它类似于机械工程中的棘轮机构，每操作一次转过一个棘齿，转角不断累积，所以被形象地称为棘轮(ratcheting)失效。

本节的讨论对应于伯吕图(图 3-29)中的单侧棘轮区 R_1。当载荷增加到内壁应力 $\sigma_i=-\sigma_s$ 时，将进入后面讨论的内外双侧同时进入塑性的情况。将坐标 $x=-h/2$ 代入式(3-61)第一式得到内壁应力 $\sigma_i=\sigma_s-\sigma_t(1+2a/h)$。再将式(3-62)和 $\sigma_i=-\sigma_s$ 条件代入，得到伯吕图(图 3-29)中单侧棘轮区 R_1 和双侧棘轮区 R_2 的界线⑤的方程：

$$\sigma_t(\sigma_s-\sigma_p)=\sigma_s^2 \tag{3-64}$$

由本例的讨论可以看到：

(1) 在确定弹塑性界面位置时停止塑性流动的条件是重分布后的应力要与内压相平衡，所以沿整个厚度朝同一方向的递增塑性变形是由内压推动的，恒定内压的存在是产生棘轮的前提。

(2) 棘轮是在恒定的、与内压平衡的一次薄膜应力和交变的弯曲热应力联合作用下形成的。前半周先在截面一侧产生塑性流动，后半周又在另一侧产生同方向的塑性流动，两者相加使每一周沿整个截面产生一定量的总体塑性流动。由于在前、后半周都存在弹性区(它们的位置是交替变换的)，所以塑性流动是有限可控的，这是每个循环形成定量递增的棘轮变形的根本原因。在单调加载的情况下，容器整个截面同时进入塑性，不存在弹性区，因而塑性流动是不可控的，当内压达到极限载荷时直接发生塑性垮塌。在循环加载情况下，容器的递增塑性(棘轮)变形是可控的，经逐个循环累积后最终也会导致垮塌，称为棘轮垮塌。

(3) 恒定的一次薄膜应力是推动总体塑性变形的动力，而交变弯曲应力可以是热(二次)应力或一次应力。

2) $a\geqslant 0$ 的情况

此时第一循环前半周外表侧的塑性区小于或等于半个壁厚。

考察本情况中最严重的 S 状态，即外表面塑性区最大($a=0$)且内表面达到反向屈服的状

态。将 $a=0, x=-h/2, \sigma=-\sigma_s$ 代入式(3-61)第一式,得到内表面反向屈服的条件是 $\sigma_t=2\sigma_s$。前半周重分布后的应力见图 3-24(a),外半侧全部进入塑性,应力达到 σ_s,内半侧保持弹性,由图 3-24(a)可直接判断弹性线斜率为 $2\sigma_s/(h/2)=4\sigma_s/h$。塑性变形见图 3-24(b),内侧弹性区无塑性变形,外侧 $E\eta_1$ 线的斜率与图 3-24(a)中弹性线相同,外表处最大,$E\eta_1=2\sigma_s$。

第一循环后半周的应力见图 3-24(c),它是图 3-24(a)的镜面映射。塑性变形 $E\eta_1'$ 如图 3-24(d)所示,外侧弹性区无塑性变形,$E\eta_1'=0$。在内侧塑性区中总应变 ε 和应力 σ 的斜率均为零,该区前半周的塑性变形 $E\eta_1$ 又是零,所以由式(3-60)第二式判定内侧 $E\eta_1'$ 线的斜率必为零,它要与外侧变形 $E\eta_1'=0$ 连续,所以整个厚度都是 $E\eta_1'=0$,即第一循环后半周没有新增塑性变形。继续考察后续的各循环,可以判定,此后将始终处于弹性状态,因而结构是弹性安定的,既不发生棘轮也不发生疲劳。

若在 S 状态下减小内压或热梯度,将出现 $a>0$ 和内表面应力小于屈服极限的情况,如图 3-25 所示。此时循环前半周弹性区和后半周弹性区的范围都超过半个壁厚,在壁厚中心区 $-a<x<a$ 内材料始终是弹性的。在循环载荷作用下始终保持弹性的区域称为弹性核。弹性核的存在限制了整个截面朝同一方向发生棘轮型塑性流动的可能性,所以结构是安定的。

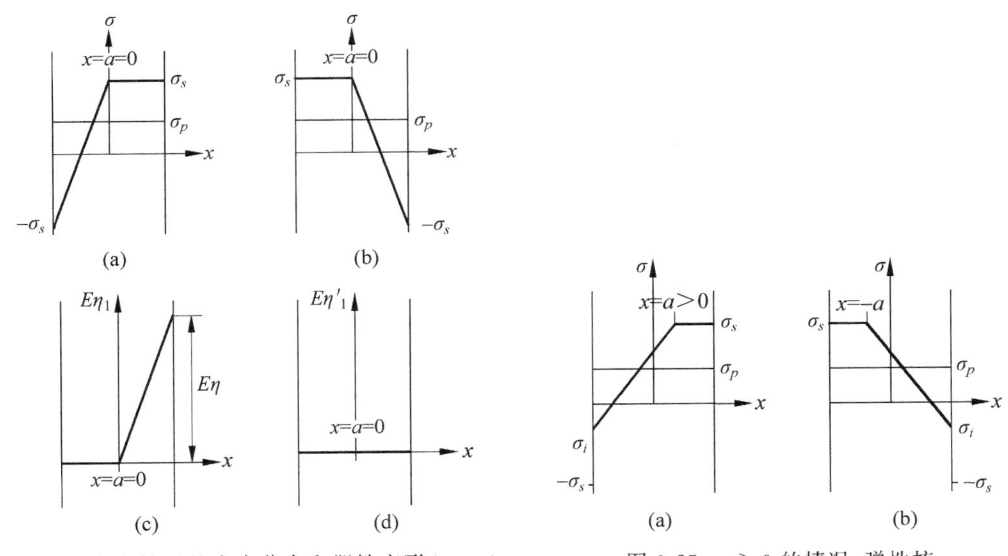

图 3-24　安定情况的应力分布和塑性变形($a=0$)　　图 3-25　$a>0$ 的情况,弹性核

S 状态是安定的极限状态,若再增加内压或热梯度,将分别进入上面讨论的 $a<0$ 情况,或出现后面讨论的双侧进入塑性的情况。

本节的讨论对应于伯吕图(图 3-29)中的安定区 S_1。将 $a=0$ 代入式(3-62),得到伯吕图中安定区 S_1 和单侧棘轮区 R_1 的界线③的方程:

$$\sigma_p+\frac{1}{4}\sigma_t=\sigma_s \tag{3-65}$$

3.5.2.2　双侧进入塑性的情况

薄壁管内、外两侧表面均进入塑性时的应力分布和塑性变形情况如图 3-26 所示,其中

$x=a$ 和 $x=b$ 是在第一循环加载后外、内侧弹塑性交界面的位置。

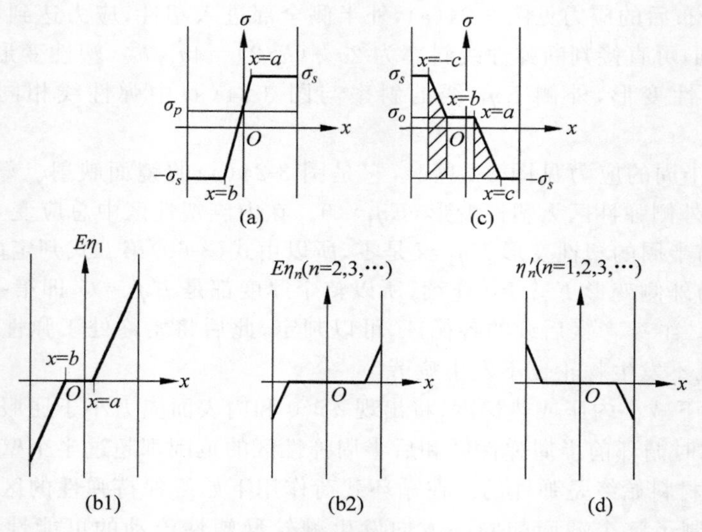

图 3-26　疲劳情况的应力分布和塑性变形

1）$a>0$ 的情况

此时第一循环前半周在外表侧的拉伸塑性区小于半个壁厚，且内表侧进入压缩屈服。第一循环前半周经过重分布后的应力分布如图 3-26(a)所示。壁厚中心弹性段的斜率为 $2\sigma_t/h$、应力范围为 $2\sigma_s$，由此得到$(a-b)2\sigma_t/h=2\sigma_s$，用它和平均应力条件式(3-57)可以确定弹塑性交界面位置：

$$\begin{cases} a=\dfrac{h}{2}(\sigma_s/\sigma_t-\sigma_p/\sigma_s) \\ b=-\dfrac{h}{2}(\sigma_s/\sigma_t+\sigma_p/\sigma_s) \end{cases} \tag{3-66}$$

塑性变形见图 3-26(b1)。中心弹性段无塑性变形，外侧和内侧分别为拉伸和压缩塑性区，$E\eta_1$ 线的斜率为 $2\sigma_t/h$。

第一循环后半周的应力见图 3-26(c)。后半周应力是在前半周图 3-26(a)的基础上加上斜率为 $-2\sigma_t/h$ 的反向热应力，再经过应力重分布后形成的。中心弹性段的原有斜率正好与热应力的斜率相反，叠加后成水平段。内、外两侧斜率为 $-2\sigma_t/h$。在内外表面附近应力最大只能是屈服极限 σ_s，于是形成图 3-26(c)中的五段折线图形。其中内、外侧水平段的应力值分别为 σ_s 和 $-\sigma_s$。将外侧弹塑性交界面的坐标记为 $x=c$，内侧的暂记为 $x=d$，后面将证明 $d=-c$。外侧阴影三角形的高为 $\sigma_0+\sigma_s$，由已知斜边斜率可得到底边长度为$(\sigma_0+\sigma_s)h/(2\sigma_t)$，它又等于坐标差 $c-a$。将式(3-66)的 a 代入，求得：

$$c=\frac{h}{2\sigma_t}\left(2\sigma_s+\sigma_0-\frac{\sigma_p\sigma_t}{\sigma_s}\right) \tag{3-67a}$$

将图中阴影区合并成一个大三角形，其高为 $2\sigma_s$，由已知斜率得到底边长为 $\sigma_s h/\sigma_t$。夹在阴影区间的矩形高度为 $\sigma_0+\sigma_s$，由式(3-66)得到其宽度 $a-b$ 也是 $\sigma_s h/\sigma_t$。两者之和正是坐标差 $c-d$，利用式(3-67a)得到：

$$d = \frac{h}{2\sigma_t}\left(-2\sigma_s + \sigma_0 - \frac{\sigma_p \sigma_t}{\sigma_s}\right) \tag{3-67b}$$

图中内侧矩形的高度为 $2\sigma_s$，宽度为坐标差 $d-(-h/2)$，其中 d 由式(3-67b)给出。

σ_0 由平均应力条件式(3-57)来确定，其左端的积分等于下述面积之和(参见图 3-26(c))：先将面积的起算线从 x 轴下移到 $-\sigma_s$ 处，相当于加了一个负的矩形面积 $A_1=-\sigma_s h$；中心水平段下的矩形面积为 $A_2=(\sigma_s+\sigma_0)\sigma_s h/\sigma_t$；由阴影区合并成的大三角形面积为 $A_3=\sigma_s \cdot \sigma_s h/\sigma_t$；内侧矩形的面积为 $A_4=2\sigma_s(d+h/2)$。于是式(3-57)变为

$$A_1 + A_2 + A_3 + A_4 = \sigma_p h$$

由此解得：

$$\sigma_0 = \sigma_p \sigma_t / \sigma_s \tag{3-68}$$

代入式(3-67a)和式(3-67b)有

$$c = (\sigma_s/\sigma_t)h, \quad d = -c \tag{3-69}$$

即内、外侧塑性区的深度是相等的。

后半周新增的塑性变形见图 3-26(d)。在中间 $-c<x<c$ 区间内均为弹性，无塑性变形。仅在内、外表面附近出现与前半周塑性变形线斜率相反的塑性变形分布。再次施加热梯度就能得到第二循环前半周的应力和变形，分别如图 3-26(a)和图 3-26(b)所示。第二循环后半周的应力和变形如图 3-26(c)和图 3-26(d)所示。后续的各个循环将不断在图 3-26(a)到图 3-26(c)和图 3-26(b)到图 3-26(d)间循环转换。无论是前半周还是后半周，中心区 $b<x<a$ 内的材料始终是弹性的，因而存在弹性核。

可以看到，图 3-26(b)和图 3-26(d)中的新增塑性变形之和为零。无论外表侧或内表侧都在同一个部位反复承受大小相等、方向相反的塑性变形，而整个循环后的总体塑性变形为零，直至出现裂纹，并逐步扩展至断裂，这称为循环塑性失效或疲劳失效。管壁内、外表面处塑性应变最大，由图 3-26(b)外表侧三角形的高度除 E 后得到最大疲劳塑性应变 ε_f 为

$$\varepsilon_f = \eta\Big|_{x=\pm h/2} = (2\sigma_t/h)(h/2-c)/E = \pm(\sigma_t - 2\sigma_y)/E \tag{3-70}$$

在疲劳情况下外表 $x=h/2$ 处理想塑性材料的应力应变关系曲线如图 3-27 所示。第一循环前半周的路径为 OBC，后半周为 CDE。以后各循环将反复地沿迟滞回线 $EFCDE$ 绕行。该迟滞回线包围的面积表示单位体积材料每经过一个循环所损失的不可逆塑性功。随着塑性功的耗散，材料延性不断丧失，最终导致疲劳断裂。疲劳情况发生在恒定的压力应力 σ_p 较小而热应力 σ_t 较大时。

如果在循环载荷下不发生逐个循环递增的、永久性总体塑性变形(即棘轮)，则结构总体形状不会发生永久性的改变，因而结构是安定的。疲劳是一种所有循环中均产生正负交替的塑性变形，而完成整个循环后总体塑性变形又都返回零的情况，它没有棘轮变形，因而能保持安定状态，称为塑性安定。与之相比，弹性安定是一种只在有限几个初始循环中发生局部塑性变形，而后继循环始终保持弹性的状态。习惯上把弹性安定简称为安定，塑性安定简称为疲劳。

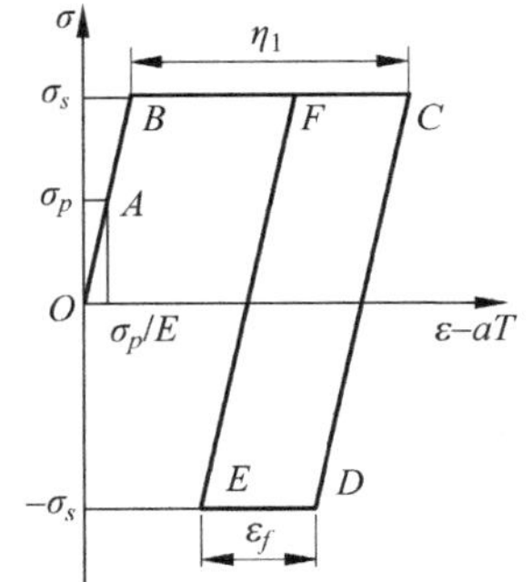

图 3-27　疲劳情况应力应变关系

本节的讨论对应于伯吕图(图 3-29)中的疲劳区 P。

2）$a \leqslant 0$ 的情况

此时第一循环前半周在外表侧的拉伸塑性区超过半个壁厚，而内表侧仍达到压缩屈服，在这种情况下将出现疲劳棘轮耦合现象，进入伯吕图（图 3-29）中的 R_2 区。令式（3-66）第一式中 $a=0$（拉伸塑性区刚好是半个壁厚），得到伯吕图（图 3-29）中疲劳区 P 和疲劳棘轮区 R_2 的界线④的方程：

$$\sigma_p \sigma_t = \sigma_s^2 \tag{3-71}$$

将式（3-66）的 a（现为负值）代入式（3-63）第一个等式，得到每个循环新增的棘轮应变量：

$$\delta = (2\sigma_t / E)(\sigma_p / \sigma_s - \sigma_s / \sigma_t) \tag{3-72}$$

当 $a<0$ 时图 3-26（a）外表侧的塑性区将超过半个壁厚，侵入内表侧，而图 3-26（c）的 $\sigma_0=\sigma_s$，内表侧将全为塑性区，且侵入外表侧，因而弹性核消失。代入式（3-67）得 $c=-b$。代入式（3-70）得到管壁内、外表面处最大疲劳塑性应变值 ε_f 为

$$\varepsilon_f = \eta \Big|_{x=\pm h/2} = \pm(2\sigma_t / h)(h/2+b) = \pm(\sigma_t - \sigma_s - \sigma_p \sigma_t / \sigma_s)/E \tag{3-73}$$

在疲劳棘轮耦合情况下外表 $x=h/2$ 处的应力应变关系曲线如图 3-28 所示。循环路径为 $OBC_1D_1E_1F_1$，$C_2D_2E_2F_2$，…，$C_nD_nE_nF_n$。疲劳棘轮耦合情况发生在恒定压力应力 σ_p 较大时。

在疲劳和棘轮同时出现的情况下，应力-应变曲线（图 3-28）中的迟滞回线宽度 ε_f 是每个循环反复发生的循环疲劳应变；前、后两个循环间迟滞回线的推进距离 δ 是每个循环递增的棘轮应变。

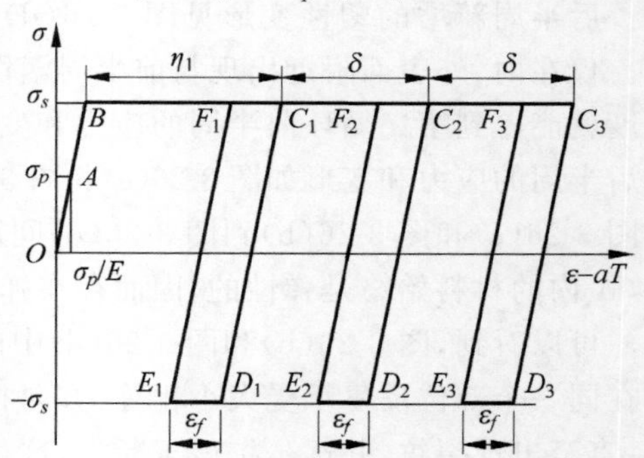

图 3-28　疲劳棘轮耦合情况应力应变关系

若图 3-26（c）中内、外侧不进入塑性区，则除了第一循环前半周发生图 3-26（b1）所示的塑性变形外，此后将始终处于弹性状态，所以结构是弹性安定的。令式（3-69）中 $c=h/2$ 得到伯吕图（图 3-29）中安定区 S_2 和疲劳区 P 的界线②的方程：

$$\sigma_t = 2\sigma_s \tag{3-74}$$

3.5.3　小结和应用

（1）伯吕图的重要意义在于它综合了结构在循环载荷作用下的各种塑性失效模式，并直观而清晰地表达了各种失效模式间的转换界线和形成各种弹塑性状态的应力条件，现综述如下。

结构内的应力处处小于屈服极限时，称为弹性状态。当最大应力达到屈服极限时，结构丧失弹性状态 E，进入安定状态 S，其极限条件是外表面最大应力 $\sigma \Big|_{x=h/2}$ 达到屈服极限：

$$\sigma_p + \sigma_t = \sigma_s \tag{3-75}$$

这是伯吕图（图 3-29）中弹性区和安定区的界线①的方程，也是刚开始出现塑性变形的条件。令式（3-62）中 $a=h/2$，即塑性区为零，就得到此式。

在循环载荷作用下若结构内不出现递增的总体塑性变形（即棘轮），因而结构形状不发

生永久性改变，则结构是安定的。安定有弹性安定和塑性安定之分。若结构只在初始几个载荷循环中出现塑性变形，而此后的后继循环中始终保持弹性行为，称为弹性安定，通常简称为安定。若结构在所有循环的前、后半周发生正负相反的循环塑性变形，而整个循环的总体塑性变形为零，因而没有棘轮，称为塑性安定，通常简称为疲劳。

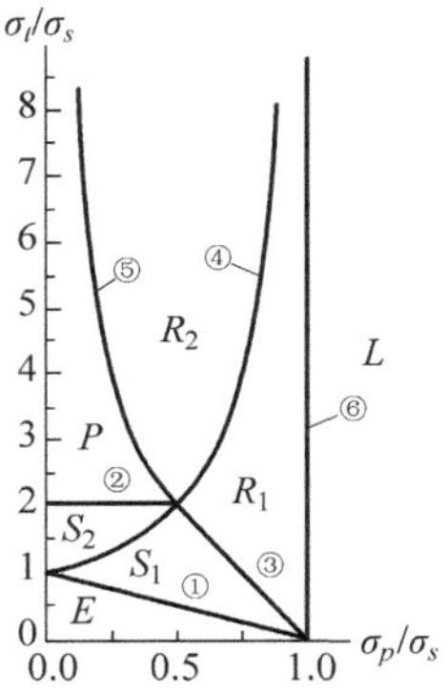

伯吕图中的安定区包括只在外侧出现初期塑性变形的 S_1 区和内外两侧都出现初期塑性变形的 S_2 区，它们的界线方程与 R_1 和 R_2 区界线⑤的方程相同：

$$\sigma_t(\sigma_s - \sigma_p) = \sigma_s^2 \tag{3-64}$$

因为都是单侧塑性和双侧塑性的分界线。

图 3-29 伯吕图

丧失安定后，结构内将产生循环塑性变形（低周疲劳）和（或）递增塑性变形（棘轮）。当恒定压力应力 σ_p 较小而交变弯曲热应力 σ_t 较大时（$\sigma_p/\sigma_s < 0.5$，$\sigma_t/\sigma_s > 2$），将导致低周疲劳失效，安定区 S_2 和疲劳区 P 的界线②的方程是

$$\sigma_t = 2\sigma_s \tag{3-74}$$

当 σ_p 较大（$\sigma_p/\sigma_s > 0.5$）且同时存在 σ_t 时，将导致棘轮失效，安定区 S_1 和棘轮区 R_1 的界线③的方程是

$$\sigma_p + \frac{1}{4}\sigma_t = \sigma_s \tag{3-65}$$

存在足够大的交变弯曲热（或机械）应力是产生疲劳的前提，式（3-74）表明当 σ_t 小于两倍屈服极限时不会出现疲劳失效。疲劳的特点是：在循环载荷的前半周和后半周结构内高应力区中的同一点处反复产生大小相等、方向相反的塑性变形，叠加后整个循环的总塑性变形为零，但塑性耗散功不为零，因而导致材料延性丧失，直至出现疲劳裂纹。在疲劳情况下管壁内、外两侧的塑性区深度都不超过半壁厚（$a>0$），管壁中心存在弹性核。

随着恒定压力应力和交变弯曲应力的增加，塑性区深度将超过半个壁厚（$a<0$），弹性核消失，出现疲劳和棘轮耦合的失效模式，疲劳区 P 和疲劳棘轮区 R_2 的界线④的方程是

$$\sigma_p\sigma_t = \sigma_s^2 \tag{3-71}$$

存在机械载荷引起的恒定薄膜应力并与循环弯曲应力联合作用是发生棘轮失效的前提。棘轮的特点是每个载荷循环的前半周和后半周分别在壁厚的外侧和内侧两个超过半壁厚的区域内（两者在壁厚中心有重叠）发生朝同一方向的塑性应变，两个半周的塑性应变叠加后构成贯穿整个壁厚的总体塑性应变，总体塑性应变逐个循环地不断累积导致结构因过量塑性变形而垮塌，称为增量垮塌或棘轮垮塌。仅当弹性核消失时（即 $a<0$，前、后半周的塑性区都超过半壁厚）才会发生棘轮，否则只会出现疲劳。

$\sigma_p/\sigma_s = 0.5$ 是一个临界值，仅当 $\sigma_p/\sigma_s < 0.5$ 时才可能出现单纯的疲劳，仅当 $\sigma_p/\sigma_s > 0.5$ 时才可能出现单纯的棘轮。当循环弯曲应力 $\sigma_t/\sigma_s > 2$ 且存在恒定薄膜应力时将出现疲劳棘轮耦合情况。当 σ_p/σ_s 在 0.5 左右时最容易出现疲劳-棘轮耦合现象。棘轮区 R_1 和疲劳棘轮区 R_2 的界线⑤的方程是

$$\sigma_t(\sigma_s - \sigma_p) = \sigma_s^2 \tag{3-64}$$

随着 σ_p 的增加，每个循环的棘轮应变增量 δ 越来越大，棘轮破坏的循环次数越来越

少。当σ_p达到屈服极限时，第一循环前半周的加载就会直接导致结构发生塑性垮塌，进入伯吕图(图 3-29)中的垮塌区 L。垮塌区 L 和棘轮区 R_1 的界线⑥的方程是

$$\sigma_p/\sigma_s = 1.0 \tag{3-76}$$

(2) 伯吕的研究给出了疲劳和棘轮状态下塑性应变的计算公式。

在疲劳区 P 中，两侧表面处的最大疲劳塑性应变为

$$\varepsilon_f = \pm(\sigma_t - 2\sigma_s)/E \tag{3-70}$$

在棘轮区 R_1 中每个循环后沿整个壁厚的棘轮应变增量为

$$\delta = (2\sigma_t/E)[1 - 2\sqrt{(\sigma_s - \sigma_p)/\sigma_t}] \tag{3-63}$$

在疲劳棘轮耦合区 R_2 中最大疲劳塑性应变为

$$\varepsilon_f = \pm(\sigma_t - \sigma_s - \sigma_p\sigma_t/\sigma_s)/E \tag{3-73}$$

同时，每个循环产生的棘轮应变增量为

$$\delta = (2\sigma_t/E)(\sigma_p/\sigma_s - \sigma_s/\sigma_t) \tag{3-72}$$

(3) 伯吕图的主要假设是采用理想塑性材料和沿环向的单向应力简化模型。因基于特雷斯加准则，轴向应力(它是小于环向应力的拉应力)的影响不必考虑。

伯吕图也适用于恒定单向薄膜应力σ_m和循环弯曲机械应力σ_b联合作用的情况。与本节讨论弯曲热应力问题不同，此时的一维简化模型应取消对横向弯曲变形的约束。

伯吕还讨论了材料塑性硬化和蠕变松弛效应的影响，详见文献[12]和文献[13]。

(4) 伯吕图的结果被 ASME Ⅷ-2 及世界各国压力容器分析设计规范广泛应用了近 50 年。一次加二次应力评定准则的理论基础是安定-疲劳界线②的方程(3-74)。热应力棘轮评定准则的理论基础是棘轮界线④和③的方程(3-71)和方程(3-65)。2013 年 ASME 规范基于 Reinhardt 的研究修正了热应力棘轮评定准则，成为能同时考虑恒定一次薄膜应力、循环热弯曲应力和循环热薄膜应力三个参数的棘轮评定准则。

3.6 极限平衡理论

3.6.1 基本概念和定理

结构的失效是一个历史过程。在一次加载情况下随着载荷的增加结构先丧失弹性状态，然后局部塑性区不断扩展，最终因总体塑性流动而垮塌。在理想塑性材料和小变形情况下，结构进入不可限制的总体塑性流动的起始状态称为极限状态，相应的载荷称为极限载荷。此时，结构因变成几何可变的垮塌机构而失去承载能力。

若要详细跟踪上述加载历史过程中结构的受力和变形情况，需要采用复杂的弹塑性增量理论分析方法。极限载荷分析法(简称极限分析)则另辟蹊径，跳过加载历史过程，直接考虑在最终极限状态下结构的平衡特性，由此求出工程设计最关心的结构承载能力，即极限载荷。极限分析是塑性力学中应用最为广泛的重要分支之一，由它求得的极限载荷和理想塑性材料、小变形假设下的弹塑性分析结果完全一致。

极限分析的基础是极限平衡理论。它的两个基本假设是理想塑性材料和小变形假设，理论核心是如下两个定理：

(1) 下限定理：满足平衡方程和力边界条件且不违反屈服条件①的应力场称为静力容许场。与静力容许场相对应的载荷是极限载荷的下限解。

(2) 上限定理：满足几何约束条件且能形成几何可变的垮塌机构的位移(速度)场称为机动容许场。与机动容许场相对应的载荷是极限载荷的上限解。

用下限定理按静力容许场的平衡条件和屈服条件求极限载荷下限的方法称为静力法，用上限定理按机动容许场的内力功等于外力功的条件求极限载荷上限的方法称为机动法。

下限定理给出了结构不发生垮塌的必要条件，上限定理给出了结构发生垮塌的充分条件。静力容许场和机动容许场均有许多种，所以用下限定理或上限定理可以求得许多极限载荷的下限解或上限解，极限载荷是下限解的最大者或上限解的最小者，下限解越大或上限解越小则越接近真实的极限载荷。

极限载荷的精确解必须同时满足塑性力学的如下三组基本关系：

(1) 平衡关系：平衡方程和力边界条件。

(2) 几何关系：应变-位移公式、协调方程和位移边界条件。

(3) 本构关系：弹性-理想塑性本构模型。

下限定理不要求满足几何关系，上限定理不要求满足平衡关系，所以都只能得到近似解，而且有无穷多个解。如果下限解和上限解相等，则同时满足三个基本关系，是极限载荷的精确解，又称完全解。

极限载荷分析有三种方法。

(1) 解析法

基于上、下限定理寻找满足定理的解析解。人们已经找到许多简单结构的极限载荷解析解。读者可以查阅各种塑性力学的教科书。霍奇(Hodge)的专著[14]是关于极限分析基本理论和板壳结构解析解的经典著作。

(2) 数值法

常用的极限分析数值解法有两类。

一类是基于理想塑性材料和小变形假设用弹塑性有限元分析方法来计算极限载荷。这是各国压力容器分析设计规范推荐的方法。现在已有许多有限元通用程序能完成这一任务，并积累了不少工程应用经验，本书第 7 章将详细介绍这一方法。

另一类是基于极限分析和安定分析上、下限定理的方法。其中 Chen 和 Ponter 提出的线性匹配法(LMM)[15]最为常用，已嵌入 ABAQUS 有限元分析软件。该方法综合考虑了与温度相关的材料参数和蠕变影响，形成了具有极限分析、安定分析、棘轮分析、低周疲劳和蠕变-疲劳寿命分析等多种功能的有效计算工具。陈钢和刘应华将上、下限定理和线性(或非线性)规划算法相结合来计算极限载荷和安定载荷，开发了相应计算软件，他们的专著[16]详细讲述了该方法的基本理论、数值算法和工程应用。

(3) 实验法

对压力容器部件或其缩比模型进行加载，测定其最大位移(或最大应变)点处的位移(或应变)随载荷的变化历史，绘制相应的载荷-位移(或载荷-应变)曲线，根据该曲线采用 7.2.5

---

① 这里“不违反屈服条件”的含义是：结构中的应力均在屈服面内或屈服面上，而不能在屈服面外。以理想塑性材料受单向应力作用为例，应力可以小于或等于屈服极限，但不能大于屈服极限。

节介绍的极限载荷测定方法来确定极限载荷。

下面先用一个简单例子来说明如何基于极限分析上、下限定理来寻找解析解。

考察图 3-30 中受均布载荷 q 的简支梁。长为 l，宽为 b，高为 h。由梁的总体平衡求得两端支座反力为 $R=ql/2$。用支座反力代替支座，化为力边界条件。坐标 x 从左端算起。

首先求下限解，关键是寻找“满足平衡方程和力边界条件且不违反屈服条件的静力容许场”。先满足平衡方程。在任意位置 x 处，梁截面上的弯矩 M 应与左侧支座反力和均布载荷形成的外力矩相平衡，由此求得：

$$M=\frac{ql}{2}\cdot x-\frac{qx^2}{2}=\frac{qx}{2}(l-x) \tag{3-77}$$

与此弯矩分布相应的弯曲应力场是一个满足平衡方程和力边界条件的静力容许场，但不是最大的静力容许场。

为了找到不违反屈服条件的最大的静力容许场，需要确定梁的最大弯矩。由式(3-77)可知，最大弯矩 M_0 发生在梁的中点 $x=l/2$ 处：

$$M_0=\frac{1}{8}ql^2 \tag{3-78}$$

随着载荷的增加，中点截面首先达到初屈服状态(图 3-31(a))，然后塑性区向梁中心扩展(图 3-31(b))，最终形成塑性铰(图 3-31(c))，此时整个截面都进入塑性，处处满足但又不违反屈服条件，因而是可能达到的最大静力容许场。由图 3-31(c)可求得塑性弯矩为(见 3.3.1 节)：

$$M_p=\frac{1}{4}\sigma_s bh^2$$

将 M_p 代入式(3-78)，解出相应的均布载荷 q，它就是极限载荷的下限解：

$$q_L^{\text{low}}=2\sigma_s b\left(\frac{h}{l}\right)^2 \tag{3-79}$$

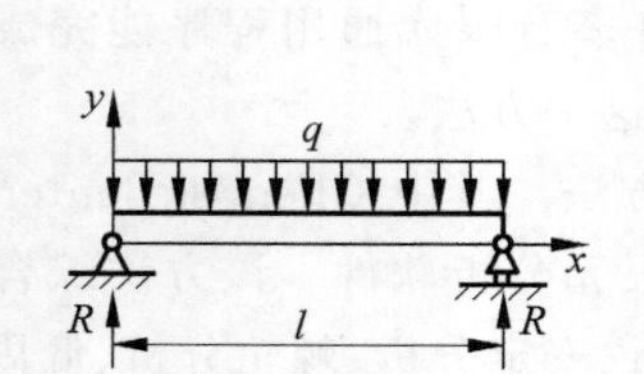

图 3-30 受均布载荷的简支梁

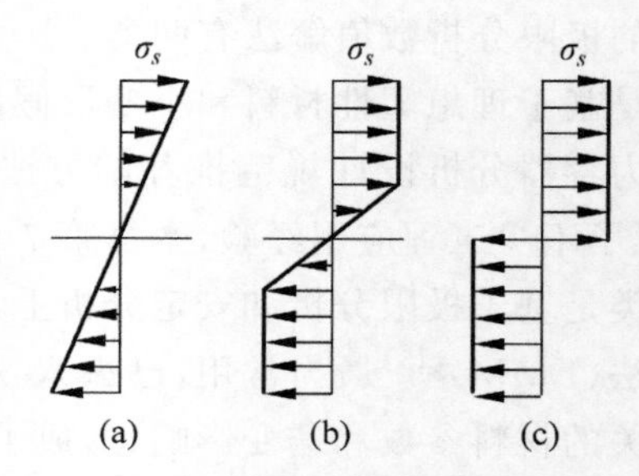

图 3-31 梁的应力重分布

下面来求上限解，关键是寻找“满足几何约束条件且能形成几何可变垮塌机构的机动容许场”。当梁中点出现塑性铰时，简支梁变成一个几何可变的三铰垮塌机构，它就是本例的机动容许场。可能达到的最小的极限载荷上限对应于在机动容许场上内力做的塑性耗散功(简称内力功)等于载荷做的外力功的情况，因为如果外力功小于塑性耗散功，载荷的能量就不足以导致结构垮塌。

设梁的中点挠度为 w_0，三铰机构两侧的倾角为 $2w_0/l$(见图 3-32)。梁中点处的塑性弯矩 M_p 在三铰机构转动中做的塑性耗散功为

$$W_{\text{int}}=2M_p\frac{2w_0}{l}=\sigma_s bh^2\frac{w_0}{l} \tag{3-80}$$

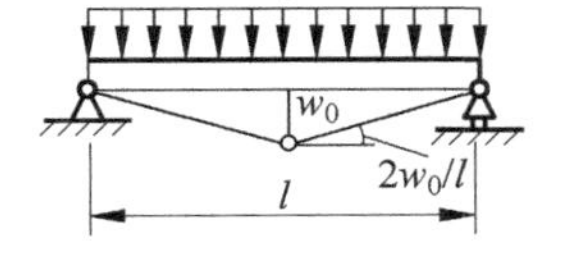

图 3-32　简支梁的机动容许场

均布载荷在梁的折线型挠度上做的总外力功为

$$W_{\text{ext}}=ql\frac{w_0}{2} \tag{3-81}$$

令内力功等于外力功，解出相应均布载荷 q，它就是极限载荷的上限解：

$$q_L^{\text{up}}=2\sigma_s b\left(\frac{h}{l}\right)^2 \tag{3-82}$$

对比式(3-79)和式(3-82)可以看到 $q_L^{\text{low}}=q_L^{\text{up}}$，所以这是个完全解，是极限载荷的精确值。

3.6.2　简支圆板

考察中心部分受均布载荷的简支圆板，如图 3-33 所示。

在极坐标中圆板径向和周向曲率速率公式为

$$\dot{K}_r=-\frac{\mathrm{d}^2\dot{w}}{\mathrm{d}r^2},\quad \dot{K}_\theta=-\frac{1}{r}\frac{\mathrm{d}\dot{w}}{\mathrm{d}r} \tag{3-83}$$

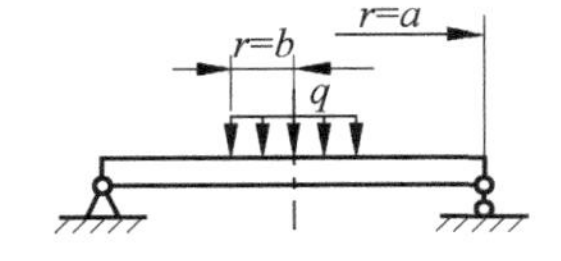

图 3-33　受中心均布载荷的简支圆板

圆板的平衡方程为

$$\frac{\mathrm{d}}{\mathrm{d}r}(rM_r)-M_\theta=-\int_0^r q(r)r\,\mathrm{d}r \tag{3-84}$$

圆板中的三个主应力为 $\sigma_r,\sigma_\theta,\sigma_z$，其中 $\sigma_z=0$，特雷斯卡屈服准则简化为

$$\begin{cases}\sigma_\theta-\sigma_r\leqslant\sigma_s\\ \sigma_\theta\leqslant\sigma_s\\ \sigma_r\leqslant\sigma_s\end{cases} \tag{3-85}$$

在板壳理论中弯矩相当于广义应力，曲率是相应的广义应变。弯矩由应力对中面的力矩沿厚度积分而得，板截面屈服时的应力分布如图 3-31(c)所示，积分后得到：

$$\begin{cases}M_r=\int_{-h/2}^{h/2}\sigma_r z\,\mathrm{d}z=\frac{1}{4}h^2\sigma_r\\ M_\theta=\int_{-h/2}^{h/2}\sigma_\theta z\,\mathrm{d}z=\frac{1}{4}h^2\sigma_\theta\end{cases} \tag{3-86}$$

将屈服准则式(3-85)的等式左右两端都沿厚度积分，得到用弯矩表示的屈服准则：

$$\begin{cases}|M_\theta-M_r|\leqslant M_p\\ |M_\theta|\leqslant M_p\\ |M_r|\leqslant M_p\end{cases} \tag{3-87}$$

其中，$M_p=\sigma_s h^2/4$ 为板的塑性极限弯矩。该屈服准则如图 3-34 所示。

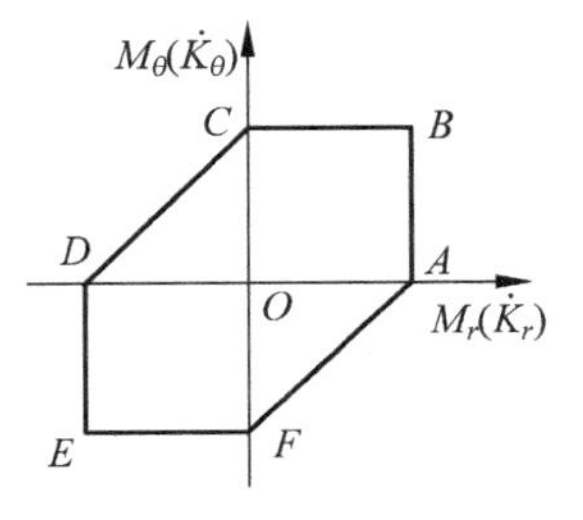

图 3-34　圆板的屈服准则

3.6.2.1　下限解

弹性解是一个既满足平衡方程和力边界条件又不违反屈服条件的静力容许场。虽然它远低于极限载荷，但对寻找极限载荷下限解具有重要参考意义。

求解思路和上节的简支梁有些不同，首先从“不违反屈服条件”入手把问题简化，然后求解平衡方程，最后再满足力边界条件。

特雷斯卡屈服准则由六段直线组成，如图 3-34 所示。每段直线的屈服函数都是简单的线性关系，对用解析法求解问题非常有利，但求解时必须判明当前的应力状态将在哪段直线上发生屈服。根据圆板中变形和内力的分布规律，可以做出如下判断：

(1) 在载荷作用下圆板发生下凹变形，弯矩 M_r 和 M_θ 均为正值，应力点应在第一象限，屈服只能发生在折线 ABC 段上。

(2) 由轴对称性可知，在圆板中点处 $M_r = M_\theta$，屈服必发生在图 3-34 的 B 点。

(3) 由边界条件可知，在圆板的简支边 $r=a$ 处 $M_r=0$，屈服发生在 C 点。

(4) 由变形连续性可知，从中心 $r=0$(对应于 B 点)到边界 $r=a$(对应于 C 点)板内应力连续变化，所以板内各点的屈服都发生在 BC 线上，即周向弯矩处处等于塑性弯矩($M_\theta = M_p$)，径向弯矩 M_r 在 $0 \sim M_p$ 间变化，圆板沿半径形成周向的塑性铰线。

最大静力容许场是塑性铰线上的应力达到屈服条件时的静力容许场。为此利用判断(4)中的关系来求解圆板的平衡方程。将 $M_\theta = M_p$ 代入平衡方程(3-84)，并分别对加载区 $0 \leqslant r \leqslant b$ 和无载区 $b \leqslant r \leqslant a$ 进行积分，得到：

$$\begin{cases} M_r = M_p - \dfrac{1}{6} q r^2 + \dfrac{C_1}{r}, & 0 \leqslant r \leqslant b \\ M_r = M_p - \dfrac{1}{2} q b^2 + \dfrac{C_2}{r}, & b \leqslant r \leqslant a \end{cases} \tag{3-88}$$

其中，积分常数 C_1 和 C_2 由边界条件确定。

在中心 $r=0$ 处弯矩 M_r 为有限值，由式(3-88)第一式得 $C_1=0$。在 $r=b$ 处弯矩 M_r 应连续，联立式(3-88)中两式得 $C_2 = qb^3/3$。代入式(3-88)得到：

$$\begin{cases} M_r = M_p - \dfrac{1}{6} q r^2, & 0 \leqslant r \leqslant b \\ M_r = M_p - \dfrac{1}{2} q b^2 + \dfrac{1}{3r} q b^3, & b \leqslant r \leqslant a \end{cases} \tag{3-89}$$

至此平衡方程和屈服条件均已满足，还需要满足 $r=a$ 处边界 $M_r=0$ 的边界条件。代入式(3-89)第二式得到下限解：

$$q_L^{\mathrm{low}} = \frac{6a}{b^2(3a-2b)} M_p \tag{3-90}$$

下面来看变形。根据正交流动法则，BC 边上塑性流动的曲率速率应垂直向上，所以 $\dot{K}_\theta > 0$，见图 3-34，而 $\dot{K}_r = -\mathrm{d}^2 \dot{w} / \mathrm{d} r^2 = 0$。对 $\dot{K}_r$ 式积分两次得到：

$$\dot{w} = C_1 r + C_2 \tag{3-91}$$

利用位移边界条件 $r=a$ 处 $\dot{w}=0$ 和 $r=0$ 处 $\dot{w}=\dot{w}_0$ 确定积分常数：

$$C_1 = -\dot{w}_0 / a, \quad C_2 = \dot{w}_0$$

其中，$\dot{w}_0$ 是圆板中点挠度的速率。代入式(3-91)得：

$$\dot{w} = \dot{w}_0 \left(1 - \frac{r}{a}\right) \tag{3-92}$$

其形状见图 3-35。此时圆板内的周向弯矩处处都达到塑性极限弯矩，每条半径都是塑性铰线，并在中点处形成一个万向铰，因而是一个既满足位移约束条件又具有几何可变性的机动容许场。

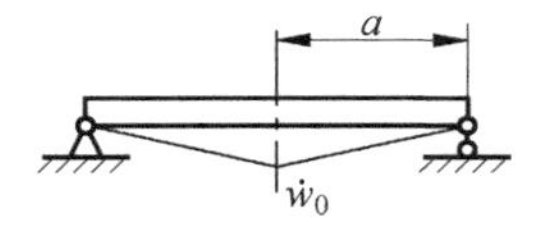

图 3-35　圆板的垮塌机构

3.6.2.2　上限解

利用上述垮塌机构式(3-92)来求上限解。与其相应的曲率速率为

$$\dot{K}_\theta = -\frac{1}{r}\frac{\mathrm{d}\dot{w}}{\mathrm{d}r} = \frac{\dot{w}_0}{ar}, \quad \dot{K}_r = 0$$

周向弯矩 M_θ 所做的塑性耗散功率(内力功率)为

$$\dot{W}_{\text{int}} = \int_0^a M_p \dot{K}_\theta 2\pi r\,\mathrm{d}r = 2\pi\dot{w}_0 M_p \tag{3-93}$$

由于塑性流动过程中半径始终保持直线(见图 3-35)，$\dot{K}_r=0$，径向弯矩 M_r 沿半径所做的塑性功为零。在圆板中点有折角，似乎 M_r 应做塑性功，但该处 $r=0$，M_r 的作用面积为零，所以其塑性功仍为零。式(3-93)就是总内力功率。

将载荷所做的外力功率表达式中的 $\dot{w}$ 用式(3-92)代入，积分后得到：

$$\dot{W}_{\text{ext}} = \int_0^b q\dot{w}2\pi r\,\mathrm{d}r = \pi q\dot{w}_0\frac{b^2}{3a}(3a-2b) \tag{3-94}$$

令 $\dot{W}_i = \dot{W}_e$，得到极限载荷的上限解：

$$q_L^{\text{up}} = \frac{6a}{b^2(3a-2b)}M_p \tag{3-95}$$

式(3-90)和式(3-95)完全相同，所以这是个完全解，是圆板极限载荷的精确值。

若令式(3-95)中的 $b=a$，得到均布载荷简支圆板的极限载荷：

$$q_L = \frac{6}{b^2}M_p = \frac{3}{2}\left(\frac{h}{a}\right)^2\sigma_s \tag{3-96}$$

3.6.3　回转壳

在板壳结构的极限分析中采用以内力素表示的屈服准则。回转壳具有轴对称性，非零的内力素有 5 个：薄膜力 N_φ 和 N_θ，弯矩 M_φ 和 M_θ，横剪力 Q_φ，下标 φ 和 θ 分别表示子午线方向和环向。由于采用直法线假设，剪应变 $\gamma_{\varphi z}=0$(z 为法向)，所以变形时 Q_φ 不做功，对屈服准则没有影响。回转壳的屈服准则可以表示为

$$f(N_\varphi, N_\theta, M_\varphi, M_\theta) = 1 \tag{3-97}$$

这是一个相当复杂的四维屈服准则，应用中需要进一步简化。有两种常用的简化思路：

(1) 简化几何形状。把实芯的均匀壳简化为与其抗拉和抗弯刚度等效的理想夹芯壳。

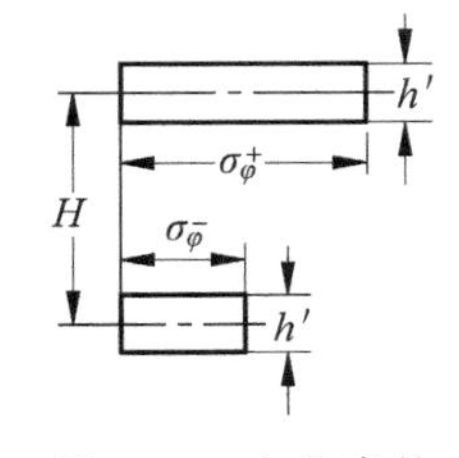

图 3-36　夹芯壳的应力分布

均匀壳的厚度为 h，屈服强度为 σ_s。夹芯壳上、下面板的厚度为 h'，间距为 H，屈服强度为 σ_s'，见图 3-36。面板很薄，以致可以假设应力和应变沿面板厚均匀分布。夹芯的材料很软，只起保持面板间距不变的作用，其抗拉刚度可忽略不计。

当壳的横截面达到屈服时，单位宽度实芯均匀壳的极限薄膜力和极限弯矩为

$$N_s=\sigma_s h,\quad M_s=\frac{1}{4}\sigma_s h^2$$

相应地，由图 3-36 得到理想夹芯壳为

$$N_s=2\sigma'_s h',\quad M_s=\sigma'_s h' H$$

由此得到夹芯壳的等效参数为

$$\sigma'_s=\sigma_s h/2h',\quad h'=h/2 \tag{3-98}$$

(2) 采用近似屈服准则。把四维屈服准则式(3-97)解耦为两个二维屈服准则。

在薄壳结构中有些地方(如总体薄膜应力区)的屈服是由薄膜力控制的，弯矩影响较小，而有些地方(如边缘效应区)的屈服是由弯矩控制的，薄膜力影响较小。在屈服准则中可以把薄膜和弯曲效应解耦，在薄膜力(或弯矩)控制的屈服准则中忽略弯矩(或薄膜力)的影响，简化为并列的 $f(N_\varphi,N_\theta)=1$ 和 $f(M_\varphi,M_\theta)=1$ 两个二维屈服面，称为双矩弱作用屈服面(two-moment limited-interaction surface)，只要满足其中任何一个准则就发生屈服。

回转壳受轴对称约束，其环向曲率变化 $\dot{\kappa}_\theta=0$，环向弯矩 M_θ 具有约束反力的性质。因而子午向弯矩 M_φ 是主要的，环向弯矩 M_θ 常小于 M_φ，可以忽略 M_θ 对屈服准则的影响，进一步简化为单矩弱作用屈服面(one-moment limited-interaction surface)。但有些回转壳的平衡方程中含有 M_θ 项，为了消除 M_θ 必须对平衡方程做相应的修改，导致求得的解不是精确的静力允许场，因而不满足极限分析下限定理。在有些回转壳(例如扁壳)的最大应力区中 M_θ 和 M_φ 是同等重要的。针对这些情况双矩弱作用屈服面能给出更好的解。

特雷斯加屈服准则是一种分段线性的屈服面(参见图 3-34)，每条边用一个线性方程表示，其应用难点在于要正确选择用哪条边的屈服条件。在回转壳中主应力的方向是固定且已知的，很容易判断所考虑部位的屈服将发生在屈服面的哪一条边上，随后的数学处理很简单，所以回转壳的解析解常采用特雷斯加屈服准则。

双矩弱作用特雷斯加屈服面由下列 12 个线性方程组成：

$$n_\varphi=1,\quad n_\theta=1,\quad n_\varphi-n_\theta=1,\quad n_\varphi=-1,\quad n_\theta=-1,\quad n_\varphi-n_\theta=-1 \tag{3-99a}$$

$$m_\varphi=1,\quad m_\theta=1,\quad m_\varphi-m_\theta=1,\quad m_\varphi=-1,\quad m_\theta=-1,\quad m_\varphi-m_\theta=-1 \tag{3-99b}$$

其中，$n_\varphi=N_\varphi/N_s$，$n_\theta=N_\theta/N_s$ 和 $m_\varphi=M_\varphi/M_s$，$m_\theta=M_\theta/M_s$ 分别是无量纲薄膜力和无量纲弯矩。前 6 个方程表示二维薄膜力空间 $n_\varphi-n_\theta$ 中的特雷斯加六边形，后 6 个方程表示二维弯矩空间 $m_\varphi-m_\theta$ 中的特雷斯加六边形。

单矩弱作用特雷斯加屈服面由 8 个线性方程组成：

$$n_\varphi=1,\quad n_\theta=1,\quad n_\varphi-n_\theta=1,\quad n_\varphi=-1,\quad n_\theta=-1,\quad n_\varphi-n_\theta=-1,$$
$$m_\varphi=1,\quad m_\varphi=-1 \tag{3-100}$$

其图形见图 3-37。

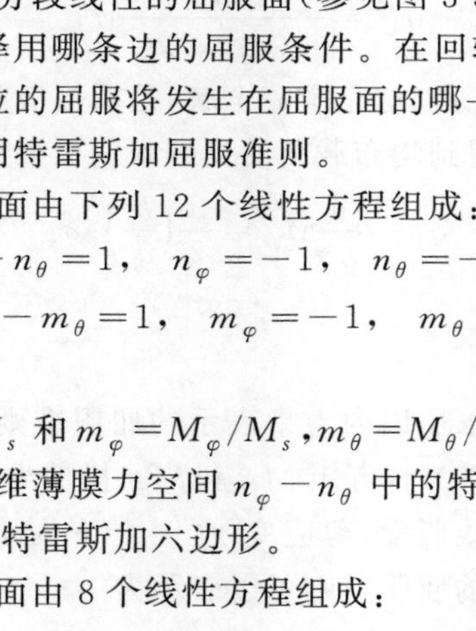

图 3-37 单矩弱作用特雷斯加屈服面

根据各种屈服面之间的关系霍奇[14](Hodge)导出了采用不同屈服准则求得的极限载荷之间的关系。下面用 p 表示极限载荷，下标 T、M、S、L 分别表示特雷斯加、米泽斯、夹层壳和双矩弱作用准则。

(1) 特雷斯加和米泽斯屈服准则：

$$0.866p_{\mathrm{M}} \leqslant p_{\mathrm{T}} \leqslant p_{\mathrm{M}}, \quad p_{\mathrm{T}} \leqslant p_{\mathrm{M}} \leqslant 1.155p_{\mathrm{T}} \tag{3-101}$$

(2) 夹层壳和特雷斯加、米泽斯屈服准则：

$$p_{\mathrm{S}} \leqslant p_{\mathrm{T}} \leqslant 1.25p_{\mathrm{S}}, \quad p_{\mathrm{S}} \leqslant p_{\mathrm{M}} \leqslant 1.444p_{\mathrm{S}} \tag{3-102}$$

(3) 双矩弱作用和特雷斯加、米泽斯屈服准则：

$$0.618p_{\mathrm{L}} \leqslant p_{\mathrm{T}} \leqslant p_{\mathrm{L}}, \quad 0.618p_{\mathrm{L}} \leqslant p_{\mathrm{M}} \leqslant 1.155p_{\mathrm{S}} \tag{3-103}$$

霍奇(Hodge)在专著[14]中给出了圆板、圆柱壳、锥壳、球壳、扁壳等一系列板壳结构极限载荷的解析解。压力容器大多是由不同形状的壳体部件连接而成的组合壳。吉尔(Gill)在专著[17-18]中给出了球壳和圆柱壳开孔接管问题极限载荷的解析解。程莉、徐秉业、黄克智[19]完成了半球封头-圆柱壳组合结构的极限分析，基于双矩弱作用屈服准则和 7 种垮塌机构(其中 4 种画在图 3-38 中)，系统地得到了该结构极限载荷的完全解。邓宇、薛明德、黄克智[20]基于双矩弱作用屈服准则和图 3-39 中的 8 种垮塌机构完整地给出了圆柱壳-平封头组合结构的极限载荷完全解。杨波[21]根据图 3-40 中的 5 类 8 种垮塌机构(其中 E 类含 4 种相近的垮塌机构)给出了圆柱-圆锥-圆柱过渡段组合结构的极限载荷。

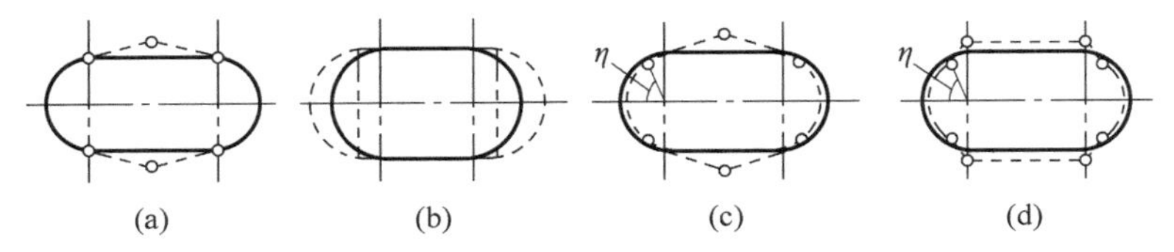

图 3-38 半球封头-圆柱壳的垮塌机构

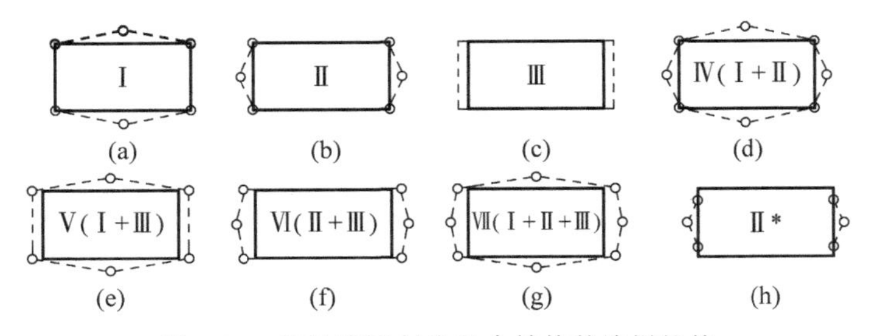

图 3-39 圆柱壳平封头组合结构的垮塌机构

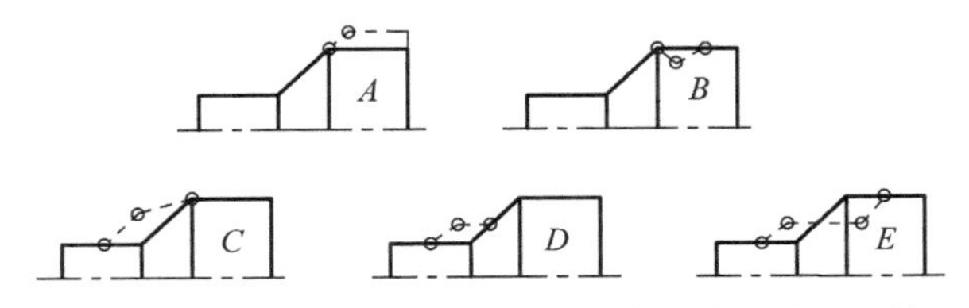

图 3-40 圆柱-圆锥-圆柱过渡段组合结构的垮塌机构

由于工程设计中主要采用有限元法来计算极限载荷(详见第 7 章)，这里不再详细介绍各类回转壳及其组合结构的极限分析解析解，有兴趣的读者可以阅读相关文献。

参考文献

[1] 黄克智,黄永刚.高等固体力学(上册)[M].北京:清华大学出版社,2013.
[2] 王仁,熊祝华,黄文彬.塑性力学基础[M].北京:科学出版社,1982.
[3] 余同希.塑性力学[M].北京:高等教育出版社,1989.
[4] 杨桂通.弹塑性力学引论[M].北京:清华大学出版社,2004.
[5] HILL R. The mathematical theory of plasticity[M]. Oxford University Press,1950.
[6] PRAGER W. An introduction to plasticity[M]. Addison-Wesley Publishing Co. ,1959.
[7] CHAKRABARTY J. Theory of plasticity[M]. McGraw-Hill Book Company,1987.
[8] LUBLINER J. Plasticity theory[M]. Macmillan Publishing Company,1990.
[9] ZEMAN J L,RAUSCHER F,SCHINDLER S. Pressure vessel design: the direct route[M]. Elsevier Science Ltd,2006.
[10] LANGER B F. PVRC interpretive report of pressure vessel research,Section 1-Design considerations, welding research council bull. ,(95),1964.
[11] 程丰渊,陆明万.关于分析设计法中应力强度准则 $P_m+P_b\leqslant 1.5[\sigma]$ 的讨论[J].压力容器,2010,27(6):33-36.
[12] BREE J. Elastic-plastic behaviour of thin tubes subjected to internal pressure and intermittent high-heat fluxes with application to fast-nuclear-reactor fuel elements[J]. Journal of Strain Analysis,1967,2(3):226-238.
[13] BREE J. Incremental growth due to creep and plastic yielding of thin tubes subjected to internal pressure and cyclic thermal stresses[J]. Journal of Strain Analysis,1968,3(2):122-127.
[14] HODGE P H. Limit analysis of rotationally symmetric plates and shells [M]. Prentice-Hall, Inc. ,1963.
[15] CHEN H F,Ponter A R S. Shakedown and limit analyses for 3D structures using the linear matching method[J]. Int. Journal of Pressure Vessel and Piping,2001,78:443-451.
[16] 陈钢,刘应华.结构塑性极限与安定分析理论及工程方法[M].北京:科学出版社,2006.
[17] GILL S S. The stress analysis of pressure vessels and pressure vessel components: International series of monographs in mechanical engineering[M]. Pergamon Press,1970.
[18] S. S.吉尔.压力容器及其部件的应力分析[M].籍获,历学轼,译.北京:原子能出版社,1975.
[19] 程莉,徐秉业,黄克智.半球封头圆柱壳的极限分析[J].力学学报,1985,17(2):135-150.
[20] 邓宇,薛明德,黄克智.圆柱壳平封头组合结构受均匀内压的塑性分析[J].固体力学学报,1987(3):225-236.
[21] 杨波.锥壳及圆柱-圆锥-圆柱组合壳的塑性极限分析[D].北京:清华大学,1990.

第4章

有限元法

有限元分析是压力容器分析设计中最常用的计算方法。本章首先简洁地概述了什么是有限元法，包括有限元法的特点，离散化、形函数、收敛性等基本概念，公式化、解方程等基本过程；然后讲述有限元法的理论基础——变分原理和加权残量法；最后讨论有限元法的应用与实践问题，包括前处理、求解器、后处理和结果评估，尤其是需要用户深度参与和直接影响结果正确性的前处理和结果评估问题。

4.1 有限元法概论

第2章和第3章讲述了弹性力学和塑性力学的基本理论和若干解析解。解析解在物体域内每点处都精确满足所有的基本方程，因而是严格的精确解。遗憾的是，弹性力学和塑性力学的基本方程太复杂，只有一些几何形状规则、边界条件简单的典型问题才能找到解析解。大量的工程实际问题只能采用数值方法来寻找近似解。

有限元法是工程设计计算中应用最为广泛的数值方法，也是被各国压力容器规范中的分析设计方法所推荐的主要分析手段。有限元分析有三大特点：

(1) 有效性，这是有限元法得到广泛应用的基础。有限元法基于变分原理或加权残量法(见4.2节)，具有严密的理论基础。数学家们对其解的误差分析和收敛性进行了深入的研究。大量应用实例也表明，只要用户建立的计算模型是正确的，有限元分析就能得到满足工程分析精度要求的结果，就能为工程设计提供可靠的理论依据。随着高速计算机的迅猛发展，计算成本不断降低，计算规模不断提高，有限元法的有效应用范围也不断扩大。

(2) 通用性，这是有限元法最突出的优点。它适用于：

- 各种几何形状的复杂结构：包括一维的杆、梁，二维的平面、轴对称、板壳，各种几何形状的三维实体，以及它们的任意组合。只要能设计出工程结构的几何形状，几乎任何结构都能用有限元法来进行分析，其规模从晶体量级的细观尺度到整架飞机或整条舰艇的复杂装备都能顺利完成。
- 各类特定的载荷工况和边界条件：包括集中力、面力、体力，静载荷、动载荷、热载荷、冲击载荷，各种位移、速度或传热边界条件，非线性接触条件等。

- 各种物理特性的工程材料：包括弹性、塑性、超弹性(橡胶等)、黏弹性、黏塑性、各向异性材料、岩土、混凝土、复合材料、多孔泡沫介质等。
- 能求解线性问题或非线性问题、静力问题、动力问题或屈曲问题、固体结构问题或其他流体、温度、电磁场问题，包括它们相互耦合的多物理场问题。几乎可以说，只要能给出问题的完整数学描述，就可以开发出相应的有限元分析程序。

(3) 直观性，这是有限元分析受到普遍青睐的原因。把物体剖分成许多单元，把各个单元特性综合起来去描述整个物体的特性，这是一个非常直观易懂的概念。现有的通用有限元软件开发了一系列用户友好的人机交互界面，从建模开始就让用户直观形象地把握自己所分析的问题。在分析完成后又能输出变形前后物体的真实形状，物体内应力分布的等值线图。对动力分析还能实时地输出振动形态、波的传播过程或冲击碎片飞溅的实况仿真。用户几乎能和进行实物试验一样形象地观察到物体变形、破坏的全过程，这对工程师们积累直观工程经验是非常重要的。

下面讲述有限元法的核心思想和基本概念。

4.1.1 离散化

把物体离散成相互毗邻、具有简单几何形状和有限尺寸的单元，称为有限元。例如，在图4-1中1/4的厚壁筒被划分为许多四边形轴对称单元。各单元间通过若干离散的结点相互联结，结点通常取在单元的顶点、中心点或边界的等分点处。单元的变形或应力分布用连续的位移函数或应力函数来表示，统称为场函数。场函数在各结点处的分量值或偏导数值(例如在 i 结点处的位移分量 u_i, v_i, w_i)称为自由度或广义坐标。

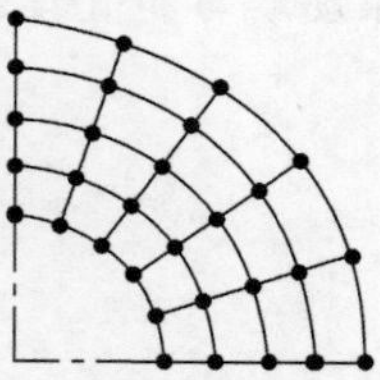

图4-1 离散化

常用有限元的类型和功能见表4-1。

表4-1 常用单元

类型		形状	结点数	应用功能
一维线单元	轴力杆元		2	桁架结构
	弯曲梁元	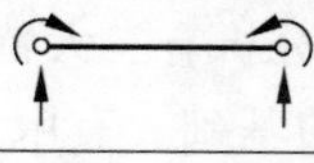	2	弯曲问题
	杆梁元	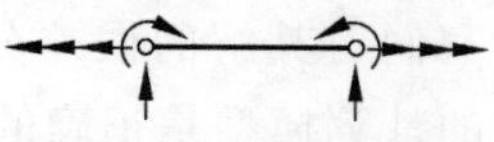	2	拉压弯扭问题
二维面单元	4结点四边元	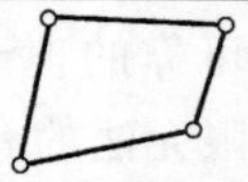	4	平面应力、平面应变、轴对称、薄板弯曲
	8结点四边元	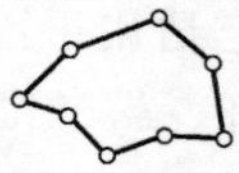	8	平面应力、平面应变、薄板或壳弯曲
	3结点三角元	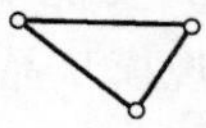	3	平面应力、平面应变、轴对称、薄板弯曲，尽量使用四边元
	6结点三角元	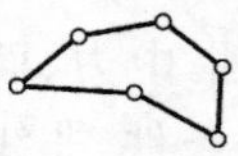	6	平面应力、平面应变、薄板或壳弯曲，尽量使用四边元

续表

类　型		形　状	结点数	应用功能
三维实体元	六面体元		8	实体结构、厚板
	五面体元		6	实体结构、厚板，尽量使用六面体元
	四面体元		4	实体结构、厚板，尽量使用六面体元

针对特殊问题还建立了一批具有特定性质的单元，例如，含裂缝元、界面元、接触-罚单元、剪力板、刚体元、无限或半无限元等。

对于大型复杂结构，为了减少计算规模、提高计算效率，常把性质相近的单元组合在一起，形成子结构或超单元。

4.1.2　形函数

有限元法用局部的分片插值函数(称为形函数)拼接在一起来近似地表示完整的场函数。以一维简支梁为例。把梁分成10个单元，单元内采用线性形函数，有限元计算得到的梁的挠度曲线如图4-2所示。这正是大家熟悉的用分段折线来逼近曲线的思想，折线和曲线间的差别随着单元的不断增多和变小而趋近于零。与物体的总体尺寸相比，单元很小，所以选用最简单的线性形函数就能达到期望的精度。

平面三角单元有3个结点，分别记为 i,j,m，如图4-3所示。每个单元有6个自由度，即结点位移分量 u_i,u_j,u_m 和 v_i,v_j,v_m。单元内位移场的试函数可选用带6个待定常数的线性函数：

$$\begin{cases} u(x,y)=a_1+a_2x+a_3y \\ v(x,y)=a_4+a_5x+a_6y \end{cases} \tag{4-1}$$

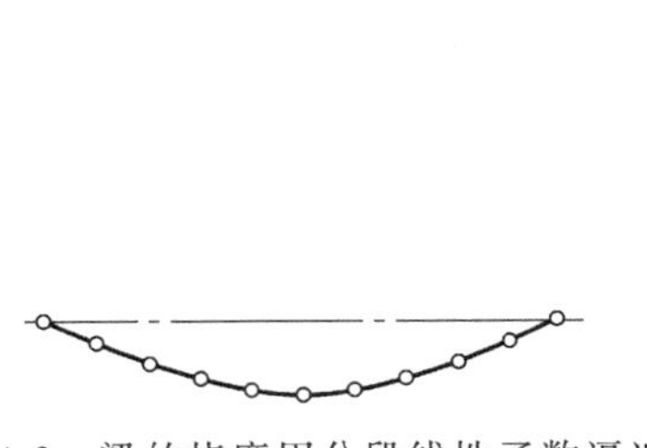

图4-2　梁的挠度用分段线性函数逼近

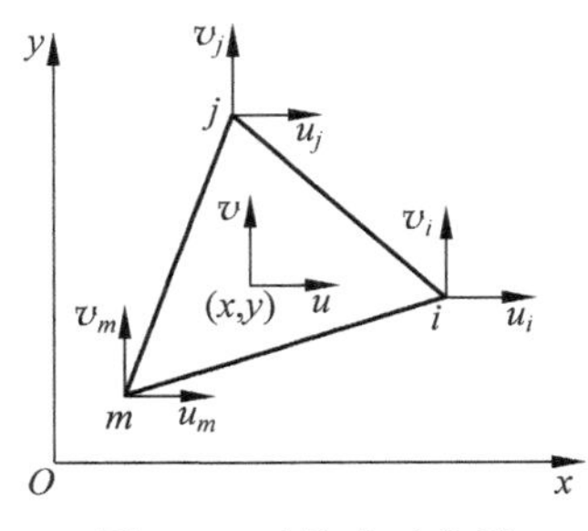

图4-3　三结点三角元

在3个结点处函数式(4-1)的值应等于相应的结点位移分量，即

$$u_i=a_1+a_2x_i+a_3y_i,\quad v_i=a_4+a_5x_i+a_6y_i$$

$$u_j = a_1 + a_2 x_j + a_3 y_j,\quad v_j = a_4 + a_5 x_j + a_6 y_j$$
$$u_m = a_1 + a_2 x_m + a_3 y_m,\quad v_m = a_4 + a_5 x_m + a_6 y_m \tag{4-2}$$

由此解出6个待定常数 $a_1 \sim a_6$,代入式(4-1)整理后得到:

$$\begin{cases} u = N_i u_i + N_j u_j + N_m u_m \\ v = N_i v_i + N_j v_j + N_m v_m \end{cases} \tag{4-3}$$

其中,

$$\begin{cases} N_i = \dfrac{1}{2A}(a_i + b_i x + c_i y) \\ a_i = x_j y_m - x_m y_j,\quad b_i = y_j - y_m,\quad c_i = x_m - x_j \quad (i,j,m) \\ A = \dfrac{1}{2}(a_i + a_j + a_m) \end{cases} \tag{4-3a}$$

凡后面加注(i,j,m)的公式都可以采用下标顺序轮换的方式$(i\to j, j\to m, m\to i)$扩展成三个公式。

只要知道6个结点处的位移分量,就可以利用式(4-3)插值出单元内任意点处的位移分量,因而单元内的位移场完全确定。对它求导可以进一步求得单元各点处的应变和应力。式(4-3a)中的函数 N_i, N_j, N_m 就是三结点三角单元的形函数。

形函数具有如下两个重要性质:

(1) 在本结点处的值为1,在其他结点处的值为0,即

$$N_i(x_j, y_j) = \delta_{ij} = \begin{cases} 1, & j = i \\ 0, & j \neq i \end{cases} \quad (i,j,m) \tag{4-4}$$

在结点 i 处有 $N_i(x_i, y_i) = 1, N_j(x_i, y_i) = N_m(x_i, y_i) = 0$,代入式(4-3)得到:$u = u_i$ 和 $v = v_i$。所以,性质(4-4)保证了单元的位移函数在某结点处的值等于该结点的位移值。

(2) 在单元内各形函数之和处处等于1,即

$$N_i + N_j + N_m = 1 \tag{4-5}$$

若单元发生刚体位移 u_0,则各结点以及单元内任意点的位移都应该等于 u_0。为了验证,将结点位移 $u_i = u_j = u_m = u_0$ 代入式(4-3),可以得到单元内任意点处的位移为 $u = (N_i + N_j + N_m)u_0 = u_0$,显然,仅当 $N_i + N_j + N_m = 1$ 时才能实现单元内位移处处为 u_0。所以,性质(4-5)是形函数能准确描述刚体位移的保证。

采用局部分片插值函数是有限元法具有灵活性和通用性的基础,使它能有效地逼近各类复杂形状结构中变化规律各不相同的各种场函数。

线性三角单元的精度较低,工程计算中常采用矩形(四边)单元。矩形单元有4个结点、8个自由度,单元内位移场的试函数选为带8个待定常数的如下函数:

$$\begin{cases} u(x,y) = a_1 + a_2 x + a_3 y + a_4 xy \\ v(x,y) = b_1 + b_2 x + b_3 y + b_4 xy \end{cases} \tag{4-6}$$

利用8个结点位移分量值确定其中的待定常数,就可以导出对应于式(4-3)和式(4-3a)的、矩形单元的位移插值公式和形函数表达式。

为了进一步提高精度,可以采用二次插值函数,并相应地增加结点数目。例如,构造6

结点二阶三角单元，取 3 个顶点和 3 个边中点做结点，共有 12 个自由度，单元内位移场的试函数可选为带 12 个待定常数的二次完全多项式：

$$\begin{cases} u(x,y)=a_1+a_2x+a_3y+a_4x^2+a_5xy+a_6y^2 \\ v(x,y)=b_1+b_2x+b_3y+b_4x^2+b_5xy+b_6y^2 \end{cases} \tag{4-7}$$

也可以构造 8 结点二阶矩形单元，其形函数如图 4-4 所示。还可以构造结点更多、插值函数阶次更高的高阶单元。因为提高了形函数的幂次，高阶单元能更精确地逼近场函数的真实分布，还因为增加了结点数目，高阶单元能更有效地表示复杂的几何形状，但同时也因此显著地增加了计算工作量。所以在工程应用中大多选用线性单元或二阶单元。

为了便于对不规则形状的单元进行分析，可以在单元内建立一个局部的自然坐标系(ξ，η)，通过坐标变换把总体坐标系(x，y)中实际形状的单元变换成自然坐标系中的标准母单元。图 4-5(a)把任意四边单元变换成正方形的母单元，图 4-5(b)把曲边三角单元变换成直边三角的母单元。若单元的坐标变换函数与位移插值函数相同，且结点数也相同，则称为等参变换，相应的单元称为等参元。若坐标变换的结点数大于位移插值的结点数，则称为超参变换、超参元。反之，则称为亚参变换、亚参元。

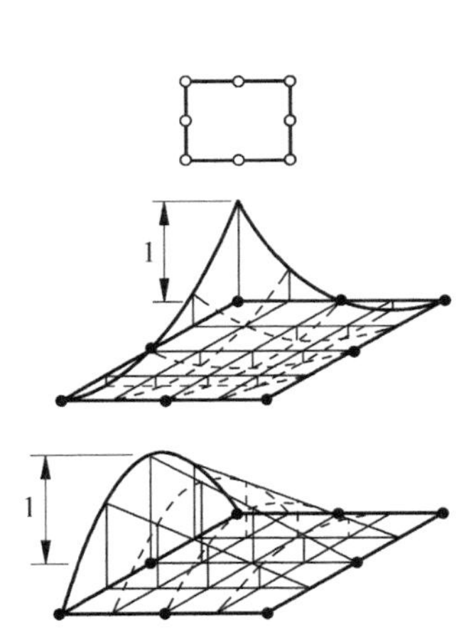

图 4-4　八结点矩形元的形函数

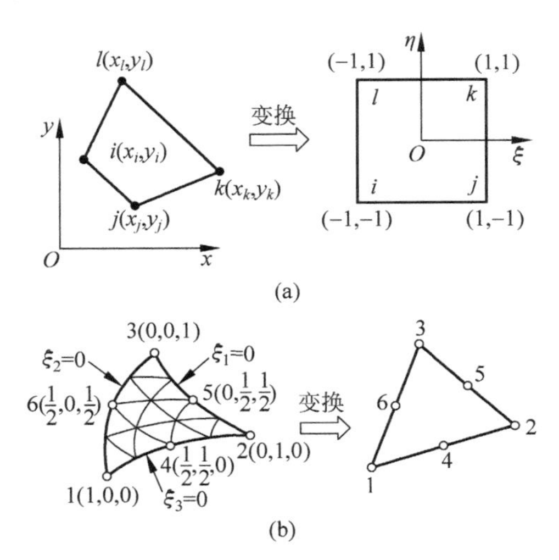

图 4-5　单元的变换

4.1.3　公式化

式(4-3)中的结点位移是待求的场变量。推导有限元法各种基本方程的过程称为有限元法的公式化。这里以弹性力学平面问题为例，介绍有限元法基本方程的推导过程。重点是讲明推导的思路和得到的主要公式，对具体的数学演算和公式的详细表达式有兴趣的读者可以查阅任何一本有限元法的教材。

将式(4-3)用矩阵形式表示成

$$\boldsymbol{u}=\boldsymbol{N}^e\boldsymbol{a}^e \tag{4-8}$$

其中，$\boldsymbol{u}=[u \quad v]^{\mathrm{T}}$ 是由位移分量组成的列阵，上标 T 表示它是行阵$[u \quad v]$的转置矩阵；$\boldsymbol{a}^e=[u_i \quad v_i \quad u_j \quad v_j \quad u_m \quad v_m]^{\mathrm{T}}$ 是单元的结点位移列阵；$\boldsymbol{N}^e=[N_i\boldsymbol{I} \quad N_j\boldsymbol{I} \quad N_m\boldsymbol{I}]$是

形函数矩阵，其中 $\boldsymbol{I}=\begin{bmatrix}1 & 0\\0 & 1\end{bmatrix}$ 为单位矩阵。

将位移式(4-3)代入弹性力学平面问题的应变-位移公式：

$$\varepsilon_x=\frac{\partial u}{\partial x},\quad \varepsilon_y=\frac{\partial v}{\partial y},\quad \gamma_{xy}=\frac{\partial u}{\partial y}+\frac{\partial v}{\partial x} \tag{4-9}$$

整理后用矩阵形式表示成

$$\boldsymbol{\varepsilon}=\boldsymbol{B}^e\boldsymbol{a}^e \tag{4-10}$$

其中，$\boldsymbol{\varepsilon}=[\varepsilon_x\quad \varepsilon_y\quad \gamma_{xy}]^{\mathrm{T}}$ 是由应变分量组成的列阵；$\boldsymbol{B}^e=\frac{1}{2A}\begin{bmatrix}b_i & 0 & b_j & 0 & b_m & 0\\0 & c_i & 0 & c_j & 0 & c_m\\c_i & b_i & c_j & b_j & c_m & b_m\end{bmatrix}$ 是单元的应变矩阵。

将应变式(4-10)代入弹性力学平面应力问题的应力-应变关系：

$$\sigma_x=\frac{E}{1-\nu^2}(\varepsilon_x+\nu\varepsilon_y),\quad \sigma_y=\frac{E}{1-\nu^2}(\varepsilon_y+\nu\varepsilon_x),\quad \tau_{xy}=G\gamma_{xy} \tag{4-11}$$

整理后用矩阵形式表示成

$$\boldsymbol{\sigma}=\boldsymbol{D\varepsilon}=\boldsymbol{S}^e\boldsymbol{a}^e \tag{4-12}$$

其中，$\boldsymbol{\sigma}=[\sigma_x\quad \sigma_y\quad \tau_{xy}]^{\mathrm{T}}$ 是由应力分量组成的列阵；$\boldsymbol{D}=\frac{E}{1-\nu^2}\begin{bmatrix}1 & \nu & 0\\\nu & 1 & 0\\0 & 0 & (1-\nu)/2\end{bmatrix}$ 是弹性矩阵；$\boldsymbol{S}^e=\boldsymbol{DB}^e$ 是单元的应力矩阵。

用最小势能原理来建立求解结点位移的基本方程。弹性力学平面问题的系统总势能为

$$\Pi=\int_{\Omega}\frac{1}{2}\varepsilon^{\mathrm{T}}\boldsymbol{D}\varepsilon t\,\mathrm{d}x\,\mathrm{d}y-\int_{\Omega}\boldsymbol{u}^{\mathrm{T}}\boldsymbol{f}t\,\mathrm{d}x\,\mathrm{d}y-\int_{S_\sigma}\boldsymbol{u}^{\mathrm{T}}\boldsymbol{T}t\,\mathrm{d}S \tag{4-13}$$

其中右端第一项为应变能，第二项为体力势，第三项为力边界上的面力势。当划分成单元后，整个系统的总势能等于每个单元的总势能之和，即

$$\Pi=\sum_e \Pi^e=\sum_e(U^e+V^e) \tag{4-14}$$

其中，U^e 为单元的应变能，V^e 为单元的势能，包括体力势和面力势。

将式(4-10)代入式(4-13)右端第一项，得到单元的应变能为

$$U^e=\frac{1}{2}\int_{\Omega^e}\boldsymbol{\varepsilon}^{\mathrm{T}}\boldsymbol{D}\varepsilon t\,\mathrm{d}x\,\mathrm{d}y=\frac{1}{2}\boldsymbol{a}^{e\mathrm{T}}\boldsymbol{K}^e\boldsymbol{a}^e \tag{4-15}$$

其中，$\boldsymbol{K}^e=\int_{\Omega^e}\boldsymbol{B}^{e\mathrm{T}}\boldsymbol{DB}^e t\,\mathrm{d}x\,\mathrm{d}y$ 称为单元的刚度矩阵。

将式(4-8)代入式(4-13)右端第二项和第三项，单元的外力势可以改写为

$$V^e=-\int_{\Omega}\boldsymbol{u}^{\mathrm{T}}\boldsymbol{f}t\,\mathrm{d}x\,\mathrm{d}y-\int_{S_\sigma}\boldsymbol{u}^{\mathrm{T}}\boldsymbol{T}t\,\mathrm{d}S=-\boldsymbol{a}^{e\mathrm{T}}\boldsymbol{f}^e \tag{4-16}$$

其中，$\boldsymbol{f}^e=-\int_{\Omega^e}\boldsymbol{N}^{e\mathrm{T}}\boldsymbol{f}t\,\mathrm{d}x\,\mathrm{d}y-\int_{S_\sigma}\boldsymbol{N}^{e\mathrm{T}}\boldsymbol{T}t\,\mathrm{d}S$ 称为单元的等效结点载荷列阵。

将式(4-15)和式(4-16)代入式(4-14)得到系统的总势能：

$$\Pi=\frac{1}{2}\boldsymbol{a}^{\mathrm{T}}\boldsymbol{Ka}-\boldsymbol{a}^{\mathrm{T}}\boldsymbol{f} \tag{4-17}$$

根据最小势能原理对总势能求极值$\frac{\partial \Pi}{\partial \boldsymbol{a}}=0$,得到求解结点位移的有限元法基本方程:

$$\boldsymbol{K}\boldsymbol{a}=\boldsymbol{f} \tag{4-18}$$

其中,$\boldsymbol{a}$ 和 $\boldsymbol{f}$ 分别是总结点位移列阵和总等效结点载荷列阵,$\boldsymbol{K}$ 是总刚度矩阵。它们均由单元的相应矩阵拼装而成,具体拼装过程可查阅文献[1]和文献[2]。

求解前还需要施加载荷和位移边界条件。载荷通过等效结点载荷列阵施加。集中力直接加在等效结点载荷列阵中与其作用点和作用方向对应的元素上。面力和体力则需要先根据静力等效原理(即合力等效和合力矩等效)简化到其作用单元的结点上,然后将这些结点力加入对应的等效结点载荷列阵的元素上。

常用的施加位移边界条件的实用方法是将总刚度矩阵中相应对角元素乘以大数。例如,要对第 i 个自由度 a_i 施加位移约束 $a_i=\bar{u}_i$,其中 $\bar{u}_i$ 为由边界条件给定的位移值。可以将刚度矩阵的对角元素 K_{ii} 乘以大数λ,同时将等效结点载荷列阵中的相应元素 f_i 调整为$\lambda K_{ii}\bar{u}_i$:

$$\begin{bmatrix} K_{11} & K_{12} & \cdots & & K_{1n} \\ K_{21} & K_{22} & \cdots & & K_{2n} \\ \vdots & \vdots & & & \vdots \\ K_{i1} & K_{i2} & \cdots & \lambda K_{ii} & \cdots & K_{in} \\ \vdots & \vdots & & & \vdots \\ K_{n1} & K_{n2} & \cdots & & K_{nn} \end{bmatrix} \begin{bmatrix} a_1 \\ a_2 \\ \vdots \\ a_i \\ \vdots \\ a_n \end{bmatrix} = \begin{bmatrix} f_1 \\ f_2 \\ \vdots \\ \lambda K_{ii}\bar{u}_i \\ \vdots \\ f_n \end{bmatrix} \tag{4-19}$$

式(4-19)展开后的第 i 个方程为

$$K_{i1}a_1+K_{i2}a_2+\cdots+\lambda K_{ii}a_i+\cdots+K_{in}a_n=\lambda K_{ii}\bar{u}_i$$

取$\lambda=10^{12}$或更大,则上式中不含 λ 的项均可忽略不计,仅剩下含 λ 的 2 项。消去公因子λK_{ii} 后就是欲施加的位移边界条件 $a_i=\bar{u}_i$。此时该自由度的位移值 a_i 已经给定为 $\bar{u}_i$,不再是待求的未知量。

4.1.4　解方程

离散化后有限元系统的基本方程(4-18)已由微分方程转换为代数方程组。求解线性(或非线性)代数方程组的数值算法已经相当成熟,仅用轻巧的笔记本电脑就能对大量常见的工程问题进行有限元分析。借助大型超高速计算机和并行算法,已能实现具有上亿自由度的大型复杂结构的有限元分析。

关于线性和非线性代数方程组的数值算法详见文献[1]~文献[6]。

由有限元法基本方程解出结点位移后,代入式(4.8)、式(4.10)和式(4.12)就可以分别求得有限元内部的位移、应变和应力。

4.1.5　收敛性

收敛性指当单元(或网格)不断减小时,数值解能最终收敛到精确解的性质。没有收敛性的任何数值方法都是不能付之应用的。

有限元法要收敛，需要满足如下两个收敛准则：

(1) 单元内的完备性要求：若泛函中出现的场函数的最高阶导数为 n 阶，则单元内场函数的试函数至少应该是 n 次完全多项式。例如，对二维问题，一次完全多项式是 $a_1+a_2x+a_3y$，二次完全多项式是 $a_1+a_2x+a_3y+a_4x^2+a_5xy+a_6y^2$。满足此要求的单元是完备的。

(2) 单元间的协调性要求：若泛函中出现的场函数的最高阶导数为 n 阶，则在相邻单元的交界面处试函数应该具有直至 $n-1$ 阶的连续导数，简称为具有 C_{n-1} 连续性。满足此要求的单元称为协调元，否则称非协调元。

如果没有完备性，单元内就无法实现刚体位移(零应变状态)和常应变状态，如果没有协调性，单元间就会出现变形不连续现象，这些都可能导致有限元解的不收敛。

在弹性力学问题的泛函(总势能)中位移的最高阶导数为一阶，采用一次完全多项式的试函数(4-1)就能满足完备性要求；而且相邻单元的一次完全多项式插值函数在单元边界处是相同的线性函数，因而具有 C_0 连续性，满足协调性要求，所以只要采用最简单的三结点三角单元或四结点矩形单元，有限元分析结果就能收敛到精确解。

对于泛函中出现二阶或高阶导数的情况(如板壳问题出现二阶导数)，对试函数及其在交界面处的连续性都有更高的要求，因而插值函数的构造比较困难。此时可以适当放松要求，采用能够通过分片试验的非协调元。

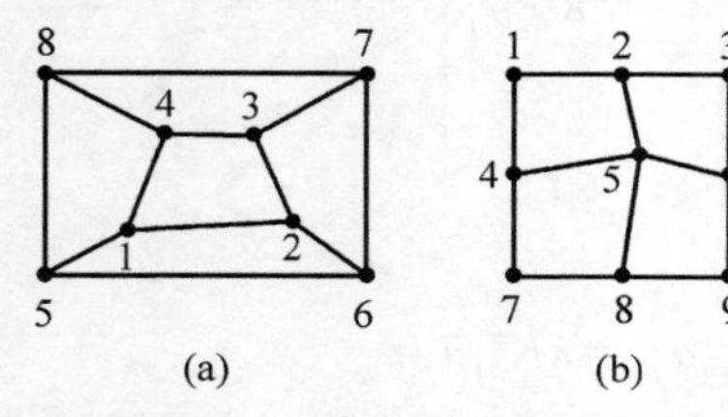

图 4-6 二维单元的典型分片

分片是指由少量相互连接、形状不规则的有限元组成的单元组。图 4-6 中给出两种常用的二维单元的分片。对于基本方程中最高阶导数为二阶的弹性力学问题，分片试验(patch tests)的目的是检验能否实现常应变状态。一般认为，只要能通过分片试验有限元解就能收敛到精确解。

一种常用的试验方法是：对分片的外围结点(图 4-6(a)中的结点 5、6、7、8，图 4-6(b)中除 5 以外的结点)赋予与常应变状态的相应位移(或载荷)，在没有体力和内结点载荷的情况下检验各内结点(图 4-6(a)中的结点 1～4，图 4-6(b)中的结点 5)能否保持平衡，即满足

$$\sum_{e=1}^{m}\boldsymbol{K}_{ij}^{e}\boldsymbol{a}_{j}=0 \tag{4-20}$$

其中，i 为内结点编号，m 为与结点 i 有关联的单元总数，$\boldsymbol{K}_{ij}^{e}\boldsymbol{a}_{j}$ 为关联单元 e 中结点 i 处的内结点力。式(4-20)表示作用在结点 i 上的所有内结点力应该相互平衡。如果式(4-20)不满足，则说明所用的非协调元不能实现常应变状态。对分片试验更深入的讨论可查阅文献[7]。

4.2 变分原理和加权残量法

变分原理和加权残量法是有限元法的理论基础。力学问题的基础理论有两大类表述方法：微分表述法和积分表述法。微分表述法以微元为研究对象，建立一组描述该力学问题的基本微分方程，加上与具体求解问题相关的边界条件，寻求在物体内任意点处都能满足方程和边界条件的精确解。积分表述法以整个物体为研究对象，建立一个含有该力学问题的

特征泛函(如能量)的积分方程,通过泛函变分为零的极值条件来确定问题的解。理论上已经证明这两种表述方法是等价的,可以相互转换。在数值离散化处理上积分表述法更为方便。与微分表述法对应的数值方法是有限差分法,与积分表述法对应的数值方法很多,例如,有限元法、边界元法、无网格方法等。

本节介绍变分原理和加权残量法的基本概念,对它们在有限元法中的应用有兴趣的读者可进一步参阅文献[1]、文献[2]和文献[7]。

4.2.1　弹性力学的能量原理

弹性体承载后会产生变形。若用恒定外力加载,则只有外力功的一部分能够转换成应变能 U 存储在弹性体内,另一部分未被保存的能量称为应变余能 U_C(简称余能)。应变能是一种势能(又称位能),释放时可以对外界做功。例如,张开的弓释放时可以把箭射向远方。应变余能对应于在加载过程中转化为其他形式能量而耗散掉的外力功。例如,在线性弹簧下突加一块砝码,砝码做的外力功只有一半能转化为弹簧的应变能而存储起来。另一半则转化为动能,当砝码下降到弹簧静平衡位置时速度并不为零,因而导致砝码绕静平衡位置来回振动,在空气阻力和内摩擦的作用下,动能逐渐耗散殆尽,弹簧达到静平衡状态。这部分耗散掉的能量就是余能。若想把外力功完全存储起来,必须用手托着砝码慢慢往下放,即进行准静态加载,此时余能对应于手的托力在加载过程中所做的负功。

单位体积的应变能和应变余能分别称为应变能密度 W 和应变余能密度 W_C,它们是

$$W=\int_0^{\varepsilon_{ij}}\sigma_{ij}\,\mathrm{d}\varepsilon_{ij}\qquad U=\int_V W\,\mathrm{d}V \tag{4-21}$$

$$W_C=\int_0^{\sigma_{ij}}\varepsilon_{ij}\,\mathrm{d}\sigma_{ij}\qquad U_C=\int_V W_C\,\mathrm{d}V \tag{4-22}$$

图 4-7 中应力-应变曲线 OP 下的面积为应变能,曲线上的面积为应变余能,它们满足如下互余关系:

$$W+W_C=\sigma_{ij}\varepsilon_{ij} \tag{4-23}$$

其中,$\sigma_{ij}\varepsilon_{ij}$ 称为全功。线弹性材料的应力-应变曲线为直线,OP 线上、下面积相等,即线弹性材料的应变能和应变余能在数值上相等,但有本质区别:应变能的自变量是应变,而应变余能的自变量是应力。

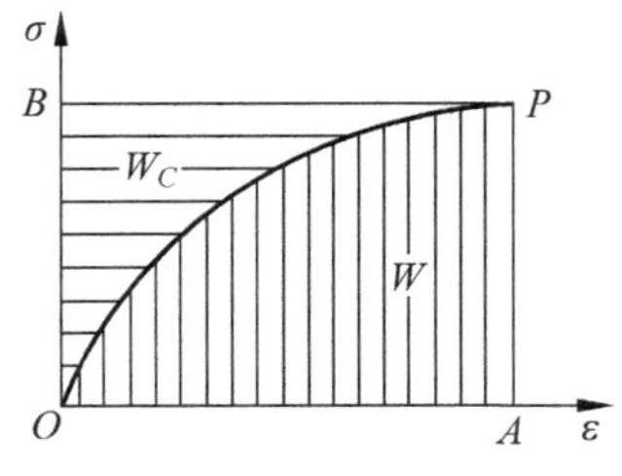

图 4-7　应变能和应变余能

弹性力学定义了两个泛函:系统的总势能和总余能。

总势能 Π 是弹性体的应变能 U 和外力势(它是外力功的负值)之和,即

$$\Pi=\int_V\sigma_{ij}\varepsilon_{ij}\,\mathrm{d}V-\int_V f_i u_i\,\mathrm{d}V-\int_S\bar{p}_i u_i\,\mathrm{d}S \tag{4-24}$$

其中,第一项是弹性体的总应变能,积分下的应力 σ_{ij} 是应变 ε_{ij} 的函数。第二项、第三项分别是体积力 f_i 和力边界上的外力 $\bar{p}_i$ 在其作用点处的位移 u_i 上所做功的负值。

总余能 Π_C 是弹性体的应变余能 U_C 和反力势(它是位移边界上反力功的负值)之和,即

$$\Pi_C=\int_V\varepsilon_{ij}\sigma_{ij}\,\mathrm{d}V-\int_{S_u}\bar{u}_i p_i\,\mathrm{d}S \tag{4-25}$$

其中,第一项是弹性体的总应变余能,积分下的应变 ε_{ij} 是应力 σ_{ij} 的函数。第二项是位移边界上反力 p_i 在其作用点处的给定位移 $\bar{u}_i$ 上所做功的负值。

泛函是函数概念的推广。函数是一个随自变量变化而变化的量。在泛函中自变部分是函数(而非量),它是一个随自变函数变化而变化的量。例如,梁的应变能是一个泛函,它的自变函数是梁的挠度,改变挠度的形状,应变能就随之而变。

和两个泛函 Π 和 Π_C 相对应,弹性力学有两个变分原理:

(1) 最小势能原理:在一切变形可能的状态中,真实状态的总势能最小。根据极值条件得知,弹性力学问题的精确解应该满足总势能的一阶变分为零的条件:

$$\delta\Pi = 0 \tag{4-26}$$

这里的"变形可能状态"是指任何满足变形连续条件和位移边界条件的状态。

(2) 最小余能原理:在一切静力可能的状态中,真实状态的总余能最小。根据极值条件,弹性力学问题的精确解应该满足总余能的一阶变分为零的条件:

$$\delta\Pi_C = 0 \tag{4-27}$$

这里的"静力可能状态"是指任何满足平衡方程和力边界条件的状态。

式(4-26)和式(4-27)涉及变分运算。变分和微分的运算有些不同,区别在于变分是函数瞬间发生的微小增量,与它对应的时间增量为零。例如,函数 $f(x,y,z,t)$ 的全微分为

$$\mathrm{d}f = \frac{\partial f}{\partial x}\mathrm{d}x + \frac{\partial f}{\partial y}\mathrm{d}y + \frac{\partial f}{\partial z}\mathrm{d}z + \frac{\partial f}{\partial t}\mathrm{d}t \tag{4-28}$$

变分不需要时间,故 $\mathrm{d}t=0$。于是函数 $f(x,y,z,t)$ 的变分为

$$\delta f = \frac{\partial f}{\partial x}\delta x + \frac{\partial f}{\partial y}\delta y + \frac{\partial f}{\partial z}\delta z \tag{4-29}$$

4.2.2 加权残量法

力学问题的精确解要求在物体内每点处都满足基本微分方程,同时在边界上每点处都满足边界条件。加权残量法是一种求解微分方程近似解的通用有效方法。近似解通常不能处处都精确地满足基本方程和边界条件,因而在方程右端产生非零的残量。加权残量法允许基本方程和边界条件出现残量,但在整体上要求这些残量的加权积分为零,即允许近似解存在局部误差,但加权意义下的整体综合误差必须为零,这样放松要求后大大降低了方程的求解难度。基于变分原理的近似解法要求存在描述该类力学问题的泛函,例如,应变能、应变余能。加权残量法则可通用于存在或不存在相应泛函的各类力学问题,例如,基本方程为抛物型微分方程的流体力学问题,因而是一种适用面更为广泛的近似解法。

以弹性力学的位移法为例。将位移函数的近似解表示为一组带有待定参数的试探函数(简称试函数)之和:

$$u_i = \sum_{I=1}^{N} N_I a_{iI} \tag{4-30}$$

其中,a_{iI} 是待定参数,N_I 是满足给定位移边界条件的试函数。位移 u_i 是连续函数,自动满足变形协调方程,求解时还需要满足平衡方程 $\sigma_{ij,j}+f_i=0$ 和力边界条件 $\sigma_{ij}\nu_j-\bar{p}_i=0$。

加权残量法允许平衡方程和边界条件在各点都存在残量,分别为 $\sigma_{ij,j}+f_i=R_i$ 和 $\sigma_{ij}\nu_j-\bar{p}_i=\bar{R}_i$,将这些残量乘上相应权函数 μ_i 和 $\bar{\mu}_i$ 后在整个域中和边界上进行加权积分,要求积分的结果为零就得到如下残量方程:

$$\int_V R_i\mu_i\,\mathrm{d}V + \int_{S_u} \bar{R}_i\bar{\mu}_i\,\mathrm{d}S = 0 \tag{4-31}$$

由此可导出一组代数方程，解出待定系数 a_{iI}，代入式(4-30)就得到待求问题的近似解。

选取不同的权函数可以导出不同的加权残量法，常用的有伽辽金法、最小二乘法、子域法、配点法等。若把权函数选为近似解的试函数，则称为伽辽金法。在许多情况下，由伽辽金法导出的求解方程的系数矩阵是对称的，因而在推导有限元法的公式时通常都采用伽辽金法。当存在相应的泛函时，伽辽金法与变分法将给出同样的结果。

4.3　有限元法的实践

在处理实际工程中遇到的复杂结构问题方面，有限元法具有独特的优势。虽然可以从力学角度对复杂结构的力学分析建立数学方程，但是所列出的方程往往难以找到解析解。工程中迫切需要一种求解复杂结构力学方程的近似解法，有限元法正是一种利用计算机快速有效地求解力学方程的数值方法，它能直观地给出工程人员最为关心的分析结果，可以计算各种几何形状、加载条件和材料特性的工程结构问题，给出其应力、应变和位移分布，已越来越成为工程设计中广泛采用的得力工具。

经过多年的研究，有限元法已成为一种成熟可靠的力学分析方法，其成熟性体现在算法理论、软件和硬件三个方面。有限元法的数学理论完备、单元类型众多且已能满足大多数实际工程问题的需求。有限元法采用的求解线性代数方程组的方法规模大、效率高。专为工程技术人员开发的商用有限元软件和程序包功能齐全、用户界面友好，用有限元法解决实际工程问题已无需编写计算机程序，应用的门槛大大降低。计算机硬件技术的发展也为有限元法的广泛应用提供了客观条件，有限元计算已不再需要专用的大型机房或工作站，在普通个人计算机上即能完成。

虽然有限元法已经成熟，但利用它来获得实际问题的正确解，还需要注意一系列的细节。计算人员在熟悉有限元计算理论和计算程序的同时还需要对实际工程问题有一定的认识。有限元软件与其他软件一样，均遵守 GIGO 原理(garbage in and garbage out)，即有限元软件既不会对用户输入的参数、软件设定的正确性和合理性进行判断，也不会对计算输出结果的正确性和合理性进行验证。只有正确的输入才可以获得正确的输出，期望得到正确的有限元计算结果只能依靠用户正确地设定输入参数和合理地使用有限元软件来实现。

下面从有限元计算所需要的条件、过程以及结果评估三个方面对有限元求解所遇到的问题逐一介绍。

4.3.1　有限元计算条件及流程

利用有限元法解决实际工程问题需要软件和硬件两方面的条件。软件方面即有限元分析软件或者程序包。软件可以是商用软件、开源软件或者自编软件。不同有限元分析软件的具体操作方法略有差异，但基本使用逻辑相同。硬件方面可以利用个人计算机、工作站或者高性能计算平台，核心部分就是处理器、内存和存储器。

经过多年的研发已经出现一批成熟的通用有限元分析软件，如美国安世公司的 ANSYS 软件、MSC 公司的 NASTRAN/PANTRAN 软件和法国达索公司的 ABAQUS 软件等。这些软件均经过近 50 余年的开发，编程质量高、计算效率好、计算结果可靠，尤其是经过多年实际工程检验，案例丰富。软件积累了大量用户，有各种书籍、手册等学习资料，易于上手,而且用户交流频繁。另外一类有限元软件以程序包或者模块的形式嵌入其他专业软件,这里不一一列举。还有一类软件专门处理有限元分析过程中的小部分工作,这类软件无法独立完成整个有限元计算处理过程,需要与其他软件配合完成有限元计算。

有限元软件需要与相应的硬件配合才能发挥作用。个人计算机小巧轻便,能满足有限元计算的基本要求。如果结构复杂、研究的问题繁琐或者需要长时间的计算,个人计算机满足不了要求,可以更换处理能力更加强大的工作站或者高性能计算平台。无论是哪种计算机硬件平台,实施有限元计算的核心部分都有如下三大部件:

(1) 处理器。处理器(CPU)是计算机的心脏,决定了求解器的处理速度,即有限元计算所消耗的时间,可以利用多个处理器加速计算过程,缩短计算时间。

(2) 内存。计算机内存大小影响有限元分析的规模,即可以求解方程的个数。主流的计算机软件可以处理的方程个数与计算机的内存大小成正比。

(3) 存储器。存储器用于存放有限元计算输入和输出文件,以及计算过程中需要保存的临时文件。为了保证计算过程不中断,存储器应当有足够的空间用于存放结果文件。

有限元计算不受单台计算机的处理能力限制,根据实际需要可以利用多台计算机进行并行处理,以增大有限元的计算规模。当前大多数有限元软件都支持多个处理器的并行运行,但应当注意并行计算需要相应的软件以及软件许可证的支持。

利用有限元软件解决实际问题的过程是一个由简入繁、由小到大、由少到多的不断迭代的过程。一般来说,工程实际问题结构复杂、工况多而且影响参数众多,建议有限元分析从简单模型、基本工况和少量单元开始,伴随着对求解问题认识的深入逐步增加计算模型的复杂度和计算规模。简单模型影响因素少,其计算结果的正确性易于判断。另外,简单模型计算时间短,可以更快地获悉计算结果。

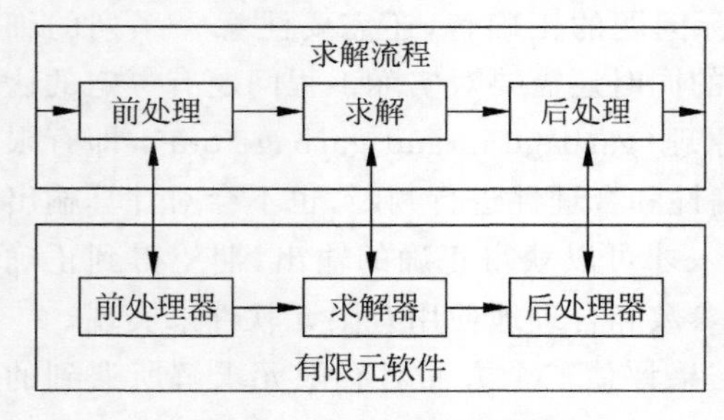

图 4-8 有限元求解流程

利用有限元软件解决实际问题的过程是建立并求解式(4-18),即 $\boldsymbol{KU}=\boldsymbol{F}$ 的过程。整个过程可以分为三步:前处理、求解和后处理。这三步对应于有限元软件的三个不同功能模块,即前处理器、求解器和后处理器,如图 4-8 所示。一般通用有限元软件集成了这三个模块,用户在使用软件时觉察不到不同模块间的切换。也有一些有限元软件仅完成前处理、求解或后处理中的一部分功能,这类软件无法独立完成整个建模-求解-处理过程,需要与其他软件配合才能完成有限元计算。

在有限元分析软件中其实还有两个重要的核心环节。第一个环节是基于前处理输入的信息形成有限元基本方程,为求解器提供待求解的代数方程组,其中包括:根据有限元理论导出的公式计算单元刚度矩阵并将它们组装成总刚度矩阵以及形成总载荷列阵等。第二个环节是基于求解器得到的结点位移场和有限元理论导出的公式计算应力、应变等参量,为后处理提供必要的输出数据。由于这两个环节均由有限元程序自动执行和完成,不需要用户参与,所以在面向用户的有限元软件使用说明书中往往把它们隐藏了。

在前处理、求解和后处理三个环节的内部还可进一步细分为多个子流程,详见图 4-9。按有限元计算的流程分类,下面详细介绍这三个环节的处理过程。

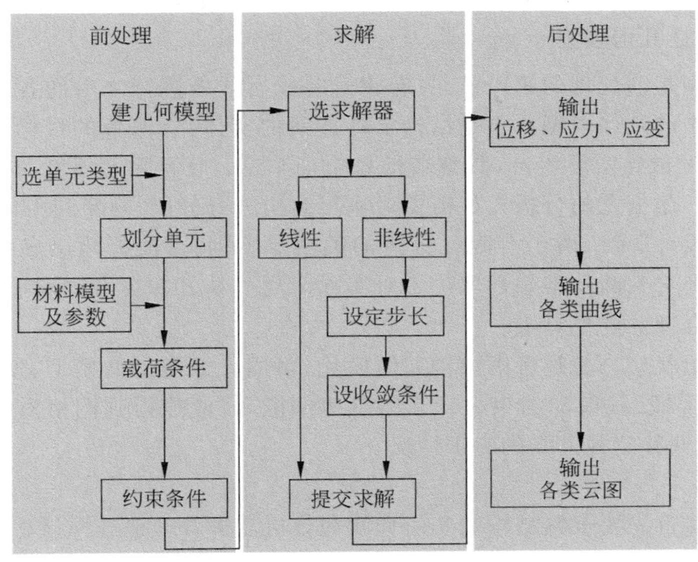

图 4-9　有限元求解的一般流程

4.3.2　前处理

前处理是有限元分析的第一步，其任务是将实际工程问题模型化和离散化，建立有限元计算模型。前处理是决定最终能否获得正确计算结果的关键步骤，需要有限元分析师的深度参与，依据实际问题做出合理的判断与取舍，确保所有的输入信息都正确无误，因为有限元软件并不且也没有能力对用户输入的模型及参数进行正确性检查。前处理所耗费的时间大约占有限元计算总时间的 60%～70%。

前处理的主要功能包括如下四个部分：

（1）建立所求解的工程问题的结构几何模型；

（2）选择合适的单元类型，进行单元剖分，得到有限元计算模型；

（3）选择恰当的材料模型，输入相应的材料参数；

（4）设定和输入正确的边界条件，包括载荷工况、边界约束等。

在与有限元软件交互时，首先要确认所选用的单位制。有限元软件对输入参数所选用的单位制并无强制性的要求，但是必须保证所有输入参数的单位制相互统一。常用的长度单位为米（m）或毫米（mm），所对应的其他量的单位见表 4-2。单位制一经选定，中途不得更改，所有的参数应当以选定的单位制输入。

表 4-2　有限元输入参数的单位制

物理量	国际单位制（m）	国际单位制（mm）
长度	m	mm
力	N	N
质量	kg	t(10^3 kg)
时间	s	s
应力	Pa(N/m^2)	MPa(N/mm^2)
能量	J	mJ(10^{-3} J)
密度	kg/m^3	t/mm^3

4.3.2.1 建立几何模型

建立几何模型是前处理的第一步，只有建模完成后才能进行之后的各种计算和处理工作。有限元计算中的几何模型并不是结构设计方案的实体化，两者的目标不同。结构设计方案的目标是用于指导实际生产，其细节信息全面丰富；而有限元模型的目标是为力学分析提供计算模型。建模之前分析人员需要对实际结构进行分析、判断和简化，选择恰当的模型类型。同一张设计图纸，由于有限元分析的关注点不同，可能会建出多种不同的计算模型。分析人员选择与判断的准确性取决于对实际问题的认知深度和经验积累，可能需要多次试算才能给出合理的建模方案。

从建模一开始就应当统筹考虑结构如何简化、采用什么类型的模型、怎样划分单元、哪里是求解的重点区域、载荷和约束有什么特点等问题，以便能得到网格质量较好的计算模型，避免出现反复调整建模方案的麻烦情况。

1）模型分类

有限元建模时首先要根据结构的几何形状和分析需求合理地选择计算模型的类型。压力容器结构中常用的分析类型有杆-梁模型、平面模型、轴对称模型、板壳模型和实体模型。它们对应的实际问题的特点是：

- 一维杆-梁模型：结构在一个方向上的几何尺寸远大于另两个垂直方向上的尺寸。例如，钢结构中的杆件、加筋板壳结构中的加强筋。
- 二维平面模型：结构的几何形状、载荷、约束和变形均可以简化到同一个平面内。

受平面内作用力（拉、压、剪）的平板可简化为平面模型。平板的几何特征是：平面内（x 和 y 方向）的尺寸远大于法向（z 方向）。

如果结构的几何形状、载荷、约束和变形沿轴向始终保持不变，即使其轴向尺寸不小，甚至超过横截面的尺寸，也可以简化为截面内的平面模型。例如，水库的堤坝、裂纹尖端场的二维简化模型等。

- 二维轴对称模型：结构的几何形状、载荷和约束都存在同一个旋转对称轴，且沿该对称轴处处相同。例如，内压下的厚壁筒。
- 二维板壳模型：结构在平面（板）或曲面（壳）内的几何尺寸远大于其法向尺寸。平板模型考虑平板弯曲或者弯曲与薄膜共存的情况，如果平板仅受面内作用力，则应简化为平面应力模型。
- 三维实体模型：如果实际问题不具有上述各种简化模型的特点，就需要采用三维实体模型进行分析。

2）结构简化

实际问题均为三维几何结构，为了减少计算工作量，可以根据其特点截取某一部分来进行分析。

利用实际结构的对称性、反对称性、轴对称性和周期性等特征，可以只取其 n 分之一的部分来建立计算模型，如图 4-10 所示。

对称性要求结构的几何形状、载荷和约束条件都对某个对称面对称，见图 4-10(a)。若几何形状对称而载荷和约束是反对称的，则属于反对称问题，见图 4-10(b)。轴对称性要求整个结构的几何形状、载荷和约束都存在同一个旋转对称轴，在图 4-11 的筒体-接管问题中筒体和接管分别都是轴对称体，但它们的对称轴并不相同，所以总体结构并不是轴对称的。

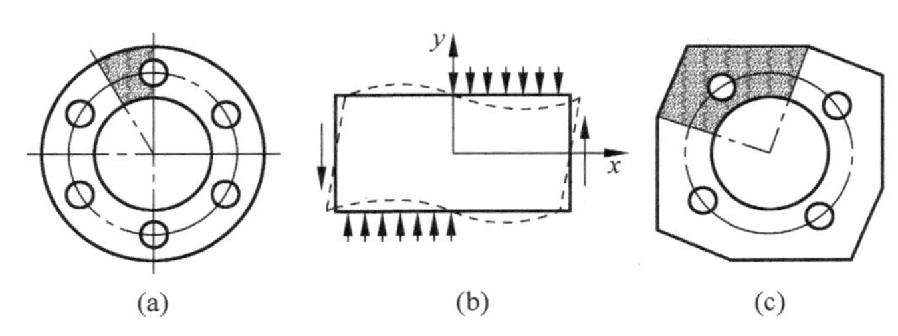

图 4-10 对称性与周期性

(a) 对称性；(b) 反对称性；(c) 周期性

工程中轴对称问题的例子有内压筒体、裙座支撑的容器、球罐径向接管等；非轴对称问题的例子有受风载的塔器、鞍座支撑的容器、圆柱壳开孔接管(包括三通)、受非管轴方向管推力的容器等。

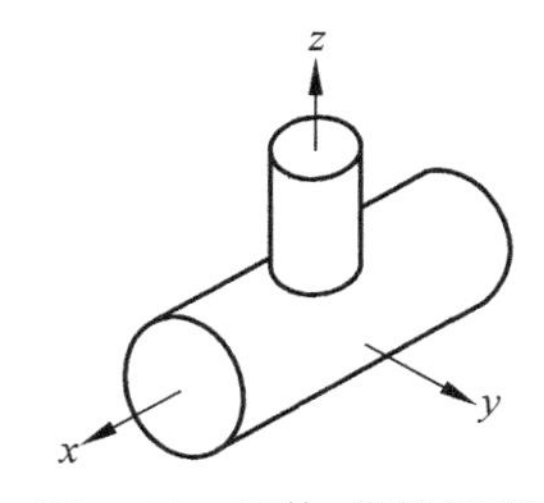

图 4-11 筒体-接管问题

如果结构比较庞大，而应力分析关心的重点区域仅为其中的一部分，则可以从实际结构中截取重点区域建立局部模型。局部模型的截断边界应取在不会干扰重点区域受力情况且能准确给出截断界面处边界条件的位置。例如，平板开孔的截断边界离小孔边界的距离应大于小孔直径的 2 倍，在边界处应按远场应力分布给定相应的力边界条件。长圆柱壳的截断边界离总体结构不连续界面的距离应大于 $3\sqrt{Rt}$，在截断处给定相应的总体薄膜应力，且不能限制径向位移。

如果无法准确给出截断界面处的边界条件，则需进行整体/局部两步计算：先忽略细节进行整体计算，然后按整体计算结果给定局部模型截断界面处的边界条件，并将局部模型的网格加密，再进行局部计算。当计算机的规模足够大时可以直接计算局部网格加密后的整体模型。

减少计算工作量的另一个方案是：在重点区域内采用实体单元进行细分，而在非重点区内采用梁、板、壳等单元进行简化，然后与重点区域耦合。非重点区承担反映结构刚度和传递载荷的作用，以保证重点区内应力计算的正确性。

有些细节对作为分析对象的结构内的应力影响很小，例如，对压力容器进行应力分析时，螺栓的螺纹、法兰的密封圈槽、容器上的仪表接口等局部细节，可将它们列为非重点区域，并在不影响计算精度的前提下省略其细节，以提高网格质量和减少计算工作量。

3）若干建模经验

有限元的建模过程由控制点开始，点连成线，线生成面，再由面旋转或者拉伸生成体。在建模过程中可将重要的、可调整的几何参量定义为参数。参数化的几何模型可以通过直接修改参数值和重新执行脚本文件来迅速生成新的几何模型，提高了模型调整的效率，这在结构优化设计中非常有用。

三维实体模型可以用有限元软件自带的前处理器创建，也可以先用其他有建模功能的设计软件创建，然后再导入有限元软件。将设计软件给出的三维模型直接导入有限元软件可以极大地节省建模时间，但要注意软件或者文件格式的兼容性问题，以便做出适当的调整。

4.3.2.2 选择和划分单元

几何模型建成后即可划分单元。划分单元是将连续的几何空间离散化的过程，有限元计算均是针对单元及其结点进行的。划分单元对有限元计算的规模、精度和计算时间都有重要影响，下面分几方面进行讨论[8]。

1）单元类型

在划分单元之前首先要依据 4.3.2.1 节所建立的几何模型类型来选择单元类型，以保证两者的一致性。常用的有限单元类型可参见表 4-1。应用时先要选定单元大类，然后在大类内选择不同特性的单元。有限元的单元大类如下：

- 一维单元：杆-梁单元。
- 二维单元：板壳单元、膜单元、平面单元和轴对称单元；板壳单元只有薄膜应力和弯曲应力，不能计算峰值应力。膜单元只有薄膜应力。平面单元分为平面应力和平面应变两类。平面应力单元的法向（垂直于平面）正应力为零，平面应变单元的法向正应变为零。
- 三维单元：实体单元。

2）单元尺寸和疏密

单元类型选定后需要确定单元的尺寸。单元尺寸并非越小越好，单元分得过密将导致计算规模扩大，计算时间也随之增加；反之，单元分得过稀，计算精度又达不到要求。图 4-12 表明，随着结点数的增加（网格加密），有限元解将快速趋近精确解，加密效果也随之下降。应用时需要权衡利弊，在达到计算精度要求的前提下选择单元总数较少的方案。

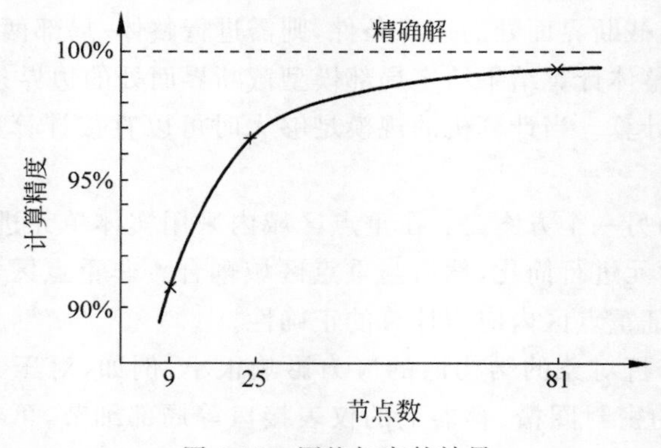

图 4-12 网格加密的效果

处理单元疏密的一个重要原则（简称疏密原则）是：在应力变化梯度较小的区域采用尺寸较大的单元，在应力变化梯度较大的区域采用尺寸较小的单元。在应力单调衰减或递增的区间内（若应力波动，则分解成多个单调变化区）至少包含 3～4 个单元。相邻疏密网格的尺寸比一般不大于 2。

若计算前对变形梯度的分布情况不了解，可以初设一个单元划分方案，然后逐步加密进行试算。一般采用尺寸减半加密方案，当前、后两次试算的误差达到期望计算精度时，取较密的划分方案作为最终方案（即假设较密方案与精确解间的误差不会大于最后两次试算间的误差）。若对结构的总体分元方案已有把握，只需对出现应力集中的重点区域进行局部网格调整。

在关注应力分析结果的区域内网格密度应取得较密，而在关注位移分析结果的区域内网格密度可以取得相对较稀。

在有限元动力响应分析中(如结构抗震计算)固有频率和振动模态与结构的刚度特性和质量分布有关，受结构局部几何形状和应力集中的影响较小，可采用较为均匀的单元分布。若只关心较低几阶的频率和模态，可以选择较稀疏的网格，但若要计算高阶频率和模态(抗震分析一般要求算到50阶)，则应采用较密的网格，以保证最高阶模态的每个半波中至少包含3个单元。

局部细节对应力波传播分析的影响较大，再加上显式积分对网格尺寸的限制，导致冲击动力学问题一般采用较密的网格。

单元间的疏密过渡有多种方案。图4-13(a)采用三角单元进行过渡。图4-13(b)采用变结点单元(serendipity element)来实现疏密过渡，右边采用过渡边上带中点 A 的五结点单元来连续过渡左边的两个四结点矩形单元，若右边采用大一倍的四结点线性单元，则在 A 处变形是不连续的。图4-13(c)给出几种采用四边单元过渡的可选方案。

对单方向疏密变化或极坐标情况，采用逐步过渡的等比加密方案(即相邻两个单元的尺寸之比基本一致)可以避免因单元尺寸突变导致的计算误差，见图4-14。

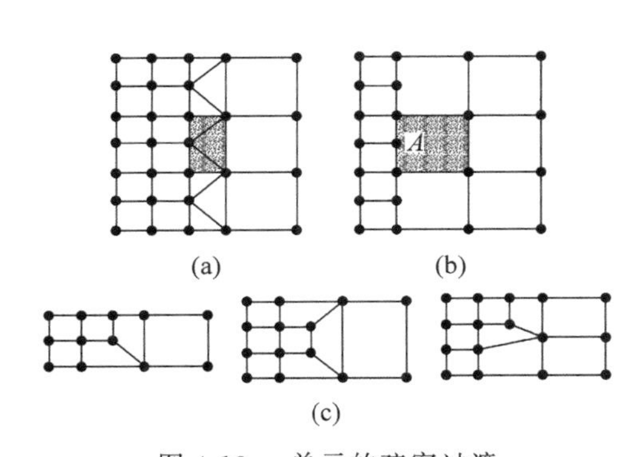

图4-13　单元的疏密过渡

(a) 三角元过渡；(b) 变结点元过渡；(c) 四边元过渡

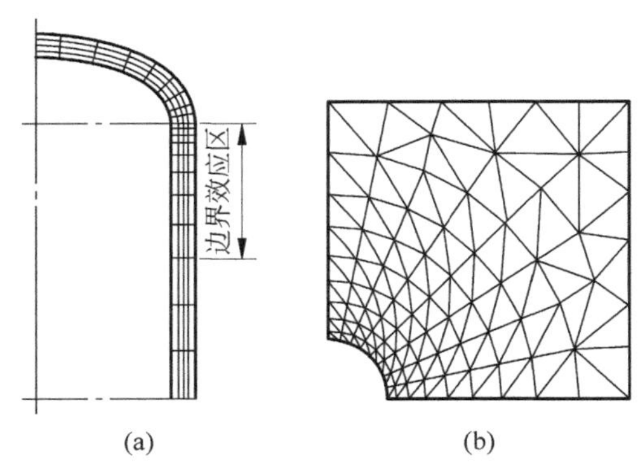

图4-14　等比加密方案

(a) 边界效应区；(b) 平板开孔

3）单元形状

三角元和四边元以及四面体元和六面体元是最常用的基本单元。任何形状的二维(或三维)几何体都能方便地划分成三角元(或四面体元)的集合。但是应力在三角元(或四面体元)中是均匀分布的，相邻单元的应力呈阶梯式跳跃，因而计算精度较低，应尽量少用。四边元(或六面体元)中的应力呈线性变化，相邻单元的应力是连续的，因而精度较高，建议多采用四边元(或六面体元)。将四边元的两个结点合并而成的三角元精度很差，不宜采用。锐角小于60°的平行四边形单元精度较差，应尽量少用。

四边元的长宽比一般应小于3∶1，内角应在45°～120°。三角元的长、短边之比一般应小于2.5∶1，内角应在30°～120°。

当采用四边轴对称元(或六面体元)建立板壳结构的计算模型时，为保证弯曲应力的计算精度，厚度方向宜分为4层四结点线性单元或2层八结点二阶单元。对薄壁板壳将导致单元在厚度方向的尺寸很小，若按长宽比3∶1的要求确定单元沿中面方向的尺寸，计算规模往往是不可接受的。注意到在远离结构不连续处板壳结构中的应力沿中面方向的变化是非常缓慢的，可以根据疏密原则将四边元的长宽比放大至 6～10：1，这样既能显著减少计算规模，又不会影响计算精度。在纯薄膜应力区内厚度方向的单元可以减为 2 层线性单元。反之，在总体结构不连续处应沿中面方向加密单元，在局部结构不连续处应沿厚度方向加密单元。

因结点编号配置失常产生的过分扭曲的畸形单元会导致计算发散。例如，图 4-15(a)的两边交叉单元、图 4-15(b)的内凹单元和图 4-15(c)中因结点重合导致的零面积单元。

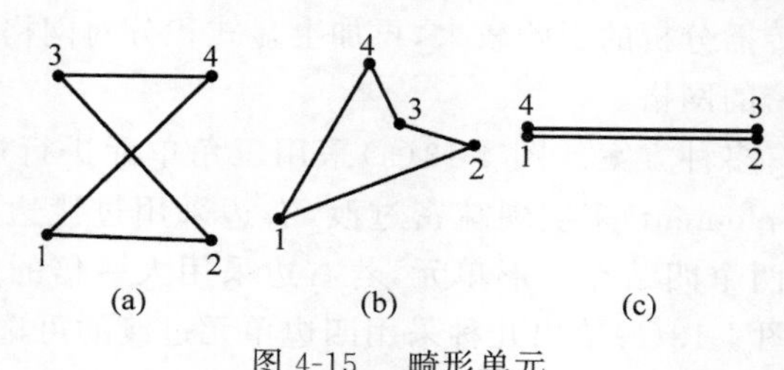

图 4-15　畸形单元

(a) 交叉；(b) 内凹；(c) 结点重合

对于形状复杂的几何体，划分单元时很难避免出现形状较差的单元，关键是要尽量让这些单元出现在远离重点区域的范围内。

4）单元阶次

可以选用高阶单元来提高计算精度。高阶单元中插值函数的阶次高，能有效地逼近复杂的场函数和曲边的几何形状，能用较粗的单元达到较密的线性单元的精度，但计算量随着插值函数阶次的提高快速增加。工程计算中主要选用一阶线性单元和二阶等参单元。具有曲边几何形状的模型更适合采用二阶等参单元。

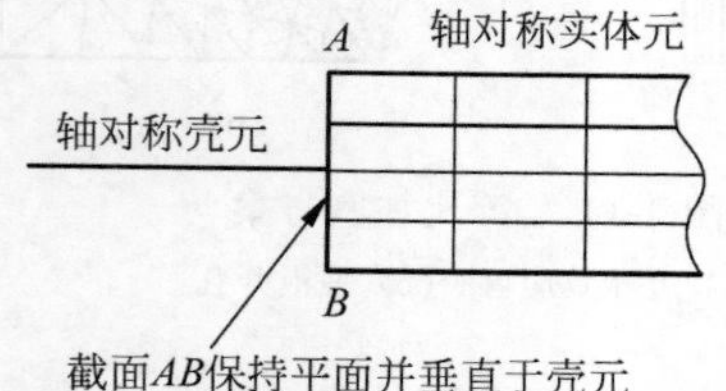

图 4-16　异类单元的连接

5）异类单元的连接

相邻异类单元的结点自由度不同，需要通过附加约束进行处理。在图 4-16 中左侧为轴对称壳元，每个结点有 3 个自由度（2 个位移，1 个转角），右侧为二维轴对称实体元，每个结点有 2 个自由度（均为位移）。因此，壳单元的转动无法通过结点传递给实体单元，需要给出附加约束条件，即要求 AB 截面上的结点变形后保持平面，且与壳单元的中面垂直。此外，不能限制截面 AB 上各结点沿厚度方向的位移，否则会出现局部的虚假应力。

6）区块划分

单元划分有多种方法，如规则单元划分、扫掠方式划分和自由单元划分等。虽然自由单元划分（即程序自动分元）操作省事，对实体模型的几何形状也没有任何特殊要求，但往往会出现局部不规则网格区，计算量大，不规则网格区的计算精度较差，不便于指定应力分类线(SCL)的路径。为了提高单元质量和计算精度，建议先把结构的几何模型剖分成若干个可以采用规则单元划分和扫掠方式划分的区块，以便优先采用这两种划分方式。如果存在困难再退而求其次，在局部非重点区采用自由单元划分。在分析所关注的重点区域内要尽量采用规则单元。

图 4-17 举例说明了如何将几何图形划分成区块，以便在区块内采用四边单元进一步细分。具有大于 4 的偶数边的（可以是直边或曲边）几何图形都能分解为四边形区块，只要在其中心区选一个点，将该点与相间的角点（隔一个角点）相连。例如，图 4-18(a)中将六边图形分解为 3 个四边形区块。也可以在图形中心区先划一个四边形区块，然后再划分剩余区域，例如，图 4-18(b)将八边图形分解为 9 个四边形区块。具有大于 4 的奇数边的几何图形可以在其较长的边上取一个点作为“角点”，于是转换为偶数边的几何图形，例如，图 4-17 中将三角图形划分成四边形区块的方案。

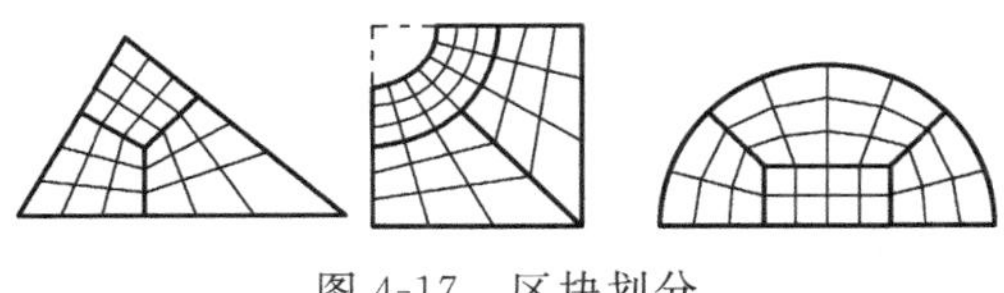

图 4-17　区块划分

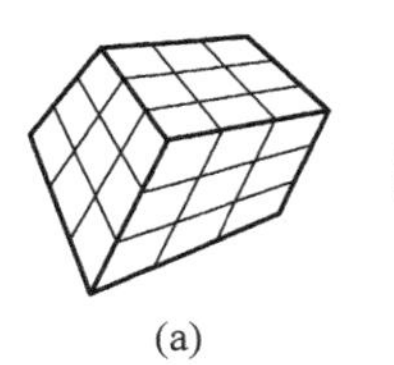

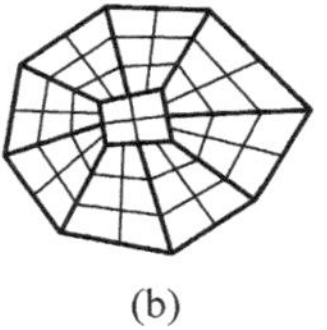

(a)　(b)

图 4-18　四边形区块划分

4.3.2.3　材料模型

材料模型是用数学公式来描述材料的力学行为。最简单的材料模型是线弹性模型，仅有两个参数，即弹性模量 E 和泊松比 ν。大多数金属材料的弹性模量会随温度的升高而降低。温度对泊松比 ν 的影响很小，钢铁类材料的泊松比在 0.3 左右。压力容器常用材料的弹性模量和泊松比列于表 4-3，更详细的数据可以参照相应的材料手册或者相关的设计规范，如 ASME 规范第二卷 D 部分中的 TM 表和 PRD 表。

表 4-3　常用材料的弹性模量与泊松比

材料种类	弹性模量 E/GPa			泊松比 ν
	25℃	150℃	300℃	
铸铁	161	151	138	0.29
碳钢	200	193	183	0.30
不锈钢(18Cr-8Ni)	195	186	176	0.31
CrMo 钢(5Cr～9Cr)	213	205	195	0.30

金属材料在应力达到屈服极限后进入塑性状态。塑性是一种与应变速率无关的材料非线性行为，简称率无关非弹性材料。压力容器分析设计中常用的塑性材料模型有两大类：

(1) 理想弹塑性模型。在应力达到屈曲极限前是线弹性的，屈服后没有应变硬化效应，即随着塑性应变增加应力始终保持屈服极限。理想弹塑性模型主要用于压力容器分析设计中的极限载荷分析方法，它含有弹性模量 E、泊松比 ν 和屈服极限 σ_s 三个材料参数。进入塑性后泊松比 $\nu=0.5$。

(2) 硬化弹塑性模型。真实材料在应力达到屈服极限后都会出现不同程度的应变硬化，即随着塑性应变增加应力也逐步提高，直至达到材料强度极限后发生断裂。3.2.1 节和 3.2.2 节给出了应变硬化弹塑性模型的详细介绍。应变硬化弹塑性模型主要用于压力容器分析设计中的弹塑性应力分析方法。

上述弹塑性材料模型中出现的各种材料参数值可以从相应的材料手册或者设计规范中

获得，也可以进行简单拉伸试验，直接测定材料的应力-应变曲线。需要强调的是，拉伸试验测得的是工程应力 σ_{eng} 与工程应变 ε_{eng} 的关系曲线，在有限元大应变分析中常采用材料的真应力 σ_t 与真应变 ε_t。它们的变换公式为

$$\begin{cases}\varepsilon_t = \ln(1+\varepsilon_{eng}) \\ \sigma_t = \sigma_{eng}(1+\varepsilon_{eng})\end{cases} \tag{4-32}$$

对于没有实测材料应力-应变曲线的情况，ASME 规范 BPV Ⅷ-2 ANNEX-3D 给出了一套根据屈服极限、强度极限等材料参数生成材料应力-应变曲线的公式。

材料模型与相应的材料参数对有限元计算结果的影响很大，选取时应当格外谨慎。若计算目的是校核设计，通常依据相关的设计规范选取材料数据；若计算目的是与试验结果比对，则最好采用实际材料的拉伸试验数据。图 4-19 表明，同一种材料由 ASME 公式与由材料拉伸试验得到的曲线有较大差别。

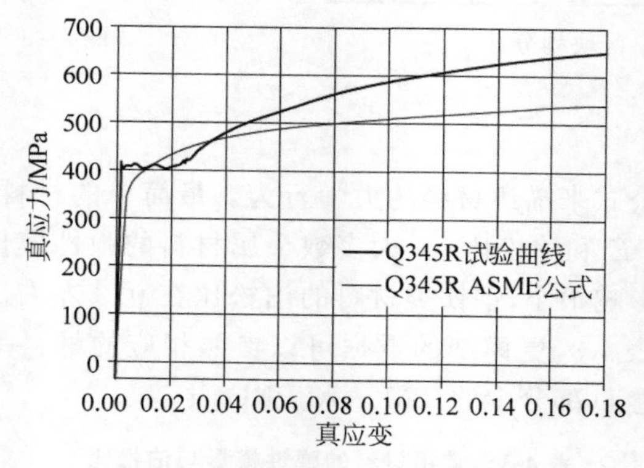

图 4-19 材料的应力-应变曲线

在高温结构设计中必须考虑材料的蠕变和松弛效应，这是与应变速率相关的材料非线性行为，简称率相关非弹性材料，应采用黏弹性或黏塑性材料模型。

橡胶等材料在很大的应变下仍能保持弹性行为，但其应力-应变关系是非线性的，应采用超弹性材料模型。

纤维增强复合材料在各个方向上的材料性质不同，应采用各向异性（通常为正交各向异性）材料模型。

通用有限元分析软件一般能提供固体、流体、热等近百种材料模型，但并非所有单元类型都能适用。应用时先要选定单元类型，然后才能选择可用的材料模型。

4.3.2.4 载荷与约束

只有在给定边界条件后有限元方程才有唯一解。边界条件包括力边界条件（施加载荷）和位移边界条件（施加约束）。边界条件既要正确反映所求解的实际问题，又要给得合理，即数学上是适定的。如果给得超定，条件相互矛盾，方程就无解；如果给得欠定，条件不足，方程将有许多解，程序因无法定解而停机。

1）载荷

载荷包括机械载荷和热载荷。机械载荷又分为集中力、面力、体力、弯矩、扭矩等。

作用在远离重点区处的集中力可以直接施加到一个结点上。但若关心集中力附近的应

力情况，则应将其作用点附近的单元加密，将集中力分布给附近的几个结点(图 4-20(a))。板壳结构中有时给出作用在整个厚度上的薄膜力，而非沿厚度分布的薄膜应力，建模时应将该薄膜力作用在中面(厚度中点)上，并通过约束方程要求薄膜力的作用截面保持平面，将力分配到截面厚度上去(图 4-20(b))。

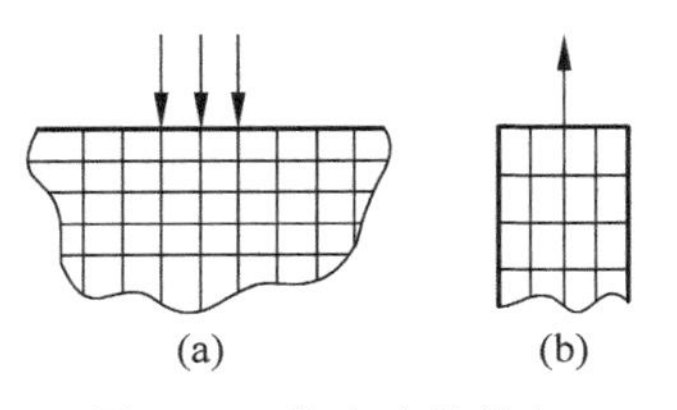

图 4-20　集中力的施加

面力有压力、摩擦力、接触面的作用力等，是压力容器元件最常见的载荷。体力有重力、惯性力(包括离心力)、电磁力等。

有限元软件会根据静力等效原理自动将面力和体力转换为等效结点力再施加到结点上。

作用在管道截面上的弯矩和扭矩将根据静力等效原理分别转换为沿管道截面线性分布的法向结点力和沿圆周均匀分布的切向结点力，再施加到结点上。

热载荷包括施加温度、热通量和热辐射等。根据热平衡原理在结构内将形成相应的温度场，导致结构热膨胀，当热膨胀受到约束时结构内将产生热应力。

2) 加载方式

线弹性问题采用一步加载方式，载荷由零直接加到最大值。弹塑性等非线性问题采用增量加载方式，即将载荷分成许多个载荷子步，逐步加载。疲劳、棘轮等循环载荷问题采用循环加载方式，加载和卸载反复交替。

当结构承受多种载荷(如内压、自重、风载、温升等)时，一般采用比例加载方式，即各种载荷按同一个百分比同时由零增加到最大值。必要时(若业主要求)也可以按指定的先后顺序依次加载。对于弹塑性分析，这两种施加方式的计算结果可能不同。

在有限元非线性分析中通常采用增量加载。载荷步取得过大会导致计算发散，需要减小步长后重新计算，直至收敛，再加下一个载荷增量。许多商用有限元软件在已有经验的基础上编制了自动加载子程序，可供直接应用。

在有限元动力分析中需要将时间分成许多时间步，逐步地积分动力学微分方程。时间步长 Δt 的选择将直接影响求解的精度。以下经验可供参考：

(1) 当采用 Newmark 或 HHT 等隐式积分方法进行动力响应分析时，每个循环中至少要设置 20 个时间点，即应取时间步长 $\Delta t \leqslant 1/(20f)$，其中 f 为所考虑的最高响应频率。若要计算加速度，步长应取得更小些。

(2) 若施加迅速变化的阶跃载荷，为准确跟踪载荷变化，应取 $\Delta t \leqslant 1/(180f)$。

(3) 在冲击动力学的应力波传播分析中，采用显式积分法时应保证在一个时间步长内应力波的传播距离小于最小的单元尺寸，即要求 $\Delta t \leqslant n h_{\min}/c$，其中 $0.8 \leqslant n \leqslant 0.98$ 为安全系数。$c=\sqrt{E(1-\nu)/[\rho(1+\nu)(1-2\nu)]}$ 为材料的光速。$h_{\min}$ 为最小的单元特征长度，杆-梁单元的特征长度为单元长度，六面体线性实体元(八结点)的特征长度为单元体积与最大单元表面积之比，四面体线性实体元(4 结点)的特征长度为单元的最小高度。

(4) 在动力接触分析中为准确捕捉接触面间的动力传递过程，避免造成虚假的能量损失，时间步长应取为 $\Delta t \leqslant 1/(30f_c)$，$f_c=1/2\pi\sqrt{k/m}$ 为接触频率，其中 k 为间隙刚度，m 为施加在间隙上的有效质量。当采用缩减法和模态叠加法时，时间步长可放大至 $\Delta t \leqslant 1/(7f_c)$。当接触周期和接触质量比全局的瞬态时间和系统质量小得多时，时间步长也可适当放大。

(5) 时间步长一般不宜小于 10^{-10} s，否则可能因数值计算误差导致计算不稳定。

3) 约束

约束是指限制结构某些部位的位移和转动，又称位移边界条件。在有限元分析中通过限制结点的自由度来实现，可以对每个独立的自由度分别施加约束。

不同单元的结点具有不同的独立自由度数。例如，二维平面元的结点只有沿 X、Y 两个方向的移动自由度。轴对称壳体单元的结点有沿子午向和法向移动及绕环向轴转动的三个自由度。三维实体单元的结点有沿 X、Y、Z 三个方向移动的 3 个自由度。薄壳单元的结点有三个方向移动和绕面内两个轴转动的 5 个自由度，因为它绕法向轴转动的扭转刚度为零(在壳元的表面外都是空的)，所以该方向的自由度是不独立的，单元绕法向的转动由各结点在面内的移动所决定。

当根据结构的变形特征截取其一部分建立简化模型时，在截断面上要给定相应的对称、反对称、轴对称、周期性、刚性平面等约束条件。

对于接触问题(如 O 型密封环与法兰间的密封分析)要用接触条件来施加约束。此时接触面的大小与压紧力的大小有关，是一个非线性问题，需要通过反复迭代才能确定，计算量较大，但分析结果更为准确。

要根据考察问题的实际支撑情况来合理地施加约束。如果约束不足会导致结构发生刚体运动，如果约束过度又会引起虚假应力。例如，图 4-21(a)中的卧式容器，因具有对称性取其右半部分进行分析，模型左端的对称约束条件已经限制了容器的轴向位移，右边鞍座的轴向位移必须放松，否则温度变化时会产生轴向热应力。按照二维平面模型的思路，似乎图 4-21(b)中的内压厚壁筒模型会发生径向刚体位移，应施加相应的径向约束。然而轴对称结构正是靠径向位移引起的环向应力来平衡内压的，其径向位移必须自由，否则应力将变为零。

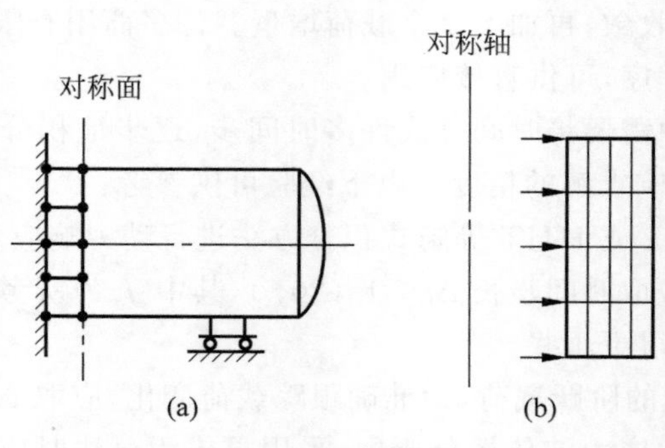

图 4-21 约束的施加

根据施加的范围，约束可分为点约束、线约束和面约束。点约束的作用过于集中，一般只用于限制结构的整体刚体运动，不能用于平衡载荷，否则会出现约束反力引起的应力集中。

建模时载荷和约束可以施加在实体几何模型上或施加在划分单元后的有限元计算模型上。前者的优点是：当改变单元划分方案时不必重新施加载荷和约束条件，且输入信息比较简单。但要注意，如果实体模型和有限元计算模型采用了不同的参考坐标系，必须进行坐标转换，否则将导致加载方向的错误。

4）注意事项

（1）载荷和约束不能同时施加在同一个自由度上，但可以施加在同一结点的不同自由度上。例如，当限制一个结点 X 方向的移动时，可以在 Y 方向加力。如果载荷和约束重叠了，有限元程序将自动默认约束条件，而载荷条件无效。

（2）在载荷或温度的突变界面处应设定结点。

（3）对不同材料组成的零部件，材料界面应取为单元的边界。

（4）在热应力分析中温度场的网格应与应力分析的网格对应，以便直接传递数据。

当用户通过前处理建立了计算模型和输入初始数据后，有限元软件将自动完成单元刚度矩阵和结点载荷列阵的计算，并将它们装配成式(4-18)中的结构总刚度矩阵和总结点载荷列阵，把力学问题归结为求解线性或非线性代数方程组的数学问题。

4.3.3　求解

求解是利用计算数学方法寻找大规模代数方程组(4-18)的解，以求得未知的结点位移场。如果有限元分析的刚度矩阵不随结构变形（结点位移场）而变化，则为线性代数方程组，适用于线弹性材料、小变形情况。如果有限元分析的刚度矩阵随着结构变形而变化，则成非线性代数方程组，适合于材料非线性、几何大变形、接触以及各类耦合情况。

线性代数方程组的解法可分为直接解法和迭代解法两大类。

直接解法可以按照规定的计算步骤一步一步地由给定的方程直接算出方程的解，包括高斯(Gauss)消去法、乔莱斯基(Cholesiky)三角分解法、稀疏矩阵直接法、分块解法、波前法等。直接解法的优点是：算法规则、简便；能保存刚度矩阵的逆，对需要计算多组载荷的情况能大大节省计算量和计算时间。缺点是：需要保存系数矩阵中的非零元素，数据存储量大；对求解大型稀疏矩阵问题计算效率较低；无法检测和控制解的精度。

迭代解法先设定一个初始解，然后经过反复迭代、调整，减小误差，将解不断逼近精确解，包括雅克比(Jacobi)迭代法、高斯-赛德尔(Gauss-Seidel)迭代法、超松弛迭代法、共轭梯度法等。迭代解法的优点是：必须存储的系数矩阵的非零元素很少，既节省了存储空间又提高了计算效率，较适用于大型、稀疏矩阵的求解；每次迭代都检查计算误差，可以通过增加迭代次数使计算精度达到期望的要求。缺点是：通用性较差，对有些类型的系数矩阵会出现收敛较慢甚至不收敛的情况。

大多数有限元软件将直接解法选为线性代数方程组的默认解法。如果需要，用户可以通过求解器的设置来选择其他解法。

非线性代数方程组的刚度矩阵与加载历史有关，需要把整个加载过程分解成许多个载荷增量步来逐步加载。在每个增量步中根据当前的载荷和变形状态修正刚度矩阵，然后按线性代数方程组进行迭代求解，直至达到收敛准则后再施加下一个载荷增量，详见7.2.3节。在同等结点规模的情况下，非线性求解比线性求解更消耗计算量，而求解的结果更符合实际情况。

有限元分析的求解器包括线性求解器和非线性求解器，见图4-9。线性求解器一般无须设定其他参数，非线性求解器需要用户设定步长和收敛条件两个重要参数。步长即载荷增量的大小，它与迭代计算能否收敛直接相关，取得过大将导致计算发散。收敛条件是控制计算精度的准则，满足了这个准则计算才能达标。选取较小的步长和较严的收敛条件可以提高计算结果的精度，但要求过度会增加不必要的计算量。用户应根据实际需要合理地选定这两个参数。

为了避免求解发散，有时可增加人工阻尼项，依据有限元软件手册设定相应的阻尼参数。

整个求解过程将由有限元软件自动完成，无须计算人员人工干预。但是计算人员应关注计算过程中输出的错误提示信息，及时发现由于计算资源不足导致的停止求解以及由于前期输入参数不合理而导致的求解不收敛情况。

4.3.4 后处理

后处理是基于求解有限元方程得到的结点位移场计算结构内的应力、应变等用户关注的参数，并将输出的计算结果可视化（包括列表、曲线、云图（等值线）、动画演示等）的过程。后处理耗费的时间约占总计算时间的 15%～20%。

计算结果可以根据用户的需求以不同的方式输出。按节点编号的输出方式可以查明该节点处各参量的具体数值。按指定路径的输出方式可以绘制各参量沿该路径的变化曲线和执行某些特定要求的处理，例如，沿应力分类线进行应力等效线性化处理。按指定剖面的输出方式可以通过云图直观地观察和判断各参量沿该剖面的分布规律，按时间顺序的输出方式可以绘制动力响应的时间历程或进行动画演示。

在压力容器设计中应力是最受工程师们关注的参量。在规则设计中主要关注最大应力的大小及其位置。在分析设计中需要进行应力分类，所以还必须关注应力的分布情况。应力云图为用户提供了直观而丰富的应力分布信息，可参见 6.3.4 节。

在强度校核中当量应力是主要控制参量，多数工程师习惯于输出当量应力的计算结果。然而若要理解结构的承载机理和判断应力超标的根源，各应力分量的信息有时更重要。作为一名优秀的工程师，不仅要能对已有的设计方案进行校核，还要具有改进设计方案和独立设计更佳方案的能力。深入理解结构的承载机理是做出优秀设计方案的重要基础。

绘制分布曲线对观察结构变形状态更为直观。绘制云图对观察结构应力分布情况更为直观。

4.3.5 结果评估

有限元计算完成后用户应当对计算结果的正确性进行评估。没有统一的、判断有限元计算结果是否正确的方法，需要计算人员对有限元理论和所采用的软件较为熟悉，且对所分析的问题有深入的认识。

大多数商用有限元软件经过多年的研发，从理论模型、离散化、数值求解到编程质量都是有保证的。对各类工程应用算例来说，因软件本身导致的计算结果错误较为少见。但是有限元软件不会进行、也没有能力来检查隐含在用户输入信息里的错误，所以无法自动保证计算输出的结果完全正确。在应用中往往会出现全部计算都顺利完成，并输出一堆计算结果表格以及漂亮的曲线和云图，但却不是用户所期望的解答的情况。

在排除有限元软件本身的问题之后，有限元结果的正确性取决于以下两个方面：

(1) 由实际问题抽象建立的力学模型是否正确；

(2) 有限元的相关的输入数据和软件设定是否正确。

第一个问题涉及对模拟对象的认知深度以及诸多背景知识、经验，验证起来比较困难；

而第二个问题仅涉及有限元软件的应用问题，相对比较容易。

计算结束后首先要查看求解器输出的 log 文件，确认是否存在导致计算终止的致命性错误。若是，应查看计算任务的终止步，并依据提示信息查找终止原因。此类错误的出错原因相对比较好找。例如，

（1）出现刚度矩阵奇异的可能原因有：

① 约束不足，出现刚体位移，结构是不稳定的。

② 网格划分或结点编号不合理，出现奇异单元。

③ 输入的材料参数有误，导致刚度矩阵为零。

（2）出现迭代过程发散的可能原因有：

① 加载步长或时间积分步长取得太大。

② 选用的迭代方法或时间积分方法不合适。

如果计算软件的 log 文件无报错，设定的计算任务顺利完成，则结果正确性的评估需要更为细致谨慎。此时首先要能够发现问题，然后才能查找导致错误的原因，并加以改正。

评估过程可以先从定性规律入手，然后转入定量精细检查，由易至难、由简到繁、由后向前地逐步推进。

1）定性检查

（1）零值或定值检查

检查设定的载荷和约束条件是否已经实现。

位移、转角、载荷、应力应该为零（或已知定值）的地方是否为零（或定值）；不该为零的地方是否出现零值。

此类错误一般来自输入数据或设定条件不正确。

（2）正负检查

根据结构受力和变形的力学原理判断，应该受拉（压）的地方是否受压（拉）；应该向上（下）的位移是否向下（上）；应该顺（逆）时针的转角是否变成了逆（顺）时针。

此类错误一般是因为矢量输入的方向（或正负值）反了，或者坐标系弄错了。

（3）分布规律检查

总体薄膜应力区的应力分布是否合理；模型简化中的截断界面是否已远离边界效应或应力集中的衰减范围；结构的变形趋势是否合理；发生突变或转折的位置是否正确等。

此类问题一般出自模型简化和载荷、约束条件的设定。情况众多，原因也需要针对具体问题进行分析，因而要求计算人员对所分析的工程问题有深入的认识。

有限元分析师应当熟练掌握一些常用的应力分布图谱特征。例如，均匀应力分布的图谱、弯曲应力的分布图谱、扭转作用下应力分布图谱、应力集中和裂纹周边应力分布图谱等。计算完成后绘制应力云图，依据应力云图的特征判定计算结果是否符合实际问题。可参见6.3.4节。

（4）对称性检查

结构的对称性、反对称性、周期性等特征是否实现。

此类问题一般来自模型简化和相应条件设定的错误。

（5）影响范围检查

遍及全局的错误来自影响全局的因素，限于局部范围的错误来自影响局部的因素，举例

如下。

内压、厚度、弹性模量等参数的输入错误会导致整个结构的应力按比例地增加或减小；局部出现不该有的应力集中，可能来自该处错误地给定了集中力或结点约束，或者该处结构细节的简化出了问题。

如果出现整体计算结果基本正确，但误差过大，可能是因为网格划分得太粗；如果出现局部误差过大，可能是局部的网格划分出了问题。

如果计算中没有采用统一的单位制，则相应物理量的计算结果将出现整体性的错误；如果局部坐标系中的计算结果没有及时转入统一的总体坐标系，则相应部分的计算结果将出现局部错误。

2）定量检查

（1）用解析解评估

与已知的解析解对比是有限元结果评估中最常用的方法。

压力容器元件（包括圆柱壳、球壳、锥壳、椭球封头、圆形平板等）一般都能找到总体薄膜应力或弯曲应力的解析解。结构中的总体薄膜应力可以用这些解析解校核，如果这些基本应力的计算结果都对不上，必存在能导致全局性错误的因素，必须检查输入的几何尺寸、载荷参数或材料参数是否正确。

如果内压筒体或管道的轴向和环向总体薄膜应力之比不是 1∶2，需要检查端部截断面上给定的轴向等效拉力是否正确。

解析解虽然精确，但都是基于理想的简化模型推导出来的，应用时要注意它的适用条件。如平板开孔问题，无论是远场应力或开孔附近的应力集中，弹性力学都给出了解析解，但仅适用于孤立的开孔情况，当相邻开孔相互影响时（如管板）就不再适用。平板开孔解可以近似地应用于曲率半径较大的曲板和壳体情况，但加上接管后结构的承载机理完全改变，不再适用。

（2）用数值解评估

对一些较为复杂的计算模型和材料性质，难以直接判断其计算结果是否正确。此时可以设计一个便于判断结果正确性的简化模型，用评估简化模型的正确性来保证实际模型的主要部分是正确的。举例如下。

初学有限元弹塑性分析的工程师们对结构弹塑性行为的特征了解得较少，难于判断分析结果的正确性。弹塑性分析的计算量又很大，反复试算会造成很大耗费。此时可以先把弹塑性材料模型简化为线弹性材料模型（即弹塑性分析的第一步）。首先认真评估弹性应力分析输出结果的正确性。有了这个基础，只要保证弹塑性材料模型中输入的几个材料参数是正确的，就能得到可信的弹塑性分析结果。

可以将复杂载荷分布的情况简化为均匀载荷情况，或将组合载荷联合作用的情况分解为单个载荷分别作用的情况等。

当找不到可比的解析解时，可以寻找结构类似的数值解进行比较。虽然因几何尺寸不同，应力和变形的具体数值可能不同，但应力的分布规律和变形趋势具有重要参考价值。

（3）用试验结果评估

试验验证是有限元分析和工程设计方案最为可靠的评估方法，也是终极方法。试验可以同时验证由实际问题抽象建立的力学模型是否正确以及有限元的输入和设定是否正确两方面的问题。

通常采用电阻应变片测量重点监测区域内的应变，然后换算成应力，利用位移传感器测量结构位移，将试验测定的结果与有限元计算结果进行比较，以验证计算结果的正确性。

原型实际产品或缩比试验模型都需要生产制造出来，再加上试验耗材和传感器、测量仪器的损耗，试验评估的成本相当高。试验筹备过程耗费的人力大、时间长，因此通常只作为最后的验证手段。

准确有效地完成结果评估是判断有限元分析师是否成熟的重要标志，需要经过多年的经验积累。这里只是抛砖引玉，为初学者提供一些入门的基本思路。

参考文献

[1] 王勖成. 有限单元法[M]. 北京：清华大学出版社，2003.

[2] ZIENKIEWICZ O C, TAYLOR R L, ZHU J Z. The finite element method: Its basis and fundamentals [M]. 7th Edition. Butterworth-Heinemann, 2013.

[3] ZIENKIEWICZ O C, TAYLOR R L, FOX D D. The finite element method for solid and structural mechanics[M]. 7th Edition. Butterworth-Heinemann, 2013.

[4] ZIENKIEWICZ O C, TAYLOR R L, NITHIARASU P. The finite element method for fluid dynamics [M]. 7th Edition. Butterworth-Heinemann, 2013.

[5] BELYTSCHKO T, LIU W K, MORAN B. Nonlinear finite elements for continua and structures[M]. John Wiley & Sons Ltd., 2000.

[6] KARDESTUNCER H, NORRIE D H. Finite element handbook[M]. McGraw-Hill Book Company, 1987.

[7] FUNG Y C, DONG P. Classical and computational solid mechanics[M]. World Scientific, 2001.

[8] 陆明万，徐鸿. 分析设计中若干重要问题的讨论(一)[J]. 压力容器，2006, 23(1): 15-32.

第5章 失效模式

压力容器分析设计是一种面向失效模式的设计方法。在讲述规范中有关防止各种失效模式的具体规定以前,本章先介绍压力容器的常见失效模式。首先简介 ISO 国际标准列举的各类短期、长期和循环失效模式,然后详细讲述分析设计规范所考虑的各种失效模式的失效机理、过程和特征,包括一次加载下的塑性垮塌、局部失效、屈曲和循环加载下的疲劳、棘轮。

5.1 概述

压力容器在规定服役期内发生丧失其规定功能或危及安全的现象称为失效。因载荷、环境条件、几何形状、材料性质等不同,压力容器发生失效的方式也各不相同,这些失效方式可归纳为若干典型的失效模式。

早期的压力容器设计规范都基于弹性失效模式。对用延性材料制成的压力容器,若容器在最大应力点处丧失弹性状态、出现塑性变形则判定为失效。相应的评定准则采用材料力学的第三和第四强度理论,即特雷斯加(Tresca)和米泽斯(Mises)屈服条件。弹性失效离真正的强度破坏还很远,这样的设计是相当保守的。随着力学分析理论、工程设计理念和设备制造工艺的发展,基于分析设计方法的新一代压力容器设计规范采用了全新的面向失效模式的现代强度理论。

在锅炉和压力容器国际标准 ISO 16528-1(2007)[1] 中罗列了如下设计中需要考虑的主要失效模式:

(1) 短期失效模式。导致直接失效的非循环载荷引起的失效模式,可进一步分为:

① 脆性断裂;

② 延性断裂,包括裂纹形成、过量局部应变引起的延性撕裂、总体塑性变形和塑性失稳(爆破);

③ 过量变形导致接头泄漏或损失其他功能;

④ 弹性或弹塑性失稳(屈曲)。

(2) 长期失效模式。导致延迟失效的非循环载荷引起的失效模式,可进一步分为:

① 蠕变断裂；

② 蠕变：机械接头处的过量变形或导致不可接受的载荷转移；

③ 蠕变失稳；

④ 冲蚀、腐蚀；

⑤ 环境助长开裂，如应力腐蚀开裂、氢致开裂等。

（3）循环失效模式。导致延迟失效的循环载荷引起的失效模式，可进一步分为：

① 递增塑性变形；

② 交替塑性；

③ 弹性应变疲劳（中周或高周疲劳）或弹-塑性应变疲劳（低周疲劳）；

④ 环境助长疲劳，如应力腐蚀疲劳和氢致疲劳等。

GB/T 4732—2024 标准涵盖的基本失效模式有：

① 塑性垮塌；

② 局部过度应变；

③ 屈曲；

④ 疲劳；

⑤ 棘轮；

⑥ 脆性断裂；

⑦ 泄漏；

⑧ 均匀腐蚀和磨蚀；

⑨ 环境导致的裂纹断裂；

结合 GB/T 4732—2024 标准和 ASME Ⅷ-2 等规范，本章着重讲述塑性失效模式，不包括与脆性断裂和环境助长失效相关的短期失效模式和循环失效模式。

压力容器的失效模式与加载方式有关。工程中常见的加载方式有两大类：

（1）一次加载

载荷由零开始单调递增地增加到最大值称为一次加载或单调加载。对多种载荷（如压力、温度、自重、风载、地震等）共同作用的载荷工况，通常采用比例加载的方式来加载，即各种载荷按相同的百分比从零递增到最大值。此时可以用统一的载荷系数（由 0 到 1，最大载荷对应于 1）来描述整个加载过程。对于弹性分析情况，在比例加载过程中主应力的方向保持不变，各应力分量也按同一比例增加。

（2）循环加载

从载荷初始值开始经过代数最大值和代数最小值再回到初始值的加载过程称为一个载荷循环，由相继载荷循环组成的加载过程称为循环加载。载荷循环的最大值、最小值之差称为循环范围，其一半称为循环幅值。循环加载的最大值是有限制的，若在循环的前半周尚未加载到最大幅值时结构就已经发生塑性垮塌，则属于一次加载情况。

压力容器运行期间会出现循环幅值随机变化的压力波动或温度波动，设计时需要先采用循环计数法（常采用雨流法，见 9.2 节）将随机波动载荷简化为一组等效的等幅循环载荷。

各加载方式下的失效模式综合在图 5-1 中，包括一次加载下的塑性垮塌、局部失效和屈曲以及循环加载下的棘轮和疲劳（包括低周疲劳和高周疲劳）。

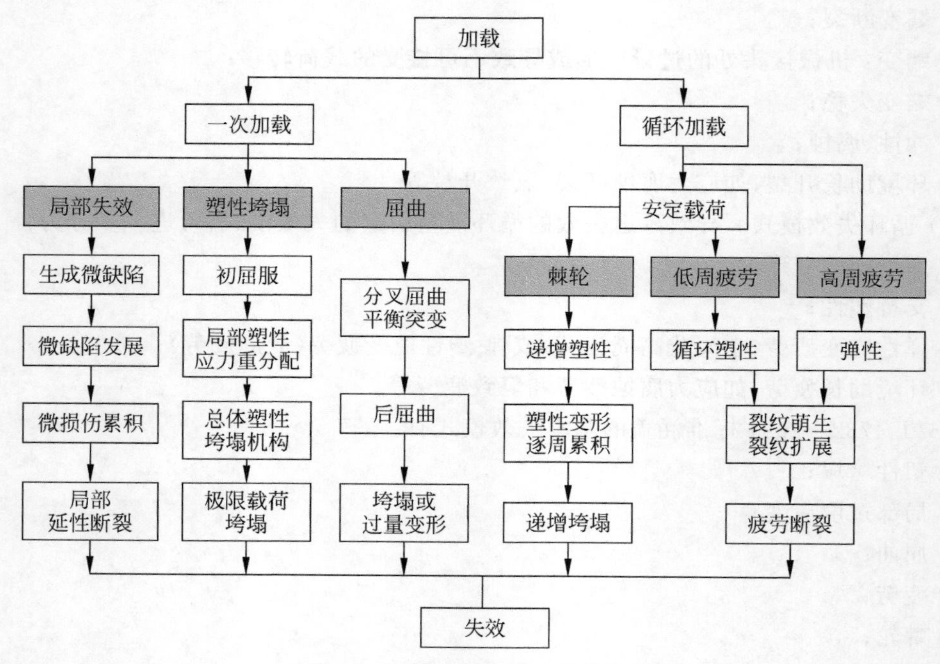

图 5-1 加载方式与塑性失效模式

5.2 一次加载失效模式

在一次加载情况下有三种失效模式——塑性垮塌、局部失效和屈曲。

5.2.1 塑性垮塌

在一次加载下理想塑性材料结构的塑性变形过程可分为初屈服、局部塑性变形、总体塑性变形和迅速垮塌四个阶段。

1）初屈服

当结构内最大应力点达到屈服条件时结构丧失纯弹性状态，进入初屈服状态。这是塑性变形过程的起点。与此相关的重要概念是屈服面。

第四强度理论采用米泽斯（von Mises）准则，第三强度理论采用特雷斯加（Tresca）准则，相应的二维屈服面如图 5-2 所示。当应力点（图中的小黑点）落在屈服面内时，材料是弹性的；一旦落到屈服面上，则进入塑性状态。

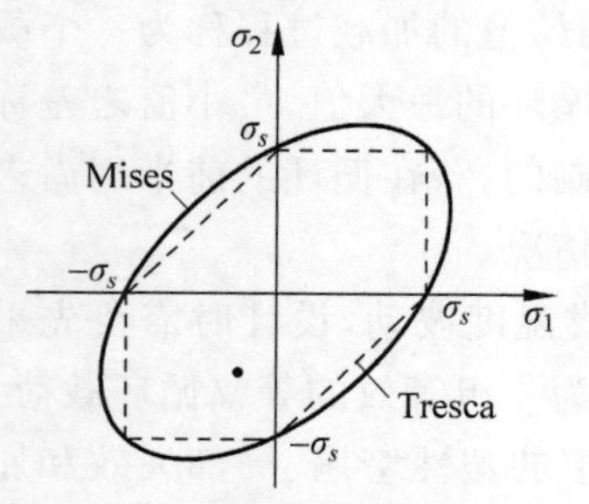

图 5-2 二维屈服面

米泽斯屈服面是一个椭圆，特雷斯加屈服面是它的内接六边形，所以后者偏保守。在 6 个内接点上两者完全相同，它们分别对应于沿两个主应力方向的单向拉伸和单向压缩以及双向等拉和双向等压，共 6 个应力状态。两种屈服面间的最大偏差为 15.5%。

2）局部塑性变形

局部塑性变形阶段是塑性变形区随载荷增加而不断扩大

的过程，此阶段中最重要的概念是应力重分布。

由于理想塑性材料进入塑性后应力始终保持为屈服极限，不能继续增大，当载荷继续增加时本来应该由塑性区来承担的载荷增量只能转移给相邻的弹性低应力区来承担，因而发生应力重分布，或称载荷重分配。载荷转移提高了相邻弹性区的应力水平，使其陆续达到屈服极限而进入塑性，所以应力重分布的过程将同时伴随局部塑性区的扩大。

应力重分布和塑性区扩展的方向是因结构的形状和承载方式不同而不同的。例如，在承受弯曲的梁、板结构中弯曲应力的应力重分布是沿厚度方向从表面向中性面发展的。厚壁筒环向应力的重分布是由内壁向外壁发展的。边缘效应中局部一次薄膜应力的重分布是沿壳体子午线方向发展的。例如，图 5-3 是球壳-接管环向薄膜应力的重分布情况，弹性应力在相贯线处达最大值，并具有显著的衰减特性，进入塑性后逐渐沿壳体和接管的子午线方向发展，最终在向外鼓出的垮塌区内环向薄膜应力处处达到屈服极限，并和 A、B、C 三个塑性铰圆一起形成可动机构，导致结构垮塌。通过应力重分布让更多的位于低应力区的材料来参与承载，这是结构进入塑性后还能继续提高承载能力的根本原因。

形象地说，应力重分布相当于多人挑担的过程。图 5-4 中有 3 对高矮不同但承载能力相同的人来挑担。重量先由最外侧的一对高个儿来承担，当重量超过这对挑担者的承载能力时，虽然他们仍然坚持着，但双腿已经弯曲下蹲，中间一对挑担者开始参与承载。重量增加到超过中、外两对挑担者的承载能力时，内侧的矮个儿也开始承载。这就是应力重分布(载荷重分配)的过程。直至重量增加到 6 个人都承担不起时，就发生垮塌。

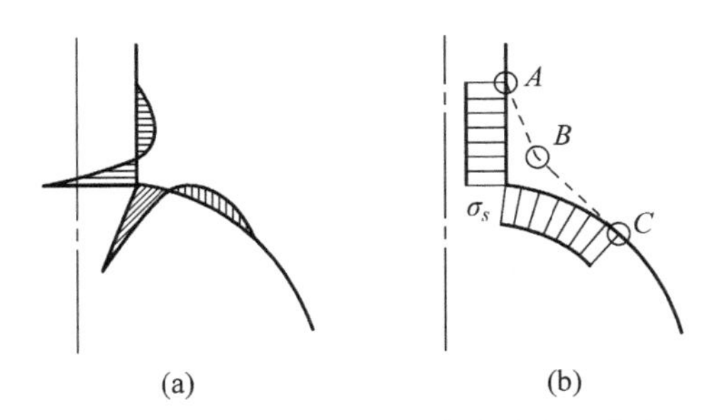

图 5-3　球壳-接管的环向薄膜应力重分布

(a) 弹性应力分布；(b) 塑性应力分布

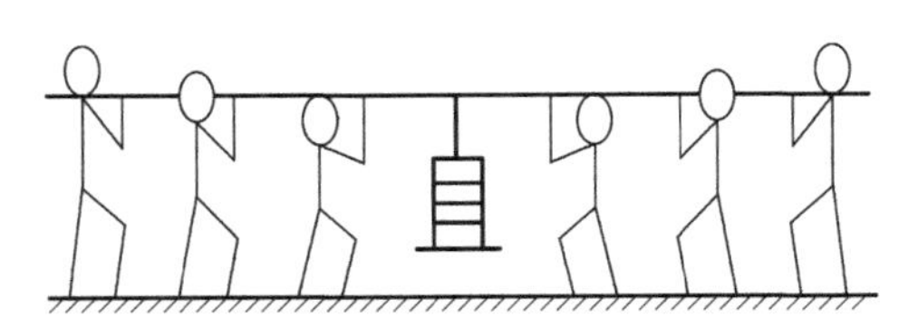

图 5-4　多人挑担与应力重分布

3）总体塑性变形

当塑性变形区扩大到可用于承载的材料全部达到屈服时，结构进入总体塑性变形阶段。总体塑性变形阶段是一个塑性区不再扩大而塑性区内的塑性应变不断增加，因而导致过量塑性变形的变形阶段。

在图 5-5(a)的载荷-位移(P-w)曲线中，直线 OE 对应于弹性变形阶段，E 点是结构内最大应力点处刚出现塑性变形时的初屈服点。弧段 EA 对应于局部塑性变形阶段，随着塑性区不断扩大，能参与承载的弹性材料越来越少，因而结构的刚度(P-w 曲线的斜率)越来越小。从 A 点起结构形成垮塌机构，进入总体塑性变形阶段。AC 段基本是一条直线，仅在尾部有些弯曲，在 C 点达到最大载荷 P_C。总体塑性变形阶段是垮塌机构的发展阶段，此时结构已不能通过扩大塑性区来补充新的弹性承载材料，只能靠因塑性变形增大而引起的材料应变硬化和几何大变形效应来提高承载能力,直至最终垮塌(C 点)。在极限分析中采用无硬化的理想塑性材料和无几何强化的小变形假设,垮塌机构的发展不能给结构提供新的抗力,所以总体塑性变形阶段变成水平线 AC,如图 5-5(b)所示。此阶段有两个重要概念。

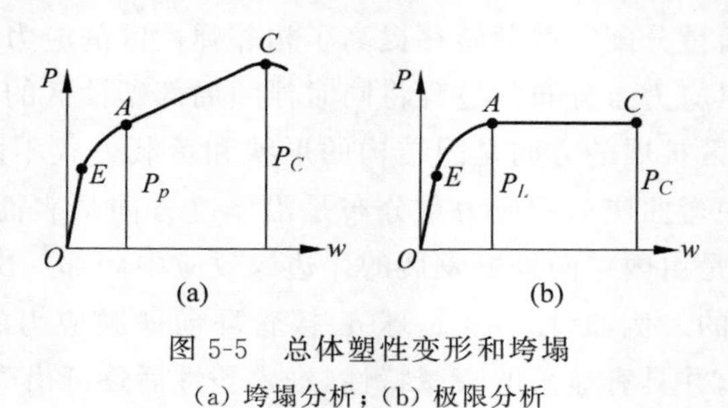

图 5-5　总体塑性变形和垮塌

(a) 垮塌分析;(b) 极限分析

(1) 极限载荷

在极限分析中总体塑性变形阶段的起点 A 所对应的载荷称为极限载荷,记为 P_L,见图 5-5(b)。由于既无材料硬化又无几何强化,一旦达到极限载荷,结构将产生不可限制的塑性流动,丧失承载能力,出现总体结构不稳定,并迅速垮塌。

注:"丧失承载能力"是极限分析中的惯用说法,其原意指丧失承受极限载荷或更高载荷的能力。若马上将载荷卸至小于极限载荷,结构还是可以承载的。

在弹塑性垮塌分析中,总体塑性变形阶段的起点 A 所对应的载荷称为准极限载荷或塑性载荷,记为 P_p,见图 5-5(a)。在达到准极限载荷后,结构因材料硬化和几何强化还能继续承载,直至 C 点发生垮塌。A 点是 P-w 曲线 EA 段的曲率减小至零的点,也是直线段 AC 的起点,称为零曲率点。准极限载荷又称为零曲率载荷,记为 P_Z。

(2) 垮塌机构

结构有稳定的几何形状,具有承载能力。例如桁架,它是由几何稳定的三角形排列的杆件拼接而成的。机构是几何可变的不稳定的可动系统,没有承载能力。例如,曲柄连杆机构。

垮塌机构是结构在过量载荷作用下形成的发生总体塑性流动(变形)的几何可变系统。梁、板、壳结构有三类典型的垮塌机构:

① 拉伸型:整个承载截面沿同一方向产生拉伸型塑性流动,导致截面收缩并最终断裂(rupture)。例如,单向拉伸试件发生轴向塑性流动和截面紧缩并最终破断。压力容器中环向总体薄膜应力引起总体塑性流动而导致容器爆破。厚壁筒也是拉伸型垮塌机构,虽然其内壁应力大于外壁,沿厚度各点是陆续进入塑性的,但各点的塑性流动都是环向伸长,并最终在环向发生爆破。

锻压工艺中的短粗锻料是发生压缩型垮塌的极少数特例。在压力容器常用的梁、板、壳结构中,若出现大范围的承压部分,其失效模式将是屈曲垮塌,详见 5.2.3 节。

② 弯曲型:容器的内、外表面(即截面两端)发生相反方向的塑性流动,塑性区向中性面不断扩展,最终形成塑性铰而弯折。典型例子是承弯梁,见图 5-6。

塑性铰是一种描述弯曲型垮塌机构的理想模型,它与工程中常用的机械铰有两个本质区别。首先机械铰是双向铰,可以正反向自由转动,而塑性铰是单向铰,只能朝塑性流动增加的方向转动,反向是弹性卸载,不能自由转动。其次,机械铰是光滑铰,不能承受任何弯矩，而塑性铰是承弯铰，转动时截面上始终保持着塑性极限弯矩 $M_p=\sigma_s bh^2/4$，并在转动过程中做塑性耗散功。

在杆-梁结构中弯曲型垮塌机构的例子很多，如刚架。超静定的刚架系统可以有多种垮塌机构，如图 5-7 中两个根部都固支的∏形刚架。图中的空心圆点表示塑性铰。每种垮塌机构都对应一个极限载荷，刚架的极限载荷是其中的最小者。

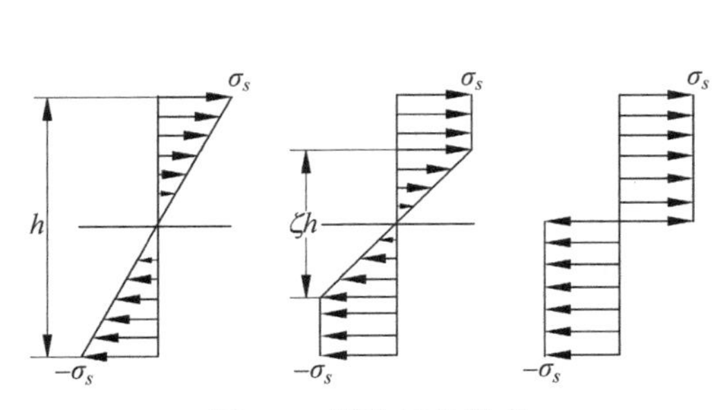

图 5-6　塑性铰的形成

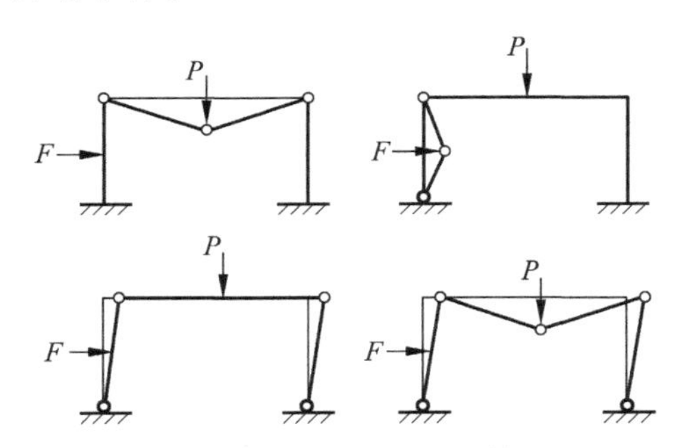

图 5-7　刚架的垮塌机构

受横向载荷的小挠度平板也是弯曲型垮塌机构。例如，图 5-8 给出了均布载荷下简支圆板的垮塌机构。和一维的承弯梁不同，当圆板在中心形成塑性铰而向下弯折时，原来的平板变成有环向曲率的锥壳，这需要圆板内的环向弯矩处处都达到塑性弯矩且每条半径都变成塑性铰线才能实现。具体求解过程详见 3.6.2 节。又如，图 5-9 是均布载荷下四边简支矩形板的垮塌机构，它由双树叉型的塑性铰线系统（图中的虚线）和四个铰支边界共同组成几何可变的垮塌机构。

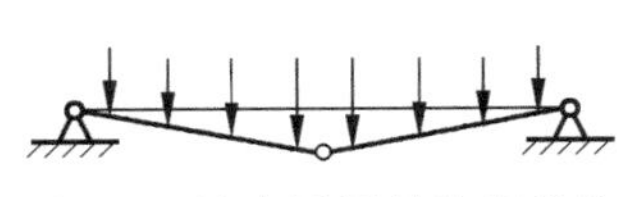

图 5-8　简支圆板的垮塌机构

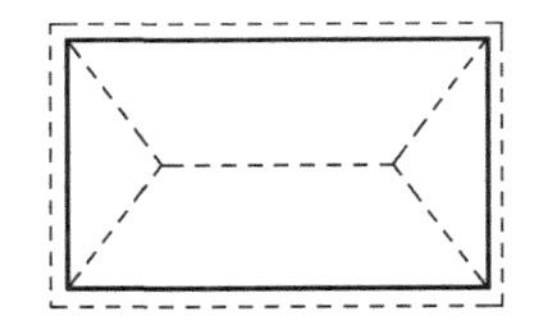

图 5-9　简支矩形板的垮塌机构

③ 组合型：同时出现拉伸型和弯曲型的垮塌机构，常出现在壳体部件中。

球壳-接管部件是组合型垮塌机构的典型例子，参见图 5-10。它首先包括 A、B、C 三个水平铰圆，但仅此还形成不了可动机构。当三铰区 A-B-C 内的壁面被内压向外推动时，区内各点的平行圆半径都要增大，所以仅当三铰区内各点的环向薄膜应力都达到屈服极限时才能和三个铰圆一起构成向外鼓出的垮塌机构。垮塌区 A-B-C 的范围 L_N 和 L_S 是开孔补强的有效范围。可以看到，垮塌时三铰区中的 B 点附近位移最大，耗散的塑性功最多，A、C 两点基本保持不动，所以在补强有效区内材料的补强效率并不相同，材料越靠近相贯线 B 补强效率就越高。

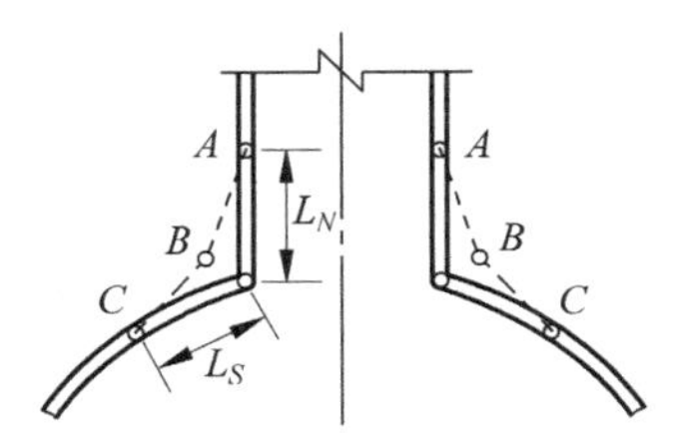

图 5-10　球壳-接管部件的垮塌机构

半球封头圆柱壳可能出现的几种垮塌机构如图 3-38 所示。其中除了图 3-38(c)是筒体轴向拉伸型外，其他都是组合型垮塌机构。

4）迅速垮塌

迅速垮塌是一次加载下结构塑性失效的最终阶段。当达到最大承载能力（C 点）时，由过量总体塑性变形引起的截面紧缩（材料断裂）或总体结构不稳定直接导致结构迅速垮塌，见图 5-5(a)。此阶段有两个重要概念。

（1）塑性垮塌载荷

塑性垮塌载荷是结构能承受的最大载荷，简称垮塌载荷，记为 P_C。它是按承载能力来评定结构强度的基本参数。

垮塌载荷用考虑材料应变硬化和大变形几何强（弱）化效应的弹塑性分析来计算。

在极限分析中总体塑性变形阶段的起点 A 对应于极限载荷 P_L，终点 C 对应于垮塌载荷 P_C，两者大小相等，见图 5-5(b)。

若与材料的特性参数类比，垮塌载荷对应于强度极限 σ_b，可视为结构的强度极限；极限载荷对应于屈服极限 σ_s，可视为结构的屈服极限。不同之处在于：强度极限只考虑了材料的硬化效应，而垮塌载荷包含了材料硬化和几何强化两者的共同效应；屈服极限和弹性极限几乎相等，而极限载荷和初屈服载荷区别较大，因为结构在初屈服后有一个局部塑性变形阶段，应力重分布使结构的承载能力有显著提高。

（2）承载潜力系数

在极限分析中把塑性极限载荷 P_L 与弹性极限载荷 P_e 之比称为承载潜力系数，记为 η。类似地，可以把塑性垮塌载荷 P_C 与弹性极限载荷之比称为垮塌潜力系数，记为 ξ，即

$$\eta = P_L / P_e, \quad \xi = P_C / P_e \tag{5-1}$$

承载潜力系数与结构的应力分布和材料分配情况有关。应力分布越不均匀，应力集中越严重，η 值越大。高应力区的材料与可被利用的低应力区的材料之比越小，η 值越大。

各种梁截面的承载潜力系数见图 3-14。

需要注意的是，只有在塑性变形发展方向上的材料才能被利用，若在与塑性变形无关的区域增加材料，既不能提高极限载荷，也不会降低极限载荷。

另外，结构的极限载荷与材料的屈服极限成正比，选用屈服极限高的材料能提高结构的承载能力。

5.2.2 局部失效

局部失效是在三轴拉应力状态下材料形成微观损伤并不断累积而导致的局部延性断裂。

延性材料的塑性变形和失效模式与其所受的应力状态有关，可分为滑移型和膨胀型两大类。结构内一点处的应力状态用应力张量描述。应力张量可以分解为应力偏量和应力球量，应力偏量引起由剪应变导致的形状畸变，应力球量引起由各向相等的正应变导致的体积涨缩，见 2.1.4.3 节。

描述应力偏量的特征量是米泽斯当量应力 σ_e。当 σ_e 达到屈服极限时材料中出现滑移带，滑移带的集合形成不可恢复的滑移型塑性变形。图 5-11(a)是用单晶体铜制成的单向拉伸试件中出现的沿 45°方向（最大剪应力方向）的滑移带。工程结构经常发生此类滑移型塑性变形，并因过量的塑性变形而导致结构垮塌失效。

描述应力球量的特征量是平均正应力 σ_m，又称静水应力 σ_h，对拉伸情况是三轴等拉应

力状态。平均正应力状态在各个方向上都是对称的，因而限制了发生滑移型塑性变形(它对滑移面是反对称的)的可能性，材料只能产生膨胀型塑性变形。当应变较小时，膨胀导致的体积增大，可以由材料的弹性应变和塑性应变来填充。当应变达到一定程度后，材料的填充能力耗尽，只能由材料中原有微缺陷(裂纹、夹杂等)的扩张和新生成的弥散微观空洞来填充，如图 5-11(b)所示。这些微观损伤不断累积，合并成宏观裂纹，导致材料发生局部的延性开裂失效。

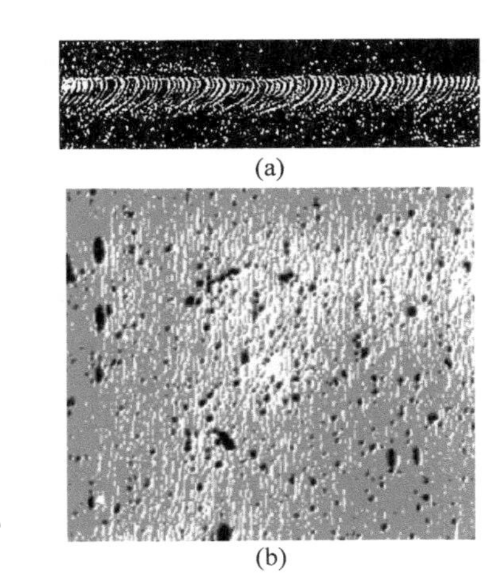

图 5-11　滑移带和空洞

(a) 铜单晶体中的滑移带；(b) 三轴拉应力下的空洞

控制这两类塑性变形的失效准则是不同的。传统的塑性力学和压力容器分析设计法中采用的基于当量应力的屈服准则仅适用于防止滑移型塑性变形。对平均正应力情况，$\sigma_1=\sigma_2=\sigma_3$，米泽斯当量应力 $\sigma_e=0$。若按屈服准则评定，在应力球量作用下材料将永远不会失效，所以必须针对膨胀型塑性变形另外建立一个基于平均正应力的失效准则。7.4 节中给出了弹性应力分析中的失效准则：$3\sigma_m=\sigma_1+\sigma_2+\sigma_3\leqslant 4S$。

在工程结构中一般不会出现总体的三轴等拉应力状态($\sigma_1=\sigma_2=\sigma_3$)，它需要专门设计特殊的试件和加载装置才能实现。工程结构中的三轴拉应力状态大多是由几何形状突变处的变形协调条件引起的，因而导致局部失效。典型实例是带缺口的圆棒拉伸试件。

平均正应力 σ_m 和当量应力 σ_e 之比称为应力三轴度(stress triaxiality)，记为 T_r。它是决定材料以何种形式失效的关键参数：

$$T_r=\frac{\sigma_m}{\sigma_e}=\frac{\sigma_1+\sigma_2+\sigma_3}{3\sigma_e} \tag{5-2}$$

若干典型情况下的应力三轴度列于表 5-1。

表 5-1　若干典型情况下的应力三轴度

载荷和几何情况	应力三轴度 T_r
纯剪切($\sigma_1=\sigma_2=\sigma_3=0$)	0
单轴拉伸($\sigma_1=\sigma,\sigma_2=\sigma_3=0$)	1/3
单轴拉伸，平面应变($\sigma_1=\sigma,\sigma_2=\nu\sigma,\sigma_3=0$)	$(1+\nu)/3\sqrt{(1-\nu)^2+\nu^2/2}$ $\sqrt{3}/3$(当 $\nu=1/2$)
双轴等拉，平面应力($\sigma_1=\sigma_2=\sigma,\sigma_3=0$)	2/3
带缺口圆棒拉伸试件[2]	$1/3+\sqrt{2}\ln[1+(a/2R)]$ 0.6～1.8
带槽平板拉伸试件[3]	$(\sqrt{3}/3)[1+2\ln(1+t/4R)]$
双轴等拉，平面应变($\sigma_1=\sigma_2=\sigma,\sigma_3=2\nu\sigma$)	$2(1+\nu)/3(1-2\nu)$ 8/3(当 $\nu=1/3$)

续表

载荷和几何情况	应力三轴度 T_r
裂纹尖端的断裂过程区内	2.75～5.0
三轴等拉($\sigma_1=\sigma_2=\sigma_3$)	∞

注：(1) R 是缺口或槽的半径，a 是圆棒在缺口处的半径，t 是平板在槽处的厚度。

(2) 平面应变情况 T_r 与泊松比有关。对单轴拉伸平面应变情况，以当量应力引起的滑移塑性变形为主导，可取 $\nu=1/2$，得到 $T_r=\sqrt{3}/3$；对双轴拉伸平面应变情况，若取 $\nu=1/2$ 将得到 $T_r=\infty$，它对应于三轴等拉应力状态，但在三轴等拉下发生体积膨胀，而 $\nu=1/2$ 对应于体积膨胀为零，故应取 $\nu=1/3$，得到 $T_r=8/3$。

(3) T_r 与材料的应变硬化指数 n 有关，n 越大，T_r 越大。

(4) 这里省略了三轴压缩 $\sigma_m<0$ 的情况。

宏观观测得到的重要结果是随着应力三轴度的增加，断裂应变呈指数衰减[4]，如图 5-12 所示。其原因是应力三轴度的增加导致微观空洞显著增长。这里的断裂应变 ε_f 由单向拉伸试件断口处的截面紧缩来确定：

$$\varepsilon_f=\ln(A_0/A_f) \tag{5-3}$$

其中，A_0 和 A_f 分别为断口处截面面积的初始值和最终值。

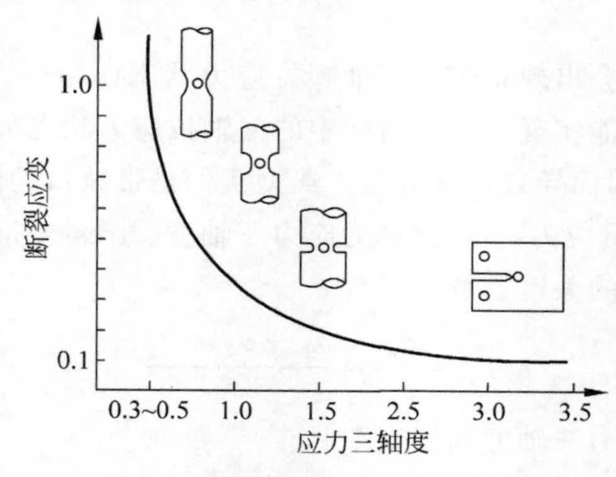

图 5-12　断裂应变与应力三轴度

对常用金属材料，仅当应力三轴度大于 0.3～0.5 时才会发生局部延性断裂失效。当 T_r 较小(尤其 T_r 为负)时，可发生显著的滑移型塑性变形而不断裂，应用于金属成型加工。

5.2.3　屈曲

5.2.3.1　概述

屈曲是在大范围压应力作用下结构由初始平衡状态突然跳跃到新的平衡状态、几何形状发生显著改变的现象。通常屈曲前结构处于薄膜变形状态，屈曲后变为弯曲变形状态。屈曲导致结构因过量变形或垮塌而失效。

在早期文献中常把屈曲(buckling)称为失稳(instability)。失稳是一个比屈曲更为广义的概念，是指物体(包括结构或刚体、静力状态或运动状态等)在微小扰动下失去初始稳定状态的现象。例如，小球在凸球面顶部的平衡状态是不稳定的，而在凹球面底部的平衡状态是稳定的,这是经典的刚体平衡稳定性问题。火箭在微干扰下偏离设定的运动轨迹是刚体运动的不稳定性。飞机机翼在一定的飞行速度和迎风攻角下发生颤振是结构的动力不稳定性。为了更准确地分类,近代文献专门把结构(包括弹性的和非弹性的)在静载荷和动载荷作用下失去初始平衡状态的不稳定现象分别称为屈曲和动力屈曲。

对承受压缩或扭转(剪切)的细长杆和薄壁板壳,往往在远低于塑性垮塌载荷的弹性变形阶段就发生屈曲失效,所以除了满足防止塑性垮塌和局部失效的强度评定要求外,规范还要求进行防止屈曲失效的评定。

屈曲发生时的载荷称为临界载荷。临界载荷的大小及相应的屈曲形态与结构的几何形状、材料性质、载荷类型、加载方式和边界支撑条件等因素有关。

除了结构的总体几何形状(如直杆、平板、圆柱壳、球壳等)外,局部几何形状对屈曲的影响也较大。工程设计中都假设结构的几何形状是完美的直线、平面、圆柱、球等,但实际结构的形状都存在工艺误差范围内的不直度和不圆度等缺陷,统称为非完美性。几何形状的非完美性将导致临界载荷显著下降。

5.2.3.2 屈曲分类

结构的屈曲行为可分为两大类。

1) 分叉屈曲

结构由初始平衡状态突然转变到新的平衡状态的现象称为分叉屈曲,这是经典的屈曲行为。新平衡状态的能量比初始状态更低,多余的能量通常转换成声能释放,所以屈曲时伴随着短暂的、类似爆炸的声音。图 5-13 中的载荷-位移曲线称为加载路径,由于加载的每一步都处于平衡状态,又称平衡路径。基本平衡路径 $OCAB$ 在 C 点处出现分叉路径 CD。基本平衡路径和分叉路径的交点 C 称为分叉点。分叉点对应的载荷 P_{cr} 称为屈曲的临界载荷。分叉前的阶段 OC 称为前屈曲,分叉后的阶段 CD 称为后屈曲。

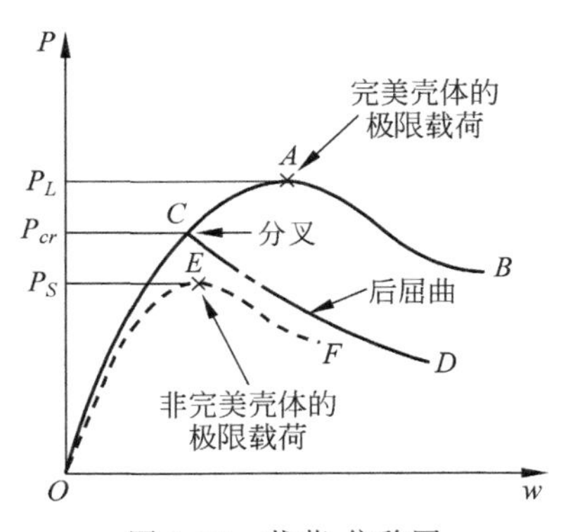

图 5-13 载荷-位移图

具有完美几何形状的线弹性结构在小挠度情况下发生的屈曲均为分叉屈曲。

分叉屈曲分析在数学上是一个特征值问题。各阶特征值对应于屈曲的各阶临界载荷,相应的特征矢量对应于各阶屈曲模态。

图 5-14 给出各类分叉屈曲的载荷 P 与屈曲位移(即屈曲模态的幅值)w_b 的关系曲线。

根据后屈曲行为不同,分叉屈曲可进一步分成 4 类:

(1) 中性型,见图 5-14(a)。分叉路径垂直于载荷轴,且左右对称,即后屈曲行为与屈曲模态的挠曲方向无关。屈曲后载荷始终保持为临界载荷 P_{cr},而屈曲模态的幅值是不确定的。这是经典的完美结构的分叉屈曲行为。若是非完美结构,则平衡路径是直角双曲线,如图 5-14(a)中的虚线。

(2) 非对称型,见图 5-14(b)。当屈曲模态朝正向挠曲时部件相互接触、支撑,在高于临界载荷下还能继续承载,但朝反向挠曲时部件相互远离、形成间隙,最终垮塌。例如,由平板和波纹板铆接而成的组合板;偏心载荷下的完美和非完美框架等。

(3) 稳定对称型,见图 5-14(c)。当屈曲模态朝正向或反向挠曲时后屈曲行为相同,且

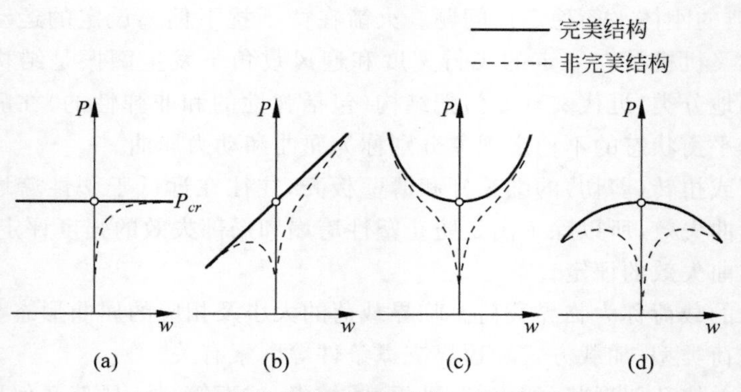

图 5-14　各类分叉屈曲的载荷-屈曲位移关系

(a) 中性型；(b) 非对称型；(c) 稳定对称型；(d) 不稳定对称型

承载能力随屈曲模态幅值增加而提高。例如，沿中性轴承压的完美直杆和沿中性面承压的完美平板等。

(4) 不稳定对称型，见图 5-14(d)。当屈曲模态朝正向或反向挠曲时后屈曲行为相同，但承载能力随屈曲模态幅值增加而下降。例如，轴压薄壁圆柱壳和外压薄壁球壳等。

2) 极限屈曲

在材料和几何非线性或几何形状非完美性的影响下结构的突变屈曲行为将转化为逐渐过渡的变形过程，平衡路径由分叉转折变成连续变化的非线性曲线。平衡路径曲线上斜率为零的最高点称为极限点。极限点对应的载荷称为极限载荷，即极限屈曲的临界载荷。当达到极限载荷后结构发生较大挠曲变形，且承载能力迅速下降，甚至垮塌。图 5-13 中曲线 $OCAB$ 是材料和几何非线性结构的平衡路径，曲线 OEF 是几何形状非完美结构的平衡路径，相应的极限点分别为 A 和 E。

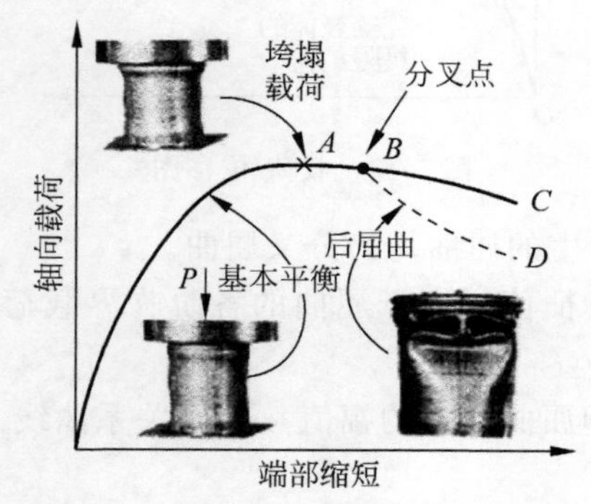

图 5-15　轴压下较厚圆柱壳的屈曲行为

图 5-15 是承受轴向压缩的较厚圆柱壳的屈曲行为。随着载荷增加材料进入塑性，加载路径成非线性曲线。当到达极限点 A 时在圆柱壳的加载端附近发生塑性屈曲，形成轴对称的轴向屈曲模态(见图 5-15 左上角照片)，承载能力逐渐下降。在 B 点处又发生分叉屈曲，形成非轴对称的环向屈曲模态(见图 5-15 右下角照片)。

如果极限屈曲后的模态因几何强化效应具有后继的承载能力，结构将发生跳跃(snap-through)而不会垮塌。载荷控制加载方式下的跳跃行为见图 5-16(a)，平衡路径出现最大、最小两个极限点。当达到最大极限点 A 时结构的承载能力下降，而达到最小极限点 B 后又出现几何强化效应。于是，若载荷加到最大极限载荷后保持不变，则加载路径将从 A 点直接跳跃到 C 点而处于新的平衡状态，并能继续承受更大的载荷。与此类似，位移控制加载方式下的跳跃行为见图 5-16(b)，若位移加到最大极限位移后保持不变，也能从 A 点跳跃到 C 点继续承载。跳跃式屈曲的例子有：承受法向压缩载荷(垂直于中面的均布力或集中力)的扁球壳等。

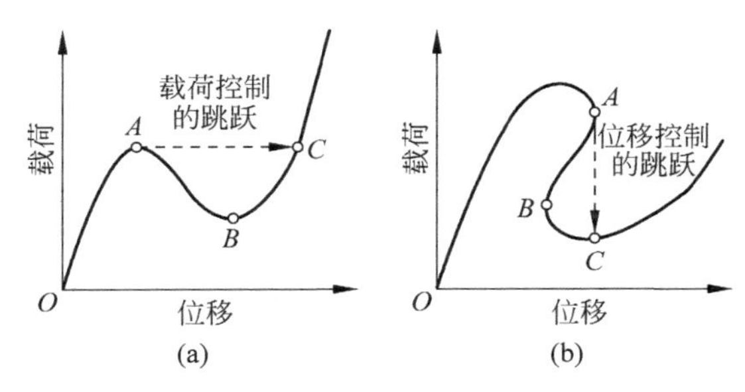

图 5-16 跳跃式屈曲行为

(a) 载荷控制；(b) 位移控制

本节内容主要参考 Bushnell 的文献[5]。屈曲分析的理论基础和屈曲失效的评定方法详见 7.5 节。

5.2.3.3 工程实例

1) 压杆

受轴向压缩的两端简支细长直杆是最简单而经典的屈曲实例。各阶临界载荷 P_{cr} 和临界应力 σ_{cr} 的计算公式(常称为欧拉公式)为

$$P_{cr}=\frac{\pi^2 n^2 EI}{(\mu L)^2},\quad \sigma_{cr}=\frac{P_{cr}}{A}=\frac{\pi^2 n^2 EI}{A(\mu L)^2} \tag{5-4}$$

其中，E 为弹性模量，L、A 和 I 分别为杆的长度、截面面积和截面惯性矩，n 为屈曲的阶数，即弯曲变形的半波数，见图 5-17(a)～(c)。端部约束对临界载荷有显著影响，利用长度系数 μ 可以将不同约束的压杆调整为等效的两端简支杆，然后按欧拉公式(5-4)计算临界载荷和临界应力。图 5-17(a)，(d)，(e)，(f)分别给出了两端简支、一端固支一端自由、一端固支一端简支和两端固支情况下的长度系数。

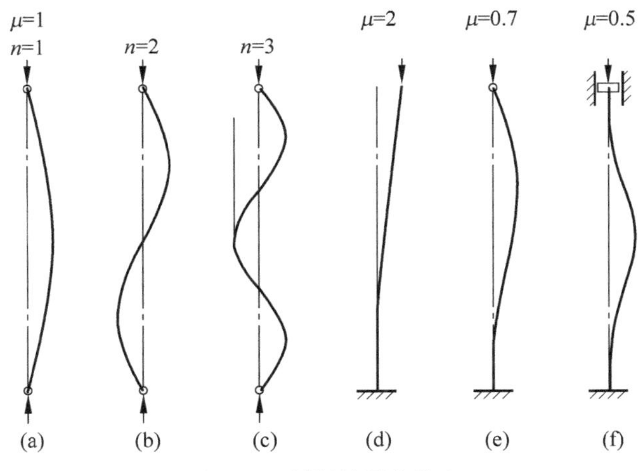

图 5-17 压杆的屈曲模态

工程设计中一般只考虑最小临界载荷，它是最危险的，对应于最低阶屈曲模态($n=1$)。

压杆的一个重要几何特征参数是细长比 L/ρ，其中 $\rho=\sqrt{I/A}$ 是截面的回转半径，I 和 A 分别是杆截面的惯性矩和面积。对于钢制压杆，细长杆($L/\rho>100$)发生弹性屈曲，临界载荷可以直接按欧拉公式(5-4)计算；中长杆($20<L/\rho<100$)发生弹塑性屈曲，要先把弹性

模量 E 修正为塑性切线模量 E_T（即材料应力-应变曲线的斜率），然后再按式(5-4)计算临界载荷；短杆($L/\rho<20$，长径比约小于 5)不会发生屈曲，而是当压应力达到材料屈服极限(延性材料)或强度极限(脆性材料)时被压溃。参见图 5-18。

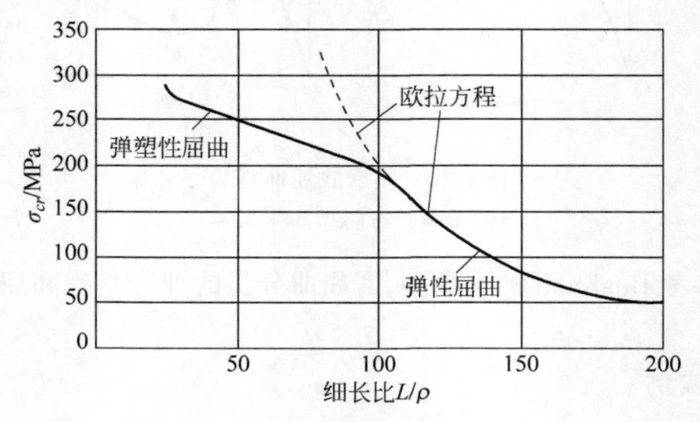

图 5-18　压杆的临界应力

从式(5-4)可以看到屈曲失效的一个共同特性：临界载荷 P_{cr} 与材料的刚度参数 E 和结构的几何参数 L、A、I 有关，而与材料的强度参数 σ_s(屈服极限)和 σ_b(强度极限)无关，所以屈曲失效涉及的是结构刚度问题，而非强度问题。

2) 平板

承受均布压力的四边简支矩形板如图 5-19 所示，其非加载边 a 始终保持直线但 x 方向的面内位移不受约束。最小临界应力的计算公式为

$$\sigma_{cr}=k\,\frac{\pi^2 E}{12(1-\nu^2)}\left(\frac{h}{b}\right)^2,\quad k=\min\left[\left(\frac{mb}{a}+n^2\,\frac{a}{mb}\right)^2\right] \tag{5-5}$$

其中，a,b,h 分别为板的长度、宽度和厚度；E 和 ν 为弹性模量和泊松比。屈曲模态为双正弦函数，在长度和宽度方向的屈曲半波数分别为 n 和 m。k 称为屈曲系数，其最小值总是发生在长度方向出现一个半波($n=1$)的情况，但与宽度方向半波数 m 和长宽比 a/b 有关，见图 5-20。由图可见，若 m 保持不变，则 k 是一条下凹曲线。随着 a/b 增加，最小临界载荷(对应于 $k_{\min}$)也会发生在 $m>1$ 的高阶屈曲模态下，图中用实曲线表示。除四边简支情况外，对于其他边界支撑条件和载荷类型，k 的计算公式将随之而变。

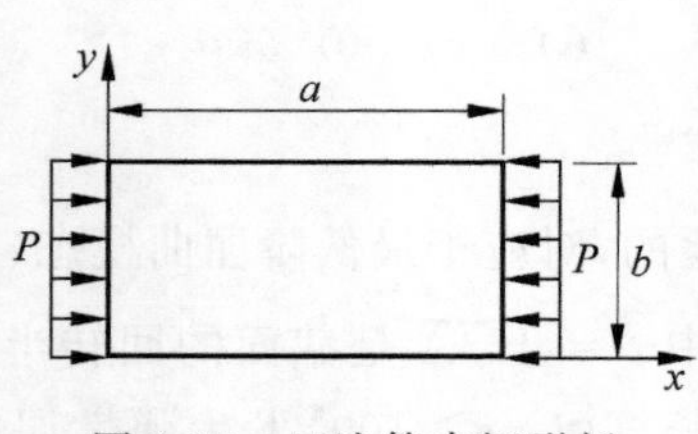

图 5-19　四边简支矩形板

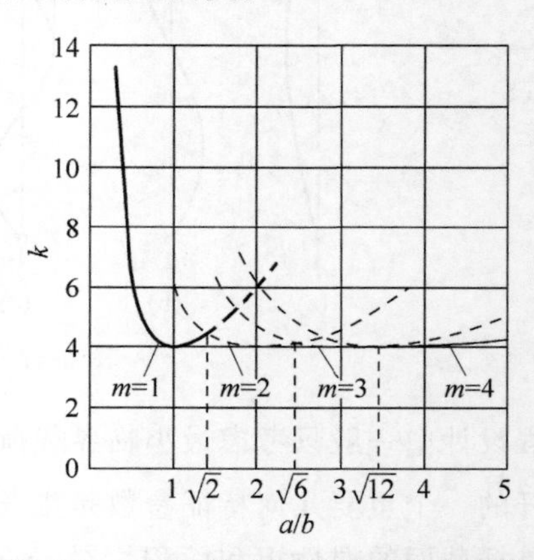

图 5-20　四边简支矩形板的屈曲系数

平板的后屈曲路径是稳定的，见图 5-21。屈曲后板内轴向压应力 σ_x 沿宽度方向不再均匀分布(见图 5-21 右下角的附图)，因为板的中间区域弯曲了，轴向刚度下降，而两条边 a 始终保持直线，因而其附近的板将承受更多的载荷。此外，板沿长度方向的中间部分向外拱起，导致 y 方向的宽度有缩短趋势，但 a 边始终保持直线，阻止其缩短，于是导致中间部分板内产生拉应力 σ_y(见图 5-21)，这将形成协助抗弯的薄膜应力刚度。这两个因素共同导致平板屈曲后的刚度随着载荷增加而提高，因而后屈曲行为是稳定的。

在面内剪力作用下，板内 45°方向的压应力也会导致平板屈曲，出现倾斜的屈曲波形，见图 5-22。

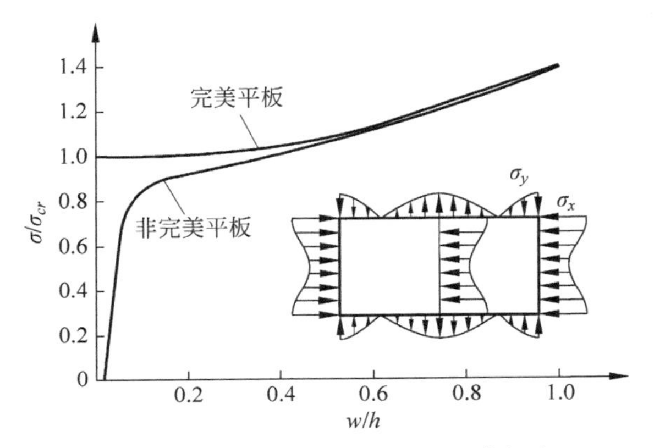

图 5-21 四边简支矩形板的后屈曲行为

图 5-22 平板的剪切屈曲

加筋板(壳)是工程中常见的结构，它可以分为两大类。一类是强加筋板(壳)，即加强筋的抗弯刚度明显地大于蒙皮的抗弯刚度。此时蒙皮首先屈曲，加强筋作为其边界没有变形，称为局部屈曲。蒙皮屈曲后加强筋继续承受不断增加的载荷，直至加强筋连同屈曲后的蒙皮一起发生总体屈曲，见图 5-23。另一类是弱加筋板(壳)，即加强筋的抗弯刚度和板(壳)的抗弯刚度相当。此时加筋板(壳)直接发生总体屈曲。弱加筋板(壳)通常可以简化为与其抗弯刚度等效的均匀厚度板(壳)进行计算。

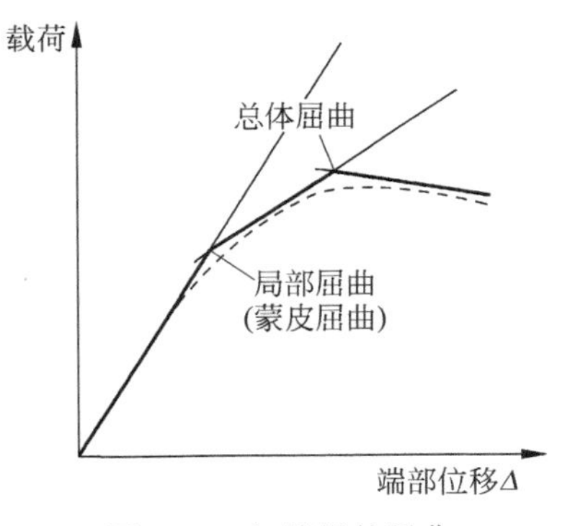

图 5-23 加筋板的屈曲

对于非整体连接的加筋板(壳)，还应考虑因剥离和剪切引起的加强筋与蒙皮脱离的失效模式。

3) 壳体[5]

静水外压下圆柱壳的屈曲模态如图 5-24(a)所示，在轴向遍及整个长度，在环向形成若干个屈曲波。扭矩作用下的圆柱壳屈曲模态见图 5-24(b)，形成倾斜的屈曲波。对比图 5-24(b)和图 5-24(c)可以看到，内压对壳体的屈曲行为有明显影响，屈曲波变小、变密，临界载荷有较大提高。

非完美圆柱壳在外压作用下的临界载荷比完美圆柱壳降低 20%～30%。

轴压下圆柱壳的屈曲模态如图 5-25(a)，(b)所示，形成上下交错的菱形屈曲波，有内压

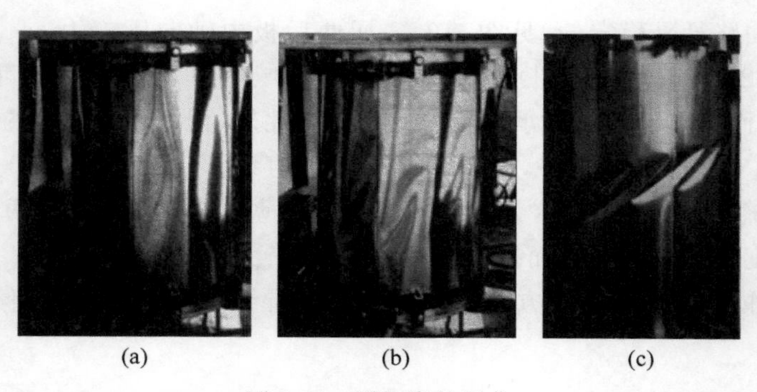

(a) (b) (c)

图 5-24 圆柱壳的屈曲

(a) 外压；(b) 扭转无内压；(c) 扭转有内压

时波形变小、变密。

图 5-25(c)的载荷-挠度曲线表明轴压圆柱壳的后屈曲状态是不稳定的，一旦达到临界应力圆柱壳的承载能力就迅速下降。研究表明，承载能力可下降到完美圆柱壳线性理论临界应力的 34%～10.8%。图 5-25(c)的纵坐标和横坐标是将经典线性理论的临界应力 σ_{cl} 和临界缩短量 ε_{cl} 归一化后得到的无量纲应力和缩短量。w_0/t 是非完美度，即实际几何形状对完美圆柱形的偏离量与壳体厚度之比。可以看到，轴压圆柱壳对非完美度非常敏感，1/10 厚度的偏离量就能导致承载能力下降一半。

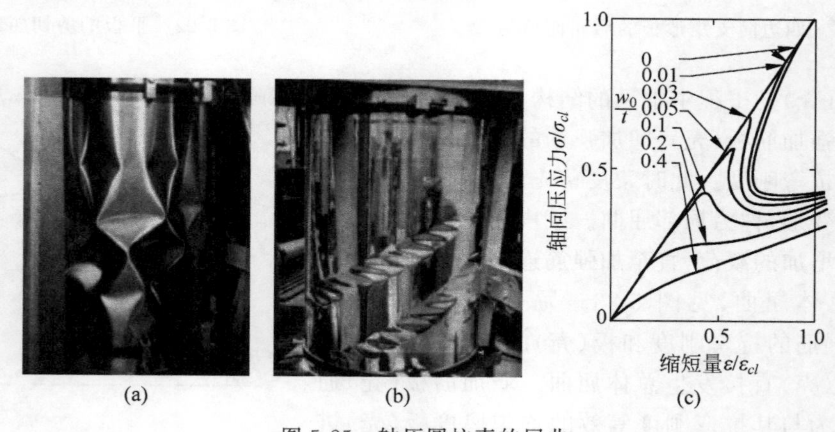

(a) (b) (c)

图 5-25 轴压圆柱壳的屈曲

(a) 无内压；(b) 有内压；(c) 载荷-挠度曲线

图 5-26 是地震引起的薄壁罐体的屈曲。图(a)是由地震倾覆力矩引起的罐体一侧轴向压缩导致的象足形屈曲模态，图(b)是由地震纵向波动、扭转运动产生的惯性力和罐体内的静水压力共同导致的密集排列的斜波形屈曲模态。

外压下固支扁球壳的屈曲行为如图 5-27 所示。

扁球壳的特征几何参数为扁度 λ：

$$\lambda = [12(1-\nu^2)]^{1/4}\left(\frac{H}{h}\right)^{1/2} \tag{5-6}$$

其中，H 和 h 为扁球壳的矢高和厚度，ν 为泊松比。

图 5-27 中 P_{cl} 为经典线性屈曲临界压力，用空心圆点表示。w_0 为扁球壳中心点的

(a)　(b)

图 5-26　地震下薄壁罐的屈曲

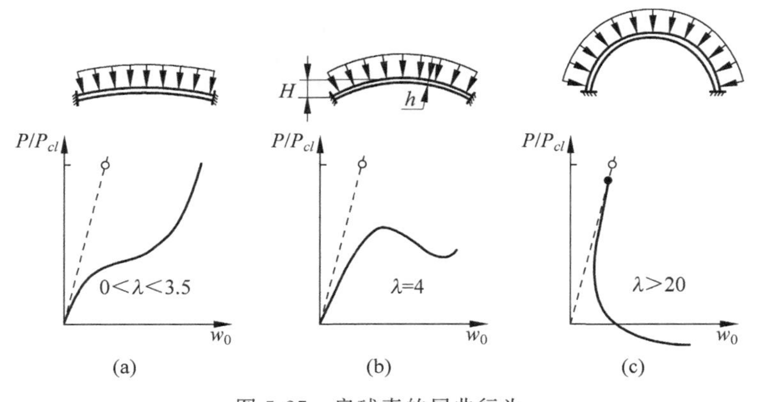

图 5-27　扁球壳的屈曲行为

挠度。

当 $\lambda=0$ 时为圆平板。当 $0<\lambda<3.5$ 时(图 5-27(a)),载荷-挠度曲线单调递增,不会发生屈曲。当 $3.5<\lambda<6$ 时(图 5-27(b)),球壳突然从上凸形状反向跳跃成下凹形状,载荷-挠度曲线没有分叉点,属于极限屈曲行为。当 $\lambda>7$ 以后,前屈曲行为变得越来越接近线性屈曲。当 $\lambda>20$ 时(图 5-27(c)),几何形状已不再是扁壳,而前屈曲出现非均匀性,在固支端边界附近发生局部屈曲,临界载荷只能达到经典完整球壳临界值的 80%～90%。

图 5-27(c)表明达到临界载荷后球冠的承载能力迅速下降,后屈曲行为是不稳定的。和轴压圆柱壳一样,非完美性对外压下的完整球壳和球冠的临界载荷有重要影响。

图 5-28 是集中力作用下球壳的屈曲模态,以集中力为中心形成三角形的塌陷。

图 5-28　集中力下球壳的屈曲

图 5-29 是内压下碟形封头的屈曲模态。2.4.3 节中曾指出：当椭圆封头的长短轴之比满足 $a>\sqrt{2}b$ 时，在内压作用下封头边界附近将出现环向压应力，因而导致屈曲。碟形封头也有类似情况。

图 5-29　内压下碟形封头的屈曲

5.3　循环加载失效模式

循环加载情况下有两种失效模式——疲劳和棘轮。在循环加载下结构的塑性变形过程分安定、损伤累积和最终失效三个阶段。

5.3.1　安定

若结构在循环载荷的反复作用下不出现递增的总体塑性变形，因而总体几何形状不发生永久性改变，则结构是安定的。安定分弹性安定和塑性安定两类。在各国规范和本书中都把弹性安定简称为安定，把塑性安定简称为(低周)疲劳。

安定(弹性安定)是指在最初几次加载循环中出现少量局部塑性变形，而在后继循环中始终保持弹性行为，因而结构总体几何形状保持不变的结构行为。

结构出现安定的机理：在载荷循环的前半周加载过程中，结构内高应力区产生局部塑性变形，而其周围的低应力区仍处于弹性状态；在后半周卸载时，周围弹性材料要恢复其原始的无变形状态，强迫塑性区内的残余应变压缩至零，因而高应力区内形成有利的反向弹性残余应力场。当下一个循环再加载时必须先抵消此反向弹性应力，然后才能进入正向弹性加载，所以扩大了应力循环的弹性范围，使后继循环始终保持弹性状态，因而处于安定状态。

图 5-30(a)是结构中高应力点的循环加载应力-应变曲线。假设应力循环的范围等于(或小于)$2\sigma_s$。循环载荷的第一周加载到 σ_s，开始塑性流动，继续加载到 $2\sigma_s$ 形成水平路径 AB，B'点是名义弹性应力。然后卸载，若是自由卸载，卸载后到达零应力点 C，出现残余应变 ε_s(即 OC)。但现在高应力区的残余应变被包围它的低应力弹性区强制地压缩至零，因而卸载路径继续下行到 $\varepsilon=0$ 的 D 点，形成有利的反向弹性残余应力 $-\sigma_s$。下一个循环的加载将从 D 点开始，先抵消反向弹性应力 $-\sigma_s$ 到 C 点，然后继续加载到 σ_s(B 点)，整个应力范围 $2\sigma_s$ 都处于弹性状态。卸载时走路径 BD，又是弹性的。此后每个后继应力循环的加卸载路径都不断地重复 DB-BD，始终处于弹性状态，所以结构进入安定状态。

如果应力循环的范围超过了 $2\sigma_s$，加卸载路径变成图 5-30(b)。第一循环的加载路径是 OAB，发生正向塑性流动 AB。卸载时先由 B 点弹性卸载到反向屈服极限 $-\sigma_s$(C 点)，然后发生反向塑性流动 CD。第二循环的加载路径是 DEB，发生正向塑性流动 EB；卸载路径是 BCD，再次发生反向塑性流动。以后每个后继循环都这样循环往复，形成迟滞回线 $BCDEB$，因而丧失弹性安定，进入低周疲劳状态。在疲劳状态下加载时的正向塑性变形 EB 和卸载时的反向塑性变形 CD 大小相等、方向相反，相互抵消。每个循环的总塑性变形为零，所以在疲劳状态下虽然每个循环都反复出现循环塑性变形，但结构的总体几何形状不会发生永久性改变，这称为塑性安定。结构丧失弹性安定后除了进入低周疲劳状态外，还可能进入棘轮状态，在棘轮状态下结构的总体几何形状将发生永久性改变，因而不再安定了。

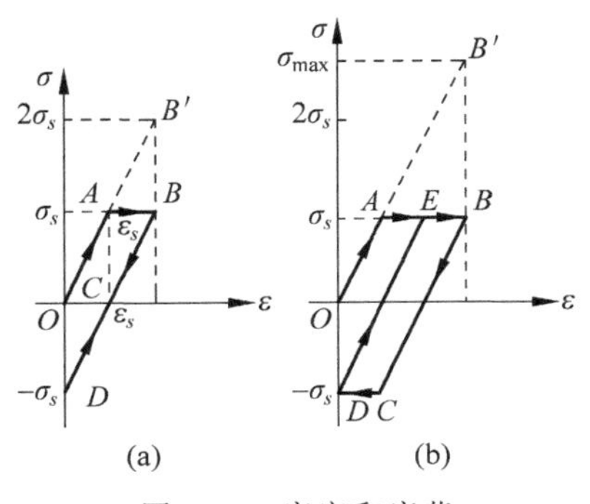

图 5-30　安定和疲劳
(a) 安定；(b) 疲劳

应力-应变图 5-30 中的加载路径也适用于循环范围为 $2\varepsilon_s$ 的应变控制加载情况。此时周围是否存在低应力弹性区已无关紧要，因为应变控制加载已能强迫残余应变压缩至零。

结构刚丧失安定状态时的临界循环载荷范围称为安定载荷，记为 P_s。有很多安定状态，只要循环载荷范围小于安定载荷，结构都是安定的。

在比例加载条件下安定载荷 P_s 与弹性极限载荷 P_e 和塑性极限载荷 P_L 间的关系为

$$P_e < P_s \leqslant \min\{2P_e, P_L\} \tag{5-7}$$

即安定载荷必大于弹性极限载荷，同时对压力容器常见的加卸载循环情况($0\uparrow P\downarrow 0$)安定载荷小于两倍弹性极限载荷和塑性极限载荷中的较小者。这里加入塑性极限载荷的限制是因为若循环载荷的范围 P 超过 P_L，结构在第一个加载循环就会因垮塌而形成永久性的总体塑性变形。但是对于正反向循环加载情况($0\uparrow(P/2)\downarrow(-P/2)\uparrow(P/2)$)，第一次循环的前半周只加了循环载荷范围的一半，所以 P_s(范围)可以大于 P_L，但不能大于 $2P_e$。

丧失弹性安定只是循环加载下结构进入塑性损伤累积过程的起点，相当于一次加载下的初屈服状态，它并不是一种循环失效模式。

5.3.2　损伤累积——疲劳和棘轮

当循环载荷的范围超过安定载荷后结构丧失安定，进入损伤累积阶段，相当于一次加载时进入局部塑性变形扩展阶段。

累积损伤是指结构因塑性变形引起的损伤随着循环次数的增加而不断累积。损伤累积有两种形式：疲劳和棘轮。

1) 疲劳

在循环载荷作用下结构因裂纹萌生、裂纹扩展并最终导致断裂的失效现象称为疲劳。疲劳断裂是压力容器部件最常见的一种失效模式，常发生在结构不连续引起的应力(应变)集中处。

工程中把循环次数超过 $10^6\sim10^7$ 的疲劳失效过程称为高周疲劳，低于 $10^5\sim10^6$ 次的称为低周疲劳，具体的极限循环次数将因材料不同而不同。

从力学特性来区分,在循环过程中除初始几周外始终保持弹性行为的疲劳是高周疲劳,在循环载荷下反复出现循环塑性变形的疲劳是低周疲劳。也就是说,处于弹性安定状态下的疲劳是高周疲劳,丧失弹性安定状态的疲劳是低周疲劳。虽然高周疲劳没有宏观塑性变形,但在材料的晶界、位错、微缺陷等处也会出现微观塑性变形,因而萌生疲劳裂纹。压力容器中经常发生低周疲劳,近年来高周疲劳也开始受到重视。

低周疲劳又称循环塑性失效,其特点是:每个载荷循环的前半周和后半周在结构的同一部位(有时该部位的范围会稍有调整)相继产生大小相等、方向相反的塑性变形。当一个循环结束后,每周的总塑性变形为零。但由于在整个循环中应力与塑性应变始终保持同向,塑性功不为零,因而塑性损伤不断累积,导致疲劳裂纹萌生、扩展直至断裂。

由于在低周疲劳中每周的总塑性变形为零,结构的总体几何形状不会发生永久性的改变,所以处于纯疲劳状态下的结构是塑性安定的。

疲劳失效经历裂纹萌生、裂纹扩展和快速断裂三个阶段。

裂纹萌生是材料产生微裂纹和微缺陷,并相互连接扩展至肉眼可见的宏观裂纹(0.1～0.2mm)的阶段。裂纹萌生阶段的寿命除了取决于循环应力的大小外,还与材料特性、制造工艺等多种因素有关。例如,材料的晶粒类型、晶界、夹杂物、微缺陷、表面光洁度和划痕等。

裂纹扩展是宏观裂纹形成并扩展到断裂临界长度的阶段。裂纹扩展阶段的寿命与临界应力强度因子(它是判断疲劳裂纹能否扩展的门槛值)和裂纹扩展速率有关。裂纹尖端的应力强度因子和材料的断裂韧度特性是控制裂纹扩展寿命的主要参数。

当疲劳裂纹扩展到断裂临界长度时将迅速扩展,结构发生断裂或泄漏。

疲劳失效的寿命是裂纹萌生寿命和裂纹扩展寿命之和,它用载荷的循环次数来表示。

低周疲劳的应力-应变曲线如图 5-30(b)所示,其特点是形成了迟滞回线 B-C-D-E-B。迟滞回线包围的面积表示每个循环所耗散的塑性功,面积越大损伤就越大,疲劳寿命就越短。

2) 棘轮

在恒定机械载荷和循环热(或机械)载荷联合作用下结构的总体塑性变形逐步累积并最终垮塌的过程称为棘轮。棘轮是一种渐增的垮塌失效模式。恒定机械载荷越大,棘轮所需要的循环载荷越小,其极限情况是:当恒定机械载荷达到极限载荷时就会在一次加载下发生塑性垮塌失效。

棘轮又称渐增塑性失效,其特点是:每个载荷循环的前半周和后半周分别在结构的不同部位(这两个不同部位相互有部分重叠)轮流产生方向相同的塑性变形。当一个循环结束时两个半周的塑性应变之和形成沿整个壁厚均匀分布的总体塑性变形,并逐个循环地不断累积,最终导致结构发生过量塑性变形而垮塌。

由于棘轮中每个循环的塑性变形都朝同一方向,逐步累积的结果必导致结构总体几何形状发生永久性变化,所以棘轮状态下的结构是不安定的。

将此类塑性失效命名为"棘轮"的原因是它和机械工业中棘轮机构的递进过程类似。图 5-31(c)中的棘轮每转动一定角度就被棘齿卡住而不能退回,因而转角逐次累积起来。

棘轮的应力-应变载荷路径如图 5-31(a)所示。考察在恒定薄膜应力 σ_p 和交变弯曲应力 σ_t 作用下容器表面的一个点。第一循环的加载路径为 OAB,AB 段的塑性应变为 δ。卸载路径为 BC,和图 5-30(a)中高应力区的路径 BD 不同,现在周围的弹性材料约束不住高应力区的塑性变形，因而 C 点的应变不再回零。第二循环的加、卸载路径分别为 CBD 和 DE，在恒定应力 σ_p 推动下塑性应变递增了 $BD=\delta$。如此继续，每个循环塑性应变递增一个 δ，直至最终垮塌。

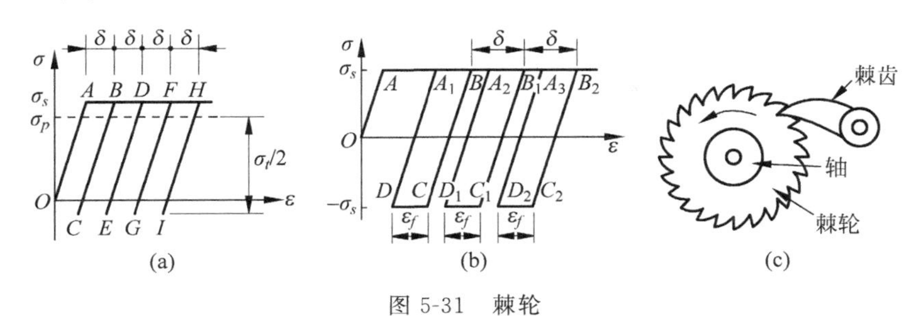

图 5-31　棘轮

(a) 棘轮；(b) 棘轮-疲劳耦合；(c) 棘轮机构

如果循环弯曲应力的幅值大到在卸载时出现反向屈服，则将发生棘轮-疲劳耦合的失效模式。图 5-31(b)中第一循环的加载路径是 OAB，卸载路径是 BCD，出现反向屈服 $CD=\varepsilon_f$。第二循环的加、卸载路径分别是 DA_1B_1 和 $B_1C_1D_1$，第三周是 $D_1A_2B_2$ 和 $B_2C_2D_2$，如此继续推进。可以看到，各循环的加载终点 B、B_1、B_2 或卸载终点 D、D_1、D_2 都逐次地沿应变轴向前推进一个不可逆的递增塑性应变 δ，累积后导致过量总体塑性变形而垮塌。与此同时，图中的迟滞回线 $BCDA_1B$、$B_1C_1D_1A_2B_1$、…表示出现了正、反向循环塑性应变 ε_f(A_1B 和 CD 等)，因而可能导致疲劳断裂。和纯疲劳情况不同，这里的迟滞回线是逐个循环向前推进的，表现出棘轮和疲劳耦合的特性。棘轮和疲劳都对结构产生塑性损伤，最终是先发生棘轮垮塌还是先发生疲劳断裂要看 δ 和 ε_f 的相对大小，但无论以何种形式失效，计算寿命时要把两种损伤累积起来考虑。

高温高压容器(如炼油厂的焦炭塔、锅炉的炉管、核反应堆的燃料包壳等)中出现的“鼓肚”现象是棘轮失效的典型例子。

非整体连接结构件也会发生棘轮失效。例如，因螺杆塑性变形引起的法兰松动，还有螺纹连接的管帽、螺纹旋入的塞子、剪切环密封组件、栓块锁紧盖等构件。图 5-32(a)是螺栓-平盖组件中螺栓棘轮失效的应力-应变曲线，纵坐标为应力，横坐标为螺栓应变。为了简单，不考虑密封元件的刚度影响。容器加压时平盖把内压引起的向上推力传递给螺栓(图 5-32(b))，若螺栓的名义应力 σ_T 超过屈服极限，螺栓发生塑性变形 δ，即图 5-32(a)中的 AB 段。卸压后平盖下落与筒体法兰合拢。但螺栓和平盖是非整体连结，螺帽并不随着下落，因而冒出一个残余变形量 δ(图 5-32(c))。此时螺栓恢复到零应力状态而不能形成有利的残余压应力。第二次加压时平盖先做刚体运动 δ 与螺帽接触，然后又推动螺栓发生递增塑性变形 δ(BD 段)。卸压后螺帽冒出平盖 2δ，如此继续。因平盖和法兰间存在垫片，加载时(图 5-32(b))并不泄漏，但会导致密封越来越松，并最终泄漏。

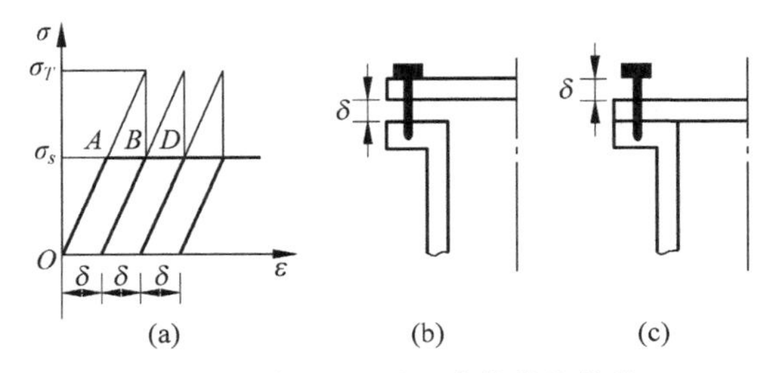

图 5-32　螺栓-平盖组合构件的棘轮

(a) 应力-应变路径；(b) 加载；(c) 卸载

对比棘轮和疲劳两种失效模式，可以看到：

(1) 棘轮在前、后半周产生的塑性变形是同向的,相互叠加,整个循环后产生一定量的总体塑性变形;疲劳在前、后半周产生的塑性变形是反向的,相互抵消,整个循环后总体塑性变形为零,因而是安定的。

(2) 棘轮在前、后半周产生的塑性区沿厚度方向有部分重叠,因而壁厚中心不存在弹性核;疲劳(弯曲应力引起的)的塑性变形发生在表面附近,壁厚中心存在没有塑性变形的弹性核。做个形象的比喻:棘轮像在梁的两端垫砖。前半周在左端垫一块砖(砖高为塑性变形 δ),此时梁中点的高度为 $\delta/2$,后半周在右端也垫一块砖,相应地梁中点又增高了 $\delta/2$,一周后整个梁向上抬高了 δ。如此继续,梁的高度(塑性变形)被逐个循环地累积起来。疲劳像玩跷跷板。跷跷板的中点被固定,对应于没有塑性变形的弹性核。前半周先把梁的左端抬高再返回水平,在 1/4 周时左端达最大塑性变形 δ,相应地右端先被压低,产生反向塑性变形 $-\delta$。后半周反之,左端产生反向塑性变形 $-\delta$,右端产生塑性变形 δ。一周后整个梁返回水平状态,总体塑性变形为零,但因塑性耗散功为正,材料损伤被不断累积起来。

(3) 棘轮累积的是同向的塑性变形,最终导致过量总体塑性变形而垮塌;疲劳累积的是塑性功引起的材料损伤,最终导致疲劳断裂。

5.3.3 最终失效

循环载荷作用下的失效是一种延迟失效模式,即在有限寿命期内塑性损伤不断累积的过程。它的起点是丧失弹性安定,终点包括两种最终失效模式:

(1) 疲劳断裂。当疲劳裂纹扩展到临界长度时,结构迅速断裂。

(2) 递增垮塌。当棘轮变形累积到过量总体塑性变形时,结构形成垮塌机构而垮塌。

5.4 伯吕图

结构在循环载荷作用下的各种塑性失效模式可以综合成一张伯吕图,如图 5-33 所示,它直观而清晰地表达了各种失效模式间的转换界线和产生各种弹塑性状态的应力条件。建立伯吕图的详细推导请见 3.5 节,这里归纳一下对工程应用非常重要的基本概念和公式。

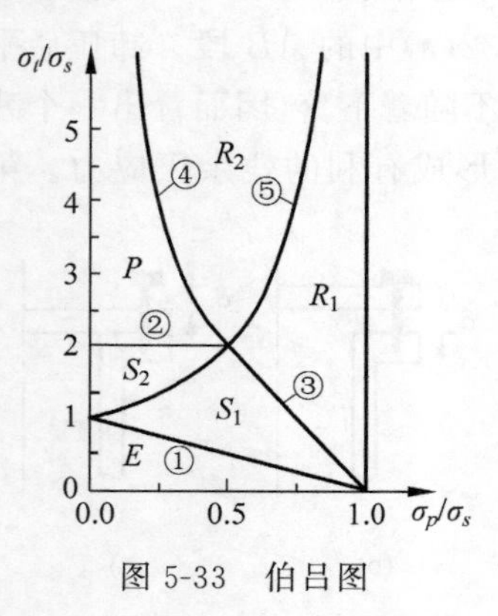

图 5-33 伯吕图

伯吕图基于弹性理想塑性材料假设和单向环向应力简化模型。伯吕(Bree)曾指出:基于圆柱壳受力状态简化而来的单向应力模型所导出的棘轮和塑性疲劳准则也适用于轴向应力和环向应力相等的情况。

(1) 伯吕图的横坐标是恒定的无量纲机械薄膜应力 σ_p/σ_s,纵坐标是交变的无量纲热弯曲应力 σ_t/σ_s,其中 σ_s 为材料屈服极限。图 5-33 按应力状态分成 6 个区:弹性区 E,安定区 S_1 和 S_2,疲劳区 P 以及棘轮区 R_1 和 R_2,其中 S 和 R 的下标 1 或 2 分别表示在初次加载时壳体有一侧表面或两侧表面进入塑性。R_2 是疲劳-棘轮耦合区。

（2）伯吕图给出了各应力区之间的界线及其方程。

① $E-S_1$ 边界，弹-塑性边界

当最大弹性应力达到屈服极限时结构丧失纯弹性状态，进入塑性变形状态，其界线方程为

$$\sigma_p+\sigma_t=\sigma_s \tag{5-8}$$

② S_2-P 边界，安定-疲劳边界

当机械应力较小而热应力较大时（$\sigma_p/\sigma_s<0.5$，$\sigma_t/\sigma_s>2$）丧失安定后进入疲劳，其界线方程为

$$\sigma_t=2\sigma_s \tag{5-9}$$

可见 $\sigma_t/\sigma_s=2$ 是一个临界值。仅当热弯曲应力 $\sigma_t/\sigma_s>2$ 时才会出现疲劳失效。

③ S_1-R_1 边界，安定-棘轮边界

当机械应力较大（$\sigma_p/\sigma_s>0.5$）且同时存在热应力 σ_t 时丧失安定后进入棘轮，其界线方程为

$$\sigma_p+\frac{1}{4}\sigma_t=\sigma_s \tag{5-10}$$

④ S_1-S_2 或 R_1-R_2 边界，单-双侧安定边界或单-双侧棘轮边界

它是初次加载时壳体只在一侧表面还是同时两侧表面进入塑性的分界线，其方程为

$$\sigma_t(\sigma_s-\sigma_p)=\sigma_s^2 \tag{5-11}$$

只有内、外表面双侧同时进入塑性才可能发生弯曲疲劳，所以 S_1 区丧失安定后进入纯棘轮区 R_1，而 S_2 区丧失安定后进入纯疲劳区 P；R_1 区是没有疲劳的纯棘轮区，而 R_2 区是疲劳-棘轮耦合区。

由 R_2 区的位置和形状可以看到：疲劳-棘轮耦合情况发生在热应力 $\sigma_t/\sigma_s>2$ 时，而机械应力在 $\sigma_p/\sigma_s=0.5$ 左右，其范围随热应力的增大而扩大。

$\sigma_p/\sigma_s=0.5$ 是一个临界值。仅当 $\sigma_p/\sigma_s<0.5$ 时才可能出现纯疲劳失效，且仅当 $\sigma_p/\sigma_s>0.5$ 时才可能出现纯棘轮失效。

⑤ $P-R_2$ 边界，疲劳-棘轮边界

在纯疲劳区 P 中内、外两侧的塑性区都不超过半壁厚，在壁厚中心存在一个弹性核。随着恒定薄膜应力的增加，两侧塑性区将超过半个壁厚，弹性核消失，于是进入疲劳-棘轮耦合区 R_2，其界线方程为

$$\sigma_p\sigma_t=\sigma_s^2 \tag{5-12}$$

通常把界线③和④合起来称为棘轮边界。

疲劳是每个循环都出现循环塑性变形，但总塑性变形为零的安定情况，称为塑性安定，所以 $P-R_2$ 边界又称塑性安定边界。

⑥ R_1-L 边界，棘轮-垮塌边界

随着机械应力 σ_p 的增加，每个循环的总体塑性应变增量 δ 越来越大，破坏前的循环次数越来越少。当 σ_p 达到屈服极限时，在第一循环前半周的一次加载下结构就发生整体塑性垮塌，由棘轮区 R_1 进入垮塌区 L，其界线方程为

$$\sigma_p/\sigma_s=1 \tag{5-13}$$

(3) 伯吕还给出了疲劳和棘轮状态下塑性应变的计算公式。

在纯疲劳区 P 中，两侧表面处的最大疲劳塑性应变为

$$\varepsilon_f = \pm(\sigma_t - 2\sigma_s)/E \tag{5-14}$$

在棘轮区 R_1 中每个循环后沿整个厚度均匀分布的总体棘轮塑性应变的增量为

$$\delta = (2\sigma_t/E)\left[1 - 2\sqrt{(\sigma_s - \sigma_p)/\sigma_t}\right] \tag{5-15}$$

在疲劳棘轮耦合区 R_2 中最大疲劳塑性应变为

$$\varepsilon_f = \pm(\sigma_t - \sigma_s - \sigma_p\sigma_t/\sigma_s)/E \tag{5-16}$$

且每个循环后产生的总体棘轮塑性应变增量为

$$\delta = (2\sigma_t/E)(\sigma_p/\sigma_s - \sigma_s/\sigma_t) \tag{5-17}$$

第 6 章～第 9 章将系统讲述规范中规定的防止各种失效模式的评定方法。美国 ASME Ⅷ-2 规范和我国 GB/T 4732—2024 标准的释义文件[6-7]是各章都将引用的主要参考文献。

参考文献

[1] International Standard ISO 16528-1,Boilers and Pressure Vessels,Part 1: Performance requirements, 2007.

[2] BRIDGMAN P W. Studies in large plastic flow and fracture[M]. McGraw-Hill,New York,1952.

[3] BAI Y,WIERZBICKI T. A new model of metal plasticity and fracture with pressure and lode dependence[J]. International Journal of Plasticity,2008,24: 1071-1096.

[4] PINEAU A,PARDOEN T. Fundamental theories and mechanisms of failure[M]. Elsevier Science,2007.

[5] BUSHNELL D. Buckling of shells-pitfall for sesibners[J]. AIAA Journal,1981,19(9): 1183.

[6] OSAGE D A,SOWINSKI,J C. ASME section Ⅷ-Division 2 criteria and commentary,PTB-1-2014.

[7] GB/T 4732—2024. 压力容器　分析设计,标准释义[S]. 北京: 中国标准出版社,2024.

第6章

应力分类法

本章讲述基于弹性应力分析的压力容器分析设计方法,简称"应力分类法"。内容包括:应力分类法的基本原理和适用范围;五类应力的主要特征和定义;应力分类的两个基本判据和应力云纹图的应用;应力线性化的原理和实施规则;一次结构法的原理和应用以及一次结构评定法;应力分类的典型实例详解,包括筒体开孔接管、厚壁筒、拉伸平板中的开孔和裂纹、管系热胀应力和弹性跟随等;应力评定准则中许用设计应力和各类应力许用极限的确定依据。

6.1 应力分类法概述

6.1.1 简介

20世纪中叶人们已经发现基于弹性失效准则的一点应力强度理论过于保守,希望引入基于塑性失效的强度准则来提高压力容器的设计水平。当时塑性理论虽然已趋成熟,得到了一批简单结构形式的解析解,但塑性有限元分析方法尚未完善,还不能为较复杂的实际工程结构提供通用有效的分析手段。另外,弹性有限元应力分析已经完全成熟,开发了高效实用的通用分析软件,并在工程界得到广泛应用,几乎可以说无论哪种压力容器部件,只要能设计出来就能用有限元法进行弹性应力分析。于是一种将弹性应力分析和塑性失效准则相结合的新型设计方法——应力分类法应运而生。

应力分类法(欧盟 EN 标准用词)又称为弹性应力分析方法(美国 ASME 规范用词),是最早提出并实施的压力容器分析设计方法,至今已有 60 余年的历史。该方法最早由美国 ASME 锅炉及压力容器规范第Ⅲ卷"核设施部件构造规则"于 1963 年发布,称为"基于应力分析的设计方法",简称"分析设计"(design by analysis)方法。1968 年移植到 ASME 规范第Ⅷ卷,增设了第二分册"压力容器构造规则——另一规则",简称 ASME Ⅷ-2。发展到 21 世纪初,"分析设计"的内容已由单一的弹性应力分析扩展到弹塑性分析。欧盟标准 EN-13445 的 2002 版将原来基于弹性应力分析的方法称为"基于应力分类的方法"(简称"应力分类法"),将新增的弹塑性分析方法称为"直接方法",即采用直接研究压力容器部件的各种失效模式来进行许可性校核的方法[①];美国 ASME Ⅷ-2 2007 版(本书将该版及以后的版本

① Zeman 教授于 2018 年 4 月 23 日在与作者的通信中对"什么是直接法的本意?"问题的回答。

简称为“新Ⅷ-2”,该版以前的版本称为“老Ⅷ-2”)将弹性分析方法称为“弹性应力分析方法”,将弹塑性分析方法分为“极限载荷分析”和“弹塑性应力分析”两部分。参考老Ⅷ-2并结合我国的实践经验,我国于1995年颁布了采用应力分类法的“JB 4732《钢制压力容器——分析设计标准》”。参考新Ⅷ-2和欧盟标准、引入弹塑性分析法的修订版GB/T 4732也于2024年颁布。

应力分类法是一种应用简单、适用面广且评定结果一般偏于保守的分析设计方法。60多年来的应用经验表明,该方法实用而有效,计算工作量比弹塑性分析小得多。所以新Ⅷ-2和欧盟标准都没有废除应力分类法,而是把它和弹塑性分析方法并列为被推荐的设计方法。考虑到应力分类法的工程应用经验比新提出来的弹塑性分析法更为丰富,美国ASME规范第Ⅲ卷至今仅认可应力分类法,而未全面引入弹塑性分析法。

在总结60多年应用经验的基础上,新Ⅷ-2的附录5.A给出了应力分类法中如何应用有限元应力分析结果的指南。

6.1.2 核心思想和基本假设

应力分类法有两个核心思想:

(1) 采用弹性应力分析和塑性失效准则相结合的方法进行结构安全评定。将规则设计中的弹性失效准则改为塑性失效准则来判断弹性计算应力的危险性,综合了弹性应力分析简单实用和塑性失效准则安全准确的双重优点,提出了具有独创性的压力容器设计新方法。塑性失效准则由面向塑性失效模式的一组安全评定准则组成,包括防止塑性垮塌、局部失效、屈曲、棘轮、疲劳等失效模式的一系列准则和方法。

(2) 按危险性大小进行应力分类,按等安全度原理确定各类应力的许用极限。由于应力的性质、影响范围和分布规律不同,对结构安全的危险性也各不相同。应力分类法先根据各类应力对结构安全的危险性大小进行应力分类,再根据等安全度原理确定各类应力评定准则中的许用极限。应力的危险性越大,则许用应力取得越小,反之亦然。这样既提高了危险性较小的应力的许用极限,又对各类应力实现了统一的安全性,是一种有效发挥结构承载能力的安全评定准则。

在确定应力评定准则中的许用极限时,应力分类法采用了如下两个基本假设:

(1) 弹性-理想塑性材料假设。采用无应变硬化的弹性-理想塑性材料模型,这是一种最保守的塑性本构模型。

(2) 小变形假设。在几何方程中采用基于小位移假设的线性应变-位移关系,同时在建立平衡方程时采用变形前的结构几何形状,不考虑大变形几何效应。

6.1.3 理论基础

应力分类法是一种采用弹性应力分析计算结果却按塑性失效准则进行安全评定的工程设计方法。弹性理论和塑性理论都有三组基本方程,即平衡方程、几何方程(应变-位移关系和应变协调方程)和本构方程。两种理论的共性是平衡方程和几何方程完全相同,区别是本构方程完全不同。怎样才能在应用中将两者结合起来呢?

应力分类法充分利用了弹性理论和塑性理论的共性,以平衡方程和协调方程为基础来进行应力分类,同时在小变形假设的前提下通过引入“弹性名义应力”的概念巧妙地把两个不同的力学理论体系联系起来,形成一种用弹性应力分析结果来判断塑性失效危险性的独具特色的设计方法。

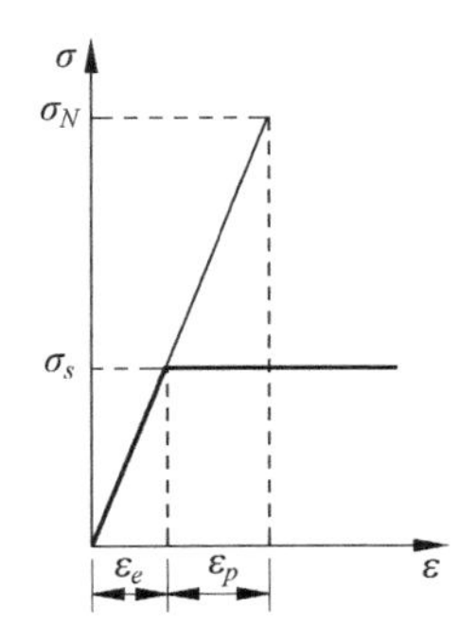

图 6-1　应力-应变曲线

在弹性状态下应力和应变有一一对应关系，应力是判断结构弹性失效（屈服准则）的特征参数。但是进入塑性后应力始终等于屈服极限（理想塑性材料），不能用它来表征塑性变形的大小和塑性损伤的严重程度。在塑性理论中塑性应变成为控制塑性失效的重要参数，那么怎样用弹性计算应力来表示塑性应变呢？应力分类法引入了名义应力的重要概念。考察用理想弹塑性材料制成的实际结构和另一个形状相同、材料改为理想弹性（屈服极限为无穷大）的替代结构。图 6-1 是相应的应力-应变曲线，当应力达到屈服极限时，实际结构发生塑性流动而替代结构始终保持弹性。将实际结构的总应变（即弹性应变 ε_e 和塑性应变 ε_p 之和）乘以杨氏模量 E 定义为名义应力 σ_N，则：

$$\sigma_N = E\varepsilon = E(\varepsilon_e + \varepsilon_p) \tag{6-1a}$$

在塑性区内弹性应力等于屈服应力，$E\varepsilon_e = \sigma_s$，代入式(6-1a)得到：

$$\varepsilon_p = (\sigma_N - \sigma_s)/E \tag{6-1b}$$

因而塑性应变可以用名义应力超过屈服极限的量 $\sigma_N - \sigma_s$ 除以杨氏模量来得到，这样就可以用名义应力来代替塑性应变作为控制塑性失效的特征参数。

问题是式(6-1a)中的 ε 是实际结构的总应变，应该将载荷加在实际结构上，用弹塑性本构关系来计算，然后乘以杨氏模量得到的才是真实名义应力。而应力分类法是将载荷加在替代结构上，用弹性分析来计算弹性名义应力，用它来近似地代替真实名义应力作为安全评定的特征参数。这样做虽然简单，回避了复杂的弹塑性分析，但因本构方程不同，在相同载荷下替代结构和实际结构的应力和应变都不相同。需要研究在什么条件下两者的差别是工程设计所允许的，从而给出应力分类法的适用范围。

6.1.4　适用范围

在结构进入塑性的初期，只在局部高应力区发生少量塑性变形，结构整体仍处于弹性状态，因而高应力区的塑性流动将被周围弹性材料所限制，此时弹性分析和弹塑性分析得到的总应变和名义应力相差不大，所以应力分类法可用于结构出现少量局部塑性变形而整体处于弹性状态的情况。但当结构出现大范围的总体塑性变形时，应力分类法将不再适用。

为了确保结构处于整体弹性状态，应力分类法设定了三个一次应力评定准则（见式(6-2a)～式(6-2c)）将最大一次应力限制在屈服极限之内，因而该方法是自保安全的，可以放心使用。

应力分类法中薄膜应力、弯曲应力等基本概念来源于板壳理论。板壳结构的几何特征是厚度方向的几何尺寸显著地小于另两个方向。对于三个方向几何尺寸相近、应力分布规律不符合 6.4.5 节所列特征的三维部件，应力分类法可能导致偏于危险的误判。

应力分类法对载荷情况未做任何假设或简化，适用于压力容器常见的各种载荷工况。

应力分类法已推广应用于出现蠕变和松弛现象的高温结构设计规范。

6.1.5　保守性

总体而言，应力分类法是一种保守的设计方法，其保守性表现在：

(1) 一次应力的许用准则基于理想弹塑性和小变形假设。理想弹塑性是最保守的塑性本构模型,忽略了实际材料的应变硬化效应;小变形假设又不考虑结构的大变形几何强化效应,两者均导致对结构实际承载能力的低估。

注:有少数结构会出现大变形几何弱化效应,应在屈曲分析中加以评估。

(2) 一次加二次应力的许用准则基于弹性安定准则。丧失弹性安定只是循环载荷下结构进入塑性损伤累积阶段的起点,而不是一种塑性失效模式,它离塑性失效(发生疲劳断裂或棘轮垮塌)还有相当长的寿命期。

(3) 评定总应力(一次加二次加峰值)的疲劳准则采用弹性计算最大应力幅值,没有充分考虑进入塑性后应力重分配对疲劳的影响;疲劳 $S\text{-}N$ 曲线的安全系数也相当保守。

大量的工程案例验证了应力分类法的保守性,但也有厚壁圆筒等少数案例给出了非保守的结果。

6.1.6 实施环节

应力分类法有三个实施环节:

(1) 应力分析。对结构进行弹性应力分析,确定载荷作用下结构内的应力及其分布。可采用解析解、数值分析和实验应力分析三类方法来完成。

(2) 应力分类。将应力分析得到的弹性应力进行分类,分为总体一次薄膜应力、局部一次薄膜应力、一次弯曲应力、二次应力和峰值应力五大类。这是应力分类法中最重要又较难掌握的部分,本章将深入讨论其原理、方法和应用实例。

(3) 应力评定。将五类应力按各自的评定准则进行强度评定,以保证结构的安全性。在应力分类完成后,按相应的准则进行应力评定并不困难。本章将简要介绍五个应力评定准则的来源。

6.2 五类应力

在应力分类法中弹性计算应力被分为总体一次薄膜应力 P_m、局部一次薄膜应力 P_L、一次弯曲应力 P_b、二次应力 Q 和峰值应力 F 五大类。这些应力相应的评定准则如下:

总体一次薄膜应力 $$S_{\mathrm{I}}=\mathrm{eq}(P_m)\leqslant 1.0S \tag{6-2a}$$

局部一次薄膜应力 $$S_{\mathrm{II}}=\mathrm{eq}(P_L)\leqslant 1.5S \tag{6-2b}$$

一次应力(一次薄膜加弯曲应力) $$S_{\mathrm{III}}=\mathrm{eq}(P_L+P_b)\leqslant 1.5S \tag{6-2c}$$

一次加二次应力 $$S_{\mathrm{IV}}=\mathrm{eq}(P+Q)\leqslant 3.0S \tag{6-2d}$$

总应力(一次加二次加峰值应力) $$S_{\mathrm{V}}=\mathrm{eq}(P+Q+F)\leqslant S_a \tag{6-2e}$$

其中,P_m、P_L、P_b、Q 和 F 都是指应力张量,用 6 个应力分量表示;$P=P_L+P_b$ 是一次应力;S_{I}、S_{II}、S_{III}、S_{IV} 和 S_{V} 是我国 GB/T 4732—2024 标准中定义的对应于各类评定准则的评定应力;符号 eq(…)表示取当量应力,在新Ⅷ-2 中采用第四强度理论的"米泽斯"(von Mises)当量应力,老Ⅷ-2、ASME Ⅲ 和欧盟标准中采用第三强度理论的"应力强度",即"特雷斯卡(Tresca)"当量应力。在计算评定应力 S_{III}、S_{IV} 和 S_{V} 时应先把括号中的各类应力按分量叠加,然后再计算当量应力。S 是基于结构材料和设计温度的基本许用当量应力,在老Ⅷ-2 中记为 S_m。关于上述评定准则中不等式右边许用应力极限的来源说明详见 6.7 节。

准则(6-2c)和(6-2d)中的许用应力极限1.5S和3.0S是基于纯一次弯曲应力P_b和纯二次应力Q导出的，规范把它们推广应用于S_{III}和S_{IV}。峰值应力F没有独立的评定准则，而是作为总应力的一部分参与评定的。

ASME Ⅷ-2规范、欧盟EN标准和我国GB/T 4732—2024标准对各类应力的说明摘引如下，更深入讨论和补充说明将在下节中给出。

(1) 一次应力

ASME：由施加的载荷引起的、为满足外部与内部的力和力矩平衡定律所必须的正应力或剪应力。一次应力的基本特征是它是非自限的。显著超过屈服强度的一次应力将导致失效或至少是总体变形。热应力不属于一次应力。

EN：与外加载荷(压力，力和力矩)满足平衡定律的应力。

GB/T 4732：为平衡压力与其他机械载荷所必须的正应力或剪应力。

(2) 总体一次薄膜应力

ASME：总体一次薄膜应力在结构中的分布不会因屈服而发生载荷重分配。例如，在圆柱壳或球壳中由内压或分布的活载荷引起的总体薄膜应力。

(3) 局部一次薄膜应力

ASME：由压力或其他机械载荷与一次和/或不连续效应共同引起的薄膜应力情况，若不加限制，当载荷转移到结构的其他部分时将产生过量的塑性变形。从保守考虑，要求将这类应力归入局部一次薄膜应力，虽然它具有某些二次应力的性质。

老Ⅷ-2还做了更详细的说明：如果应力强度超过1.1S_m的应力区沿子午线方向的延伸距离不大于1.0$\sqrt{Rt}$，则此应力区可认为是局部的，此处R是所考察区的中面曲率半径，它是从回转轴量起、垂直于曲面的第二主曲率半径，t是考察区内的最小厚度。两个超过1.1S_m的局部一次薄膜应力区在子午线方向的距离应不小于2.5$\sqrt{Rt}$(2007版以后改为1.25$\sqrt{Rt}$)，此处R为$(R_1+R_2)/2$，t为$(t_1+t_2)/2$，R_1和R_2是这两个区的第二主曲率半径，t_1和t_2是每个区的最小厚度。离散的超过1.1S_m的局部一次薄膜应力区之间不应出现超过1.1S_m的薄膜应力区的重叠现象。例如，由永久性支座或接管连接处的外载荷和力矩引起的壳体内的薄膜应力。

(4) 一次弯曲应力

ASME：一次弯曲应力可定义为由施加的载荷引起的、为满足外部与内部的力和力矩的平衡定律所必须的弯曲应力。例如，由压力引起的平盖中心区的弯曲应力、蝶形封头球冠中心区的弯曲应力、多孔管板或封头的孔桥中的弯曲应力、非均布径向载荷下圆环的环向弯曲应力。

EN：一次弯曲应力定义为沿所考虑截面线性分布的一次应力，它与离中性轴的距离成正比。

GB/T 4732：平衡压力或其他机械载荷所需的沿截面厚度线性分布的弯曲应力。

(5) 二次应力

ASME：由相邻部件的约束或结构自身约束所引起的正应力或剪应力。二次应力的基本特征是：它是自限的。局部屈服和少量变形可以使产生该应力的条件得到满足。一次性施加该应力是不会发生失效的。例如，总体热应力和总体结构不连续处的弯曲应力。

EN：因使用不同弹性模量的材料在外载荷下出现的几何不连续被约束或因热膨胀差

被约束所产生的应力。

GB/T 4732：为满足外部约束条件或结构自身变形连续要求所需的正应力或剪应力。二次应力的基本特征是具有自限性，即局部屈服和小量变形就可以使约束条件或变形连续要求得到满足，从而变形不再继续增大。

（6）峰值应力

ASME：峰值应力的基本特征是它不引起任何显著的变形，其有害仅因为它是疲劳裂纹或脆性断裂的可能起源。并不高度局部化的应力，如果不引起显见的变形也归入此类。例如，碳钢容器的奥氏体钢覆层中的热应力，因所含流体的温度迅速变化而导致的容器或管子壁中的热应力，以及局部结构不连续处的应力。

EN：加在相应一次和二次应力之上以形成总应力的那部分应力。

GB/T 4732：由局部结构不连续或局部热应力影响而引起的附加于一次加二次应力的应力增量。峰值应力的特征是同时具有自限性和高度局部性，不会引起明显的变形；其危害性在于可能导致疲劳裂纹或脆性断裂。非高度局部性的应力，如果不引起显著变形也属于此类。

压力容器典型部件的应力分类实例列在表 6-1 中。

6.3 应力分类

将应力按其危险性分类，并用不同的许用应力对各类应力进行评定是应力分类法的主要特点。学会如何进行应力分类是正确掌握和应用应力分类法的关键。如果应力分类划分错了，把较危险的一次应力当成了二次应力或峰值应力，将会导致严重后果；反之，把二次应力或峰值应力当成了一次应力，又会导致过于保守。

应力分类的难点在于它不能像规则设计那样用“套公式”的方法来简单处理。压力容器部件的几何形状和工作环境多种多样、受力和变形情况复杂，表 6-1 中只给出了应力分类的典型例子，用户需要掌握应力分类的基本原理和基本方法才能举一反三地正确处理设计中遇到的实际分类问题。

本节先从力学原理出发提出应力分类的两个判据，然后结合实例进行深入讨论。

表 6.1　应力分类的例子

<table>
<tr><th>容器部件</th><th>部位</th><th>应力来源</th><th>应力类型</th><th>分类</th></tr>
<tr><td rowspan="11">任何壳体，包括圆柱壳、锥壳、球壳和成型封头</td><td rowspan="4">远离不连续处的壳壁</td><td rowspan="2">内压</td><td>总体薄膜应力</td><td>P_m</td></tr>
<tr><td>沿壁厚的应力梯度</td><td>Q</td></tr>
<tr><td rowspan="2">轴向热梯度</td><td>薄膜应力</td><td rowspan="2">Q</td></tr>
<tr><td>弯曲应力</td></tr>
<tr><td rowspan="3">接管或其他开孔附近</td><td rowspan="3">加于接管上的净截面轴向力和/或弯矩，和/或内压</td><td>局部薄膜应力</td><td>P_L</td></tr>
<tr><td>弯曲应力</td><td>Q</td></tr>
<tr><td>峰值应力（填角或直角）</td><td>F</td></tr>
<tr><td rowspan="2">任何部位</td><td rowspan="2">壳体与封头间的温差</td><td>薄膜应力</td><td rowspan="2">Q</td></tr>
<tr><td>弯曲应力</td></tr>
<tr><td rowspan="2">壳体几何偏差，如不圆度和凹陷</td><td rowspan="2">内压</td><td>薄膜应力</td><td>P_m</td></tr>
<tr><td>弯曲应力</td><td>Q</td></tr>
</table>

续表

容器部件	部位	应力来源	应力类型	分类
圆柱壳或锥壳	贯穿整个容器的任意横截面	加于圆柱壳或锥壳上的净截面轴向力、弯矩，和/或内压	远离不连续处沿厚度平均的薄膜应力（垂直于横截面的应力分量）	P_m
			沿厚度的弯曲应力（垂直于横截面的应力分量）	P_b
	与封头或法兰的连接处	内压	薄膜应力	P_L
			弯曲应力	Q
碟形封头或锥形封头	球冠区	内压	薄膜应力	P_m
			弯曲应力	P_b
	过渡区或与壳体连接处	内压	薄膜应力	P_L①
			弯曲应力	Q
平盖	中心区	内压	薄膜应力	P_m
			弯曲应力	P_b
	与壳体连接处	内压	薄膜应力	P_L
			弯曲应力	Q②
多孔的封头或壳体	均匀布置的典型管孔带	压力	薄膜应力（沿管孔带宽度平均，沿壁厚均匀分布）	P_m
			弯曲应力（沿管孔带宽度平均，沿壁厚线性分布）	P_b
			峰值应力	F
	分离的或非典型的管孔带	压力	薄膜应力（沿管孔带宽度平均）	P_m
			弯曲应力（沿管孔带宽度平均）	P_b
			薄膜应力（最大值）	Q
			弯曲应力（最大值）、峰值应力	F
接管	补强范围内	压力、外部载荷③，包括由相连管系自由端位移受约束引起的	总体薄膜应力	P_m
			整体弯曲应力④，沿接管壁厚的平均应力（不包括总体结构不连续）	
			弯曲应力	P_b
	补强范围外	压力、外部载荷，不包括由相连管系自由端位移受约束引起的	总体薄膜应力	P_m
			整体弯曲应力，沿接管壁厚的平均应力（不包括总体结构不连续）	
			局部薄膜应力	P_L
			弯曲应力	P_b
		压力、外部载荷，包括由相连管系自由端位移受约束引起的	薄膜应力	P_L
			弯曲应力	P_b+Q
			峰值应力	F
	接管壁	总体结构不连续	薄膜应力	P_L
			弯曲应力	Q
			峰值应力	F
		膨胀差	薄膜应力	Q
			弯曲应力	
			峰值应力	F

续表

容器部件	部位	应力来源	应力类型	分类
覆层	任意	膨胀差	薄膜应力	F
			弯曲应力	
任意	任意	径向温度分布⑤	当量线性应力⑥	Q
			应力分布的非线性部分	F
任意	任意	任意	应力集中(缺口效应)	F

① 应该考虑大径厚比容器中发生皱曲和过量变形的可能性。

② 若周边弯矩是为保持平盖中心区弯曲应力在允许极限内所需要的,周边弯曲应力属 P_b 类;否则属 Q 类。

③ 外部载荷包括轴向力、剪切力、弯矩和扭矩。

④ 整体弯曲应力是指沿接管整体截面(而非厚度)线性分布的正应力。

⑤ 应考虑热应力棘轮的可能性。

⑥ 当量线性应力定义为具有与真实应力分布相同净弯矩的线性分布应力。

此表取自我国标准 GB/T 4732.4,与 ASME Ⅷ-2 规范的主要区别是:

(1) 对多孔封头或壳体中分离的或非典型的管孔带补充了一次应力的类别。

任何管孔带都是结构中的承力部分,都应满足一次应力的评定要求,所以沿管孔带宽度平均的薄膜应力应划为 P_m,平均弯曲应力应划为 P_b。当孔间距较大时,应力沿管孔带宽度分布不均匀,孔边出现应力集中,此时最大薄膜应力划为 Q,最大弯曲应力和峰值应力划为 F。

(2) 对接管的应力分类进行了如下修改和补充。

① 在 ASME Ⅷ-2 的表 5.6 中认为外部弯矩在补强范围外只引起一次局部薄膜应力 P_L,而不引起一次总体薄膜应力 P_m。为此将弯矩与其他外部载荷(轴向力、剪切力和扭转)分离,按两种不同工况进行应力分类。事实上,接管有两个补强范围外的区域,在容器侧的补强范围外区域内外部弯矩确实是只引起一次局部薄膜应力;但接管侧的补强范围外区域却处于整体弯曲状态,整体弯曲应力沿接管的整体截面(而非壁厚)线性分布,它沿接管壁厚的平均值属于一次总体薄膜应力。所以外部弯矩和其他外部载荷(轴向力、剪切力和扭转)一样也会引起一次总体薄膜应力,可以将它们合并为"外部载荷"一种工况进行应力分类。

② 按 ASME Ⅷ-2 中 5.6 节的条款(b)(1)将表 5.6 中接管补强范围外第一栏中的"包括(including)由相连管系自由端位移受约束引起的"修正为"不包括(other than)由相连管系自由端位移受约束引起的"。

③ 按 ASME Ⅷ-2 中 5.6 节的条款(a)(2)对表 5.6 中接管补强范围内补充了一次弯曲应力 P_b 的类别。

6.3.1 引起应力的外因和内因

应力是由外因引起的,但应力分类是由内因决定的。

外因是引起应力的外部因素,外因分两大类:

(1) 机械载荷,又称力控制的载荷。机械载荷是外界对结构施加的力,它会直接引起结构内的应力。机械载荷包括作用在物体内部的体积力(简称体力,如重力、电磁力);作用在物体表面上的面积力(简称面力,如压力、风载)和作用在一个点上的集中力(它是作用面很小的面力的简化模型,在有限元法中集中力只能施加在结点上)。

(2) 约束,包括外界或相邻部件对结构的约束和结构内的自身约束。约束限制了物体的自由变形,因而引起应力。例如,通常说“温度变化引起热应力”。其实温度变化(通常称热载荷,是一种应变控制的载荷)只引起物体的热变形(热胀冷缩),并不直接引起热应力。热应力是由约束引起的,仅当物体的自由热变形被约束限制时才会产生热应力。对于超静定结构,当过度的约束限制了承载结构的自由变形时也会导致结构中的附加应力。

内因是应力必须满足的内在物理规律,内因也有两类:

(1) 平衡定律。结构必须满足内力和外力的平衡关系,包括平衡微分方程和力边界条件。如果结构内没有足够的应力来平衡外载荷,结构将发生垮塌。

(2) 协调定律。结构必须满足变形协调关系(即变形连续条件),包括应变协调微分方程和位移边界条件。如果结构内没有相应的应力来克服变形过程中产生的不连续性,结构将出现开裂或重叠现象。

除了平衡定律和协调定律外,弹性力学和塑性力学中还有一组描述材料特性的本构定律,它只是建立应力和应变的关系,不是导致应力的内因。

外因和内因与应力分类有什么关系?ASME 规范提到一次应力是“由所加载荷所引起的、为满足外部与内部的力和力矩平衡定律所必须的正应力或剪应力”,这里首先提了外因,然后又提了内因。规范又提到二次应力是“由相邻部件的约束或结构自身约束所导致的正应力或剪应力”,这里仅提到外因,似乎与内因无关。学习应力分类法首先要解决的问题是:决定应力分类的因素到底是外因还是内因?或者是两者的结合?

初学者往往会从外因入手,直观地认为机械载荷引起的应力是一次应力、约束引起的应力是二次应力,因为外因很容易辨别。但深入思考后发现根据外因是无法确定应力种类的。为了满足内力和外力的平衡关系,机械载荷一定会直接引起一次应力,但是当存在总体结构不连续或局部结构不连续时,机械载荷也会引起二次应力或峰值应力。另外,大多数情况下约束引起的是二次应力或峰值应力,但有些约束是为了平衡外部机械载荷所必须设置的,称为基本约束(例如球罐的支柱,塔器的裙座,静定卧式容器的两个鞍座),由基本约束的反力引起的应力是一次应力。由此可见,无论是机械载荷或约束都有可能引起一次应力、二次应力或峰值应力,根据外因来进行应力分类是分不清楚的,见图 6-2 的左侧。

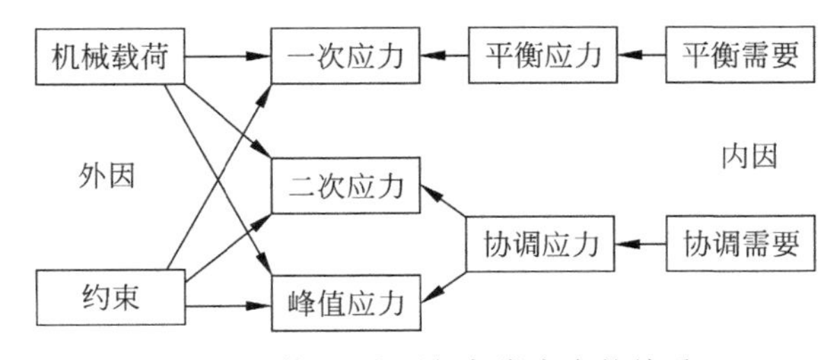

图 6-2 外因、内因与各类应力的关系

再来看内因。根据内因可以明确地把应力分为平衡应力和协调应力两大类。满足平衡载荷所需要的应力称为平衡应力,即一次应力。满足变形协调所需要的应力称为协调应力,它包括二次应力和峰值应力。然后,根据应力的影响范围和分布规律可以进一步把平衡应力和协调应力细分为规范定义的五类应力。图 6-2 右侧表明，若从内因入手，就可以准确地确定应力种类，顺利完成应力分类。

从力学原理上看，外因是应力的起因，外因必须通过内因才能发挥作用。内因才是决定应力性质（如自限性）的关键因素，是应力分类的基本依据。

下面来详细讲述基于内因进行应力分类的两个重要判据[9]。

6.3.2 应力分类的第一判据

应力分类的第一个判据是：

判据一 应力的作用、性质和失效模式。

根据此判据可将应力分为平衡应力和协调应力两大类：

（1）平衡应力（即一次应力）是平衡机械载荷所需要的应力，其基本特性是无自限性，其失效模式是塑性垮塌、局部失效和屈曲。

（2）协调应力（又称自限应力，包括二次应力和峰值应力）是满足变形协调所需要的应力，其基本特性是具有自限性，其失效模式是循环失效，包括疲劳失效和棘轮失效。

下面先通过几个典型实例来说明平衡应力和协调应力的基本性质，然后再深入讨论什么是应力的自限性。

6.3.2.1 一次应力（平衡应力）

考察图 6-3 中下端悬挂砝码的单向拉伸杆件，它由理想塑性材料制成。砝码重为 W、杆截面面积为 A、杆长为 L。若不考虑两端附近的局部效应，在砝码作用下杆内处处受拉应力 $\sigma=W/A$。随着砝码的增加，当应力达到材料屈服极限 σ_s 时，杆件将发生总体塑性流动。由于平衡砝码重量所需要的拉应力不会因为杆的塑性流动而变小，理想塑性材料又不能通过应变硬化来提高杆的承载能力，所以杆件将始终处于屈服状态，只要不卸载，塑性流动就不会自动限制，直到杆件被拉断。

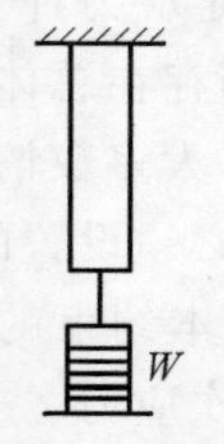

图 6-3 单向拉伸杆

内压下球形和圆柱形压力容器的薄膜应力是遍及整个壳体的总体一次薄膜应力。对理想塑性材料，若当量薄膜应力达到屈服极限，在压力的推动下塑性流动也不会自动限制，直至容器爆破。

若某应力引起的塑性流动不能自动限制，则称该应力没有自限性。

由力学原理来分析，一次应力的作用是满足与外部机械载荷的平衡关系，即承受外载荷。结构发生总体塑性流动说明结构内材料所能提供的一次应力已经不能平衡外部载荷，平衡方程已经失衡，只有设法重新满足平衡方程才能制止塑性流动。但是平衡方程是内力和外力间的力平衡关系，而塑性流动是应变，是一个不能进入平衡方程的几何量，无法对改善失衡关系做出贡献，所以一次应力引起的总体塑性流动是不能自动限制的。由此得出结论：凡是为满足平衡载荷所需要的一次应力（平衡应力）都没有自限性。

6.3.2.2 二次及峰值应力（协调应力）

机械载荷和约束都可能引起二次应力和峰值应力。下面通过三个典型实例来说明。

（1）装配应力。考察理想塑性材料的杆件因约束引起的装配应力问题，见图 6-4(a)。杆件比设计要求的长度短了 Δ，出现脱节现象。为了装配上，即满足设计为杆件所留空间长度的约束条件，必须强行加力把杆件拉长。若 Δ 大于杆件的弹性变形量，就需要通过塑性流动来弥补脱节。一旦脱节被克服,约束条件(变形协调条件)得到满足,塑性流动就会自动停止。装配成功后,杆内存在的塑性变形是稳定的,不会继续发展,因而装配应力不会导致结构破坏。这正是当加工误差在工艺规范规定范围内时允许进行强力装配的原因。

(2) 热应力。考察图 6-4(b)的热应力问题。将环境温度降低使杆件收缩 Δ。由于杆件两端被固定,无法自由收缩,所以产生拉伸热应力。温度降得越低,热应力越大。一旦达到屈服极限,杆件就发生总体塑性流动。与图 6-3 中悬挂砝码会跟随杆件塑性流动不同,这里的冷缩脱节量 Δ 在给定温度下是不变的,一旦塑性流动 Δ_p 和弹性变形 Δ_e 之和达到脱节量 Δ,变形协调条件就得到满足,塑性流动马上自动停止,因而杆件不会发生垮塌,是安全的。

热载荷与机械载荷性质不同,它并不直接引起应力,而是首先引起变形(热膨胀)。如果允许物体自由膨胀,温度再高也不会产生热应力。仅当自由膨胀被约束所限制时,为了满足约束条件才会产生热应力。因此热应力是满足变形协调所需要的应力,属于二次应力或峰值应力。由管系引起的热胀应力需例外处理,因为它具有“弹性跟随”特性,详见 6.6.4 节的讨论。

约束包括外部约束和内部约束(即结构内部的变形协调条件)。图 6-4(b)的杆件是外部约束引起热应力的例子。压力容器部件中还有不少内部约束引起热应力的例子。例如,部件内非均匀温度场引起的热应力,典型例子是高温容器的内壁温度高、外壁温度低,外壁限制了内壁向外膨胀的趋势,为了满足变形协调条件内壁和外壁将分别出现压缩和拉伸热应力。再如,在均匀温度场中由热胀系数不同的材料组成的部件也会产生热应力,例子有碳钢容器内不锈钢覆层的热胀系数大,容器限制了覆层的热膨胀,由于覆层很薄、刚度很小,膨胀差主要由它来吸收,因而覆层内会出现相当大的热应力。

(3) 机械载荷引起的协调应力。考察受内压的球形封头压力容器。在机械载荷作用下容器内一定存在平衡载荷需要的一次应力,同时也可能引起二次应力和峰值应力。如何判断机械载荷引起的应力中哪些是一次应力、哪些是二次应力,这是应力分类中较为困难的问题。本例采用分离体法来判断应力的作用和性质。

把压力容器的筒体和封头切开,暴露出断面上的内力,包括轴向力 T、横剪力 Q 和轴向弯矩 M,如图 6-5 所示。根据作用与反作用原理,作用在封头上的 T、Q 和 M 分别与筒体上的大小相等、方向相反。

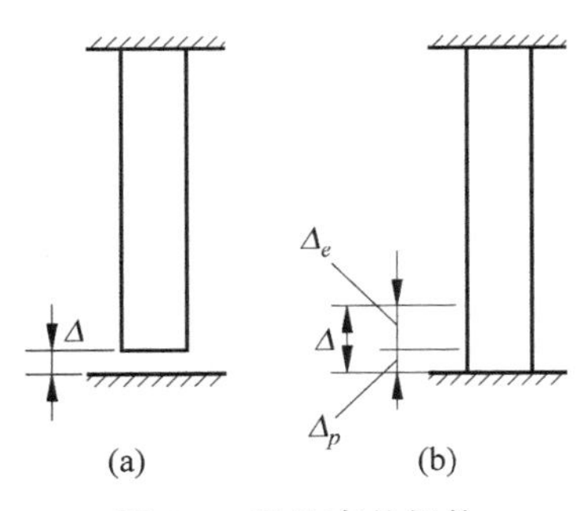

图 6-4 受约束的杆件
(a) 装配应力;(b) 热应力

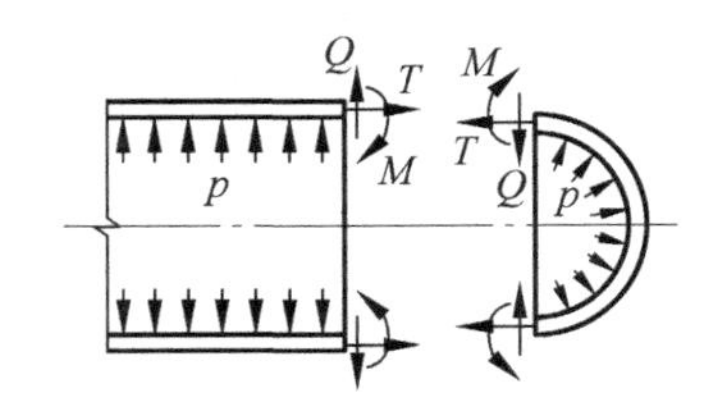

图 6-5 内压下球形封头压力容器

先看平衡关系。由封头的轴向平衡条件可知,轴向力 T 是平衡内压所需要的。在内压和轴向力 T 作用下,筒体和封头中的薄膜应力可以由平衡方程完全确定,由此可以判定:

筒体和封头中的总体薄膜应力是平衡外载所需要的一次应力。由于内压已由轴向力 T 来平衡，所以从平衡外载荷考虑并不需要轴向弯矩 M 和横剪力 Q，需进一步研究它们的起因。

现在来看变形协调关系。众所周知，当厚度相等时筒体的环向薄膜应力比球形封头大一倍，因而在内压作用下图 6-5 左边筒体的径向位移将大于右边的球形封头，径向变形在连接处出现脱节，称为“总体结构不连续”。为了消除脱节，满足变形后连接处两侧的径向位移和转角连续的条件，必须在连接边界上对筒体和封头施加大小相等、方向相反的弯矩 M 和横剪力 Q（若筒体和封头的厚度相等，$Q=0$）。由此可以判定：弯矩 M 和横剪力 Q 是满足变形协调所需要的内力，它们在筒体和封头边缘引起的沿子午线衰减的局部薄膜应力和弯曲应力都是变形协调需要的二次应力。从保守角度考虑，ASME 规范把其中的局部薄膜应力划为局部一次薄膜应力。

本例说明，当结构内存在总体结构不连续时，机械载荷除引起一次应力外还同时引起二次应力。同理，当结构内存在局部结构不连续时，机械载荷还会引起峰值应力。

机械载荷引起的二次应力和峰值应力是随机械载荷成正比增长的，卸载后也会随之消失。有些初学者认为，应力能随机械载荷而变化就证明它是平衡外载所需要的，应该属于一次应力，二次应力与平衡外载无关，不会随载荷正比增长。由本例可以看到，由于筒体和封头间的变形脱节量（即总体结构不连续的程度）是两者在连接处的弹性变形之差，它随内压正比增长，消除该结构不连续的二次应力和峰值应力也必然随之正比增长。所以，与机械载荷成正比的应力并不都是一次应力。

上述例子中引起应力的外因并不相同，前两个是由约束引起的，后一个是由机械载荷引起的。但内因完全相同，都是为了满足变形协调条件。

若某应力引起的塑性流动能自动限制，则称该应力具有自限性。从力学原理上分析，变形协调条件是用应变或位移表示的方程，塑性流动是变形，可以直接进入变形协调条件来帮助结构消除结构不连续，协调条件一旦满足，塑性流动就会自动停止。由此得出结论：凡是为满足变形协调所需要的协调应力（二次和/或峰值应力）都具有自限性。

6.3.2.3 自限性

“自限性”是应力分类法的重要概念。它是一次应力和二次应力的分水岭：一次应力没有自限性，二次应力具有自限性。它也是决定应力危险性大小的基本因素：没有自限性会导致结构迅速垮塌，危险性大；具有自限性则以损伤累积方式发生循环失效，危险性小。

ASME 规范没有给出自限性的明确定义，如何正确理解自限性引起了不少讨论。

规范中提到自限性是二次应力的性质，于是初学者试图从应力的角度来理解自限性，结果导致误解。例如，误认为自限性是指达到屈服极限后应力会自动限制在屈服极限上的性质。其实这是理想塑性材料的性质，只要采用理想塑性材料，无论是一次应力还是二次应力都不可能超过屈服极限；若采用了应变硬化材料，则二次应力也可以超过屈服极限。

为了深入理解自限性，先来回顾和对比一下图 6-3 和图 6-4(b)的两个例子。例子虽然简单，却说明了自限性的要点：①两者都是总体薄膜应力，不同之处在于：在砝码作用下塑性流动无法限制，而在热应力情况下塑性流动能自动停止。可见自限性是关于塑性变形而非应力的性质。②砝码作用下的一次应力要满足平衡条件，因塑性变形不能进入平衡条件去改善失衡关系，所以塑性流动无法限止。而热应力要满足变形协调条件，塑性变形可以进入变形协调条件帮助消除结构不连续，一旦条件满足，塑性流动就自动停止。可见出现自限性的根本原因是变形协调条件得到满足。

再来仔细解读一下 ASME 规范中与自限性有关的论述："二次应力是由相邻部件的约束或结构自身约束所引起的正应力或剪应力。二次应力的基本特性是它是自限的。局部屈服和小量变形可以使引起这种应力的条件得到满足"。由该论述同样可以看出：①自限性是塑性变形被限制在"局部屈服和小量变形"范围内的性质，而非应力本身的性质。②二次应力能有自限性的原因是"引起这种应力的条件得到满足"。这里"引起这种应力的条件"就是相邻部件之间或结构自身内部的变形协调条件。

应力分类法的三个一次应力评定准则(式(6-2a)～式(6-2c))要求所有一次应力都不大于屈服极限，保证了容器处于整体弹性状态。此时在合理的设计载荷下结构产生的变形脱节量是很小的，所以只需要"局部屈服和小量变形"就能消除由总体和局部结构不连续引起的脱节，使"引起这种应力的条件得到满足"。

那么为什么把塑性变形的自限性说成是二次应力的自限性呢？这是因为应力分类法中的"应力"都是指弹性名义应力，它等于弹性模量乘以总应变。一定载荷下弹性应变是确定的，只要塑性应变有自限性，总应变就有自限性，乘以弹性模量后二次(名义)应力也必有自限性了。反过来，应力评定限制了二次应力的大小，也就限制了塑性变形的大小。

综上所述，自限性是指应力引起的塑性变形能自动被变形协调条件限制在局部屈服和少量变形范围内的性质。凡是满足变形协调所需要的二次应力和峰值应力都具有自限性。反之，由于塑性变形不能改善失衡关系，凡是满足平衡载荷所需要的一次应力都没有自限性。

在规则设计中人们习惯于从应力的角度来思考问题，用这样的思维模式来理解"自限性"和判断二次应力往往会陷入困境，进而觉得应力分类法很难掌握和应用。应力分类法采用塑性失效准则，塑性变形的大小和能否得到限制的性质成为判断失效危险性和进行应力分类的重要依据。重视对结构塑性变形行为的观察和研究，养成同时从内-外力平衡和变形协调两个角度来思考问题，是理解和掌握应力分类法的关键。观念一旦改变，许多困惑都将迎刃而解。

6.3.2.4 失效模式

失效模式也是判断应力类别的一种依据。

一次应力没有自限性，其主要失效模式是塑性垮塌。塑性垮塌是迅速发生的破坏模式，危险性大，所以一次应力应严加限制，取较小的许用应力值。

协调应力(二次和峰值应力)具有自限性，其失效模式是循环失效，包括疲劳失效和棘轮失效。疲劳和棘轮都是有限寿命的失效模式，结构不会立即破坏，在安全寿命期内若检测到疲劳裂纹或棘轮变形可以马上修复或更换部件，所以协调应力的危险性较小，可以取较高的许用值。

载荷的性质及其施加方式与应力分类没有直接关系，而要看其导致什么失效模式。例如，在装配过程中强行拉伸时施加的是机械载荷。当脱节量小时，一旦达到装配要求就停止拉伸，部件不可能发生垮塌，所以装配应力是二次应力，而不管它此前曾用机械载荷拉伸过。但若脱节量过大，在达到装配要求前部件就被拉断，发生垮塌，那么该拉伸应力就是机械载荷引起的一次应力。再如，由温度变化引起的热应力通常都是二次应力。但如果图 6-4(b)中杆件的降温过大，在尚未满足变形协调条件前杆件就被拉断，那么此时的热应力已成为没有自限性的一次应力，虽然它是由热载荷引起的。

由此可见，二次应力的自限性是有前提的，即热膨胀差或总体结构不连续量不能太大，否则就无法通过“局部屈服和少量变形”来满足变形协调条件。为了实现这个前提，规范要求二次应力小于两倍屈服极限（评定准则式(6-2d)），即限制二次应力引起的塑性变形只能与弹性极限应变相当，该应变远小于延性材料的延伸率，因而确保了二次应力的自限性。

6.3.3 应力分类的第二判据

应力分类的第二个判据是：

判据二 应力的分布规律和影响范围。

这是进一步将一次应力分为总体一次薄膜应力 P_m、局部一次薄膜应力 P_L 和一次弯曲应力 P_b 以及将协调应力分为二次应力 Q 和峰值应力 F 的判据。

6.3.3.1 一次应力的分类

(1) 根据沿厚度方向的分布规律，可以将一次应力分为一次薄膜应力和一次弯曲应力。薄膜应力是沿厚度均匀分布的正应力，是正应力沿厚度的平均值。弯曲应力是沿厚度线性分布且与离中性轴的距离成正比的正应力。

注： *二次应力也可以分为二次薄膜应力和二次弯曲应力，但由于它们的许用应力极限均为 3.0S，在应力评定时不加区分。但在热屈曲分析和热棘轮分析中都需要区分薄膜热应力和弯曲热应力。*

当压力容器的壁厚较厚时，应力沿厚度将呈非线性分布。通常通过应力线性化将总应力分解为沿厚度均匀分布的薄膜应力、线性分布的弯曲应力和非线性分布的峰值应力，详见 6.4 节。ASME 规范定义弯曲应力“沿厚度的变化可以是线性的，也可以是非线性的”，后者把峰值应力也归入弯曲应力，偏于保守，通常用于峰值应力较小的情况。

一次弯曲应力的实例有：容器平盖中心部位由内压引起的弯曲应力；静定梁或框架结构中的弯曲应力。

要注意区分壁厚弯曲应力和整体弯曲应力。应力分类中的弯曲应力是指沿容器厚度线性分布的壁厚弯曲应力。工程中还有一种沿容器整体截面线性分布的整体弯曲应力。例如，风载引起的沿塔器截面线性分布的弯曲应力和外载下与管道弯曲相关的管道截面上的弯曲应力，它们沿壁厚的平均值应划为总体一次薄膜应力。塔器的径厚比很大，在整体弯曲应力最大处（发生在顺风方向的直径两端）内外壁的应力差比沿壁厚平均的薄膜应力小得多，弯曲应力可以略而不计，参见图 6-6。

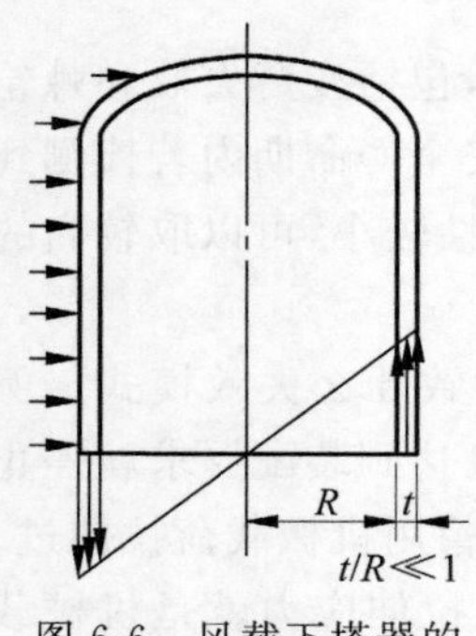

图 6-6 风载下塔器的薄膜应力

类似的例子还有工字梁和夹芯板壳结构。工字梁腹板或夹芯板壳芯层的抗弯刚度都很小，它们的作用只是保持上、下翼缘或面板间的距离。弯曲载荷主要由翼缘或面板来承担。翼缘或面板都很薄，应力沿厚度基本均匀分布，应划为总体一次薄膜应力。

(2) 根据沿子午线方向（对圆柱壳即轴向）的影响范围，可以将一次薄膜应力再分为总体一次薄膜应力和局部一次薄膜应力。

总体一次薄膜应力是影响遍及整体的一次薄膜应力，其特性是当材料屈服时不会发生有助于提高结构承载能力的应力重分布（又称载荷重分配)。原因是相邻各点的总体薄膜应力都相同,不存在可供调整的低应力区。

总体一次薄膜应力的实例有:薄壳理论中回转壳的薄膜应力解;圆柱壳或球壳中由内压或自重引起的总体薄膜应力。

局部一次薄膜应力是影响范围仅限于局部区域的一次薄膜应力。

ASME 规范将"局部区域"规定为"如果应力强度超过 $1.1S_m$ 的应力区沿子午线方向的延伸距离不大于 $1.0\sqrt{Rt}$,则此应力区可认为是局部的。……两个超过 $1.1S_m$ 的局部一次薄膜应力区在子午线方向的距离应不小于 $2.5\sqrt{Rt}$"。该规定来自薄壳理论中回转薄壳的边缘效应解。由图 2-43 可见:边缘效应通解中的四个基本函数都在 $L\leqslant 1.0\sqrt{Rt}$(相当于图中 $\beta x\leqslant 1.3$)范围内达到最大值,而 $2.5\sqrt{Rt}$(相当于 $\beta x\leqslant 3.3$)是边缘效应衰减到可以忽略程度的长度,简称衰减长度。注意到四个基本函数都是迅速衰减的函数(见图 2-43),即使两个相邻边缘效应的尾部(衰减长度的后半区)相互重叠,总应力也必小于 $1.1S_m$,所以 ASME Ⅷ-2(2007)将间距 $2.5\sqrt{Rt}$ 缩短至 $1.25\sqrt{Rt}$。

ASME 规范关于局部一次薄膜应力的定义是"由压力或其他机械载荷与一次和(或)不连续效应共同引起薄膜应力的情况,若不加限制,当载荷转移到结构的其他部分时将产生过量的变形。从保守角度考虑,要求将这类应力列为局部一次薄膜应力,虽然它具有某些二次应力的性质"。此定义把一次局部薄膜应力和二次局部薄膜应力混在一起了。其中"由压力或其他机械载荷与一次效应共同引起薄膜应力"是一次应力,它具有"若不加限制……将产生过量的变形"的一次应力性质,而不具有"某些二次应力的性质"。另外,"由压力或其他机械载荷与不连续效应共同引起薄膜应力"是二次应力,它具有二次应力的性质,而不存在"若不加限制……将产生过量的变形"的问题。ASME 规范"从保守角度考虑",同时也为了方便,把所有的局部薄膜应力都划为局部一次薄膜应力,不再分出二次应力,因而给出了上述局部一次薄膜应力的混合定义。

其实,根据 6.3.2 节的判据一,局部薄膜应力可以明确地区分为一次的或二次的。真正的局部一次薄膜应力是平衡机械载荷所需要的、与结构不连续无关的局部薄膜应力,它没有自限性,用 $1.5S$ 来限制这类应力并不一定保守,有时是危险的。例如,在筒体-锥壳过渡段小端连接处两侧壳体中的环向薄膜应力。这实际上是一个锥壳中心开孔接管结构。原来作用在锥壳开孔处被挖去面积上的内压需要由筒体-锥壳连接处附近的局部环向薄膜应力来平衡,所以该局部环向薄膜应力是一次的,详见 6.5.2 节图 6-23 和相关论述。在常用的锥顶角范围内该问题的承载潜力系数(即塑性极限载荷与弹性极限载荷之比)只有 1.15～1.35,需要做开孔补强。若既不补强、许用应力又取为 $1.5S$,则是危险的。所以,ASME Ⅷ-2 1983 版在确定连接处补强厚度系数 Q 曲线(图 AD-212.2)时采用的许用应力是 $1.1S$ 而非 $1.5S$。同理,内压下各类开孔接管处的局部环向薄膜应力都是真正的局部一次薄膜应力,取许用应力为 $1.5S$ 是保守还是危险需要针对实际结构做具体分析。

在推导法兰设计公式时假设:平衡轴向内压的螺栓力引起的法兰力矩由法兰、锥颈和相连的部分筒体共同承载。所以除法兰中的应力为一次应力外,锥颈和筒体中的局部薄膜应力都是平衡载荷需要的一次应力。

压力容器常由多个板壳部件组合而成,如筒体-封头组合,在不同部件连接处存在总体结构不连续。由机械载荷和总体结构不连续共同引起的局部薄膜应力是二次局部薄膜应力，具有自限性。把这类应力划为局部一次薄膜应力确实是保守的。

薄壳理论边缘效应解中的局部薄膜应力和总体薄膜应力的正负号可能相同或相反。规范中的 P_L 是指薄壳理论的局部薄膜应力和总体薄膜应力之和，若出现 $P_L < P_m$（即边缘效应解的薄膜应力和总体薄膜应力符号相反），则取 $P_L = P_m$。

(3) 进一步细分一次应力是因为它们的危险性不同。总体一次薄膜应力没有载荷重分配功能，危险性较大。局部一次薄膜应力和一次弯曲应力可以通过载荷重分配提高结构的承载能力，危险性较小。根据等安全度原则应该区分它们，并赋予不同的许用应力。

6.3.3.2 协调应力的分类

(1) 根据应力的影响范围，可以将协调应力进一步细分为二次应力和峰值应力。

二次应力是影响范围遍及厚度或断面的协调应力。峰值应力是影响范围仅占厚度或断面很小部分的协调应力。

这里的断面是指能将结构分离成两个独立部分的截面。由于二次应力在断面上的影响范围广，它产生的初始裂纹深度大，会导致快速贯穿壁厚或贯穿断面的疲劳断裂；此外在与一次应力联合作用下二次应力还会导致棘轮垮塌，所以二次应力的危险性较大，需要用安定准则把它限制在弹性安定范围之内。峰值应力的影响范围小，在循环载荷作用下仅能形成浅表初始裂纹，要经过较长的裂纹扩展寿命后才会导致结构断裂。在扩展期内用户可以及时检测和修复裂纹或更换损伤部件，所以峰值应力的危险性较小，允许采用考虑损伤累积过程的有限寿命疲劳设计。

对于非承压部件，仅当裂纹贯穿整个断面时才会导致部件断裂失效。而对承压部件，只要裂纹贯穿壁厚就会导致容器泄漏，因丧失承压功能而失效。所以承压部件应根据沿厚度而非断面的影响范围来区分二次应力和峰值应力。例如，在表 6-1 中把压力容器覆层中的热应力划为峰值应力。覆层热应力遍及整个容器的内表面，似乎影响范围很大，但从厚度方向看，覆层只占压力容器壁厚的很小部分，可以划为"影响范围很小"的峰值应力。

峰值应力是疲劳裂纹或脆性断裂的可能起源。ASME 规范第Ⅲ卷第一分册(2013 版)中有一个基于断裂力学防止容器发生脆性断裂的非规定性附录 G。其中 G2120 节规定在计算用于断裂评定的应力强度因子时采用 1/4 厚度[①]作为最大假想裂纹深度，即合格的设计应该保证深度小于 1/4 厚度的裂纹不会瞬间贯穿壁厚而导致承压边界失效。假设在峰值应力的有效影响范围内形成了裂纹，则参考该附录 G 的规定可以提出判断峰值应力的"1/4 厚度判据"，即对于承压部件在厚度方向的有效影响范围小于 1/4 厚度的应力为峰值应力。这里应力的"有效影响范围"是指其应力值超过前一级应力(按评定准则(式(6-2a)～式(6-2e))的前后顺序)最大值的区域。例如，薄膜应力为 1 级或 2 级应力，其影响范围是整个壁厚。弯曲应力为 3 级应力，其有效影响范围是超过薄膜应力的区域，即 1/2 厚度。峰值应力 S_{V} 是 5 级应力，它的上一级是一次加二次应力 S_{IV}，所以峰值应力的有效影响范围是指应力值超过 S_{IV} 最大值的区域，参见 6.4.2 节。有了 1/4 厚度判据协调应力的分类就简单了：影响范围大于 1/4 厚度的协调应力是二次应力，其影响范围内一旦形成初始裂纹就会发生瞬间断裂；小于 1/4 厚度的是峰值应力，其初始裂纹不会导致瞬间断裂。

---

① 当壁厚为 100～300mm 时，最大假想裂纹深度取 1/4 壁厚；若壁厚大于 300mm，都取 75mm；若壁厚小于 100mm，都取 25mm。

从影响范围的大小看，二次应力是总体协调应力，峰值应力是局部协调应力。这里“总体”和“局部”的含义和前面“一次薄膜应力”中的不同，这里是针对影响范围占壁厚或断面的比例而言的，而后者是针对占壳体中面的比例而言的。

(2) 峰值应力的特征是同时具有自限性与高度局部性，两者缺一不可。只有自限性而没有高度局部性的应力是二次应力，只有高度局部性而没有自限性的应力是一次应力集中。

在 ASME 规范对峰值应力的定义中没有明确指出峰值应力具有自限性，但可以发现它处处都隐含着关于自限性的叙述。定义中“峰值应力的基本特征是：它不引起任何显著的变形”。试问如果没有自限性，发生塑性变形后怎能没有显著变形？定义又提到“其有害仅因为它是疲劳裂纹或脆性断裂的可能起源”，显然，丧失安定后的疲劳失效是以自限性为前提的。

注：“脆性断裂”是脆性材料的失效模式，用断裂力学方法进行评定，在适用于延性材料的应力分类法中不予考虑。

峰值应力的例子有：小圆角、小附件等局部结构不连续处的应力；容器壁中小热点处的热应力；容器壁或管壁中因内部流体温度迅速变化引起的热冲击应力；由应力线性化处理得到的非线性应力(见 6.4 节)。这些例子都是满足变形协调所需要的协调应力，凡是协调应力都具有自限性(见 6.3.2 节)。

在应用中根据应力的“自限性和高度局部性”来判断峰值应力比用“不引起任何显著的变形”更为容易。因为变形是由各类应力共同引起的总体特征，很难判断其中哪部分是由峰值应力引起的。

承压部件的影响范围主要看厚度方向，可依据“1/4 厚度判据”进行判断。对于非承压部件，不存在泄漏问题，贯穿厚度的裂纹若不导致结构断裂，仍可以继续承载，所以其影响范围要看整个断面。例如，在单向拉伸平板中，小孔周围的应力集中沿厚度方向是均匀分布的，是贯穿厚度的薄膜应力，但是它在断面的宽度方向迅速衰减，影响范围只占平板断面的很小部分，所以划为峰值应力，参见 6.6.3 节。

峰值应力的高度局部性表现为影响范围很小和应力迅速衰减。薄壳理论中的边缘效应解也具有衰减特性，但它沿壳体中面(而非断面)衰减，影响范围较大，因而属于二次应力。

习惯上说“峰值应力的影响范围很小”是指峰值应力中超过一次加二次应力最大值的部分的影响范围很小。其实由总应力减去一次加二次应力(薄膜加弯曲应力)后得到的峰值应力是沿壁厚非线性分布的自平衡力系，其影响范围是整个厚度，并不小。详见 6.4.2 节。

(3) 峰值应力和应力集中是两个不同的概念，两者的区别是：

① 应力集中是指总应力，峰值应力只是总应力扣除一次加二次应力后的增量部分。

② 应力集中有两类。一类是为了消除局部结构不连续所需要的应力集中，它是具有自限性的峰值应力。压力容器部件中出现的主要是这类应力集中。另一类是由作用面积很小的集中力引起的应力集中，它是平衡机械载荷需要的、没有自限性的一次应力集中。例如，用老虎钳夹铁丝，夹口处的应力是只有高度局部性而无自限性的一次应力集中。直到铁丝被夹断，断口区以外的材料仍然不受影响。

6.3.3.3 结构不连续

压力容器中通常都存在因几何、材料或载荷分布发生突变而引起的结构不连续，它是机械载荷能引起协调应力的原因。

在载荷作用下如果结构内只存在平衡载荷所需要的一次应力，则在几何(如厚度、子午线的斜率或曲率)、材料或载荷分布发生突变的界面处将出现脱节、开裂和重叠等变形不连续现象,称为结构不连续,它是结构内部相邻部分间的变形不连续,而非结构本身出现不连续。为了保证加载前连续的结构在加载后仍然保持连续,在发生脱节的界面处必须存在消除变形不连续的协调应力。图 6-5 中的筒体-封头连接结构是说明结构不连续的典型例子。

结构不连续分为总体结构不连续和局部结构不连续。

总体结构不连续是贯穿厚度和遍及连接界面的结构变形不连续,发生在两个壳体部件的连接处。为了消除该不连续、满足变形协调条件,结构内将产生二次应力。

总体结构不连续的例子有:子午线出现斜率突变的回转壳,例如,筒体与锥形封头或平盖的连接处;子午线出现曲率不连续的回转壳,例如,筒体与球形、椭球形、碟形封头的连接处;壳体厚度、材料或载荷发生突变的界面处。

局部结构不连续是只涉及部分厚度或局部连接界面的结构局部变形不连续,发生在局部几何形状突变处。为了消除该不连续、满足变形协调条件,结构内将产生峰值应力。

局部结构不连续的例子有:小过渡圆角、小附件、小缺口和未全熔透的焊缝等。

这里的"总体"和"局部"是相对于占厚度或连接界面的比例而言的,与协调应力中的含义一致,与一次薄膜应力中的含义不同。

6.3.1 节曾指出,单凭外因是无法确定应力分类的,但若将机械载荷(外因)和结构不连续(内因)相结合则可以做出如下判断:

(1) 机械载荷作用下在没有结构不连续处,总体薄膜应力和弯曲应力都是一次应力,分别划为 P_m 和 P_b。它们都是平衡机械载荷所需要的应力。

(2) 机械载荷作用下在总体结构不连续处,为克服总体结构不连续所产生的薄膜应力和弯曲应力分别划为 P_L 和 Q。它们是满足变形协调条件所需要的,本来都应划为二次应力 Q,从保守考虑将其中的薄膜应力归入一次应力,划为 P_L。这样处理的方便之处是凡是机械载荷引起的薄膜应力都划为一次应力,只有弯曲应力才划为二次应力。

(3) 机械载荷作用下在局部结构不连续处,为克服局部结构不连续所产生的、附加在一次加二次应力之上的应力划为 F。它是满足变形协调条件所需要的,同时具有自限性和高度局部性。

6.3.4 应力云纹图

有限元分析结果中含有许多可以利用的信息。应力云纹图全面直观地反映了应力分布规律和影响区大小的详细信息,是应用判据二进行应力分类时的有效辅助工具,对合理选择应力分类线(见 6.4.3 节)的位置和方向具有重要参考价值。

在应力分类时建议采用条纹清晰的等值线图,而非经过光滑处理的云纹图。等值线条纹的宽窄变化可以提供关于应力分布和应力衰减趋势的直观信息。

(1) 总体薄膜应力沿厚度均匀分布、影响范围大,在云纹图上表现为同一色彩贯穿壁厚并占有容器中面的大部分区域。例如,图 6-7 中筒体上部的浅蓝色区和裙座下部的浅黄色区,又如图 6-8(a)和图 6-8(b)中筒体中部的深灰色区。

(2) 局部薄膜应力沿轴向衰减,在云纹图上表现为垂直于壳体中面的由窄变宽的条纹。例如,图 6-8(c)中筒体和筒底连接处的筒体部分。

(3) 弯曲应力沿厚度方向线性变化,在云纹图上表现为平行于板壳中面、沿厚度方向逐级变色的等宽条纹。例如,图 6-8(a)中筒底中心区横截面上的条纹。沿壁厚非线性分布的

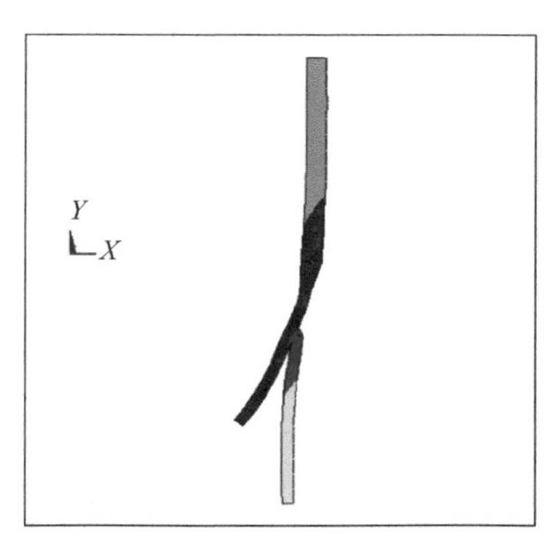

图 6-7 总体薄膜应力(见文前彩图)

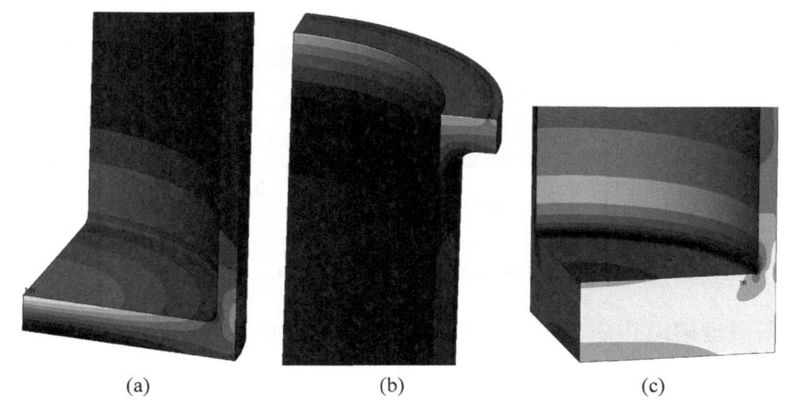

(a) (b) (c)

图 6-8 环向应力云纹图

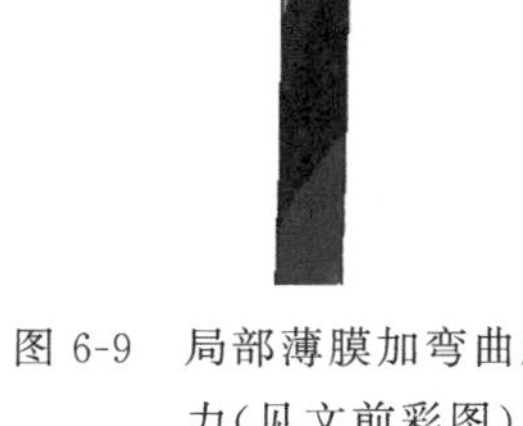

图 6-9 局部薄膜加弯曲应力(见文前彩图)

弯曲应力的条纹宽度会有变化,条纹较窄处应力变化较快。

(4) 当沿子午线方向衰减的局部薄膜应力和沿厚度方向变化的弯曲应力同时出现时就会形成与子午线斜交的条纹。例如,图 6-9 中的倾斜条纹是由壳体边缘效应中的局部薄膜应力和筒体径向热梯度引起的弯曲应力组合而成的。在图 6-8(b)的筒体-法兰连接处筒体侧的倾斜条纹是由边缘效应中的局部薄膜应力和局部弯曲应力组合而成的。

(5) 峰值应力在有限元应力云纹图上表现为影响范围极小而应力水平很高的云纹密集区。峰值应力的云纹围绕最大应力点向外扩散且宽度迅速地由密变稀。例如,图 6-10 中在厚管板根部出现的红-黄-绿-浅蓝-蓝五色条纹。峰值应力的衰减速度与周围结构的形状有关,例如,图 6-8(c)中筒体和筒底的厚度相差较大,内壁过渡圆角处的云纹在各个方向的变化是不均匀的。

在规则设计中人们往往只关心应力云纹图中小红点(即最大应力)的位置和相应的应力值,对应力分析设计者来说学会从应力云纹图中读出上述更为丰富的信息是很重要的。

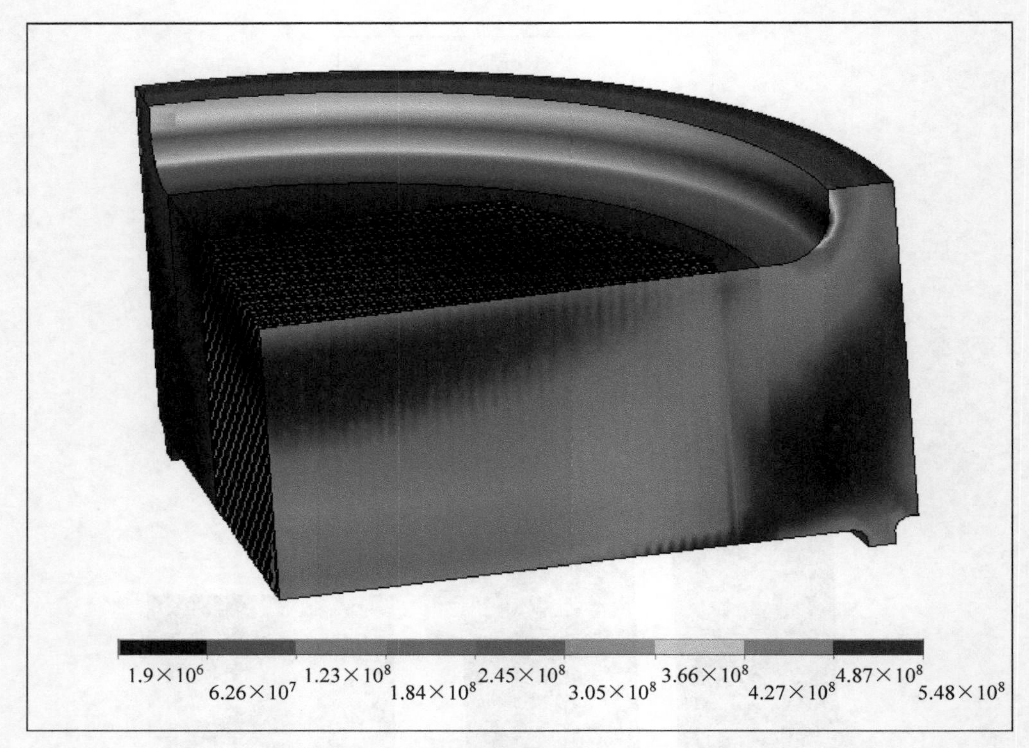

图 6-10 厚管板根部的峰值应力(见文前彩图)

应力云纹图对理解结构内部的受力机理也有很大帮助,下面举两个例子。

例 1 按梁、板结构承弯的常规概念,作用在法兰上的法兰力矩是径向的外力矩,应该由径向弯曲应力来平衡。但却在法兰环向应力的云纹图上(图 6-8(b)上部)发现沿壁厚等宽分布且平行于法兰中面的条纹,这说明法兰力矩是由法兰的环向弯矩而非径向弯矩来平衡的。其力学原理见图 6-11。图 6-11(a)是径向尺寸为法兰宽度、环向夹角为 $d\theta$ 的法兰微元,受螺栓拉力 F 引起的法兰力矩 M_F 作用。它是如何由环向弯矩(在环向的微元正面和负面上分别记为 M_θ^+ 和 M_θ^-)来平衡的呢?根据右手法则将力矩用矢量来表示,见图 6-11(b)。注意到法兰在环向是圆弧,M_θ^+ 和 M_θ^- 并不平行,夹角为 $d\theta$。用矢量三角形合成得到它们的合力矩 $-M_F$,见图 6-11(c)。该力矩矢量沿环向,与 M_F 大小相等、方向相反,因而证明了法兰力矩是由法兰的环向弯矩来平衡的。

例 2 图 6-12 是筒体-接管连接处(肩部)的环向应力云纹图。在内角处出现范围很小的小红区,它是峰值应力吗?仔细观察补强区内的应力条纹可以发现,它是宽度基本相等的倾斜条纹,而非围绕小红区向外扩散的条纹。所以这是由连接处的筒体环向弯矩和接管环向弯矩合成的斜弯矩引起的弯曲应力,只因内角处的材料太少才出现小红区,它并非峰值应力。详细讨论见 6.6.2 节。

由于薄膜应力和弯曲应力是结构承载的主要应力,在应力分类时绘制正应力分量的云纹图对理解结构的承载机理(如上述两例)和确定薄膜应力和弯曲应力的大小及影响范围具有重要参考意义。而当量应力云纹图主要用于判断结构中危险部位的位置和范围。

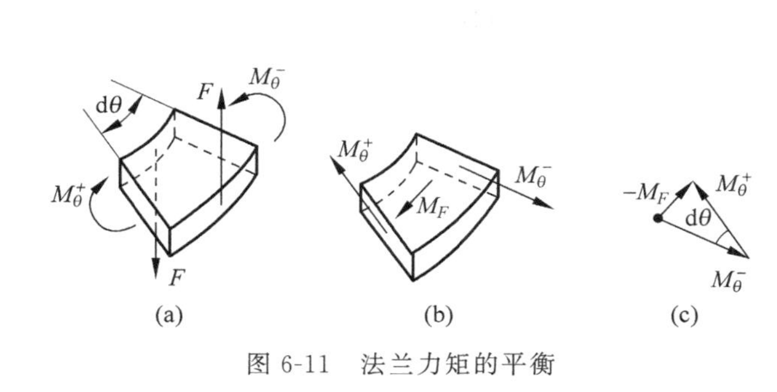

图 6-11 法兰力矩的平衡

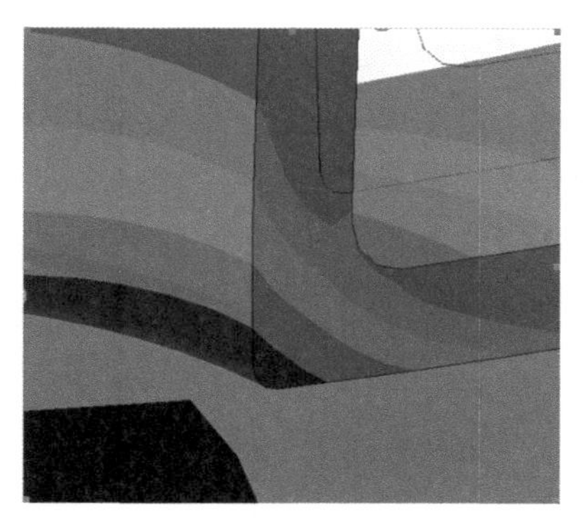

图 6-12 接管补强区的斜弯曲应力（见文前彩图）

6.4 应力线性化

应力线性化是实施应力分类法的重要手段之一，我国于 1995 年在“压力容器分析设计标准 JB 4732”的“标准释义”[1]中已给予大力推荐。现在欧盟标准 EN 13445-3 的 2002 版和美国规范 ASME Ⅷ-2 的 2007 版也都将它纳入正式规范。本节介绍该方法的基本原理和应用问题。

6.4.1 基本原理

应力分类法中薄膜应力和弯曲应力的概念是从板壳理论中引用过来的。薄膜应力和弯曲应力都是垂直于截面的正应力，薄膜应力沿厚度均匀分布，弯曲应力沿厚度线性分布。在厚度均匀分布（或沿中面缓慢变化）的薄壁压力容器中应力沿厚度是线性变化的。当厚度较大（如高压厚壁容器）或变化较快（如补强区）时，应力变成沿厚度非线性分布，而且可能出现较大的剪应力。

对于沿厚度非线性分布的应力，如何定义薄膜应力和弯曲应力呢？克伦科（Krönke）于 1973 年提出了基于静力等效原理的应力线性化方法[2]，有效地解决了这一难题。

静力等效原理：合力和合力矩对应相等的两个力系是静力等效的。它们的差是一个合力和合力矩均为零的自平衡力系。

有限元分析得到的应力计算结果沿某一路径的分布一般是非线性的。应力线性化的目的是寻找一个与给定的非线性分布应力静力等效的、由薄膜加弯曲应力组成的线性分布力系。该薄膜加弯曲应力称为线性化应力，记为 σ_L。线性化应力又称为结构应力，它是结构中起承载作用的应力，可以取代原有非线性应力来平衡外载，它和原非线性应力之差是一个合力和合力矩均为零的自平衡力系。

对有限元应力分析结果进行应力分类时首先要选择应力分类线，见图 6-13。应力分类线（stress classification line，SCL）是用于应力分类的、贯穿压力容器壁厚的直线，也称为应力线性化的路径（path）。关于其选择原则和方法将在 6.4.3 节中详细讨论。

应力分类线上各点的应力张量可用 9 个应力分量 σ_{ij}（$i,j=1,2,3$）来表示。图 6-14 是

某应力分量 σ_{ij} 沿应力分类线的非线性分布曲线，其合力为 $F_{ij}=\int_{-t/2}^{t/2}\sigma_{ij}\,\mathrm{d}x$，$t$ 为应力分类线的长度，x 为图 6-14 中沿应力分类线的坐标值。该合力作用在长度为 t 的单位宽度矩形面积上。薄膜应力是应力沿应力分类线的平均值，根据静力等效原理中合力等效的要求可以求得等效薄膜应力 $\sigma_{ij,m}$ 为

$$\sigma_{ij,m}=\frac{F_{ij}}{t\times 1}=\frac{1}{t}\int_{-t/2}^{t/2}\sigma_{ij}\,\mathrm{d}x \quad (i,j=1,2,3) \tag{6-3}$$

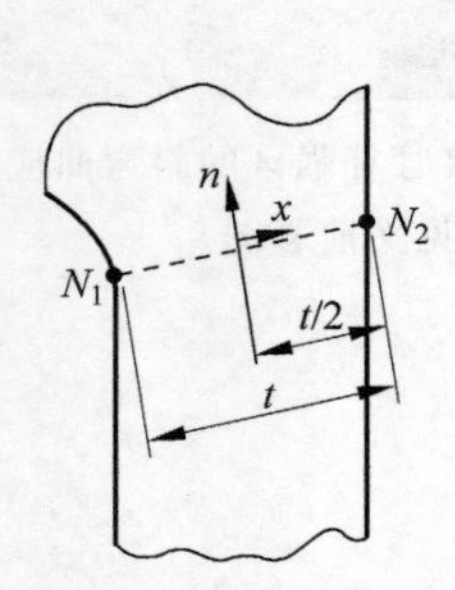

图 6-13 应力分类线

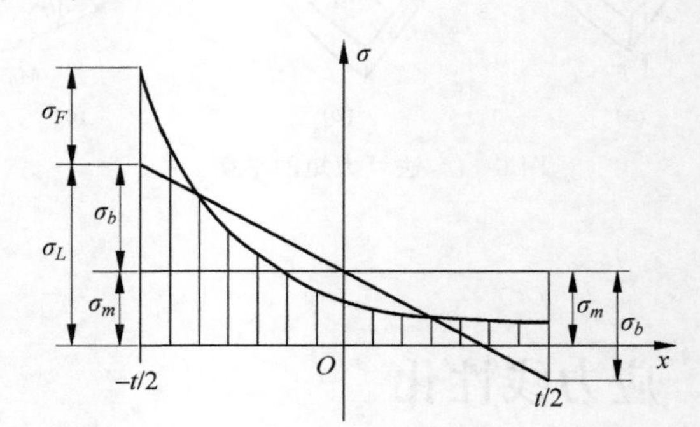

图 6-14 应力线性化

该非线性应力分布的合力矩为 $M_{ij}=\int_{-t/2}^{t/2}\sigma_{ij}x\,\mathrm{d}x$，其作用截面的惯性矩为 $I=t^3/12$。弯曲应力沿应力分类线呈线性变化，根据合力矩等效的要求求得等效弯曲应力 $\sigma_{ij,b}$ 为

$$\sigma_{ij,b}=\frac{12x}{t^3}M_{ij}=\frac{12x}{t^3}\int_{-t/2}^{t/2}\sigma_{ij}x\,\mathrm{d}x \quad (i,j=1,2,3) \tag{6-4}$$

弯曲应力的最大值发生在壳体表面 $x=\pm t/2$ 处，其值为

$$\sigma_{ij,b}\Big|_{\max}=\frac{6}{t^2}\int_{-t/2}^{t/2}\sigma_{ij}x\,\mathrm{d}x \quad (i,j=1,2,3) \tag{6-5}$$

线性化应力 $\sigma_{ij,L}$ 由薄膜应力和弯曲应力叠加而成。自平衡的非线性应力 $\sigma_{ij,F}$（6.4.3 节将证明其为峰值应力）等于总应力与线性化应力之差：

$$\sigma_{ij,L}=\sigma_{ij,m+b}=\sigma_{ij,m}+\sigma_{ij,b} \quad (i,j=1,2,3) \tag{6-6}$$

$$\sigma_{ij,F}=\sigma_{ij}-\sigma_{ij,L}=\sigma_{ij}-(\sigma_{ij,m}+\sigma_{ij,b}) \quad (i,j=1,2,3) \tag{6-7}$$

对于任意的非线性应力分布，式(6-3)～式(6-5)右端的积分要用数值方法来计算。

对轴对称物体通常采用圆柱坐标系。应力分类线代表的是沿该线连续分布的、环向为单位中心角的一串微元，见图 6-15(a)。SCL 穿过微元中心，为了把它暴露出来，图中只画了微元的下半部分。在圆柱坐标系中以轴向 z 为法线的微元面是扇形的。这些面元的环向曲边长度 $r\mathrm{d}\theta$ 和面积 $r\mathrm{d}\theta\mathrm{d}x$ 均随 r 正比增大。把应力 σ_z 乘微元面积再沿 SCL 积分，得到合力 $F_z=\int_{-t/2}^{t/2}\sigma_z r\,\mathrm{d}\theta\mathrm{d}x$，取 $\mathrm{d}\theta=1$，得到等效轴向薄膜应力：

$$\sigma_{z,m}=\frac{F_z}{r_c t}=\frac{1}{r_c t}\int_{-t/2}^{t/2}\sigma_z r\,\mathrm{d}x \tag{6-8}$$

其中，σ_z 和 F_z 是作用在法向为 z 的面元上的应力分量和合力，r_c 为 SCL 中点处的半径。沿 SCL 的一串扇形面元的总长度为 t，平均宽度为 r_c（因 $\mathrm{d}\theta=1$）。

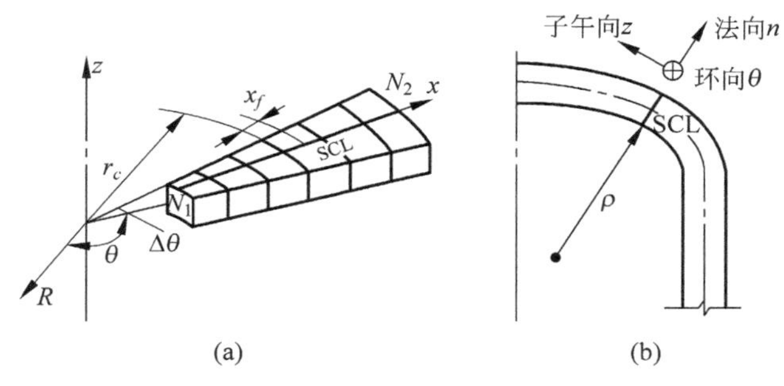

(a) (b)

图 6-15 圆柱坐标系的 SCL

(a) 轴对称体；(b) 子午线为曲线

积分中含 r 反映了微元面积随半径的增大效应，该效应使弯曲中性轴偏离 SCL 的中点，向外推移了距离 x_f(图 6-15(a))。取 $\mathrm{d}\theta=1$，合力矩为 $M=\int_{-t/2}^{t/2}\sigma_z(x-x_f)r\,\mathrm{d}x$。等效轴向弯曲应力为

$$\sigma_{z,b}=\frac{12(x-x_f)}{r_c t(t^2-12x_f^2)}M=\frac{12(x-x_f)}{r_c t(t^2-12x_f^2)}\int_{-t/2}^{t/2}\sigma_z(x-x_f)r\,\mathrm{d}x \tag{6-9}$$

式(6-9)的详细推导可查阅文献[3]。

当压力容器的子午线为直线时，如筒体和锥形容器，圆柱坐标系中以环向 θ 为法线的面元是矩形，等效薄膜和弯曲应力可以按式(6-3)和式(6-4)计算。当子午线为曲线时(如球形、椭球形和蝶形封头)，该面元也是扇形(图 6-15(b))，等效薄膜和弯曲应力要按式(6-8)和式(6-9)处理，其中 r_c 改为平均第一主曲率半径 ρ_c。

圆柱坐标系中以径向 r(即图 6-15(a)中的 x)为法线的面元是以 z 轴为曲率中心的瓦形，其面积 $r\,\mathrm{d}\theta\mathrm{d}z$ 也随 r 正比增大。把径向应力 σ_r 乘其作用面积，再沿 SCL 积分，对微元取 $\mathrm{d}\theta=\mathrm{d}z=1$，得到径向合力：

$$R_r=\int_{-t/2}^{t/2}\sigma_r r\,\mathrm{d}\theta\mathrm{d}z\mathrm{d}x=\int_{-t/2}^{t/2}\sigma_r r\,\mathrm{d}x$$

注意到面元 $r\,\mathrm{d}\theta\mathrm{d}z$ 沿 x 积分得到图 6-15(a)中整个微元串的体积 $\mathrm{d}V=\int_{-t/2}^{t/2}r\,\mathrm{d}\theta\mathrm{d}z\mathrm{d}x$，即径向合力 R_r 是由分布在体积 $\mathrm{d}V$ 上的 σ_r 合成的。由图可见，该体积等于平均半径 r_c 处面元的面积 $r_c\mathrm{d}\theta\mathrm{d}z=r_c$ 乘微元串长度 t，即 $\mathrm{d}V=r_c t$。于是得到等效径向薄膜应力：

$$\sigma_{rm}=\frac{R_r}{\mathrm{d}V}=\frac{1}{r_c t}\int_{-t/2}^{t/2}\sigma_r r\,\mathrm{d}x \tag{6-10}$$

即径向和轴向等效薄膜应力的计算公式相似。

以上讨论是针对轴对称实体单元的。如果采用板壳单元，有限元分析可直接给出作用在板壳内、外表面处的应力 $\sigma_{ij,\mathrm{in}}$ 和 $\sigma_{ij,\mathrm{out}}$。应力线性化的过程可以简化为按下式直接计算薄膜应力和弯曲应力：

$$\sigma_{ij,m}=\frac{\sigma_{ij,\mathrm{in}}+\sigma_{ij,\mathrm{out}}}{2} \tag{6-11}$$

$$\sigma_{ij,b}=\frac{\sigma_{ij,\mathrm{in}}-\sigma_{ij,\mathrm{out}}}{2} \tag{6-12}$$

板壳有限元分析不能计算峰值应力，在疲劳分析中需引入疲劳强度减弱系数 K_f 来近似地确定峰值应力：

$$\sigma_{ij,F}=(\sigma_{ij,m}+\sigma_{ij,b})(K_f-1) \tag{6-13}$$

6.4.2 应力分类

通过应力线性化把有限元分析得到的总应力分解成薄膜应力、弯曲应力和非线性应力三部分。如何对它们进行应力分类呢？

陆明万、陈勇、李建国在文献[4]中论证了非线性应力是峰值应力，理由如下：

(1) 先用判据一。根据静力等效原理，与真实应力分布静力等效的等效薄膜加弯曲应力已经承受了全部外加载荷。非线性应力是合力和合力矩均为零的自平衡力系，对平衡外载荷没有贡献，所以它不是一次应力。它的作用是：变形后的壳体横截面应该仍保持平面，且垂直于中面。但当壳体厚度较大或变化较快时，若沿厚度方向切开，两侧可以自由变形的分离面将翘曲成曲面，合拢时出现间隙，为了克服此结构不连续产生了非线性应力，所以它是协调应力，具有自限性。

(2) 再用判据二。可以判断非线性应力是沿厚度影响范围很小的、高度局部化的应力。图 6-16(a)中的曲线 $C—C'$ 是应力沿厚度的真实分布。水平线 $A—A'$ 是等效薄膜应力，其影响范围为整个厚度。斜线 $B—B'$ 是线性化应力，包括薄膜和弯曲应力。斜线 $B—B'$ 和水平线 $A—A'$ 之差为弯曲应力，其影响范围(大于薄膜应力部分)为半个厚度。曲线 $C—C'$ 与斜线 $B—B'$ 的差(阴影线区)是非线性应力。当线性化应力 $B—B'$ 通过应力评定准则(6-2d)后，非线性应力的有效影响范围为高于 B 点的阴影线加密区的宽度 t_F。若把曲线 $C—C'$ 改为与其静力等效的、在 1/2 厚度处折断的自平衡双折线应力分布，马上可以判断其高于 B 点的范围 t_F 必小于 1/4 壁厚(见图 6-16(b))。实际应力分布 $C—C'$(图 6-16(a))是下降较快的下凹曲线，其 t_F 比双折线更小，通常只有 1/8 壁厚左右。根据“1/4 厚度判据”(见 6.3.3.2 节)，由线性化分离出来的非线性应力应该划为具有高度局部性的峰值应力。

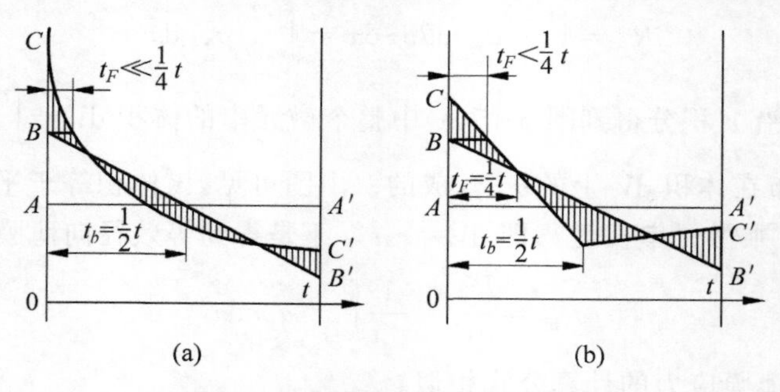

图 6-16 非线性应力的影响范围

综合上述两个判据，非线性应力同时具有自限性和高度局部性，一定是峰值应力。所以 ASME Ⅷ-2 明确指出“峰值应力分量可以直接利用本方法(指应力线性化方法)通过将总应力分布减去薄膜加弯曲应力分布而得到”。

下面来研究等效薄膜加弯曲应力的分类问题。在机械载荷作用下它的主要部分是平衡外载荷所需要的一次应力。但是，当存在总体结构不连续时机械载荷也会引起满足变形协调所需要的薄膜应力和弯曲应力，在热载荷作用下还会有薄膜和弯曲热应力。所以可以肯定等效薄膜加弯曲应力是一次加二次应力之和，但其中一次和二次应力各占多少还无法确定，需要探索新的判断方法。这是应力分类中的一个难点和研究热点，将在6.5节中深入讨论。

6.4.3 应力分类线的选择

实施应力分类的位置和应力线性化的路径由应力分类线(SCL)确定。应力分类线的选择要遵循如下指南。

(1) 对可能出现总体一次薄膜当量应力 S_{I}、局部一次薄膜当量应力 S_{II}、一次薄膜加弯曲当量应力 S_{III}、一次加二次当量应力 S_{IV} 和总当量应力 S_{V} 五类评定应力之最大值的位置都要选择至少一条应力分类线，否则应说明不对该类应力进行评定的理由。例如，若采用规范中的壁厚公式确定筒体等部件壁厚，则可以省略 S_{I} 评定；若按等面积补强的要求进行开孔补强设计，则对开孔补强区可以省略 S_{I} 评定；对满足免除疲劳设计条件的压力容器部件可以省略 S_{V} 评定。

注：开孔补强结构由筒体、接管和开孔补强区三个承载部分组成(见6.6.2节)，对筒体和接管的 S_{I} 评定不能代替补强区内的 S_{I} 评定。要让补强区通过 S_{I} 评定，最简单有效的方法是满足等面积补强设计要求。若不满足该要求，则在补强有效范围内应要求平均 S_{I} 的值不大于 S，最大 S_{I} 的值不大于 $1.5S$。例如，冲压翻边开孔的设计往往遗漏了这些评定要求。

(2) 应力分类线应通过出现上述五类应力最大值的点，并贯穿承压部件的壁厚。

(3) 应力分类线方向的选择原则是：能得到最大评定应力的方向是最佳方向。对 S_{I} 和 S_{II} 评定取能得到最大薄膜应力的方向；对 S_{III} 和 S_{IV} 评定取能得到最大薄膜加弯曲应力的方向；对 S_{V} 评定可以直接取最大总应力点，不必画 SCL。

如果应力分类线处处垂直于最大主应力，那就是最佳方向。但结构的几何形状和应力分布很复杂，往往找不到这样理想的 SCL。较实用的选择是：

① 取垂直于中面的法线。这是板壳理论定义的厚度方向，对于均匀、规则的几何形状往往就是最佳方向。

② 取贯穿壁厚的最短路径。这是最小截面方向，可能得到较大的薄膜和弯曲应力。对厚度均匀的板壳与①一致。

③ 取通过最大应力点、垂直于应力等值线、沿应力等值线最密方向的路径。这是应力衰减最快的方向，较利于分离出峰值应力。若绘制主应力(正应力)的等值线，这是裂纹扩展的主要方向。

④ 取通过表面上较大应力点、穿过应力云纹图中色温较高区域的路径。在应力云纹图中一般选暖色(红色)表示高应力、冷色(蓝色)表示低应力，平均色温较高区域的薄膜应力较高，表面上较大应力点处薄膜加弯曲应力较大。通过最大应力点、穿过色温较高区域的路径也可能得到较大的薄膜加弯曲应力。

(4) 如下确定应力分类线位置的经验可供参考：

① 对塑性垮塌和棘轮失效的评定，SCL 通常选在总体结构不连续处(评定一次加二次应力)或没有结构不连续的光滑区(评定一次应力)。对局部失效的评定，SCL 通常选在局部结构不连续处或集中载荷作用区。

② 疲劳评定基于总应力，而非峰值应力。可以直接取最大总应力进行评定，而不需要选择 SCL 和进行应力线性化。在欧盟标准的应力分类表 C-2 中找不到“峰值应力”的名词，因为并不存在单独针对峰值应力的评定准则。选择通过最大总应力点的 SCL 进行应力线性化的目的并不是为疲劳评定寻找峰值应力，而是因为该截面上可能出现最大结构应力，即一次应力加二次应力 S_{IV}。

③ 在壳体-接管开孔补强区内通常选择图 6-17 所示的三条 SCL。其中 SCL1 和 SCL2 沿壁厚方向，分别是接管和筒体的最短路径线，可能出现较大的结构应力。SCL3 通过最大总应力点，方向有多种选择方案：除了上面提到的垂直于中面、垂直于最大主应力（正应力）或当量应力的等值线和取最短路径外，还可取内、外壁最大应力点的连线。这些 SCL 中出现最大结构应力的路径是最佳路径。

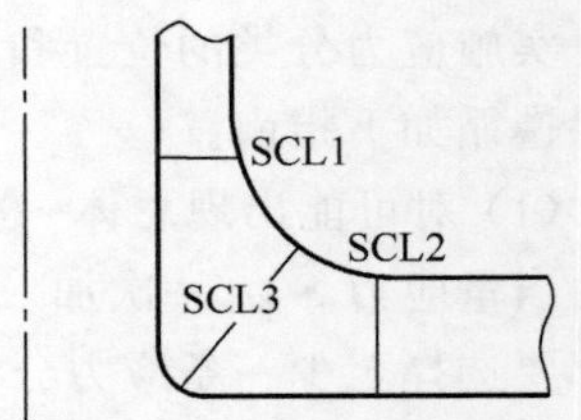

图 6-17 开孔补强区的 SCL

④ 跨越厚度方向材料不连续（如带覆层的基体金属）的 SCL 应贯穿壁厚的所有材料，并考虑作用在 SCL 上的所有载荷。若强度计算中忽略覆层影响，在塑性垮塌评定时应将由 SCL 上应力线性化得到的合力和合力矩施加到基体金属的厚度上来计算薄膜应力和弯曲应力。

⑤ 非承压部件中会出现沿壁厚均匀分布的峰值应力，此时应把 SCL 选为沿塑性区或裂纹扩展的方向，而非厚度方向。例如，含裂纹或开孔的单向拉伸平板，此时 SCL 应选为沿宽度方向。类似的还有管系的支吊架、钢结构的框架等部件。

6.4.4 实施步骤

应力线性化的步骤如下：

(1) 确定用于应力线性化的应力分类线（SCL）位置。

(2) 沿 SCL 将 6 个应力分量分别线性化，求得各应力分量的薄膜应力 $\sigma_{ij,m}$ 和压力容器内、外表面处（即 SCL 两端）的最大弯曲应力 $\pm\sigma_{ij,b}$。

(3) 计算部件内、外表面处 6 个应力分量的薄膜加弯曲应力 $\sigma_{ij,m+b}^{\text{in}}$ 和 $\sigma_{ij,m+b}^{\text{out}}$。注意，6 个应力分量的最大薄膜加弯曲应力并不一定发生在同一表面上。

(4) 由 6 个薄膜应力分量 $\sigma_{ij,m}$ 计算三个薄膜主应力 $\sigma_{1,m}$，$\sigma_{2,m}$，$\sigma_{3,m}$，再代入下式计算当量薄膜应力 $\sigma_{\mathrm{e},m}$：

$$\sigma_{\mathrm{e}}=\frac{1}{\sqrt{2}}\sqrt{(\sigma_1-\sigma_2)^2+(\sigma_2-\sigma_3)^2+(\sigma_3-\sigma_1)^2} \tag{6-14}$$

(5) 对步骤(3)中得到的两组薄膜加弯曲应力分量 $\sigma_{ij,m+b}^{\text{in}}$ 和 $\sigma_{ij,m+b}^{\text{out}}$ 分别计算其主应力 $\sigma_{1,m+b}^{\text{in}}$，$\sigma_{2,m+b}^{\text{in}}$，$\sigma_{3,m+b}^{\text{in}}$ 和 $\sigma_{1,m+b}^{\text{out}}$，$\sigma_{2,m+b}^{\text{out}}$，$\sigma_{3,m+b}^{\text{out}}$。再代入式(6-14)计算内、外表面的当量薄膜加弯曲应力 $\sigma_{\mathrm{e},m+b}^{\text{in}}$ 和 $\sigma_{\mathrm{e},m+b}^{\text{out}}$，取其中较大者为 $\sigma_{\mathrm{e},m+b}$。

(6) 确定应力分类线上的最大总应力点，由该点的总应力分量 $\sigma_{ij,\max}$ 计算最大当量总应力 $\sigma_{\mathrm{e},P+Q+F}$。

上面求得的当量薄膜应力 $\sigma_{\mathrm{e},m}$、当量薄膜加弯曲应力 $\sigma_{\mathrm{e},m+b}$ 和当量总应力 $\sigma_{\mathrm{e},P+Q+F}$ 是用于应力评定的重要参数。

6.4.5 精度

当应力沿 SCL 呈板壳型应力分布时应力线性化的精度很高，与该分布规律偏离越大则应力线性化的误差越大。板壳型应力分布的特点如下：

（1）环向和子午向正应力 σ_θ 和 σ_φ 按单调递增或递减分布，当壁厚较薄时为线性分布。若 SCL 的法线方向与主应力方向偏离较大（如 SCL 与中面或表面斜交）或应力受到局部干扰（如局部结构不连续或局部热应力），将会出现非单调的波形或 U 形应力分布。

（2）法向正应力 σ_n（沿厚度方向）按单调递增或递减分布，在内、外表面处分别等于相应的表面力。若厚度变化较大或 SCL 不垂直于表面，将不满足此规律。

（3）横向剪应力 $\tau_{\theta n}$ 和 $\tau_{\varphi n}$ 按抛物线分布，中面处最大，内、外表面上等于零。若两个表面不平行或 SCL 不垂直于中面，将不满足此规律。

（4）当横截面绕 z 轴（法向）转动偏离环向和子午向的主应力方向时，沿厚度方向的 SCL 上会出现均匀分布或线性分布的面内剪应力 $\tau_{\theta\varphi}=\tau_{\varphi\theta}$。当截面转到主方向上时，这些面内剪应力将转换为薄膜应力和弯曲应力。在承扭的板壳结构中也会出现此类沿厚度均匀或线性分布的面内剪应力。承扭板壳结构的例子有：空间管系，如图 6-18(a)中沿 y 方向的管段；图 6-18(b)中两对角反向加力的平板。

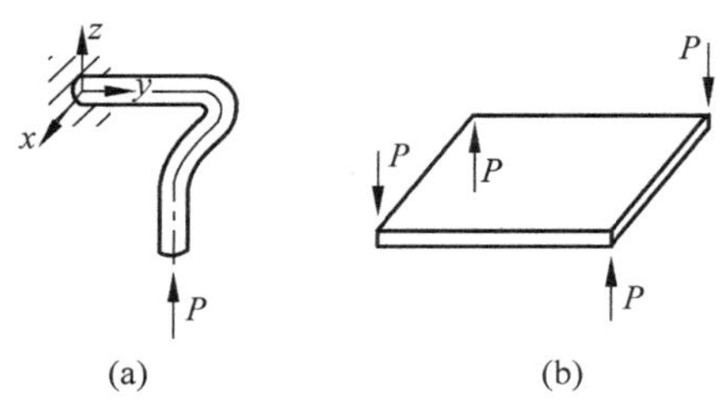

图 6-18　受扭的压力容器部件
(a) 空间管系；(b) 平板角点载荷

（5）对薄壁压力容器部件，薄膜应力、弯曲应力和面内剪应力是主要承载应力。横向剪应力和法向正应力都较小，通常可以忽略。但对厚壁高压容器，法向正应力的影响不能忽略。

6.4.6　若干讨论

1）当量应力的计算

各国规范对选择哪几个应力分量来计算由线性化得到的薄膜和弯曲应力的当量应力有不同的规定。欧盟 EN 标准和法国 RCC-M 规范要求在计算当量薄膜应力和当量弯曲应力时都取全部 6 个应力分量。美国 ASME 规范在计算当量薄膜应力时取 6 个应力分量，但在计算当量弯曲应力时只取环向和子午向的正应力以及使 SCL 扭转的剪应力（即面内剪应力），而忽略法向正应力和两个横剪应力分量。

ASME 规范的规定源于 Hechmer 和 Hollinger 的研究工作。他们在基金项目“三维应力准则”的资助下开展了长达九年的深入研究，取得了丰硕的研究成果[5-7]。他们认为：由于横剪应力和法向正应力的方向与 SCL 平行，无法构成“弯曲应力”，所以在计算当量弯曲应力时不必考虑这些应力分量。

注意：ASME Ⅷ-2 附录 5.A 中的各名词均以 SCL 为参考系，与板壳理论以壳体中面为参考系不同。在其 5-A.4.1.2 节中的“in-plane shear stress”是指在含 SCL 的平面（而非壳体中面）内的剪应力，即板壳理论中的“横向剪应力”；而“out-of-plane shear stress”正是板壳理论中的“面内剪应力”。

应力线性化的基本思想来自板壳理论中薄膜应力和弯曲应力沿厚度均匀分布和线性分布的现象。将线性化推广应用于沿厚度抛物线分布的横向剪应力（见图 6-19）是有问题的。在均匀的梁、板、壳结构中最大当量应力发生在表面，该处弯曲应力最大，横向剪应力为零。若将抛物线分布的横向剪应力线性化，在表面处会得到虚假的非零薄膜横向剪应力，它导致当量薄膜应力的计算结果偏大。

2）当量应力的非线性分布

由 6 个应力分量线性化得到的薄膜和弯曲应力沿 SCL 是线性分布的，但是由它们计算得到的当量应力往往是曲线或折线分布的。陆明万、徐鸿[8]分析了导致应力强度（Tresca 当量应力）分布为非线性的若干原因。

（1）应力强度（和 Mises 当量应力）是恒正的。当线性分布的应力分量出现负值时，应力强度曲线会自动向正向翻折。

（2）应力强度与主应力的排序有关。当最大、最小主应力所对应的应力分量发生更换时，应力强度曲线的斜率将发生改变，因而变成分段折线。

例如，在某应力分类线上 3 个剪应力分量均为零，只需考虑 3 个正应力。经过线性化处理后得到的薄膜加弯曲应力为图 6-20 中的三根细实线。其中环向正应力 σ_θ 最大，轴向正应力 σ_z 次之，厚度方向正应力 σ_n 为零。这三个应力分量都沿 SCL 线性分布，但由它们算出的应力强度却是弯折的粗实线 $ABCDE$。原因是：线性分布的 σ_θ 自 C 点向右变为负值，σ_z 自 D 点向右也变为负值，但应力强度恒正，所以向上翻折至正值区，形成 CD 和 DE 段；另外，由于计算应力强度时用的第一或第三主应力在变更，导致 AB、BC、CD 和 DE 四段折线的斜率各不相同，从图 6-20 可以看到：AB 段的第一主应力和第三主应力分别为 σ_θ 和 σ_n，BC 段改为 σ_z 和 σ_n，CD 段变为 σ_z 和 σ_θ，最后 DE 段又成为 σ_n 和 σ_θ。于是，最终的应力强度曲线成折线 $ABCDE$。

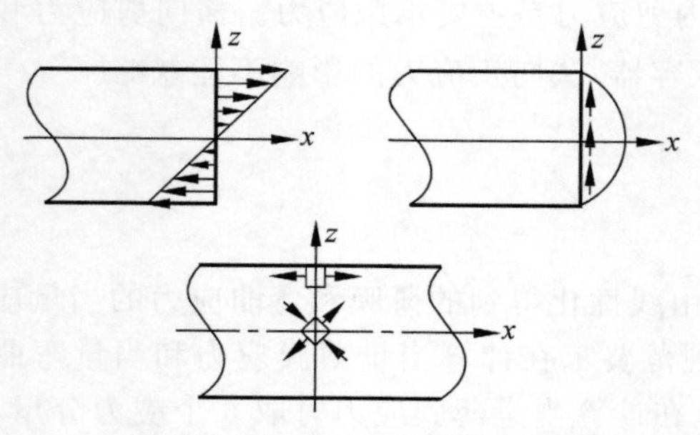

图 6-19　弯曲应力和横剪应力

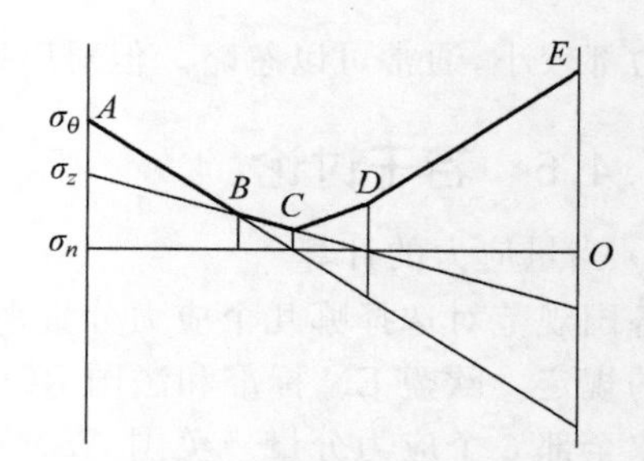

图 6-20　应力强度的折线分布

（3）当存在横向剪应力时，它沿 SCL 呈抛物线分布，导致主应力方向连续变化，因而应力强度曲线由折线变为曲线。

以上分析说明，虽然线性化后各应力分量是线性分布的，但应力强度（或 Mises 当量应力）出现非线性分布是很正常的现象。

6.5　一次结构法

6.4.2 节曾讲到，利用应力线性化可以从总应力中扣除峰值应力，得到线性化的薄膜应力和弯曲应力，如何进一步将它区分为一次应力和二次应力是应力分类的最重要任务。

Hechmer 和 Hollinger 等[5-7]曾试图直接用应力线性化来区分一次应力和二次应力，计算和分析了大量典型算例，但结果并不理想。在 6.3.2 节和 6.3.3 节中曾经指出：区分一次应力和二次应力要依据应力的作用和性质，而应力线性化只是对总应力沿 SCL 的分布规律进行几何处理，无法提供关于应力作用和性质的任何信息。所以必须探索用于判断应力作用和性质的新方法。作为抛砖引玉，陆明万、陈勇、李建国在文献[4]和文献[9]～文献[11]中提出了一次结构法。

6.5.1　基本思想

将球形封头压力容器(图 6-5)采用分离体进行应力分类的方法一般化，就形成了一次结构法。该方法从寻找二次应力入手，剩下的应力均视为一次应力。

一次结构法的基本思想是：二次应力是克服总体结构不连续所需要的协调应力，与平衡机械载荷无关。为了判断结构中出现的某高应力的性质，可以解除与该应力相应的约束。约束解除后该高应力将消失，原始结构变成新的、出现脱节的简化结构。若简化结构还能承受全部载荷，则证明消失的高应力与平衡机械载荷无关，因而是二次应力。新的能平衡机械载荷的简化结构称为一次结构，其中的应力都可视为一次应力。若简化结构变成不能承载的可动机构，则证明消失的高应力是平衡机械载荷所需要的一次应力，约束不能解除，应把原始结构视为一次结构。

对于高阶超静定结构，可能存在多处总体结构不连续。如果简化后的一次结构中还存在过量的高应力，可以继续用解除相应约束的方法来判断其是否是二次应力，直至新的简化结构变成可动机构。

6.5.2　一次结构的构造

应用一次结构法的关键是正确构造合理的一次结构。下面先通过一些例子来说明相关的基本概念，然后再给出合理一次结构的定义。

6.5.2.1　约束分类

约束按其作用可以分为基本约束和多余约束。

基本约束是平衡外部机械载荷所必须的约束，又称静定约束。如果解除它们，结构就变成可动机构而不能承载。基本约束的约束反力应视为机械载荷。由它引起的应力主要是一次应力，当该约束处存在结构不连续时也会伴随有二次或峰值应力。基本约束的例子有：简支梁两端的铰支座、固支梁的固支端、双座卧式容器的鞍座、塔器的裙座等。

除基本约束外其他的附加约束均为多余约束，又称超静定约束。有利于结构承受载荷的多余约束称为有利约束，会导致过高局部应力的多余约束称为不利约束。

若解除某个多余约束后，简化结构中的最大一次应力(P_m，P_L 和 P_L+P_b 中的任何一个)比原始结构更大，则该约束为有利约束，它能帮助结构承受较大的载荷。保留有利约束，取原始结构为一次结构能得到更为经济、轻巧的设计方案。

有利约束的典型例子是固支圆板周边的转动约束(见图 6-21(a))。在均布载荷作用下固支圆板中心和周边的弯矩分别为

$$M_A^C=\frac{1+\mu}{16}qa^2,\quad M_B^C=-\frac{1}{8}qa^2 \tag{6-15}$$

其中，q 为均布载荷，a 为半径，μ 为泊松比。最大弯矩(绝对值)M_B^C 发生在圆板的周边，可以解除相应的转动约束，使该处弯曲应力降为零。解除后成图 6-21(b)的简支圆板，它能继续承载，因而该转动约束为多余约束，相应的弯曲应力可以划为二次应力。但需要注意的是，解除约束会导致结构中应力重分布，最大弯矩转移到板的中心。简支圆板的中心和周边

弯矩分别为

$$M_A^S = \frac{3+\mu}{16} q a^2 , \quad M_B^S = 0 \tag{6-16}$$

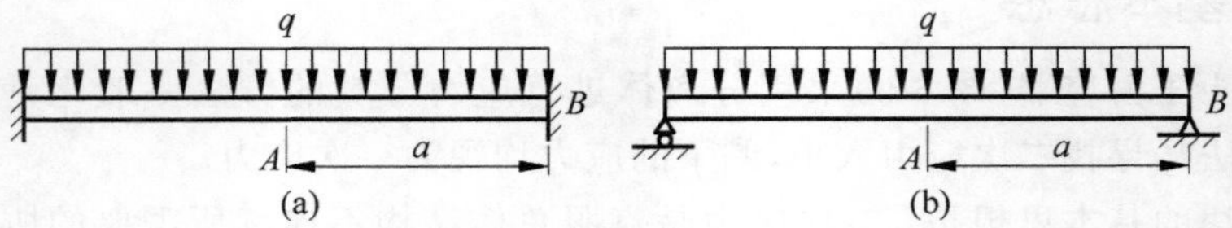

图 6-21 有利约束和不利约束

(a) 固支圆板；(b) 简支圆板

可见，虽然原来最大的周边弯矩下降为零，但中心弯矩 M_A^S 变得比固支圆板的周边弯矩 M_B^C（绝对值）更大，所以该转动约束是有利约束。保留它，取原始的固支圆板为一次结构，将 M_B^C 引起的弯曲应力划为一次应力，设计出来的板厚将比简支圆板更薄。

如果某个多余约束解除后，简化结构中的最大一次应力（所有 P_m，P_L 和 P_L+P_b 全都）比原始结构的小，则该多余约束为不利约束。由不利约束引起的应力可以划为二次应力，相应的一次应力应取为解除约束后简化结构中的应力。注意，解除约束会导致最大应力转移，所以为了确定一次应力必须对简化后的一次结构重新进行应力分析。此时设计合格的条件是：简化后一次结构中的应力满足一次应力（S_{I}、S_{II} 和 S_{III}）准则，且原始结构中的应力满足一次加二次应力（S_{IV}）准则。

应该指出，如果把固支圆板边缘的弯曲应力划为二次应力，而不对简化一次结构进行重新计算，直接把固支圆板中心的弯曲应力当作最大一次应力进行应力评定是不安全的。对比式(6-15)和式(6-16)可以看到，固支圆板的中心弯矩 M_A^C 连简支圆板 M_A^S 的一半都不到。目前许多应力分析设计师的惯用做法是：只对原始结构进行应力分析，然后直接指定某处是一次应力、某处是二次应力来进行应力评定，而不再对简化一次结构重新做应力分析（简称原始结构评定法）。二次应力是满足变形协调所需要的应力，不应该考虑其承载作用，但原始结构的应力计算结果包含了二次应力的承载效应。若与二次应力相应的约束是有利约束，则解除后原来由该有利约束承担的载荷将转移到结构的其他部分去承担，导致一次结构中的最大一次应力大于原始结构，所以惯用的"原始结构评定法"可能是不安全的。

当设计者不能凭经验来识别有利约束和不利约束时，只要对比一下简化一次结构和原始结构中各类一次应力最大值的大小就能判断出来。需要注意的是，一次结构和原始结构中的最大应力可能发生在不同的位置。

6.5.2.2 一次结构的多样性

结构力学中的静定基解法是一种将超静定结构简化为多次静定计算的方法：先解除超静定结构的多余约束，构造一个静定基，计算该静定基中载荷引起的内力；然后再要求满足被解除的多余约束条件，计算由此引起的静定基中的附加内力；最后把两者叠加，得到超静定结构的解。以图 6-22(a)的固支-简支梁为例，它有一个多余约束。解除固支端的转动约束得到简支梁型的静定基（图 6-22(b)）。第一次静定计算是解出分布载荷下简支梁的内力。第二次静定计算是施加弯矩 M 使满足左端转角为零的固支边界条件，由此确定 M，得到梁内的附加内力。最后将两者叠加得到图 6-22(a)中超静定梁的解。

静定基的选择是多种多样的。除图6-22(b)外，也可以选图6-22(c)的悬臂梁型静定基，然后加横剪力 Q 使满足右端位移为零的简支边界条件。对于有多个多余约束的高阶超静定结构，静定基选择的可能性就更多了。

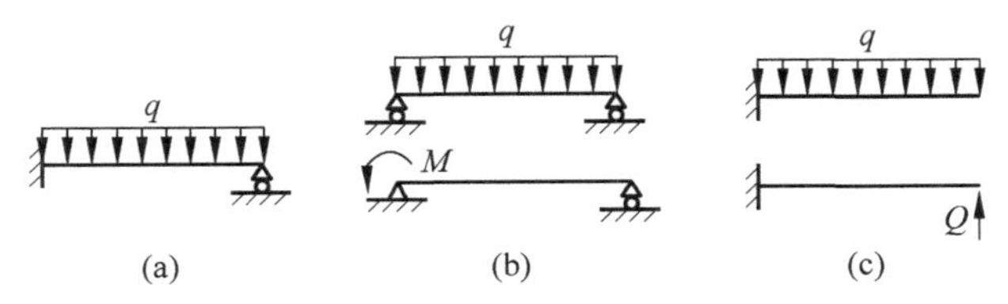

图6-22　固支-简支梁的静定基

(a) 固支-简支梁；(b) 简支梁静定基；(c)悬臂梁静定基

与此类似，一次结构也是通过解除原始结构的多余约束来构造的。不同之处在于一次结构可以是静定的或静不定的，它可以保留有利的多余约束。一次结构也有多种多样的选择。

以图6-23(a)中的平盖压力容器为例。可以同时解除 B 处的径向位移和转动约束取图6-23(b)为一次结构，此时平盖成简支圆板，筒体为内压下的薄膜状态。也可以只解除 B 处的转动约束取图6-23(c)为一次结构，此时剪力 Q 对板中面的力臂为1/2板厚，形成的边缘弯矩有利于平盖承受内压，但 Q 对筒体是不利的，筒体内除了薄膜解外又增加了 Q 引起的边缘效应解。此外，还可以选原始结构图6-23(a)为一次结构。只要这三种一次结构中有一种能满足 S_{I}，S_{II} 和 S_{III} 三个一次应力准则，且原始结构在B处能满足 S_{IV} 的一次加二次应力准则，设计就是合格的。

一次结构的多样性为设计者提供了优化设计的可能性和灵活性，他可以根据生产厂家的材料供应、工艺条件和总体成本等情况来决定选择哪种一次结构进行设计。本例中 B 处的约束对平盖有利，对筒体不利。若设计者希望选用薄筒体，则图6-23(b)是最佳方案；若制造厚平盖有材料或工艺困难，则图6-23(a)是最佳方案；图6-23(c)是介于两者之间的中间方案。

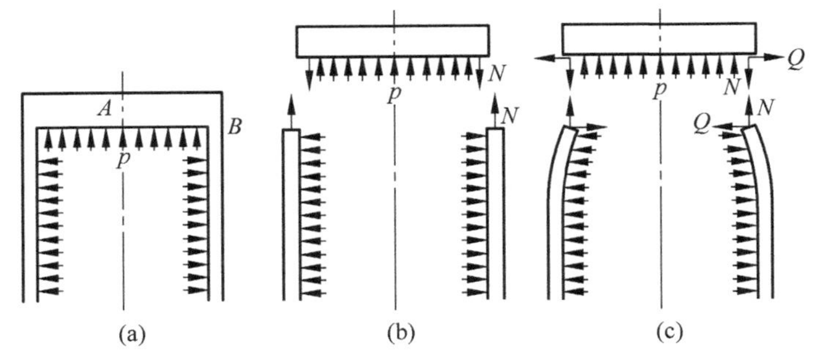

图6-23　平盖压力容器的一次结构

6.5.2.3　合理的一次结构

正确构造合理的一次结构是一次结构法的关键。有如下注意事项：

(1) 只能从原始结构中解除多余约束来构造一次结构，不能有意或无意地施加本来并不存在的人为约束。否则人为约束可能有利于承载，使一次结构中的应力偏小，因而导致设计不安全。例如，把图 6-23(b)中的简支圆板换成固支圆板，再和筒体薄膜状态一起构成的一次结构是不安全的。原始结构中筒体对平盖的转动约束只是筒体的弹性刚度，将其改为周边刚性固支将使平盖中心的弯曲应力显著减小，因而即使能通过一次应力评定也是不安全的。

(2) 所构造的一次结构必须全面满足平衡条件。以图 6-24 的锥形过渡段小端为例，从平衡角度来讨论 4 种一次结构构造方案的合理性。

① 取接管和锥壳的薄膜应力状态为一次结构。这是最容易想到但却不合理的构造方案。在图 6-24(a)中接管的轴向薄膜力 T_1 垂直向下，锥壳的薄膜力 T_2 沿子午线倾斜向上，两者不满足作用与反作用原理，因而在连接处不满足力的平衡条件。平衡内压所需的锥壳和接管中的子午向薄膜力的关系为 $T_2=T_1/\cos\alpha$，其中 α 为半锥顶角。

② 取接管为薄膜应力状态。根据作用与反作用原理，锥壳小端处的连接力 T_1 必须垂直向上，见图 6-24(b)。将其分解成锥壳的子午向轴力和法向横剪力，得到 $N_1=T_1\cos\alpha$ 和 $Q_1=T_1\sin\alpha$。注意到 $N_1=T_2\cos^2\alpha$ 比锥壳平衡内压需要的薄膜力 T_2 小，所以图 6-24(b)中的锥壳是不平衡的，这是个不合理的一次结构。

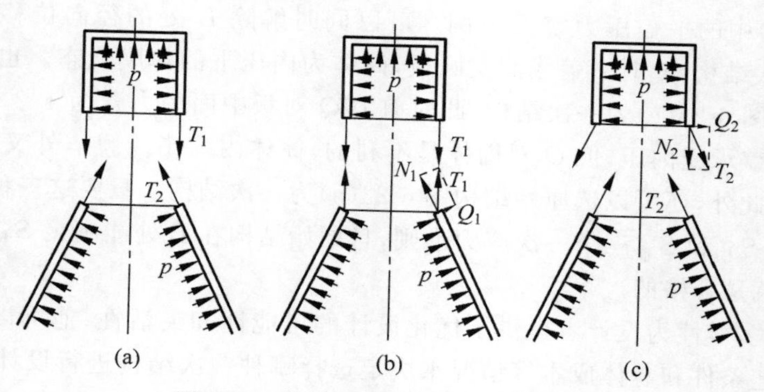

图 6-24　锥形过渡段小端的一次结构

③ 取锥壳为薄膜应力状态，接管的连接力为 T_2 的反作用力。将它沿垂直和水平方向分解得到 N_2 和 Q_2(图 6-24(c))。其中 $N_2=T_2\cos\alpha=T_1$ 就是接管平衡内压需要的轴向薄膜力，所以这是个能满足平衡条件的合理的一次结构。此时横剪力 Q_2 是满足平衡需要的力，它在接管中引起的边缘效应薄膜应力是局部一次薄膜应力。

④ 取原始结构为一次结构。此时锥壳和接管中都存在边缘效应引起的薄膜应力和弯曲应力，它们都是一次应力。和方案③相比，③中的锥壳是纯薄膜应力状态，可以设计得较薄，而接管中的边缘效应比原始结构④大。加厚接管比加厚锥壳更省料，所以③是最佳设计方案。

其实，锥形过渡段的小端是一个锥壳中心开孔接管问题，本来应该做等面积补强来平衡原来作用在因开孔被挖去部分上的内压。在未做等面积补强的情况下，边缘效应中的薄膜应力将起平衡这部分内压的作用，因而是局部一次薄膜应力。

总结以上讨论，可以给出一次结构的简明定义：一次结构是由原始结构解除不利多余约束得到的、能满足内力与外载荷平衡条件的简化结构。一次结构中的应力是一次应力，因解除约束而消失的应力是二次应力。一次结构可能由两个或多个相互脱节的壳体部分组成。

6.5.3　一次结构评定法

基于一次结构法的应力评定方法简称为一次结构评定法，其基本思想是：若能通过如下两步应力评定，则结构是安全的，设计是合格的。

（1）对由原始结构简化得到的一次结构进行一次应力评定，要求满足三个一次应力准则，即 $S_{\mathrm{I}} \leqslant 1.0S$，$S_{\mathrm{II}} \leqslant 1.5S$，且 $S_{\mathrm{III}} \leqslant 1.5S$；

（2）对原始结构要求满足一次加二次应力准则和总应力准则，即 $S_{\mathrm{IV}} \leqslant 3.0S$ 和 $S_{\mathrm{V}} \leqslant S_a$。

在构造一次结构时采用如下选项：

（1）保留有利的多余约束。这样可以利用满足一次应力准则的那部分有利约束反力来协助承载，以得到较为经济的设计方案。

（2）解除不利的多余约束。这样才能排除不利约束的干扰，得到较为经济的设计方案。

一次结构评定法和目前常用的原始结构评定法的唯一区别是：要求一次结构（而非只在原始结构中指定为一次应力的地方）满足三个一次应力准则。这样做才能保证凡是参与承载的一次应力都满足一次应力准则，排除本来不该参与承载的二次应力对确定结构真实承载能力的干扰，确保了应力评定结果的准确性。

常用的原始结构评定法的评定结果对具有有利约束的结构是不安全的，对具有不利约束的结构是保守的。下面以图 6-21 的固支圆板为例来说明原始结构评定法的危险性。

（1）采用原始结构评定法。对固支圆板进行有限元分析，指定边界点 B 的应力为二次应力，中心点 A 的应力为一次弯曲应力，它们的许用极限分别为[①]：$\sigma_B^C \leqslant 2.0\sigma_s$ 和 $\sigma_A^C \leqslant \sigma_s$。对原始结构施加均布载荷 $\bar{q}_{\mathrm{ori}}$，使 A 点应力达到许用值 $\sigma_A^C = \sigma_s$，满足 $S_{\mathrm{III}} \leqslant 1.5S$。由式(6-15)中 B 点和 A 点处的弯矩之比（取 $\mu = 0.3$）得到 $\sigma_B^C = (2/1.3)\sigma_A^C = 1.54\sigma_s$，小于其许用值 $2.0\sigma_s$，满足 $S_{\mathrm{IV}} \leqslant 3.0S$。两处都满足评定要求。由此得出评定结果：根据原始结构评定法，只要实际载荷小于 $\bar{q}_{\mathrm{ori}}$，结构是安全的。

（2）采用一次结构评定法。本例为有利约束情况，取原始结构（固支圆板）为一次结构。按一次应力准则要求固支边 B 和中心点 A 处的应力满足 $\sigma_B^C \leqslant \sigma_s$ 和 $\sigma_A^C \leqslant \sigma_s$。对一次结构施加均布载荷 $\bar{q}_{\mathrm{pri}}$，使 B 点应力达到许用值 $\sigma_B^C = \sigma_s$，由式(6-15)得到 $\sigma_A^C = (1.3/2)\sigma_B^C = 0.65\sigma_s$，小于其许用值 σ_s，因而 B 和 A 两处都满足 $S_{\mathrm{III}} \leqslant 1.5S$。把原始结构当作一次结构，$B$ 处应力限制为 $\sigma_B^C = \sigma_s$，当然能满足 $S_{\mathrm{IV}} \leqslant 3.0S$。由此得出评定结果：根据一次结构评定法的要求，只有实际载荷小于 $\bar{q}_{\mathrm{pri}}$ 结构才是安全的。

（3）本例中一次结构和原始结构的计算模型相同，都是固支圆板。在 $\bar{q}_{\mathrm{ori}}$ 和 $\bar{q}_{\mathrm{pri}}$ 作用下固支边处弯曲应力 σ_B^C 分别为 $1.35\sigma_s$ 和 σ_s。在弹性分析中应力与载荷成正比，由此得到 $\bar{q}_{\mathrm{ori}} = 1.35\bar{q}_{\mathrm{pri}}$，即原始结构评定法是不安全的，超载 35%。

（4）正是因为原始结构在固支边处存在弯曲应力 σ_B^C，在均布载荷 $\bar{q}_{\mathrm{ori}}$ 作用下中心点弯矩才能控制在 $\sigma_A^C = \sigma_s$，所以 σ_B^C 是参与承载的一次应力，其许用极限必须限定在 $1.5S = \sigma_s$。原始结构评定法遗漏了固支边处一次应力的评定要求，直接对 σ_B^C 进行一次加二次应力评定，允许它达到 $1.35\sigma_s$，所以是不安全的。一次结构评定法将 σ_B^C 按一次应力控制，当然能

---

① 采用第三强度理论，并忽略厚度方向的应力。

同时通过一次应力和一次加二次应力两项评定要求，结果是安全的。

在实际应用中可以按如下步骤先沿用原始结构评定法的习惯，然后加以改进：

(1) 对原始结构进行弹性应力分析，按原始结构评定法进行应力评定。由此得到的设计载荷为 P_{ori}，相应的最大一次加二次应力为 $S_{Ⅳ,ori}$。

(2) 判断与 $S_{Ⅳ,ori}$ 相应的约束是有利约束还是不利约束。

(3) 若是有利约束，由一次结构评定法得到的、准确的许用设计载荷为 $\bar{P}=(1.5S/S_{Ⅳ,ori})P_{ori}$。

(4) 若为不利约束，可以保守地沿用原始结构评定法的许用设计载荷 $\bar{P}=P_{ori}$，评定完成。若希望得到更为经济的设计方案，则需解除相应约束，对简化的一次结构再做一次弹性应力分析，并按一次应力准则进行评定，得到准确的许用设计载荷 $\bar{P}=P_{pri}$。

6.5.4 一次结构法的编程

像自动完成应力线性化的程序那样，编制一个能自动构造合理一次结构并对一次结构进行应力分析的程序，让计算机来完成应力分类和评定任务，对一次结构法的应用和推广具有重要意义。

基于二维轴对称单元和板壳单元的一次结构构造和编程工作已有文献成功实现，如何基于三维实体单元来构造一次结构是个难题。段成红、丁利伟、魏昕辰等[12-13]完成了初步研究，下面介绍一些关键问题的处理方案。

1) 生成截断面

以原始结构的有限元应力分析为基础，经过应力线性化后出现最大一次加二次应力的位置就是需要解除约束、生成截断面的位置。

三维结构的截断面是一个空间曲面，加载过程中还会变形，很难写出它的解析表达式。

在数值分析中可以采用离散形式表示。先在结构的中面上或表面上定义一条空间曲线，作为截断面的生成线。例如，在总体结构不连续处选择两个相交壳体的中面相贯线或选择过渡小圆角曲面与壳体表面的相切曲线等。然后通过在生成线上的网格节点作贯穿厚度的直线(简称为厚度线，一般取中面的法线)，相邻厚度线间用平面相连，形成三维结构的截断面。

可以采用 ANSYS 软件中 Divide-With Options 命令截断原始结构，该命令可以得到两个位置重合而又相互分离的截断面。

2) 构造一次结构

Divide-With Options 命令只能对几何模型而非有限元网格模型进行切割处理，所以首先建立的是切割后的一次结构的几何模型，然后再重新对它划分网格。

在划分截断面上的网格时要注意，沿厚度方向的网格剖分线就是上述生成截断面用的贯穿厚度的直线，一般取中面法线方向。应把厚度中点设为有限元网格的节点，沿厚度方向应分为偶数层，以保证截断面两侧结构能绕厚度中点相对转动。截断面两侧结构在截断面上的网格应完全相同，相应结点的位置都两两重合，但编号不同，见图 6-25。

3) 建立约束方程

由于各国规范都把全部(总体和局部)薄膜应力划为一次应力，所以在截断面上通常只需解除对应于弯曲应力的转动约束。解除转动约束后两侧截断面在厚度中点处相互铰接。为防止铰接点处应力奇异，通过中点的厚度线在变形过程中应保持刚性直线，以便把集中节

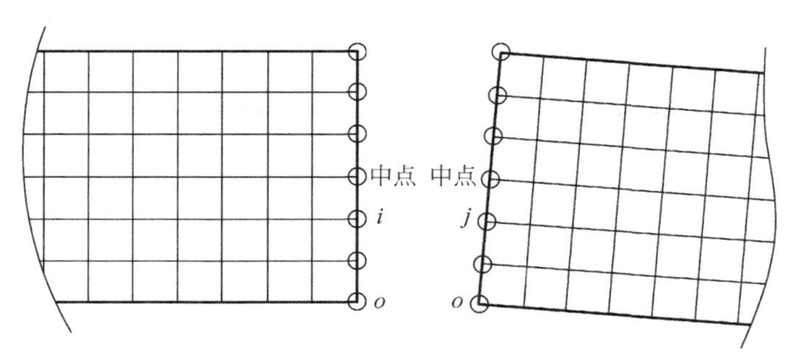

图 6-25　截断面上的约束方程

点力分散到整个厚度上去。由此在截断面上可给出如下约束方程。

（1）要求两侧截断面在厚度中点处位移相等：

$$u_{x\,\mathrm{mid}}=u'_{x\,\mathrm{mid}},\quad u_{y\,\mathrm{mid}}=u'_{y\,\mathrm{mid}},\quad u_{z\,\mathrm{mid}}=u'_{z\,\mathrm{mid}} \tag{6-17}$$

其中，u 和 u' 分别表示截断面两侧的位移。

（2）要求截断面上各厚度线保持直线，相应的位移约束方程组为

$$\begin{cases} u_{xi}=u_{xo}+(u_{xm}-u_{xo})\dfrac{x_i-x_o}{x_m-x_o} \\ u_{yi}=u_{yo}+(u_{ym}-u_{yo})\dfrac{y_i-y_o}{y_m-y_o}, \quad i=2,3,\cdots,n-1 \\ u_{zi}=u_{zo}+(u_{zm}-u_{zo})\dfrac{z_i-z_o}{z_m-z_o} \end{cases} \tag{6-18}$$

其中，m 和 o 为厚度线中点和起始点的节点编号，厚度线上其他节点（编号为 i）的位移由中点和起始点的位移线性插值得到。

完全实现三维一次结构的自动构造还有许多具体工作要做，文献[13]对此进行了探索性的研究。

6.5.5　一次结构法的应用

一次结构法给出了一种简明直观地判断二次应力的思路。对大多数工程师来说，判断在某高应力处解除约束后得到的简化结构能否继续承载并不困难，只要能够承载，就能断定该高应力为二次应力。

基于一次结构法可以通过解除约束帮助设计者直观而准确地判断高应力的来源、确定其作用和性质，并正确地完成应力分类。下面列举一些例子[13]。

6.5.5.1　封头-内伸接管

在内压作用下封头-内伸接管的最大应力出现在接管内表面，其应力强度为 223.2MPa，最大应力分量为环向正应力，见图 6-26(a)。下面来判断其来源和性质。

通常认为该最大应力来自接管与封头间的总体结构不连续，为此取 SCL1 为截断面。解除转动约束构成一次结构 A，见图 6-26(b)。重新计算一次结构 A 中的应力，最大值与原始结构相比变化不大。这说明该应力来自总体结构不连续的判断并不正确。

另一个可能原因是该最大应力来自封头对内伸接管的径向拉力，为此取 SCL2 为截断

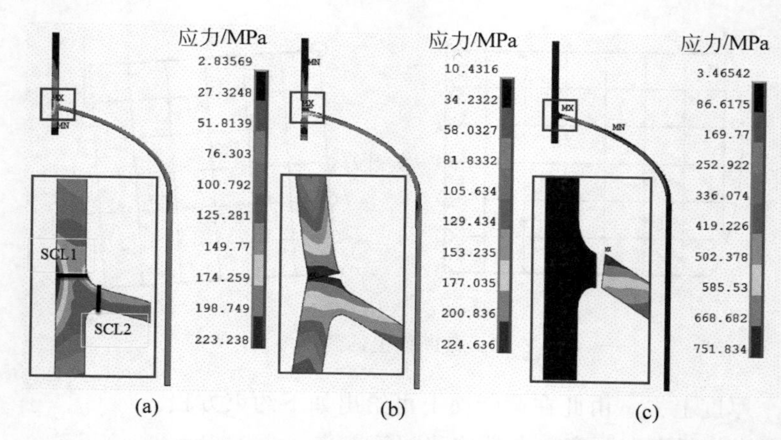

图 6-26　封头-内伸接管结构(见文前彩图)

(a) 原始结构；(b) 一次结构 A；(c) 一次结构 B

面。解除接管和封头沿接管径向的位移约束，但是为了平衡内压引起的接管轴向力，两侧截断面中点的轴向位移约束不能解除，由此构成一次结构 B，见图 6-26(c)。可以看到，在一次结构 B 中原来发生在接管内表面的最大应力消失，但出现在封头开孔处的最大应力达到 $P_L+P_b=751.8\text{MPa}$，远超过原始结构中的最大应力。由此可知：①原始结构中的最大应力确实来自封头对内伸接管的径向拉力。②解除约束后该应力消失，接管和封头仍能各自承受内压，所以可以把该应力视为二次应力。③该径向拉力是有利约束，起着内伸接管对开孔封头的补强作用，不宜解除。④最后结论是：设计时应保留有利约束，把原始结构作为最佳一次结构，其中最大的薄膜加弯曲应力应小于一次薄膜加弯曲应力许用极限 S_{III}。

6.5.5.2　圆柱壳开孔接管

圆柱壳开孔接管是应力分类的典型问题，详见 6.6.2 节。圆柱壳-接管有三个承载部件，即圆柱壳、接管和补强区(即补强后的连接环)。补强区除了承受作用在其本身内壁上的内压外，更重要的是要承受原来作用在圆柱壳因开孔而挖去的壳壁上的内压。圆柱壳-接管的最大薄膜加弯曲应力发生在肩部、连接环的内壁倒角处，见图 6-27(a)，本例的数值为 $P_L+P_b=446.4\text{MPa}$。下面采用一次结构法来研究该处弯曲应力的性质和应力分类。

选取在图 6-27(a)的放大图中标出的 3 条应力分类线：SCL1 和 SCL3 分别通过过渡圆弧与接管和与筒体的切点，沿厚度方向，它们也是截断面的选取位置；SCL2 取为外壁过渡圆弧中点和内壁最大应力点的连线，它是连接环中发生最大薄膜加弯曲应力的位置。

构建如下两种一次结构：

(1) 一般认为该处的弯曲应力来自圆柱壳-连接环和接管-连接环间的总体结构不连续，因而是二次应力。为了验证此假设，截断 SCL1 和 SCL3，解除截断面上与弯曲应力对应的转动约束，中点铰接(约束方程(6-17))，厚度线保持直线(约束方程(6-18))，构成一次结构 A，见图 6-27(b)。

(2) 认为该处的弯曲应力来自开孔补强，是平衡原来作用在圆柱壳因开孔而挖去的壳壁上的内压所需要的，因而是一次应力。为了验证此假设，对一次结构 A 进一步解除截断面 SCL3 上的法向(沿圆柱壳轴向)和环向位移约束，使补强区和圆柱壳脱离，解除其开孔补强作用，但为了平衡接管的轴向力仍需要保留沿接管轴向的位移约束，这样构成一次结构

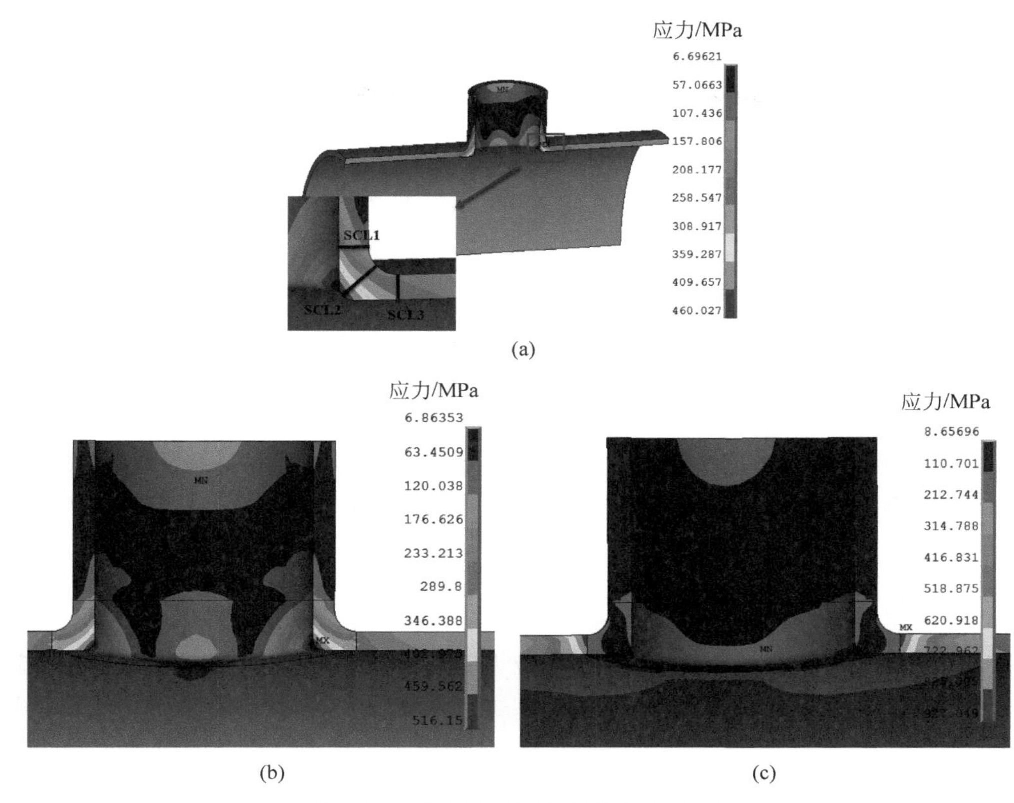

图 6-27 圆柱壳开孔接管(见文前彩图)

(a) 原始结构;(b) 一次结构 A;(c) 一次结构 B

B,见图 6-27(c)。

对一次结构 A 和 B 重新进行有限元应力分析,并对上述 3 条应力分类线进行应力线性化。计算结果和原始结构一起列于表 6-2。当量应力的云纹图见图 6-27。

由表 6-2 和图 6-27 可以看出:

(1) 一次结构 A 中补强区内 SCL2 上的薄膜应力和弯曲应力并没有因解除约束而减小,反而比原始结构还大些。这表明它们不是来自总体结构不连续,因而不是二次应力。再从应力分量的角度来分析,原始结构中该处薄膜和弯曲应力的最大分量都是环向正应力,而总体结构不连续引起的弯曲应力应该是轴向正应力,因而两者没有直接关系。

表 6-2 圆柱壳接管原始结构与一次结构比较 单位:MPa

	原始结构		一次结构 A		一次结构 B	
	P_L	P_L+P_b	P_L	P_L+P_b	P_L	P_L+P_b
SCL1	167.5	265.8	152.2	234.1(管侧)	102.8	142.9(管侧)
SCL2	302.6	446.4	322.9	504.2	43.48	118.3
SCL3	229.3	262.1	242.5	302.0(壳侧)	870.9	947.5(壳侧)

(2) 在一次结构 B 中补强区内 SCL2 上的薄膜和弯曲应力都显著减小。这说明补强区的高应力来自圆柱壳开孔补强的需要,是平衡内压需要的一次应力。解除 SCL3 上的法向和

环向约束后，圆柱壳失去了补强效应，孔口处最大薄膜加弯曲应力立即上升到 947.5MPa，显然应该保留该有利约束，取原始结构为一次结构，其中的薄膜和弯曲应力都划为一次应力。

在工程设计中遇到难于判断某些应力的来源和类别时都可以采用上述解除相应约束、构造一次结构的方法来解决。

构造一次结构时不仅要确定在哪里解除约束，还要注意让解除约束后一次结构的两个部分都具有继续承载的功能。

大多数工程师都会使用有限元软件的分析功能计算结构的应力和变形，以判断设计方案是否合格，即应力和变形的计算结果是否满足设计规范的要求。作为资深工程师还应学会使用有限元软件的模拟功能，探索结构的力学行为和承载机理，排除因设计不合理造成的高应力或大变形等危险情况，优化结构设计。有限元模拟是一种高效的数值试验，它可以快速构造出数值试验模型（包括各种理想的简化模型），并同时得到全面的，需要用电测（测量表面应力）、光测（测量内部应力）、位移计（测量变形）等多种实验手段才能测定的数据。熟练应用有限元模拟功能对正确进行应力分类和探索先进的设计方案具有重要意义。

6.6 应力分类实例分析

在应力分类的两个判据中判据二是关于应力影响范围和分布规律的几何判据，在应力线性化和应力云纹图的协助下不难作出准确的判断。判据一是关于力的平衡和变形协调的力学判据，正确掌握判据一是应力分类的难点，也是本节讨论的重点。下面先介绍总体思路，然后结合若干具有普遍意义又较为复杂的实例开展深入讨论。

6.6.1 应力分类法的总体思路

应力分类的总体思路是：

(1) 确定应力分类线。根据有限元应力分析的结果和以往相关结构的分析经验，在结构中可能出现五类应力最大值的位置选择应力分类线（SCL）。选择原则见 6.4.3 节。

(2) 完成应力线性化。对沿 SCL 的应力分布进行应力线性化，将其分解为薄膜应力、弯曲应力和峰值应力。其中薄膜应力和弯曲应力还需进一步细分。现有的通用有限元分析软件都能自动完成应力线性化。

(3) 区分总体和局部应力。根据判据二，并借助应力云纹图（6.3.4 节）区分总体和局部薄膜或弯曲应力。

(4) 区分一次和二次应力。基本依据是判据一，关键是要判明某应力是平衡需要的还是协调需要的。判据一的如下推论可供应用时参考。

① 若某应力只需利用平衡关系而不必考虑协调关系（变形连续条件）就可以确定，它就是一次应力。例如，结构力学中静定结构内的应力是一次应力。薄壳理论中各类回转壳的薄膜应力都由平衡方程导出，见 2.4.3 节，都是一次应力。对一些复杂结构，如果能建立某种简化计算模型单凭平衡关系就能算出应力，那也是一次应力。例如，6.2.2.1 节中 ASME 规范导出的圆柱壳补强区内的弯曲应力是一次应力。

② 若某应力对平衡机械载荷是不必要的，它就是二次应力。可以用解除相应约束使某应力消失来判断其必要性。若该应力消失后结构还能继续承载，它就是二次或峰值应力；若消

失后结构变成不能承载的可动机构，它就是一次应力。这正是 6.5 节一次结构法的基本思想。

③ 若某应力是利用变形协调（连续）条件确定的，无论它是由热载荷还是机械载荷引起的，都是二次或峰值应力。例如，热应力是由变形连续条件导出的，是二次应力。筒体-封头连接处的边缘效应应力是由连接处的连续条件得到的，是二次应力。

④ 机械载荷引起的、在结构不连续影响区外的应力是一次应力。机械载荷引起的、在总体结构不连续影响区内的应力是一次加二次应力，其中平衡外载的承载应力是一次应力，总体结构不连续引起的应力是二次应力（从保守考虑，其中的局部薄膜应力通常都划为一次应力）。机械载荷引起的、在局部结构不连续影响区内的应力是一次加二次加峰值应力，局部结构不连续往往出现在总体结构不连续的影响区内，此时可以用应力线性化将峰值应力分离出来。

⑤ 基本（一次）约束引起的应力是一次应力，当基本约束和结构本体的连接处出现总体和/或局部结构不连续时，将同时引起二次和/或峰值应力。多余约束引起的应力是二次和/或峰值应力，但有利的多余约束引起的应力通常划为一次应力。

当对某应力划为一次还是二次应力有异议时，有两种处理方案：

(1) 进行极限载荷分析，详见第 7 章。注意，极限载荷分析仅能替代三个一次应力（S_{I}，S_{II} 和 S_{III}）评定准则，不能替代一次加二次应力（S_{IV}）和总应力（S_{V}）准则。

(2) 采用保守处理原则：将有异议的应力保守地划为一次应力。例如，把所有的局部薄膜应力都划为局部一次薄膜应力；把应力线性化得到的薄膜加弯曲应力都划为一次薄膜加弯曲应力，不再寻找其中的二次应力成分。

6.6.2 筒体开孔接管

筒体开孔接管补强区内的环向弯曲应力如何分类是一个曾经困扰人们的难题。开孔削弱了结构强度，需要通过等面积补强来承担被挖去材料所承受的内压，这是在规则设计中就广泛认同的概念，所以把开孔补强区内的薄膜应力划为局部一次薄膜应力是没有争议的共识。但是对补强区内环向弯曲应力该如何分类的问题出现了很多争议。有人认为在筒体-接管连接处存在总体结构不连续，该弯曲应力是由总体结构不连续引起的二次应力。也有人认为补强区内的最大应力发生在内壁小圆角处，其影响面积很小（见图 6-28），因而是峰值应力。

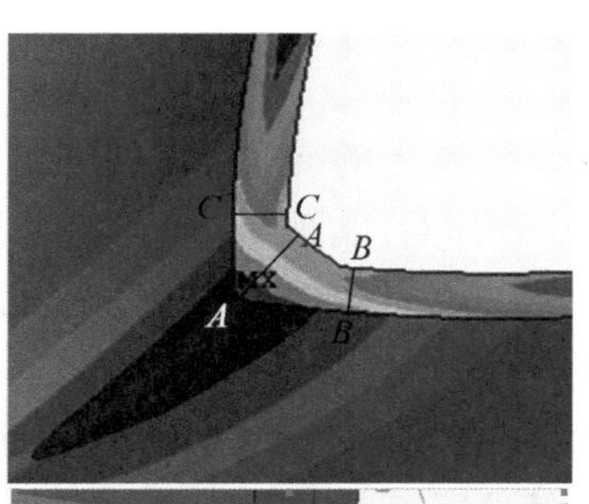

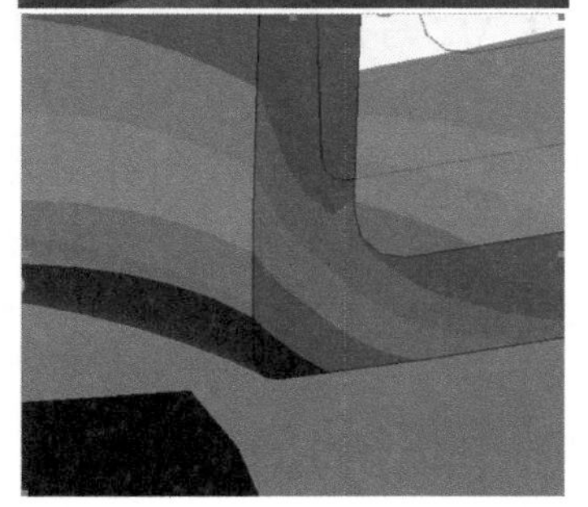

图 6-28 筒体开孔接管（见文前彩图）

仔细分析图 6-28 可以发现，应力云纹在连接补强区内是倾斜的（平行于 BC 边）等宽条纹，这是典型的绕倾斜中性轴的弯曲应力。在内壁小圆角处出现很小的红色高应力区的原因并不是应力集中，而是该处除小圆角外本来就没有什么材料，所以可排除峰值应力的观点。下面深入讨论该应力是一次应力还是二次应力的问题。首先导出筒体开孔接管肩部处、在用筒体和接管中心线构成的平面截出的截面上（见图 6-28）的弯曲应力简化计算公式。

6.6.2.1 弯曲应力的简化计算公式

1）ASME 公式

ASME Ⅷ-1 规范[14] 在规定性附录“补充设计公式”的 1～7 节中给出了圆柱和圆锥壳大开孔的补强计算方法，其弯曲应力 S_b 的计算公式是

$$S_b=\frac{Ma}{I},\quad M=\left(\frac{R_n^3}{6}+RR_ne\right)p,\quad a=e+t/2 \tag{6-19}$$

其中，a 是图 6-29 中斜线阴影区面积的中性轴到筒体内表面的距离；e 是该中性轴到筒体中面的距离；p 是内压或外压；t 是筒体壁厚；R 和 R_n 分别是筒体和接管的内径；M 是作用在阴影区面积上的筒体环向弯矩；I 是阴影区面积对其中性轴的惯性矩；S_b 是补强区内的最大弯曲应力，发生在开孔-接管的肩部 G 点处（见图 6-30(a)），是筒体环向弯曲应力。ASME Ⅷ-1 规范明确注明它“是一次弯曲应力”。

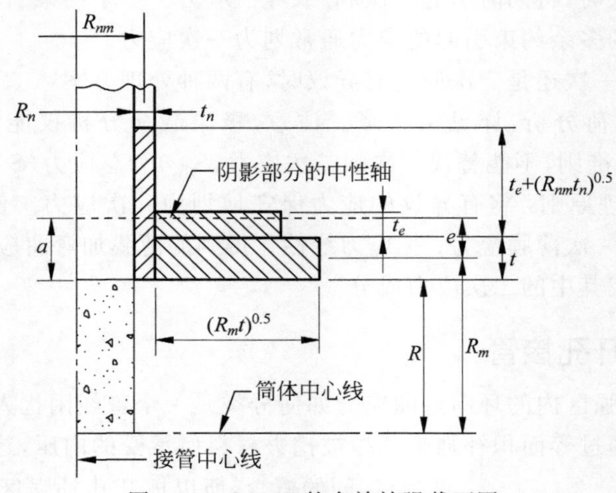

图 6-29 ASME 的有效补强截面图

为了导出引起 S_b 的弯矩 M，首先要辨明开孔前后孔口处作用力的变化。开孔前孔口被圆形曲板(图 6-30(a)阴影区，基于对称性省略 x 轴以下的图形)封闭，曲板内壁受内压 p 作用。开孔后曲板被挖去，替换为接管，孔口处的作用力由图 6-30(a)的内压替换为作用在孔口周边环形区(图 6-30(b)阴影区)上的接管轴向力。开孔前筒体处于薄膜应力状态，肩部截面 G 点处的弯矩为零。基于上述孔口处作用力的变化，开孔-接管在 G 点处的弯矩就等于开孔后孔口环形区内接管轴向力对 G 点(绕 y 轴)的弯矩 M_2 与开孔前曲板内压对 G 点的弯矩 M_1 之差。

虽然接管轴向力和曲板内压的合力相等，但它们的作用区形状和合力作用点(作用区形心)的位置不同，所以对 G 点的弯矩也不同。按图 6-30(a)写出曲板内压对 G 点的弯矩为

$$M_1=\int_0^{R_n}p\sqrt{R_n^2-x^2}\cdot x\,\mathrm{d}x=\frac{pR_n^3}{3}$$

再按图 6-30(b)写出接管轴向力(其合力为 πR_n^2p)对 G 点的弯矩为

$$M_2=\int_0^{\pi/2}\frac{\pi R_n^2p}{2\pi}\cdot R_n\sin\theta\cdot\mathrm{d}\theta=\frac{pR_n^3}{2}$$

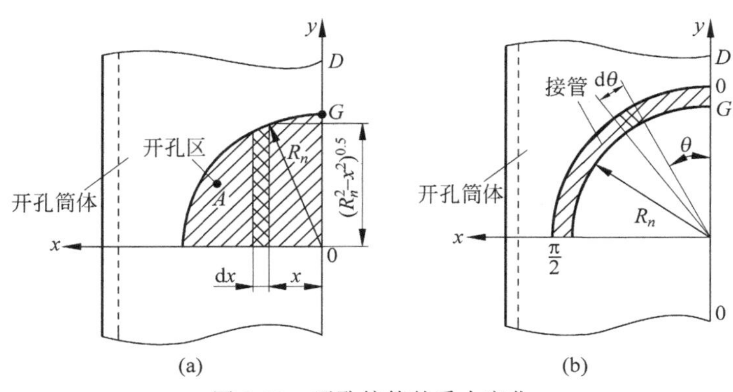

图 6-30　开孔接管的受力变化

两者的差是 $M_2-M_1=pR_n^3/6$，这就是弯矩计算公式(6-19)的第一项。

开孔前作用在图 6-29 沙点区上的内压 pRR_n 是由被挖去的圆形曲板来承担的，根据等面积补强原理，开孔后要由作用在补强面积上的环向薄膜应力来承担。假设该薄膜应力的合力作用在筒体壁厚的中面上，离阴影区中性轴的距离为 e，因而对 G 点产生弯矩 pRR_ne，这就是弯矩公式(6-19)的第二项。

2）补充公式

ASME 公式(6-19)给出的是补强区肩部截面上沿筒体环向的弯矩应力，其应力云纹是平行于筒体轴向的。但有限元分析表明筒体开孔接管处的应力云纹是与筒体轴向倾斜的，见图 6-28。这说明在补强区内一定还存在沿接管环向的弯曲应力，两者叠加后才能出现斜弯曲情况。陆明万、桑如苞等[15]阐明了产生该弯曲应力的原理，并导出了补充计算公式。

内压下筒体的环向应力比轴向应力大一倍，分别为 $\sigma_\theta=\sigma=pR/t$ 和 $\sigma_z=\sigma/2$。该双向应力状态可以分解成一个 $3\sigma/4$ 的均匀拉伸状态和一个 $\sigma/4$ 的等值拉压状态，见图 6-31。其中的等值拉压状态是引起补强区内接管环向弯曲应力的根源。

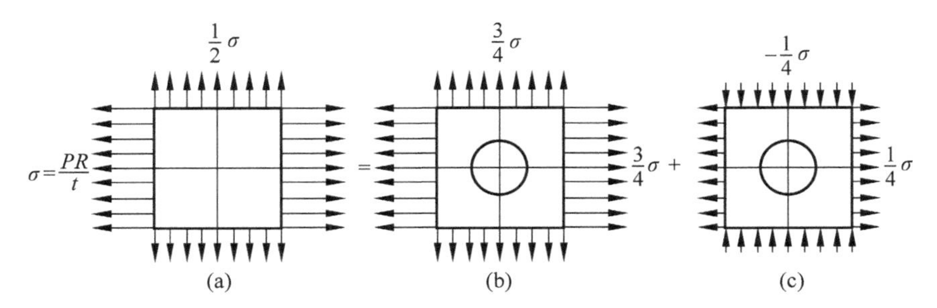

图 6-31　筒体开孔区薄膜应力的分解

(a) 实际受力；(b) 均匀拉伸；(c) 等值拉压

假设筒体开孔周围的应力状态和开同样孔的平板相同。由弹性力学(第 2 章的文献[1]和文献[2])平板开孔非轴对称情况的解知道，若从开孔向板内挖出一个圆环，当小孔局部峰值应力影响消失时，在均布载荷为 q 的等值拉压状态下，作用在该圆环外周边上的应力为 $\sigma_r=q\cos(2\theta)$，$\tau_{r\theta}=-q\sin(2\theta)$。

将开孔接管补强区简化为平面圆环，并用它替代上述圆环，令 $q=\sigma/4=pR/(4t)$，乘厚度 t 后得到作用于补强区外周边的径向分布力 P 和切向分布力 Q，见图 6-32：

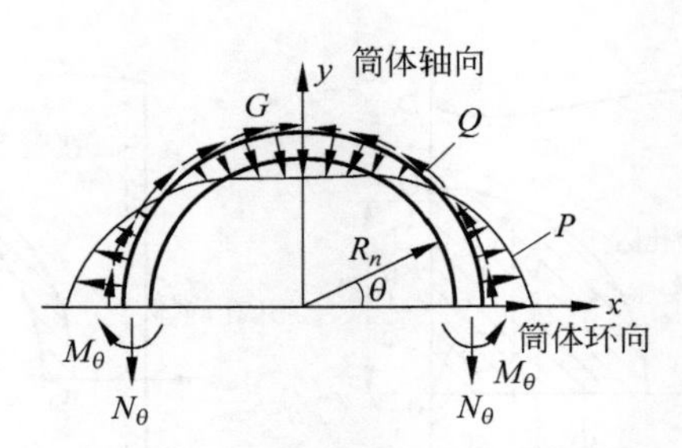

图 6-32 补强区简化为平面圆环

$$P=\sigma_r t=\frac{1}{4}pR\cos(2\theta),\quad Q=\tau_{r\theta}t=-\frac{1}{4}pR\sin(2\theta) \tag{6-20}$$

内孔边界为自由表面：

$$\sigma_r=0,\quad \tau_{r\theta}=0$$

弗律格(Flügge)在其专著(第 2 章文献[7])的附录中给出了圆环在环向周期分布力作用下的解析解，其中环向弯矩的计算公式为

$$\begin{cases} M_{\theta|\sigma}=-\dfrac{p_n R_n^2}{n^2-1}\cos(n\theta), & \text{对径向载荷 } P=p_n\cos(n\theta) \\ M_{\theta|\tau}=\dfrac{q_n R_n^2}{n(n^2-1)}\cos(n\theta), & \text{对切向载荷 } Q=q_n\sin(n\theta) \end{cases} \tag{6-21}$$

取 $n=2$，将式(6-20)代入，得到补强区简化圆环中的环向弯矩为

$$\begin{aligned} M_\theta &= M_{\theta|\sigma}+M_{\theta|\tau} \\ &= -\frac{pRR_n^2}{12}\cos(2\theta)-\frac{pRR_n^2}{24}\cos(2\theta)=-\frac{pRR_n^2}{8}\cos(2\theta) \end{aligned}$$

其中，R 和 R_n 分别为筒体和接管的半径。在开孔-接管的肩部(G 点处)取 $\theta=\pi/2$，得到环向弯矩和弯曲应力为

$$M_\theta=\frac{pRR_n^2}{8},\quad \sigma_\theta=\frac{pRR_n^2}{8W} \tag{6-22}$$

其中，W 为开孔-接管肩部处补强区截面对平行于接管轴向的中性轴的截面模数(section modulus)，详见文献[15]。

将 ASME 的弯曲应力式(6-19)和上述补充的弯曲应力式(6-22)叠加就得到开孔-接管补强区内的弯曲应力。

6.6.2.2 应力分类和承载机理

1) 一次薄膜应力

开孔补强区内的平均薄膜应力是总体一次薄膜应力。满足等面积补强要求等价于满足总体一次薄膜应力的评定准则。

补强区内的薄膜应力分布并不均匀，其最大值按局部一次薄膜应力准则评定。

这两项应力分类是普遍认同的，无须做更多的解释。

2) 一次弯曲应力

筒体开孔接管补强区内的环向弯曲应力是一次弯曲应力。对此项分类有不少争论，需要深入讨论。

(1) 许多工程师认为补强区内的环向弯曲应力是二次应力,其原因是没有分清筒体-封头结构和筒体开孔补强结构在承载机理上的本质区别。

筒体-封头结构可以在筒体和封头的连接线处切开,两者分别承担各自的内压,形成两个独立的一次结构,其中的应力均为一次应力。两者在连接处出现变形不协调,即总体结构不连续,克服此变形不协调所需要的薄膜和弯曲应力是二次应力。由于筒体、封头、它们的连接线以及载荷都是轴对称的,所以该二次应力是沿子午线方向快速衰减的边缘效应解,详见 2.4.4 节。如果沿用这样的思路,把筒体开孔接管结构误认为由筒体和接管两个壳体组成,补强区是它们的连接线,那就会得出"补强区内的应力是由总体结构不连续引起的二次应力"的错误结论。

然而在开孔并加上接管之后,筒体开孔接管结构的承载机理发生了本质的变化。首先,原来开孔前由被挖去的圆形曲板承担的内压已转化为由补强区内的环向应力来承担,因而补强区已成为第三个承载部件。于是,筒体开孔接管结构是由筒体、补强区和接管三个部件组成的,在这三个部件中平衡外载所需要的应力都是一次应力。其次,筒体开孔接管结构已成为非轴对称结构,与轴对称的球壳中心开孔接管不同,在内压作用下补强区内除了环向薄膜应力外,还必须有环向弯曲应力来共同平衡外载,所以补强区内的环向弯曲应力应划为一次弯曲应力。

(2) 上节的推导过程表明,补强区内的环向弯曲应力由两部分组成。一部分是沿筒体环向的弯曲应力,它是为平衡开孔区接管轴向力的合力作用点远离开孔中心轴而引起的附加弯矩所需要的,按式(6-19)计算;另一部分是沿接管环向的弯曲应力,它是因为筒体的环向薄膜应力比轴向大一倍,使孔口承受非轴对称载荷而产生的,按式(6-22)计算。两者叠加后得到补强区内的斜弯曲应力(图 6-28)。式(6-19)和式(6-22)的推导过程都只利用了力的平衡关系,没有涉及变形协调关系,所以该弯曲应力是平衡载荷所需要的一次弯曲应力。

筒体环向的弯曲应力使肩部处的孔口向下凹陷(图 6-33(a)),接管环向的弯曲应力使孔口在开孔平面内椭圆化(图 6-33(b)),两者都使补强环在肩部处的曲率变小。图 6-33 中展示的有限元分析变形计算结果证明了这一点。

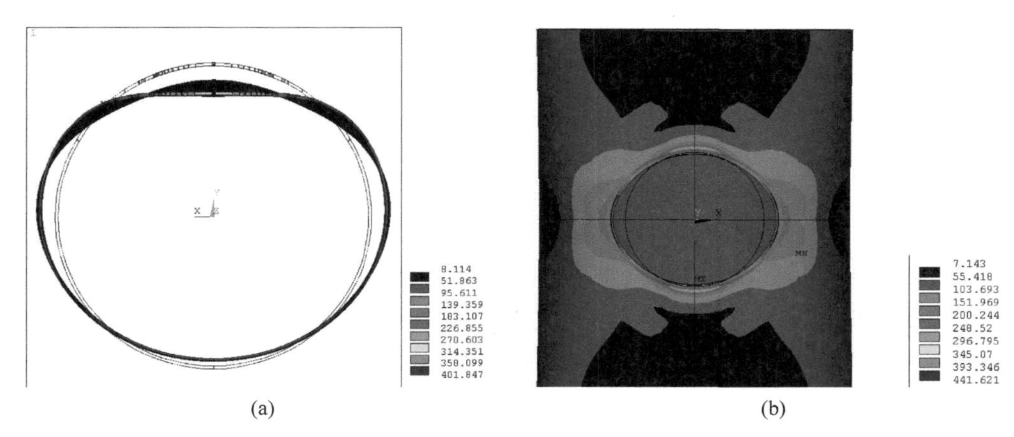

图 6-33　补强区的弯曲变形(见文前彩图)

(a) 孔口凹陷;(b) 孔口椭圆化

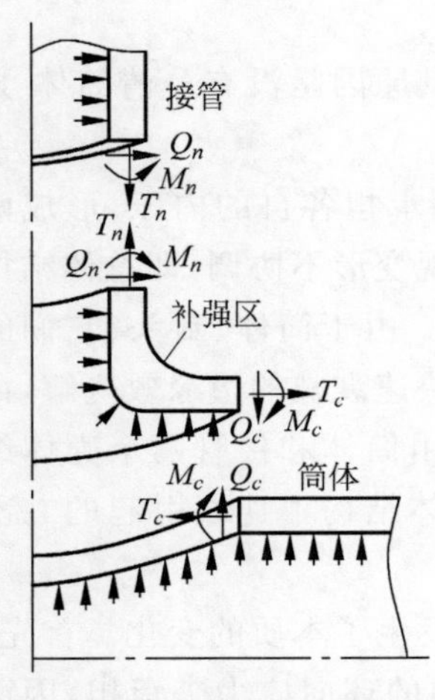

图 6-34 筒体开孔接管的两个连接界面

3）二次应力

在由三个部件组成的筒体开孔接管结构中存在筒体和补强区以及接管和补强区之间的两个总体结构不连续(见图 6-34)，它们引起的应力是二次应力。

由于筒体开孔接管是一种非轴对称结构，针对轴对称壳体导出的边缘效应解已不再适用，筒体和补强区中的二次应力已没有快速衰减的特征。这里省略复杂的二次应力计算公式，直接观察其作用机理。由图 6-34 可见，总体结构不连续引起的二次应力主要作用在垂直于子午线方向的截面上，由此得出如下筒体肩部总体结构不连续处的应力分类方法：作用在垂直于子午向的连接界面上的薄膜和弯曲应力包括一次应力和二次应力。在筒体和补强区界面上的一次应力是筒体开孔切割截面上在未开孔状态下的薄膜应力，接管和补强区界面上的一次应力是接管的轴向薄膜应力。扣除这些一次应力后的薄膜和弯曲应力就是二次应力。由于厚度增加，补强区内的二次应力不会比这两个界面上应力的较大者更大。

在 2)中提到的筒体开孔接管补强区内的环向弯曲应力并不作用在垂直于子午向的连接界面上，所以与二次应力无关。

4）峰值应力

沿厚度方向应力分类线上的总应力扣除薄膜和弯曲应力后得到的非线性应力为峰值应力。

6.6.2.3 一次弯曲应力的许用极限

上面的讨论和 6.5.4 节的第二个例子从不同角度证明了筒体开孔接管补强区内的最大弯曲应力是一次弯曲应力，应该用许用值 1.5S 来控制。但工程设计经验表明该弯曲应力往往超过 1.5S，而且适度的超出是安全的。下面来分析其原因，并给出修正评定准则的建议。

在分析设计法中薄膜和弯曲应力的许用极限是由承载潜力系数 η 决定的。均匀厚度板壳结构的承载能力和单位宽度矩形梁相同。由图 3-14 可见，矩形截面梁的承载潜力系数为 $\eta=1.5$，这是取一次薄膜加弯曲应力的许用极限为 1.5S 的理论依据。

图 6-28 表明筒体开孔接管补强区处于斜弯曲状态，弯矩作用截面的主体是三角形，而非矩形。由图 3-14 可见，三角形截面的承载潜力系数高于矩形，$\eta=2.34$，该系数适用于任意形状的三角形，只要弯曲中性轴与三角形底边平行。所以基于应力许用极限和承载潜力系数的关系式(6-36)，筒体开孔接管补强区内最大一次薄膜加弯曲应力的许用极限可放松到 $S_{\text{Ⅲ}}=2.3S$。这样工程设计中出现的困惑就迎刃而解了。

中国石化工程建设公司桑如苞、丁利伟、王小敏等[15]完成了各种几何参数的筒体开孔接管算例的有限元分析，验证了取 $S_{\text{Ⅲ}}=2.3S$ 的适用性。

6.6.2.4 薄膜应力的控制

在筒体开孔接管的补强区内薄膜应力应满足两个评定要求：

(1) 总体一次薄膜应力：补强有效范围内的当量薄膜应力平均值应小于 1.0S。满足筒体和接管的总体一次薄膜应力评定并不能代替此补强区的评定，因为补强区是另一个承载部件。若在补强设计中满足了规范规定的等面积补强要求，此评定可以免除。

（2）局部一次薄膜应力：补强有效范围内的最大当量薄膜应力应小于 1.5S。

若出现局部一次薄膜应力大于 1.5S 的情况，建议检查一下补强设计是否合理。在补强有效范围内不同位置的补强效率是不同的，补强面积越接近筒体-接管相贯线补强效率越高，若把较多的面积布置在补强有效范围的外边缘处，即使满足了等面积补强要求也会出现局部一次薄膜应力通不过的情况。例如，为了节省材料和加工方便，完全用增加接管厚度来满足等面积补强要求往往会导致连接处的应力超标。

6.6.3 对称约束

6.6.3.1 厚壁筒

厚壁筒沿厚度方向的应力分类线上的应力经过线性化后可分解为薄膜应力、弯曲应力和非线性应力。其中非线性应力可划为峰值应力，薄膜应力和弯曲应力是一次应力还是二次应力呢？

考察沿轴向剖开的半个厚壁筒，见图 6-35。可以看到，仅需薄膜应力就可以与内压相平衡，所以该薄膜应力是总体一次薄膜应力。

弯曲应力是二次应力，理由如下：

（1）内压已经由薄膜应力平衡，作用在整个径向截面左、右两个壁厚上的弯曲应力共同构成自平衡力系（图 6-35），它们对平衡外部机械载荷不起作用。

（2）弯曲应力是为了满足轴对称约束条件才需要的应力。用夹角为 θ 的两个轴向剖面分离出厚壁筒环向的一个扇形段 $ABCD$（图 6-36 中轮廓为细实线的微元）。加压后它产生径向位移 u 变形成 $A'B'C'D'$（轮廓为粗实线的微元）。在轴对称约束下任何径向截面都是对称面，垂直于对称面的环向位移分量均为零，A、C、B、D 四个角点只能沿径向运动到 A'、C'、B'、D'。假如没有变形，$ABCD$ 将沿 AC 边垂直向上刚体位移到 $A'B''C'D''$（轮廓为虚线）。$B'D'$ 和 $B''D''$ 平行，所以在轴对称约束下所有环向纤维的伸长量都相等，即 $B''B'=D''D'=u\theta$。但内壁纤维的原始长度比外壁短，当伸长量相等时内壁的环向应变和环向应力必然大于外壁，所以正是轴对称约束条件引起的内外拉应力之差构成了弯曲应力。

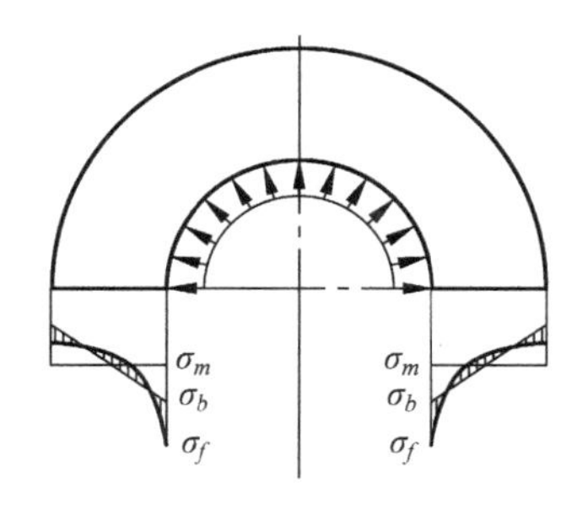

图 6-35 厚壁筒的应力分类

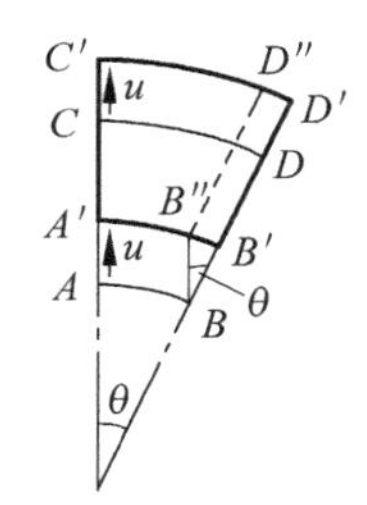

图 6-36 轴对称微元的变形

这样，由约束引起的不起平衡作用的弯曲应力应划为二次应力。

6.6.3.2 开孔平板

平板是非承压部件，应力分类线应选在沿塑性区扩展的方向，即板的宽度方向，见图 6-37。

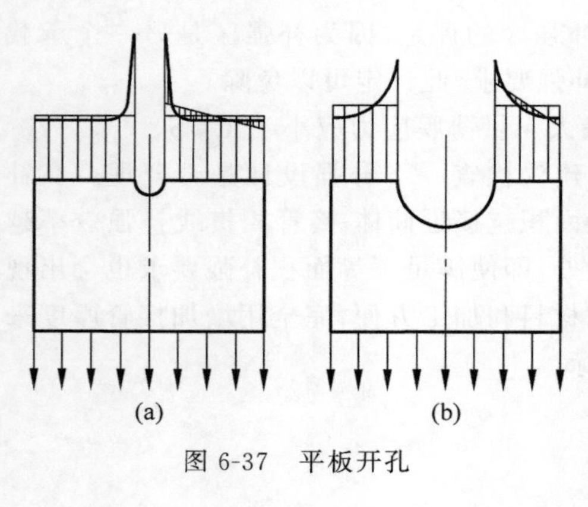

图 6-37　平板开孔

对于较大的开孔（图 6-37(b)），应力分布与厚壁筒的环向应力分布相似，应力分类也相同：薄膜应力是总体一次薄膜应力，弯曲应力是二次应力，非线性应力是峰值应力。稍有不同的是平板是上下对称约束条件而厚壁筒是轴对称约束条件。

当开孔不断缩小时（图 6-37(a)），峰值应力的比重越来越大，弯曲应力的比重减小。这是二次应力向峰值应力逐渐转换的典型例子。二次应力和峰值应力都是协调应力，都有自限性，只是影响范围不同，不涉及应力性质的改变，所以随着开孔大小的变化可以相互转换。

6.6.3.3　含裂纹拉伸平板

裂纹是长、短半轴之比接近无穷大的椭圆。仿照图 6-37 将平板沿裂纹扩展方向 A-A 面（见图 6-38(a)）切开。平板两端受均布薄膜应力 $\sigma=P/(Wt)$ 作用，其中 P、W 和 t 分别是总拉力、板的宽度和厚度。裂纹的长度为 a。切开后板的下半部分见图 6-38(b)。位于裂纹两侧板截面上的均布薄膜应力 $\sigma_m=\sigma W/(W-a)$ 是平衡外载所需要的总体一次薄膜应力。在下端面上的 σ 和截断面上的 σ_m 共同作用下裂纹左、右两侧的板条被拉长，而裂纹自由表面不能传递载荷，位于裂纹区上、下的板条中靠近裂纹的部分没有伸长，因而截面 A—A 在裂纹区形成盆形下陷，两侧板条截面在裂尖附近出现很窄的坡形过渡区，见图 6-38(b)。若把变形后的上、下两块半板拼在一起，裂纹区将出现开口，即局部结构不连续（见图 6-38(c)）。为了克服不连续，使裂纹闭合（考虑弹性变形情况），必须附加一个图 6-38(d)所示的自平衡力系。由于不能对裂纹自由面加力，闭合应力只能加在狭窄的坡形过渡区上，因而在裂纹尖端出现很高的应力集中。该自平衡的闭合力系是满足对称约束所需要的，同时具有自限性和高度局部性，因而是峰值应力。

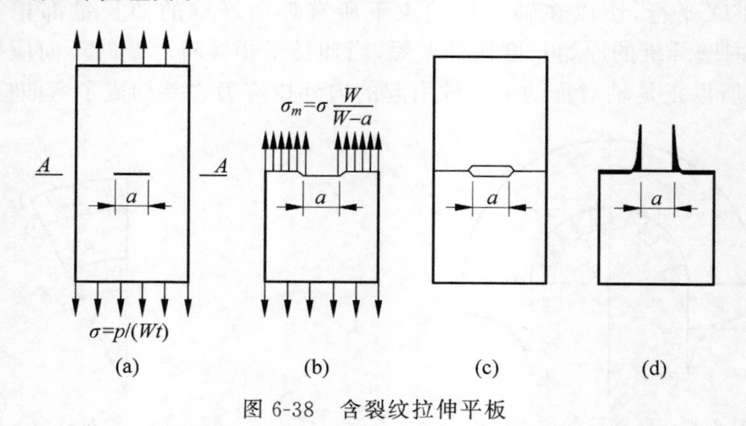

图 6-38　含裂纹拉伸平板

下面来考察延性和韧性都很好、不会发生脆性断裂的含裂纹平板。当裂尖处最大总应力刚达到屈服应力 σ_s 时，裂纹两侧净截面上的应力分布见图 6-39(a)。若继续加载，裂尖进入屈服，名义峰值应力将超过 σ_s（见图 6-39(b)中的虚线）。对理想塑性材料，屈服区应力不能超过 σ_s，高应力向周围低应力区转移，裂尖附近的塑性区逐步扩大（见图 6-39(b)中的实线），这是应力重分配和裂尖钝化过程。在应力重分配过程中，平衡外载需要的一次薄膜应力 σ_m 保持不变，调整的只是自平衡的非线性应力，见图 6-39(b)的加密阴影线区。可以看到，随着载荷的增加，σ_m 越来越靠近 σ_s，塑性“峰值应力”$\sigma_s-\sigma_m$（非线性应力的最大值）越来越小。当 $\sigma_m=\sigma_s$ 时，“峰值应力”完全消失，整个截面都进入屈服，平板达到极限载荷。由此可见，峰值应力不是平衡外载的一次应力，对延性材料它总是随载荷增加而最终消失的。平板的失效是因为一次薄膜应力 σ_m 达到屈服极限而导致塑性垮塌，与峰值应力无关。实验也证实，延性平板中的裂纹随着加载逐渐变成张开的大口，平板最后因裂纹两侧截面紧缩被拉断。

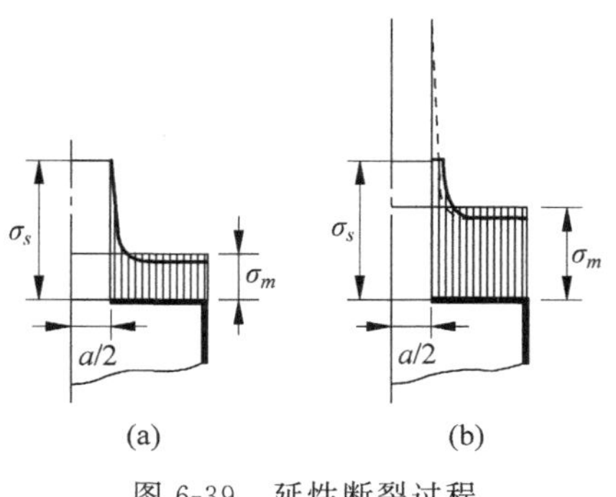

图 6-39　延性断裂过程

6.6.4　热胀应力和弹性跟随

本节讨论管系的热膨胀对相连压力容器的作用。当温度变化时管系产生热膨胀。假设管系与其相连的容器分开，各自可以自由变形，它们之间因热膨胀产生的相对运动称为自由端位移。如果管系自由端位移被约束，管内将产生热应力，同时热胀管系对容器的管推力将导致容器内产生热胀应力。

热胀应力是由温度变化引起的热应力，本应属于二次应力，但各国规范都把它划为一次应力，其原因涉及弹性跟随现象和当前采用的设计方法。

当前大多数设计院采用传统的分部设计方法，将管系设计和容器设计分别交给管道专业和容器(设备)专业来承担。具体做法是：首先由管道专业设计管系，假设容器为刚性体，管系与容器接管的连接界面为固定端，管系的热膨胀完全由其自身吸收，由此求出管系内的热应力和固定界面处的约束反力；然后将该约束反力的反作用力(称为管推力)作为外载荷施加于容器接管，由容器专业来计算容器内的应力，完成容器设计。这样的设计方法能够满足管系-容器连接界面上力的连续条件，却忽略了位移(变形)连续条件，所以无法准确计算容器内的热胀应力，也无法准确判断容器的失效条件。

实际结构在连接界面上需要同时满足力和位移的两个连续条件。当容器在管推力作用下发生弹性和塑性变形时，管系将跟随此变形向容器内部推进，同时释放其被约束的热膨胀弹性变形，这称为管系的弹性跟随现象。发生塑性流动后的容器刚度远小于弹性管系，因而无法抗衡管系的推进趋势。当管系很长时，热膨胀量很大，在其热膨胀尚未完全释放前就会把接管附近的容器顶垮，甚至顶穿，见图 6-40(a)。目前各国压力容器设计规范给出的防止方法是：要求容器总体处于弹性状态，即要求由外载和管推力共同引起的应力满足一次总体薄膜应力、一次局部薄膜应力和一次薄膜加弯曲应力的评定条件，以此来抗衡管系的推进。

弹性跟随的危险性在于它会形成应变集中。考察图 6-40(b)中两个串联的部件 A(容器)和 B(管系)，两端固定并整体加热。若部件 A 和 B 都处于弹性状态，刚度相当，则热膨胀将均衡地由 A 和 B 共同吸收；但若部件 A 进入塑性而 B 仍处于弹性，A 的刚度远小于 B，则因弹性跟随，原来由 B 吸收的热胀变形将逐步转移给 A 来吸收，因而在 A 内形成应变集中，导致 A 被顶垮。对于图 6-40(c)所示的长直管带小弯段情况，由于小弯段的抗弯刚度

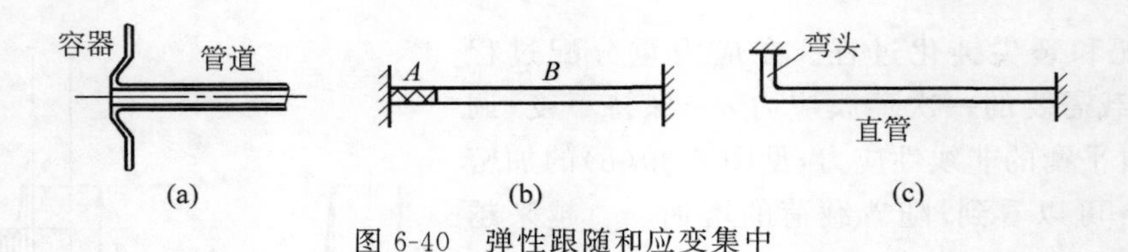

图 6-40　弹性跟随和应变集中

远小于直管段的抗压刚度，也可能出现直管把小弯段顶垮的危险情况。

基于一次应力准则的传统分部设计方法虽然能保证容器的安全，却是非常保守的。首先它没有考虑容器柔度的影响，容器的变形能够使实际管推力显著小于固定端假设下的计算值，由此求得的容器热胀应力也将随之减小；其次是用一次应力准则来评定具有二次应力性质的热应力，许用极限是过于保守的。

为了克服上述传统分部设计方法的两类保守性，必须采用能同时满足力和位移两个连续条件的分析方法。可以选用如下两种方法：

(1) 整体法。把管系和容器作为一个整体来进行有限元分析，这样在管系-容器界面处将能自动满足力和位移的两类连续条件，得到精确的管推力和容器热胀应力。整体法需要建立管系-容器整体有限元模型，计算量较大。

(2) 载荷释放比法。这是一种新的分部设计方法，由段成红、张向兵、陆明万、罗翔鹏提出[16]，既能同时满足力和位移的两类连续条件，达到与整体法相当的精度，又能继承传统分部法的设计惯例，分别进行管系设计和容器设计。

下面先介绍载荷释放比法，然后给出基于安定准则的热胀应力评定方法。

6.6.4.1　载荷释放比法

先从一维问题开始讨论。考察图 6-40(b)中的双杆模型，它是最简单的管系-容器系统整体模型。杆 A 和 B 分别表示容器和管系。管系热膨胀在管系-容器界面处引起轴力 P_{N}（接管作用于容器的轴力称为接管载荷或管推力），它导致杆 A 和 B 在界面端分别产生压缩位移 u_{P} 和 u_{V}。轴力和位移的弹性关系为

$$P_{\mathrm{N}}=K_{\mathrm{P}}u_{\mathrm{P}}=K_{\mathrm{V}}u_{\mathrm{V}},\quad u_{\mathrm{V}}=K_{\mathrm{P}}u_{\mathrm{P}}/K_{\mathrm{V}} \tag{6-23}$$

其中，K_{P} 和 K_{V} 分别为管系和容器的刚度。

在双杆模型中管系的热膨胀 Δ 将由管系和容器的压缩变形共同吸收，所以界面处的变形协调条件为

$$\Delta=u_{\mathrm{P}}+u_{\mathrm{V}} \tag{6-24}$$

将式(6-23)第二式代入式(6-24)得到：

$$\Delta=(1+K_{\mathrm{P}}/K_{\mathrm{V}})u_{\mathrm{P}} \tag{6-25}$$

联立求解式(6-23)第一式和式(6-25)得到由整体法给出的真实接管载荷：

$$P_{\mathrm{N}}=K_{\mathrm{P}}\Delta/(1+K_{\mathrm{P}}/K_{\mathrm{V}}) \tag{6-26}$$

传统分部法假设容器是刚体，$K_{\mathrm{V}}=\infty$。代入式(6-26)得到传统分部法给出的接管载荷：

$$P_{\mathrm{N0}}=K_{\mathrm{P}}\Delta \tag{6-27}$$

将 P_{N} 和 P_{N0} 之比定义为载荷释放比 ρ：

$$\rho=P_{\mathrm{N}}/P_{\mathrm{N0}}=1/(1+K_{\mathrm{P}}/K_{\mathrm{V}})=1/(1+F_{\mathrm{V}}/F_{\mathrm{P}}) \tag{6-28}$$

其中，F 表示柔度，它与刚度 K 的关系是 $F=1/K$。

方程(6-28)说明载荷释放比 ρ 仅与管系和容器的刚度比有关。图 6-41 给出了载荷释

放比随管系-容器刚度比的变化曲线，该曲线反映了容器刚度对接管载荷的影响。可以看到，如果容器刚度由无穷大($K_P/K_V=0$)减小至管系刚度的值($K_P/K_V=1$)，接管载荷将降低一半。对出现弹性跟随的情况，容器进入塑性后的刚度将显著减小，接管载荷将明显小于 P_{N0}，所以不考虑容器刚度(柔度)影响的传统分部法是相当保守的。

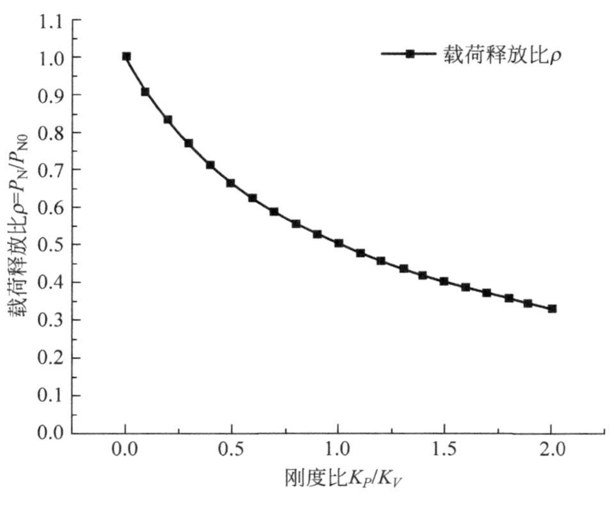

图 6-41　载荷释放比曲线

将式(6-28)改写成

$$P_N=\rho P_{N0} \tag{6-29}$$

得到载荷释放比法的接管载荷计算公式。即首先按传统分部法计算固定端的接管载荷 P_{N0}，再用由管系和容器的刚度求得的载荷释放比 ρ 进行修正，得到真实的接管载荷 P_N。

文献[16]将上述一维问题推广至三维一般情况。在三维情况下位移、接管载荷和热膨胀都用 6×1 的列矩阵表示：

$$\{u\}=[u_x,u_y,u_z,\theta_x,\theta_y,\theta_z]^T,\quad \{P\}=[P_x,P_y,P_z,M_x,M_y,M_z]^T,$$
$$\{\Delta\}=[\Delta_x,\Delta_y,\Delta_z,\Delta_{\theta x},\Delta_{\theta y},\Delta_{\theta z}]^T \tag{6-30}$$

其中，$\Delta_{\theta x}$，$\Delta_{\theta y}$ 和 $\Delta_{\theta z}$ 在大多数情况下可以设为零，即忽略热膨胀引起的管系端部的转动。

载荷释放比的三维一般公式为

$$[\rho]=[K_V]([K_P]+[K_V])^{-1}=([F_P]+[F_V])^{-1}[F_P] \tag{6-31}$$

其中，$[\rho]$为载荷释放比矩阵，$[K_P]$、$[K_V]$和$[F_P]$、$[F_V]$分别为管系和容器的刚度矩阵和柔度矩阵，它们都是 6×6 的矩阵。以管系的柔度矩阵为例：

$$\{u_P\}=\begin{Bmatrix}u_{Px}\\u_{Py}\\u_{Pz}\\\theta_{Px}\\\theta_{Py}\\\theta_{Pz}\end{Bmatrix}=\begin{bmatrix}F_{P11}&F_{P12}&F_{P13}&F_{P14}&F_{P15}&F_{P16}\\F_{P21}&F_{P22}&F_{P23}&F_{P24}&F_{P25}&F_{P26}\\F_{P31}&F_{P32}&F_{P33}&F_{P34}&F_{P35}&F_{P36}\\F_{P41}&F_{P42}&F_{P43}&F_{P44}&F_{P45}&F_{P46}\\F_{P51}&F_{P52}&F_{P53}&F_{P54}&F_{P55}&F_{P56}\\F_{P61}&F_{P62}&F_{P63}&F_{P64}&F_{P65}&F_{P66}\end{bmatrix}\begin{Bmatrix}P_{Px}\\P_{Py}\\P_{Pz}\\M_{Px}\\M_{Py}\\M_{Pz}\end{Bmatrix}=[F_P]\{P_P\} \tag{6-32}$$

接管载荷(包括 3 个力分量和 3 个力矩分量,见式(6-30))的修正公式为

$$\{P_{\mathrm{N}}\}=[\rho]\{P_{\mathrm{N0}}\} \tag{6-33}$$

上述一般公式的详细推导及柔度和刚度矩阵的计算方法可参见文献[16]。

载荷释放比法的设计步骤如下:

(1) 设计管系:把管系与容器分离,将连接界面处的管端设为固支。由管系设计工程师计算因管系热膨胀引起的接管载荷$\{P_{\mathrm{N0}}\}$,并进一步计算管系的弹性柔度矩阵$[F_{\mathrm{P}}]$或刚度矩阵$[K_{\mathrm{P}}]$。

(2) 修正接管载荷:考虑分离后的容器。由容器设计工程师计算容器的弹性柔度矩阵$[F_{\mathrm{V}}]$或刚度矩阵$[K_{\mathrm{V}}]$。将$[F_{\mathrm{V}}]$或$[K_{\mathrm{V}}]$和管系工程师提供的$[F_{\mathrm{P}}]$或$[K_{\mathrm{P}}]$一起代入式(6-31),计算载荷释放比矩阵$[\rho]$,然后按式(6-33)将保守的接管载荷$\{P_{\mathrm{N0}}\}$修正为真实的接管载荷$\{P_{\mathrm{N}}\}$。

(3) 设计容器接管:将真实的接管载荷$\{P_{\mathrm{N}}\}$施加到接管上,对容器和接管进行应力分析和设计。

若需要进一步提高精度,还可以用求得的新接管载荷$\{P_{\mathrm{N}}\}$代替$\{P_{\mathrm{N0}}\}$重新设计管系,再用新管系的柔度或刚度重新计算真实接管载荷$\{P_{\mathrm{N}}\}$。如此反复迭代可以最终得到精确的真实接管载荷。

文献[16]完成了一维、二维、三维管系的一系列有限元分析算例,包括管系-中心接管球形封头系统和管系-径向接管圆柱壳系统,包括一维管道、平面管系和空间管系等各种情况。结果表明只需通过一次修正,载荷释放比法和整体法精确解的误差能达到 1%左右。因而对工程设计来说完成上述第三步后就能得到足够精度的解,不必进行反复迭代计算。

载荷释放比法既保持了工程中常用的将管系和容器分部设计的惯例,又克服了传统分部设计法过于保守的缺点;既能达到整体法的分析精度,又不需要建立整体有限元数值模型和进行整体有限元分析;计算工作量和整体法同量级,对自由度数较大的复杂管系,整体法的计算量较大,对自由度数较少的简单管系则载荷释放比法的计算量较大。

6.6.4.2 两倍弹性极限载荷准则

管系热膨胀引起的容器内的应力本质上是二次应力(热应力),现行规范采用的一次应力准则是偏保守的。下面研究如何按二次应力用安定准则来进行评定。

首先要采用整体法或载荷释放比法对完整的管系-容器系统进行分析。这样求得的管系-容器系统内的热应力是同时满足管系-容器连接界面处力和位移两类连续条件的精确解,只要该整体解能满足安定准则,连接界面处的位移就被控制在“小量变形”的范围内,就能保证管系-容器系统是安定的,不必再担心管系顶垮容器的可能性。

8.3.1.1 节中介绍了四种严格安定准则,其中双极限载荷准则具有计算工作量小、精度能满足工程设计要求的特点[17]。该准则认为:若结构的实际循环载荷范围小于下式中的许用安定载荷 $\overline{P}_{\mathrm{S}}$,则结构是安定的。

$$\overline{P}_{\mathrm{S}}=\min(2P_e,P_L) \tag{6-34}$$

其中,P_e 为弹性极限载荷,P_L 为塑性极限载荷。

由于容器连着弹性管系，即使热膨胀引起的管推力达到容器的塑性极限载荷也不会发生垮塌，除非管系达到整体屈服，而合格的管系设计应保证管系整体处于弹性状态，所以容器-管系整体模型的塑性极限载荷 P_L 远高于容器的两倍弹性极限载荷 $2P_e$。评定管系热膨胀引起的容器内应力时的安定准则可简化为两倍弹性极限载荷准则 $\bar{P}_S=2P_e$，简称 $2P_e$ 准则。

$2P_e$ 准则和评定一次加二次应力的 $3S$ 准则十分相近。区别在于前者是一个严格安定(参见 8.2.1.3 节)准则，其中的弹性极限载荷对应于结构内的最大总应力达到屈服极限，而后者是一个总体安定(参见 8.2.1.3 节)准则，其中的 σ_s(注意，$3S=2\sigma_s$)对应于最大结构应力(薄膜加弯曲应力)达到屈服极限。因而采用 $2P_e$ 准则更安全。

综上所述，热胀管系引起的容器内热胀应力的安定评定方法包括：

(1) 采用整体法计算容器内的弹性应力。

(2) 评定一次加二次应力 S_{IV} 时采用两倍弹性极限载荷准则 $\bar{P}_S=2P_e$。若采用 $3S$ 准则，高应力区可能出现不安定。

6.7　应力评定

在完成应力分类后，分析设计进入最后的应力评定阶段，即根据规范给定的应力评定准则和所考虑压力容器部件内的实际应力水平来评判该部件能否满足强度安全和完整性的要求。若能满足，则设计是合格的，否则修改设计后重新评定。

应力评定准则是根据失效模式和等安全度原则确定的。本节简要介绍评定准则(式(6-2a)～式(6-2e))的来源以及相关规定。

6.7.1　许用设计应力

许用设计应力 S(又称基本许用应力或材料许用应力)是基于材料在室温和设计温度下的单向拉伸试验数据确定的、允许设计达到的最大应力值。在新Ⅷ-2 的附录 3.A“许用设计应力”中给出了各种常用工程材料(包括碳钢和低合金钢、淬火和回火高强钢、高合金钢、铝和铝合金、铜和铜合金、镍和镍合金、钛和钛合金等)在各种设计温度下的许用设计应力表。

许用设计应力 S 的确定规则是取如下各项的最小者：

(1) 室温下材料屈服极限 σ_s 除以 1.5。

(2) 室温下材料强度极限 σ_b 除以 2.4。

(3) 设计温度下材料屈服极限 σ_{st} 除以 1.5。

(4) 设计温度下材料强度极限 σ_{bt} 除以 2.4。

在新Ⅷ-2 初稿的附录 3.A 中曾给出更具体的说明，见表 6-3。可以看出，上述原则适用于一般情况。对螺栓要取更大的安全系数 4.0 或 5.0。对高温工作情况还需要考虑材料的持久强度极限和蠕变极限。

表 6-3 许用设计应力的基础①（新Ⅷ-2 初稿的表 3.1.A）

产品/材料	低于室温		室温和高于室温			
	拉伸强度	屈服强度	拉伸强度	屈服强度	破断应力	蠕变率
除螺栓外的所有产品形式，锻造或铸造的钢铁或非铁材料	$\frac{S_T}{2.4}$	$\frac{S_y}{1.5}$	$\frac{S_T}{2.4}$	$\frac{R_y S_y}{1.5}$	$\min[F_{avg}S_{Ravg}, 0.8S_{R\min}]$	$1.0S_{Cavg}$
奥氏体材料——除螺栓外的所有产品形式，锻造或铸造的产品形式	$\frac{S_T}{2.4}$	$\frac{S_y}{1.5}$	$\frac{S_T}{2.4}$	$\min\left[\frac{S_y}{1.5}, \frac{0.9R_y S_y}{1.0}\right]$	$\min[F_{avg}S_{Ravg}, 0.8S_{R\min}]$	$1.0S_{Cavg}$
螺栓，退火的钢铁或非铁材料	$\frac{S_T}{4.0}$	$\frac{S_y}{1.5}$	$\frac{S_T}{4.0}$	$\min\left[\frac{S_y}{1.5}, \frac{R_y S_y}{1.5}\right]$	$\min[F_{avg}S_{Ravg}, 0.8S_{R\min}]$	$1.0S_{Cavg}$
螺栓②，用热处理或应变硬化增强，钢铁或非铁材料	$\frac{S_T}{5.0}$	$\frac{S_y}{4.0}$	$\frac{S_T}{5.0}$	$\frac{R_y S_y}{1.5}$	$\min[F_{avg}S_{Ravg}, 0.8S_{R\min}]$	$1.0S_{Cavg}$
螺栓③，用热处理或应变硬化增强，钢铁或非铁材料	不适用	$\frac{S_y}{1.5}$	不适用	$\frac{S_y}{1.5}$	不适用	不适用

① 当用本应力基本准则确定特定材料作为温度函数的许用应力时，在较高温度下得到的许用应力决不会大于在较低温度下得到的许用应力。

② 按本分册第 4 部分设计的螺栓。

③ 按本分册第 5 部分设计的螺栓。

符号说明：

S_T 为室温下最小保证拉伸强度；S_y 为室温下最小保证屈服强度；R_y 为工作温度与室温下的屈服强度之比；S_R 为工作温度下 10 万小时的破断应力（即持久强度极限）；S_C 为工作温度下的蠕变极限；F_{avg} 为持久强度极限的系数，当温度不高于 815℃时 $F_{avg}=0.67$，高于 815℃时 $\lg F_{avg}=1/n$（但不能超过 0.67），n 为对数破断时间与对数应力图上在 10 万小时处斜率的负数。

ASME Ⅷ-2 规范要求压力容器部件选用延性和焊接性能都很好的材料，对这些材料来说屈服极限是主要的应力控制参数。长期的经验表明，用 $\sigma_s/1.5$ 限制一次应力是安全的。在老Ⅷ-2 中，由于过于保守地将强度极限安全系数取为 3.0，导致大量延性材料的许用应力被强度极限所控制。为此和欧盟标准一样，新Ⅷ-2 将强度极限的安全系数降到 2.4。这样不仅使屈强比在 0.50～0.625 的大批碳钢和低合金钢都回归到由屈服极限控制的延性材料，合理地提高了它们的许用应力，还将屈强比大于 0.625 的材料的许用应力普遍提高了 25%，因而显著地提高了分析设计规范的经济性。

在多轴应力状态下，分析设计规范的强度评定参数是当量应力。老 ASME Ⅷ-2 和 ASME Ⅲ采用“应力强度”，即特雷斯卡当量应力。新 ASME Ⅷ-2 改用米泽斯当量应力。在单轴应力情况下这两种当量应力都等于单轴拉伸试件所受的拉应力，所以新、老规范都可以根据单轴拉伸试验测定的屈服极限和强度极限数据来确定多轴应力状态下当量应力的许用设计应力。

6.7.2 各类应力的许用极限

应力分类法根据应力的重要性(即导致结构失效的危险性)将弹性计算应力分为五类应力,并基于等安全度原则和许用设计应力 S 来确定各类应力的许用极限。

6.7.2.1 一次应力

一次应力是平衡机械载荷所需要的应力,它的失效模式是在一次加载下发生塑性垮塌。在理想塑性材料和小变形情况下结构发生塑性垮塌时承受的载荷称为塑性极限载荷,简称极限载荷。结构内最大应力达到屈服时的载荷称为弹性极限载荷,或初屈服载荷。

进入塑性后结构强度的控制参数将由结构的最大应力转变为结构的承载能力。由于出现应力重分布,结构的塑性承载能力显著高于弹性承载能力,两者之比称为承载潜力系数 η:

$$\eta = 塑性极限载荷/弹性极限载荷 \tag{6-35}$$

基于塑性失效准则的等安全度原则认为结构的安全性与承载能力成正比。承载潜力系数越高,考虑塑性变形后结构承载能力的提高幅度就越大,所以三类一次应力评定准则(式(6-2a)~式(6-2c))中的许用极限应取为许用设计应力 S 乘以相应的承载潜力系数:

$$S_{\text{I-III}} \leqslant \eta S \tag{6-36}$$

(1) 总体一次薄膜应力 P_m 是沿厚度均匀分布且遍及结构的一次应力,它不会因为屈服而发生载荷重分配(即应力重分布),一旦达到屈服极限,结构马上出现不可限制的总体塑性流动并垮塌,其危险性与材料单轴拉伸试件相同,所以应取承载潜力系数 $\eta=1.0$。由此得到:

$$S_{\text{I}} = P_m \leqslant 1.0S \tag{6-2a}$$

(2) 一次弯曲应力沿壁厚呈线性分布,其应力重分布的过程是沿壁厚方向发展的。板壳结构横截面上弯曲应力的重分布过程如图 6-42 所示。其中图 6-42(a)是初屈服状态,内外表面的最大弯曲应力刚达到屈服极限,内部弹性应力呈三角形分布,合力为 $T_e=\sigma_s(h/2)/2$,作用在离中面的距离为 $a_e=(2/3)(h/2)$处,由此求得初屈服时的弯矩为 $M_e=2T_ea_e=\sigma_sh^2/6$。随着载荷增加,塑性区不断向中面扩展,经过图 6-42(b)的局部塑性状态发展到图 6-42(c)的极限状态。此时整个截面都进入正向和反向屈服,形成塑性铰。图 6-42(c)矩形应力分布的合力为 $T_p=\sigma_s(h/2)$,作用在离中面 $a_p=(h/2)/2$ 处,由此求得塑性极限弯矩为 $M_L=2T_pa_p=\sigma_sh^2/4$。代入式(6-35)得到矩形截面上弯曲应力的承载潜力系数为 $\eta=M_L/M_e=1.5$。

评定准则(6-2c)将此纯弯曲应力的承载潜力系数推广应用于薄膜加弯曲应力情况:

$$S_{\text{III}} = P_L + P_b \leqslant 1.5S \tag{6-2c}$$

在 3.3.2 节中指出,当压力引起的薄膜应力 $\sigma_m>2[\sigma]/3$ 或 $\sigma_m/\sigma_b>4/5$ 时,此推广是不安全的,当$(\sigma_m+\sigma_b)/\sigma_m=1.5$ 时承载潜力系数只有 $\eta=1.3$,并给出了安全的修正一次薄膜加弯曲应力评定准则,见式(3-32)。

如果承弯截面的形状不同,承载潜力系数也将不同。各种常用梁截面的承载潜力系数见图 3-14。可以得到一个具有普遍意义的结论:高应力区和低应力区的面积之比越小,η 值就越大。三角形截面的最大弯曲应力出现在三角形的顶点,承载面积很小,所以 η 高达 2.34。为此在 6.6.2.3 节中建议将圆柱壳开孔接管处薄膜加弯曲应力的许用极限调整到

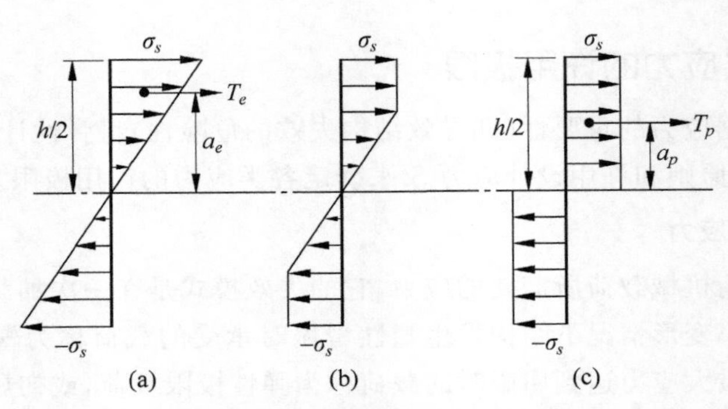

图 6-42 弯曲应力的重分布

$S_{Ⅲ}=P_L+P_b\leqslant 2.3S$。

(3) 局部一次薄膜应力是沿壳体子午向衰减的一次薄膜应力，其影响区在子午向的延伸距离不大于$\sqrt{Rt}$。局部一次薄膜应力的垮塌机构比弯曲应力复杂，其应力重分布过程是沿子午线方向而非厚度方向发展的。以图 6-43 的球壳中心接管为例。球壳-接管相贯线处的最大应力点首先进入塑性。然后沿着子午线向两侧壳体内发展，直至塑性区 AB-BC 内的环向薄膜应力处处达到屈服极限，且在 A、B、C 三处出现塑性铰圆，形成拉伸-弯曲组合型的可动机构。在内压作用下塑性区向外鼓出导致结构垮塌。

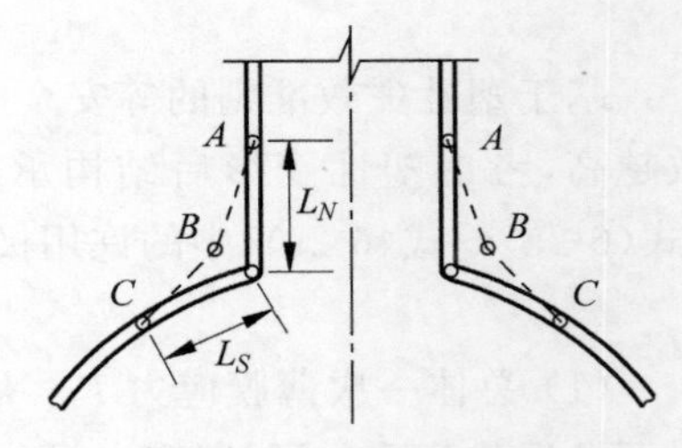

图 6-43 球壳中心接管

局部一次薄膜应力的承载潜力系数 η 与垮塌机构的形式、垮塌区的范围(如图 6-43 中的长度 L_N 和 L_S)以及垮塌区内原始弹性应力的分布有关，不同形状的结构所对应的 η 值相差较大，对常见结构 $\eta=1.1\sim3.0$。作为通用的工程设计规范，要求对每个具体结构精确计算 η 值是不现实的，只能选取一个适当的中间值，评定准则(6-2b)将系数选为 1.5：

$$S_{Ⅱ}=P_L\leqslant 1.5S \tag{6-2b}$$

对常用的典型结构，若发现其 η 值偏离 1.5 较远(尤其是偏小)，可以作为特例修改准则(6-2b)的系数。例如，在锥壳小端与筒体连接处老Ⅷ-2 在其图 AD-212.1 和 AD-212.2 的下面明确注明“在连接处两侧的任一侧的距离为 $0.25\sqrt{Rt}$ 处的薄膜应力强度限制为 1.1S”，因为该结构的实际 η 值在 1.1 和 1.3 之间，若按 1.5S 设计是危险的。

虽然在一次薄膜加弯曲应力中已经包含了局部一次薄膜应力，但在满足准则(6-2c)后还必须同时满足准则(6-2b)，因为 $S_{Ⅱ}$ 和 $S_{Ⅲ}$ 的最大值可能发生在结构的不同点上，此时应该在不同部位分别用不同的准则进行强度校核。

6.7.2.2 协调应力

协调应力具有自限性，一旦满足变形协调条件协调应力引起的塑性流动就能自动停止，其导致结构失效的危险性明显地小于一次应力，所以可取较高的许用极限。

在循环载荷作用下协调应力引起的结构失效模式有疲劳和棘轮两种。安定(本书中如果不特别指明塑性安定，均指弹性安定)是一种没有塑性损伤累积的弹性状态。丧失安定只是塑性损伤累积的开始，而非失效模式。所以安定准则是比疲劳或棘轮准则更为严格的控制循环失效的准则。

(1) 二次应力是总体协调应力，其影响范围涉及断面(对承压部件改为厚度)的大部分区域，如果该区域发生疲劳或棘轮失效将导致结构整体破坏或损失承压功能，所以是一种危险性较大的协调应力，需要采用较严格的安定准则(6-2d)来限制。

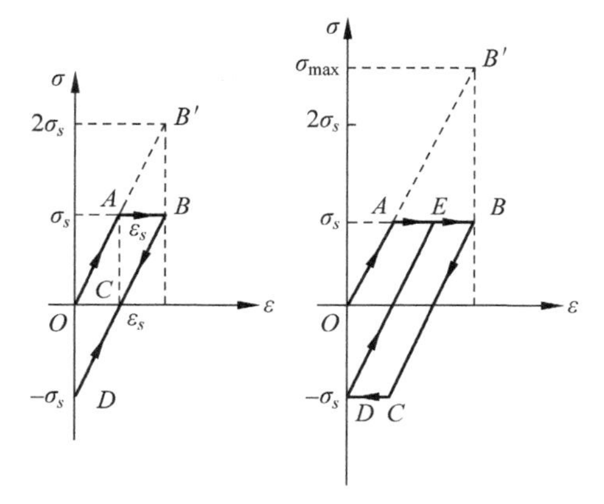

图 6-44　安定和疲劳

安定准则(6-2d)有两个来源。

① 第一个来源是 ASME Ⅷ-2 规范的评注[18]。考察理想塑性材料的单向循环应力情况($0\sim2\sigma_s\sim0$)，见图 6-44(a)。当应力达到屈服限 σ_s 时(点 A)发生拉伸屈服，加载路径转入水平段 AB。加载到弹性名义应力达 $\sigma_{\max}=2\sigma_s$ 时(点 B')，塑性应变量 AB 等于屈服应变，即 $\varepsilon_p=\varepsilon_s$，总应变为 $\varepsilon_{\max}=2\varepsilon_s$。卸载时按弹性斜率返回，$BD$ 线平行于 OA。若施加的是循环一次应力，则卸载至零应力点 C，留下残余塑性应变 $OC=\varepsilon_s$。但现在考虑的是循环二次应力，对应于"应变控制加载"$0\sim2\varepsilon_s\sim0$，因而卸载线 BC 将继续下行至总应变为零的 D 点，此时残余塑性应变被压缩，形成残余压缩应力 $-\sigma_s$。循环第二周从 D 点开始，沿着 DB 线上行，先抵消残余压缩应力，然后才能进入拉伸状态，加载 $2\sigma_s$ 后最终达到 B 点。可以看到，压缩残余应力的存在是有利的，使弹性范围扩大了一倍($DB=2\sigma_s$)，第二循环的整个加载过程都是弹性的。卸载过程沿 BD 下行至 D 点，也是弹性的。后继的载荷循环都将重复 DB-BD 的弹性加卸载路径，因而结构是弹性安定的。读者不难类似地验证，只要 $\sigma_{\max}<2\sigma_s$，结构都是安定的。

再看 $\sigma_{\max}>2\sigma_s$ 的情况，如图 6-44(b)所示。第一循环的加载路径为 OA-AB，拉伸屈服段 $AB>\varepsilon_s$。卸载由 B 点开始，到达 C 点发生反向压缩屈服，转入水平段 CD。D 点满足总应变为零的条件，第一循环结束。第二循环的加载路径为 DE-EB，发生拉伸屈服 EB；卸载路径为 BC-CD，发生反向压缩屈服 CD。后继的载荷循环都将重复 DE-EB 和 BC-CD 的加卸载路径，反复出现大小相等、方向相反的拉-压交替塑性变形，形成迟滞回线 $BEBCD$。结构丧失安定，将发生疲劳破坏。

基于上述讨论，由 $2\sigma_s=3.0(\sigma_s/1.5)=3.0S$ 可以导出评定准则 $Q\leqslant3.0S$。

需要指出的是，实际工程结构中的二次应力并不是由理想的"应变控制加载"引起的，而是为满足变形协调条件所需要的。加载时高应力区进入塑性，产生塑性变形；卸除机械载荷或热载荷并不是"应变控制加载"，没有强迫塑性变形为零的功能。此时强迫高应力区塑性变形趋于零的约束来自其周围的低应力弹性区，卸载后弹性区都要恢复到零变形状态，为满足变形协调它们力图使高应力区的变形也恢复到零，即沿图 6-44(a)的卸载路径 BD 下行至 D 点。应力分类法要求结构中所有的一次应力都不大于屈服极限，因而保证了结构整体处于弹性状态。但是如果实际结构中低应力弹性区的刚度不足以完全压缩塑性变形，则卸载路径可能达不到 D 点，因而安定的应力范围可能小于 $2\sigma_s$。所以在工程应用中上述基于图 6-44 一维模型的论述较适用于高应力区范围较小的峰值应力情况。

② 第二个来源是伯吕图中安定-疲劳界线②的方程 $\sigma_t=2\sigma_s$，其中热应力 σ_t 为二次应

力。由此导出评定准则 $Q \leqslant 3.0S$。

在伯吕的简化模型中强迫塑性变形压缩至零的约束是薄壁圆管的轴对称约束条件，所以方程 $\sigma_t = 2\sigma_s$ 适用于薄膜加弯曲应力情况，与是否存在峰值应力无关。

上述两个来源都只涉及二次应力 Q 的评定，规范把它推广应用于一次加二次应力 $P+Q$ 的评定：

$$S_{\mathrm{IV}} = P + Q \leqslant 3.0S(=2\sigma_s) \tag{6-2d}$$

其中，Q 是应力循环的范围，即两倍应力幅值。由于安定不是一种失效模式，所以安定准则无需添加安全系数，可直接取 $2\sigma_s$ 作为许用极限。

在应力分类法的评定准则(6-2d)中 Q 是指二次薄膜应力和弯曲应力之和，不再区分二次薄膜应力和二次弯曲应力，因为它们的许用极限相同。需要指出的是，在热棘轮评定中需要区分薄膜热应力和弯曲热应力，详见 8.2.2.1 节。此外，在热屈曲评定中要求考虑二次薄膜应力的影响，而不必考虑二次弯曲应力的影响。

(2) 峰值应力是局部协调应力，影响范围很小，其危险性在于它与一次加二次应力之和 $P+Q+F$ 是结构中的最大总应力，它是疲劳裂纹或脆性断裂的可能起源。

压力容器由延性和焊接性能都很好的优质材料制成，所以评定准则(6-2e)仅考虑了防止循环载荷作用下的疲劳失效。对可能发生脆性断裂的低温容器等特殊情况需要另外追加断裂力学评定，可参见 ASME 规范第Ⅲ卷第一分册中的非规定性附录 G。

弹性应力分析的疲劳评定采用基于 S-N 曲线和线性累计损伤理论的疲劳分析方法。总结多年的理论和试验研究成果，新 ASME 规范和 GB/T 4732—2024 标准已对准则(6-2e)进行了修正，考虑了塑性变形效应的影响，相关原理和实施方法将在 9.4 节中详细讲述。

理论上说先要丧失安定后才可能发生低周疲劳，如果能通过准则(6-2e)则一定能通过准则(6-2d)。但实际应用中有时会出现能通过疲劳评定而安定准则通不过的现象。原因是 S-N 曲线的安全系数取得相当大(应力安全系数为 2.0，寿命安全系数为 20.0)而安定准则未加安全系数，所以当峰值应力较小(最大总应力和一次加二次应力相近)时有可能出现此类反常现象。

6.7.2.3 名义屈服应力

应力分类法的基本假设之一是采用理想弹塑性材料，所以原则上说在应用其中的分析方法和评定准则时应该先将真实材料简化为等效的理想弹塑性材料。例如：

(1) 采用极限分析法确定塑性极限载荷时。

(2) 应用三类一次应力的评定准则(6-36)时。因为其中的承载潜力系数 η 与塑性极限载荷有关。

(3) 应用二次应力评定准则(6-2d)时。因为它的两个来源都基于理想弹塑性假设，详见 6.7.2.2 节。

等效的理想弹塑性材料只有一个材料性能参数——等效屈服极限。有两种确定等效屈服极限的原则。

(1) 结构的许用载荷等效。由采用等效屈服极限的理想弹塑性材料求得的塑性极限载荷除安全系数 1.5 后等于采用应变硬化的真实材料求得的垮塌载荷除安全系数 2.4。

极限载荷和垮塌载荷与结构的几何形状、载荷类型、材料特性等多种因素相关，所以许用载荷等效原则是全面考虑各种影响因素的原则，但是根据它导出的等效屈服极限将因结构不同而异,没有统一的表达式,不便于工程应用。

(2) 材料的许用应力等效。等效的理想弹塑性材料和真实的应变硬化材料的许用应力相等。该原则仅考虑材料特性一个因素,是一种近似的等效关系。由它导出的等效理想弹塑性材料的屈服极限称为名义屈服极限。

根据许用应力等效原则可以直接导出名义屈服极限 σ_{sN} 等于真实材料许用应力的 1.5 倍:

$$\sigma_{sN}=1.5S \tag{6-37}$$

其中,1.5 是理想弹塑性材料的安全系数; S 是真实材料的许用设计应力,由真实材料的屈服极限和强度极限确定,见 6.7.1 节。

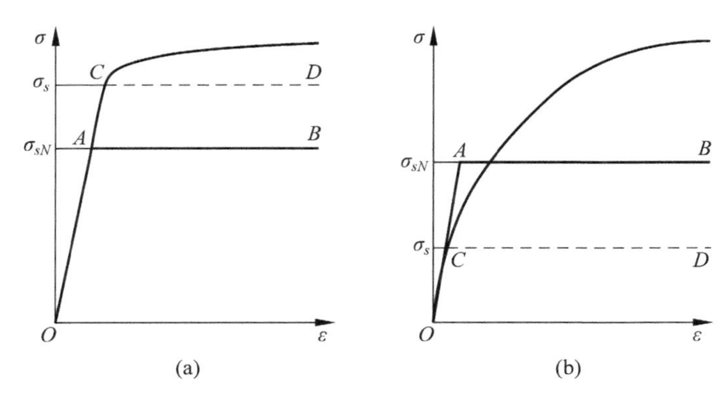

图 6-45　等效的理想弹塑性材料
(a) 高屈强比; (b) 低屈强比

由图 6-45(a)可见,对屈强比高于 0.7 的材料,$\sigma_s/1.5$ 明显高于 $\sigma_b/2.4$,若将等效理想弹塑性材料的屈服极限取为真实屈服极限(图中的虚线 C-D),将求得过高的极限载荷。此时,名义屈服极限应取为 $\sigma_{sN}=1.5S$。反之,对低屈强比材料(图 6-45(b))真实屈服极限又过低,为了有效利用材料的应变硬化效应,需要指定一个较高的名义屈服极限。例如,将高温下奥氏体不锈钢的许用应力 S 指定为工作温度下材料屈服极限 σ_s^t 的 0.9 倍(但不超过常温屈服极限 σ_s 的 2/3)。相应的名义屈服极限为 $\sigma_{sN}=1.5\times0.9\sigma_s^t=1.35\sigma_s^t$,比真实屈服极限提高了 1.35 倍。

由于名义屈服极限的确定简单而直观,工程设计中(例如,ASME Ⅷ-2 规范和 GB/T 4732 标准)常用它来代替等效屈服极限,规定:对中等屈强比材料(大多数常用工程材料),直接取材料的真实屈服极限为等效屈服极限;对高屈强比材料(如屈强比大于 0.7 的高强钢和高温蠕变下的钢材)和低屈强比材料(如高温下的奥氏体不锈钢),取名义屈服极限为等效屈服极限。

第 7 章～第 9 章将以失效模式为纲进一步讲述压力容器分析设计规范的力学原理和评定规则,尤其是基于弹塑性分析的设计方法。

参考文献

[1] JB 4732—1995 钢制压力容器——分析设计标准,标准释义. 全国压力容器标准化技术委员会,1995.
[2] KRÖNKE W C. Classification of finite element stress according to ASME section Ⅲ, stress

categories. Winter Annual Meeting of the ASME,1973.
[3] KOHNKE P. ANSYS theory manual,1994.
[4] LU M-W,CHEN Y,LI J-G. Two-step approach of stress classification and primary structure method [J]. J. Pressure Vessel Technology,2000,122：2-8.
[5] HECHMER J L, HOLLINGER G L. PVRC "Phase 1" Report. Three dimensional stress criteria. Grants 89-16 and 90-13. 1991.
[6] HECHMER J L, HOLLINGER G L. 3D stress criteria guidelines for application. WRC Bulletin 429,1998.
[7] HOLLINGER G L, HECHMER J L. The PVRC project on three-dimensional stress criteria considerations for linearization of stresses[C]//Proceedingsof the 8th International Conference of Pressure Vessel Technology. American Society of Mechanical Engineers (ASME) ,1996：263-270.
[8] 陆明万,徐鸿.分析设计中若干重要问题的讨论(二)[J].压力容器,2006,23(2)：28-32.
[9] LU M-W, LI J-G. Primary structure-An important concept to distinguish primary stresses, PVP. Seismic Engineering,ASME,1996：357-363.
[10] 陆明万,陈勇,李建国.分析设计中应力分类的一次结构法[J].核动力工程,1998,19(4)：330-337.
[11] LU M-V,LI J-G. Chinese PV code and the ASME code-Remarks on design by analysis and role of stress categories. ASME Int. PVP Conference and Exhibition,Chicago,USA,1986：3-37.
[12] DUAN C H, DING L W, LU M W. Discussion on the implementation of the primary structure method in design by analysis[J]. Applied Mechanics & Materials,853：341-345.
[13] DUAN C H, WEI X C, HUANG J H, et al. Construction of 3D primary structure and stress classification of cylindrical shell with nozzle[C]//Proceedings of the ASME 2018 Pressure Vessels and Piping Conference. Prague,Czech Republic,2018.
[14] ASME boiler and pressure vessel code Ⅷ-1. rules for construction of pressure vessels,2013.
[15] 陆明万,桑如苞,丁利伟,等.压力容器圆筒大开孔补强计算方法[J].压力容器,2009,26(3)：10-15.
[16] DUAN Ch-H, ZHANG X B, LU M W, et al. Load release ratio method for design of thermo-expanded piping-vessel system[J]. Int. J. Pressure Vessel and Piping,2022,200：104840.
[17] 李正驰,罗翔鹏,段成红,等.压力容器及容器-管道系统的安定载荷计算方法对比[J].压力容器,2024,41(3)：30-40.
[18] ASME PTB-1-2014,ASME Section Ⅷ-Division 2 criteria and commentary,Annex A,2014.

第7章

垮塌、局部失效和屈曲

压力容器的失效模式与加载方式有关。本章讲述一次加载下压力容器三种失效模式的分析和评定方法，包括塑性垮塌、局部失效和屈曲。循环加载下各种失效模式的分析和评定方法将在第8章和第9章讲述。本章中提出确定极限载荷的零曲率法，并建议在试验测定极限载荷时采用零曲率法和双切线法。还提出塑性垮塌评定的强度-变形二元准则。

7.1 塑性垮塌失效概述

载荷从零开始单调递增地增加到最大值（直至结构垮塌）的加载方式称为一次加载或单调加载。塑性垮塌是压力容器在一次加载情况下最常见的失效模式。

塑性垮塌是一种因过量总体塑性变形而导致结构丧失承载能力的失效模式。结构从进入塑性到最终垮塌要经历初始屈服、局部塑性变形、总体塑性变形和最终垮塌四个阶段。图7-1是结构塑性变形过程的载荷-位移（或应变）图，简称 P-w 曲线，其中下曲线对应于弹性-理想塑性材料，上曲线对应于具有应变硬化效应的真实材料。图中线性段 O-E 对应于结构的弹性变形阶段。当加载到 E 点时，结构因最大应力点进入屈服而丧失纯弹性状态，E 称为初屈服点，相应载荷为弹性极限载荷 P_E，或初屈服载荷。过了 E 点结构进入局部塑性变形阶段。随着塑性区的扩大弹性区不断减少。材料的塑性模量明显小于弹性模量，所以结构刚度（即 P-w 曲线的斜率）也随之逐渐变小，形成 P-w 曲线的圆弧过渡段 E-A（或 E-A'）。当加载到 A（或 A'）点时，塑性区扩大到周围所有能协助承载的弹性材料都已进入屈服，结构形成可动的垮塌机构，塑性区不再扩大而塑性区内材料的塑性应变不断增加，结构进入总体塑性变形阶段。A（或 A'）点称为结构总体屈服点。垮塌机构形成后结构只能靠材料应变硬化和大变形几何强化来继续提升承载能力。大量实例表明，在总体塑性变形阶段的前期 P-w 曲线将出现一个线性段，其斜率与应变硬化和几何强化的程度有关（图7-1的上曲线）。对无硬化的理想塑性材料和小变形情况则成水平线，

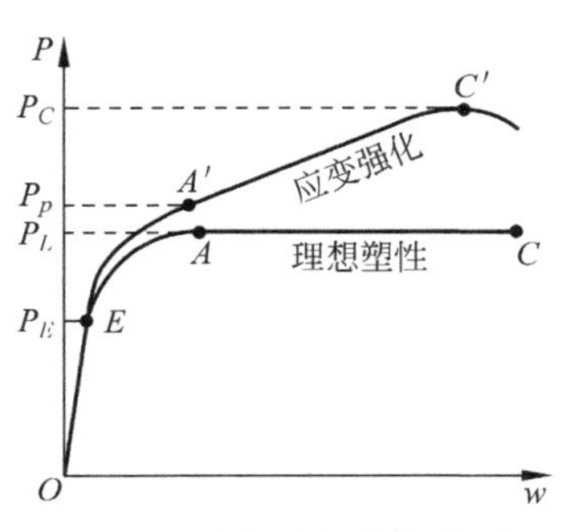

图7-1　塑性变形的载荷-位移图

斜率为零(图 7-1 的下曲线),因而结构出现不可限制的总体塑性流动。

在极限分析中与 A 点相应的载荷称为极限载荷 P_L,将其推广到真实材料情况,与 A' 点相应的载荷称为准极限载荷或塑性载荷 P_p[1]。A(或 A')点是圆弧过渡段的终点,也是进入曲率为零的总体塑性变形线性段的起点,称为零曲率点,它是确定极限载荷(或准极限载荷)的特征点。当加载到总体塑性变形阶段的终点 C'时,结构达到最大承载能力,相应的载荷称为垮塌载荷 P_C。从垮塌点 C'起结构进入不稳定的快速垮塌阶段,过量的塑性变形导致截面紧缩、材料断裂,最终结构破裂。

理想塑性-小变形结构没有任何强化功能,在机械载荷作用下一旦达到 A 点就会迅速发展到垮塌点 C,因而垮塌载荷与极限载荷相等,即 $P_C=P_L$。但若施加的是位移控制载荷,只要最大总体塑性变形小于垮塌点 C 对应的塑性变形,结构并不会发生垮塌。

7.2 极限分析和垮塌分析

7.2.1 概述

极限分析和垮塌分析的主要任务分别是确定极限载荷和垮塌载荷。理想弹塑性材料和小变形情况下的垮塌载荷就等于极限载荷。

极限分析和垮塌分析的理论基础都是塑性力学。可以采用解析解法、数值解法和试验方法来确定垮塌载荷和极限载荷:

(1) 解析解法。基于塑性力学的如下三种理论之一对给定的结构和承载情况推导出载荷极限或垮塌载荷的解析表达式。

① 全量理论(形变理论),基于塑性应变全量和应力间的本构关系,采用全加载过程的应力-应变非线性函数关系求解塑性力学问题。只适用于求单调加载情况的解析解。

② 增量理论(流动理论),基于塑性应变增量和应力间的本构关系,采用逐步加载方式先求塑性应变的增量,通过逐步叠加来求得全量。可用于单调加载或循环加载情况,是数值解法最常用的理论。

③ 极限平衡理论,基于理想塑性材料和小变形假设,跳过加载历史,直接根据极限状态下结构的平衡关系确定极限载荷,是塑性力学的一个专门分支,称为极限分析。是寻求极限载荷解析解的有效方法,但不适用于求垮塌载荷。基于极限平衡理论求极限载荷解析解的介绍可参见 3.6 节。

解析解的精度高,能直接给出解析表达式,能清晰地显示出几何参数和材料性能与垮塌载荷或极限载荷间的函数关系。计算量较小,但通用性较差,许多实际工程结构往往找不到相应的解析解。

(2) 数值解法。采用数值分析方法(最常用的是有限元法),借助高速电子计算机求解各类工程结构的弹性解或弹塑性解,包括垮塌分析和极限分析。数值解法的通用性强、效率高、成本低,计算精度可达到工程设计的要求,能给出加载过程的每一步和结构内部任意位置上的应力、应变和位移信息,能随时调整设计参数进行优化设计,是工程设计中最有效和常用的分析方法。

(3) 试验方法。用实验测试手段测定载荷-位移(应变)曲线,并进一步确定垮塌载荷和极限载荷。试验方法能真实地反映工程结构的实际承载能力，但实验成本高、工作量大、消耗时间长，一般用作最终检验新产品安全性的手段，而不用于产品的设计和研发阶段。

下面先介绍用于极限分析和垮塌分析的有限元分析方法。

7.2.2　弹塑性有限元分析

第6章介绍了基于弹性应力分析的压力容器分析设计方法——应力分类法，该方法简单易行，一般偏于保守。随着塑性力学，尤其是弹塑性有限元分析的日趋成熟和普遍应用，基于弹塑性分析的压力容器分析设计方法受到广泛关注。弹塑性分析方法能更精确地反映压力容器的真实失效过程和承载能力，是一种更为先进的设计方法。

ASME规范把极限分析和垮塌分析分别称为"极限载荷分析法"和"弹塑性应力分析法"。无论是极限分析采用的理想弹塑性材料还是垮塌分析采用的真实材料，其本构关系都是非线性的。在有限元分析中极限分析和垮塌分析同属于弹塑性有限元分析，计算过程相同，区别仅在于选择不同的材料模式。

弹塑性有限元分析的几何建模、网格划分和边界条件施加等都和弹性有限元分析相同，除了选择不同的材料模式外，可以直接利用为弹性应力分析所建立的数值模型来完成弹塑性计算。和弹性应力分析相同，在应力集中区也需要适当地加密网格，以便更好地控制塑性区的扩展过程，得到准确的载荷-位移曲线及精确的极限载荷和垮塌载荷。

有经验的应力分析师能依据弹性应力分析的计算结果来检验数值模型中边界条件、变形状态和应力分布的合理性，直观地判断和改正建模中存在的问题。影响非线性弹塑性分析的因素比较复杂，难于用其计算结果来查找错误。为此建议在进行弹塑性分析之前，先检查一下第一步弹性分析的合理性，然后再开展耗时长久的非线性计算。

极限分析和垮塌分析所用的材料模式和变形理论如下：

(1) 极限分析(极限载荷分析法)。

① 采用无应变硬化的弹性-理想塑性材料模式。

② 采用小变形理论，包括：

(a) 线性小变形应变-位移关系。

(b) 基于变形前结构形状的内力-外力平衡关系。

③ 采用米泽斯(vonMises)屈服函数和关联流动法则。

(2) 垮塌分析(弹塑性应力分析法)。

① 采用考虑应变硬化(或软化)的弹塑性材料模型，或真实材料的应力-应变曲线。

② 采用大变形理论，包括：

(a) 非线性大变形应变-位移关系。

(b) 基于变形后结构形状的内力-外力平衡关系。

③ 采用米泽斯屈服函数和关联流动法则。

极限分析和垮塌分析都采用一次加载方式，从零开始单调递增地逐步加载到结构丧失承载能力。

7.2.3　非线性迭代算法

弹塑性有限元分析采用增量塑性理论，将加载过程分成许多增量子步，逐步加载。在每个子步中将非线性问题简化为多个线性问题，经过反复迭代来求解，直至收敛后再施加下一个载荷增量。有多种非线性迭代算法，下面介绍最典型的牛顿-拉夫森算法。载荷增量的施加方法也各不相同，下面介绍最常用的载荷增量法和弧长法。

7.2.3.1 载荷增量法

在以位移为基本变量的位移有限元法中通常采用载荷增量法加载，即在每个加载步中施加一个载荷增量。图 7-2 是从 F-u（载荷-位移）曲线中截出的一段曲线。经过 n 个加载步后，载荷和位移分别达到 F_n 和 u_n，结构处于平衡状态，简称状态 n，对应于曲线上的点 n。第 $n+1$ 加载步将施加载荷增量 ΔF_{n+1}，把载荷加到 $F_{n+1}=F_n+\Delta F_{n+1}$。非线性计算中最常用的牛顿-拉夫森(Newton-Raphson)算法（简称 N-R 法）的特点是采用当前状态下结构的切线刚度将非线性问题化为多次线性迭代求解。详细迭代过程参见图 7-2。在第一次迭代中采用状态 n 下的切线刚度 K_n^t（对应于曲线在点 n 处的切线）和载荷增量 ΔF_{n+1} 求得位移增量 Δu_{n1}。与第 n 步的位移 u_n 叠加后得到位移的第一次近似值 $u_{n1}=u_n+\Delta u_{n1}$。因为刚度 K_n^t 是常值，所以第一次迭代和弹性分析一样只需解一个线性代数方程组。但塑性问题是非线性的，随着位移的增加结构刚度将不断减小。基于塑性本构关系用第一次迭代得到的新位移 u_{n1} 可以算出状态 $n1$ 下（对应于曲线上的点 $n1$）结构实际能承受的载荷 F_{n1} 和真实切线刚度 K_{n1}^t。由图 7-2 可见，外加载荷 F_{n+1} 比结构能承受的载荷 F_{n1} 高出一个载荷余量 $R_{n1}=F_{n+1}-F_{n1}$，此时结构是不平衡的，在载荷余量 R_{n1} 作用下将继续变形。第二次迭代由状态 $n1$ 开始重复上述过程，采用真实切线刚度 K_{n1}^t（对应于通过 $n1$ 点的切线）和载荷余量 R_{n1} 求线性解，得到第二次位移近似值 u_{n2} 和新的不平衡载荷余量 $R_{n2}=F_{n+1}-F_{n2}$。以此类推反复迭代，直至载荷余量趋于零时迭代结束。此时载荷增量 ΔF_{n+1} 已完全加到结构上，达到内、外力相互平衡的状态 $n+1$，可以进一步施加新的载荷增量 ΔF_{n+2}，进入第 $n+2$ 加载步的迭代过程。

N-R 法迭代次数少、收敛快，但由于每次迭代都要重新计算新的切线刚度，计算量较大。一种修正方案是每次迭代都采用初始切线刚度 K_n^t，称为初始刚度牛顿-拉夫森法，如图 7-3 所示。修正方案省略了重新计算切线刚度的工作量，迭代次数将有所增加，总的计算效率较高。

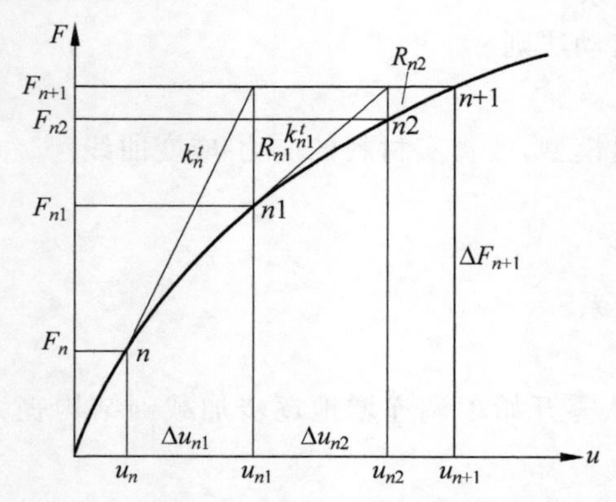

图 7-2 载荷增量法和牛顿-拉夫森算法

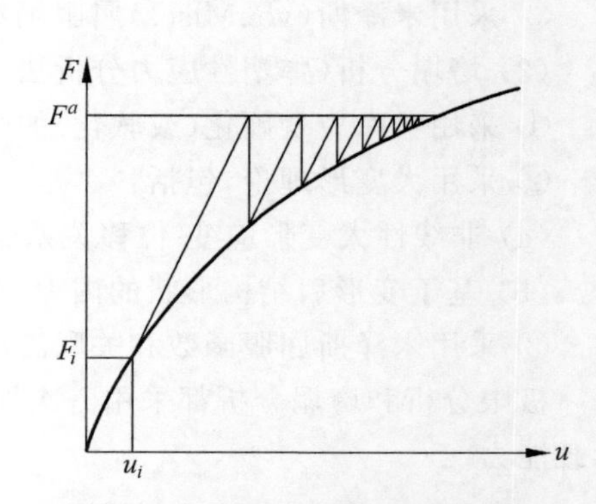

图 7-3 初始刚度牛顿-拉夫森算法

载荷增量法仅适用于切线刚度为正定的稳定结构问题，当切线刚度为零或负定时计算将不能收敛,因而无法继续进行。

有限元分析的弹塑性计算过程比弹性计算更为复杂,耗时更长。载荷增量给小了,耗时太长,增量过大,又会导致数值发散现象。在积累丰富经验的基础上,目前许多优秀的有限元分析软件都已具备有效控制迭代过程的自动加载功能,协助用户顺利完成计算任务。

7.2.3.2　弧长法

弧长法和载荷增量法都采用牛顿-拉夫森迭代算法,它们的主要区别在于:

(1) 每个加载步施加的增量不同。载荷增量法沿纵坐标施加载荷增量,而弧长法沿载荷-位移曲线施加弧长增量,是一种载荷-位移混合加载方式,它既有沿纵坐标的载荷增量,又有沿横坐标的位移增量。

(2) 迭代控制线不同。载荷增量法的迭代控制线是对应于该加载步最终载荷的水平线,而弧长法的控制线是以增量步起点为圆心、弧长增量为半径的圆弧。

图 7-4 展示了弧长法的迭代过程。在比例加载情况下弧长法采用加载系数 $\lambda=F/F^a$ 加载,F 是当前载荷,F^a 是最终载荷,λ 由 0 增加到 1。在计算垮塌载荷和极限载荷时,最终载荷无法事先确定。此时 F^a 可选为某个参考载荷,而 λ 的最终值可以小于 1 或大于 1。

考虑第 $n+1$ 加载步,起点为 n,相应的加载系数和位移分别达到 λ_n 和 u_n,载荷为 $F_n=\lambda_n F^a$。该加载步将施加弧长增量 t_0。沿状态 n 的切线取"长度"t_0,以 n 点为圆心、t_0 为半径的圆弧即为此加载步的迭代控制线。如图 7-4 所示,采用 N-R 法进行迭代,最终会逐步收敛到该圆弧与 $\lambda-u$ 曲线的交点 $n+1$,由此得到第 $n+1$ 加载步的最终平衡解。迭代过程的详细计算公式可查阅文献[2]或文献[3]。

弧长法的突出优点是同时适用于切线刚度为正定的稳定结构问题和切线刚度为零或负定的不稳定结构问题。图 7-5 是中心集中载荷作用下两直边简支、两曲边自由的曲板在中心点处的载荷-位移曲线。可以看到,它不是单调递增的曲线。当载荷加到峰值点 P_0 前刚

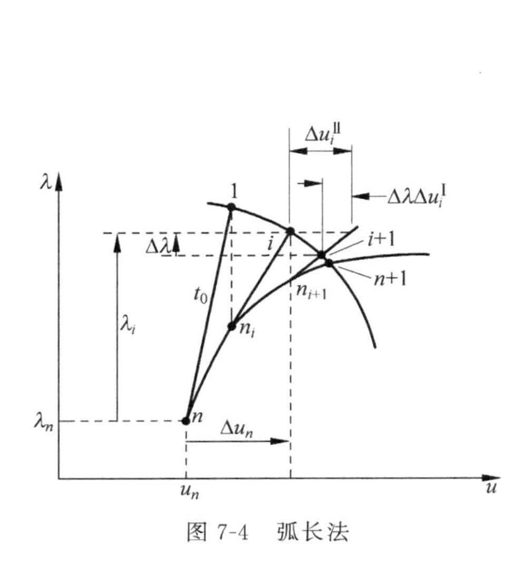

图 7-4　弧长法

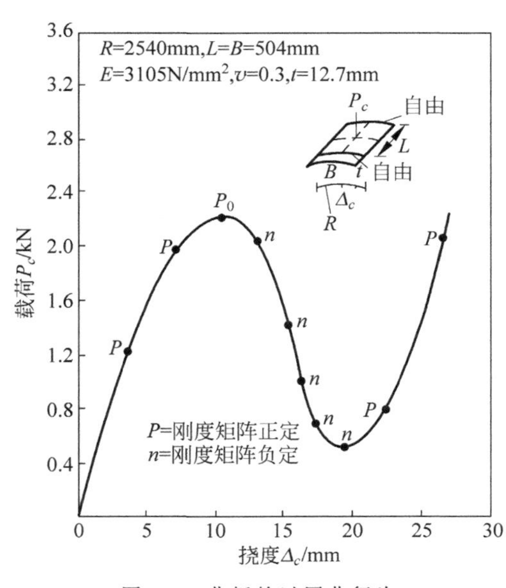

图 7-5　曲板的过屈曲行为

度矩阵正定，结构是稳定的。在 P_0 处刚度矩阵为零，此后刚度矩阵变为负定，结构是不稳定的。直至过了最低谷，结构又进入稳定状态。若采用载荷增量法加载，只要载荷接近极值点 P_0，计算就会发散。但采用弧长法，即使在不稳定阶段控制迭代的圆弧线也一定能和载荷-位移曲线相交，因而迭代照样能顺利完成。

7.2.4 极限载荷和垮塌载荷的计算

7.2.4.1 极限载荷和垮塌载荷

垮塌载荷 P_C 是单调加载下结构发生塑性垮塌(即总体结构不稳定)时的载荷，是结构所能承受的最大载荷。它是 P-w 曲线(图 7-1)的极值点，该处的切线刚度(P-w 曲线的斜率)为零。极限载荷 P_L 是垮塌载荷在理想塑性和小变形情况下的特例，也可以用发生总体结构不稳定的起点来判断。在机械载荷作用下发生总体结构不稳定的起点是图 7-1 中的 A 点。若施加位移控制载荷，可以延长到 C 点，A、C 两点对应的载荷值是相等的。

通常用载荷增量法来计算垮塌载荷或极限载荷。当增加一个微小的载荷增量就出现计算发散时，即标明结构已进入总体不稳定状态，发散前一步的载荷值就是垮塌载荷或极限载荷。这是 ASME 规范采用的方法。应用时要注意，载荷增量不能选得过大，否则可能提前出现因数值计算误差导致的数值发散现象，被误判为总体结构不稳定状态。

如果采用弧长法计算，则要计算完整的 P-w 曲线，垮塌载荷对应于 P-w 曲线上的极值点 C'(见图 7-1)。

下面来讨论如何定义和计算应变硬化材料和大变形情况下的极限载荷。

7.2.4.2 准极限载荷

在理想塑性和小变形假设下极限载荷(图 7-1 中的 A'点)是结构由局部塑性变形进入总体塑性变形时的临界载荷。将此定义推广，可以把在考虑应变硬化和几何强化效应的情况下结构由局部塑性变形进入总体塑性变形时的临界载荷(对应于图 7-1 中 A'点)定义为准极限载荷 P_p。

由于出现材料应变硬化和结构几何强化，真实工程结构在形成垮塌机构、进入总体塑性变形阶段后并不马上垮塌，而是进入线性强化阶段，见图 7-1 中的 $A'C'$段，因而不能再用“计算发散”判据来确定准极限载荷。

准极限载荷可以用如下的零曲率载荷或近似地用应变极限载荷来确定。

1) 零曲率载荷

在载荷-变形(P-w)曲线上由局部塑性变形阶段的圆弧过渡段进入曲率为零的总体塑性变形阶段的线性段的临界点称为零曲率点(图 7-1 中的 A'或 A 点)，相应的载荷称为零曲率载荷 P_Z，它就是准极限载荷 P_p。在理想塑性和小变形情况下即为极限载荷 P_L。

为了寻找零曲率点要先计算 P-w 曲线的曲率。考虑 P-w 曲线上间距为 Δw_i 的三个相邻点 $i-1, i, i+1$，曲线的一阶和二阶导数为

$$P' = \frac{\mathrm{d}P}{\mathrm{d}w} = \frac{P_{i+1} - P_{i-1}}{2\Delta w_i}, \quad P'' = \frac{\mathrm{d}^2 P}{\mathrm{d}w^2} = \frac{P_{i+1} - 2P_i + P_{i-1}}{\Delta w_i^2} \tag{7-1}$$

i 点处的曲率为

$$\kappa_i = -P''_i/(1 + P'^2_i)^{3/2} \tag{7-2}$$

真实 P-w 曲线的总体塑性变形线性段一般不是理想的直线，曲率不会绝对为零。确定零曲率点的判据需要有个容差范围，若曲率

$$\kappa_i \leqslant 0.01 \tag{7-3}$$

则判定为零曲率点。

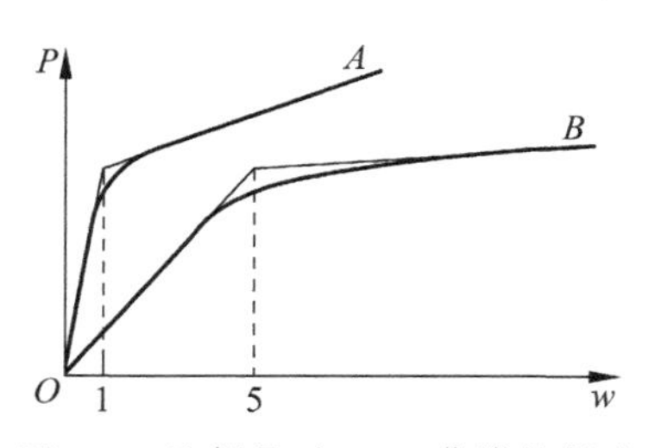

图 7-6　比例尺对 P-w 曲线的影响

P-w 曲线的斜率、曲率和圆弧过渡段的形状都与坐标轴的比例尺紧密相关。例如，图 7-6 中的曲线 A 和曲线 B 是用同一组数据绘制的，只是曲线 B 的横坐标比例尺比曲线 A 大了 5 倍，导致曲线形状明显改变。

为了消除坐标比例尺对曲率计算的影响，需要把所有 P-w 曲线的圆弧过渡段都转换到统一的标准无量纲坐标系中，仅当在统一坐标系中计算零曲率点附近的曲率(见图 7-7(b))时，零曲率判据式(7-3)才能普遍适用于各式各样的 P-w 曲线。

圆弧过渡段曲率的变化规律是：从初屈服点 E 开始，先由零逐步增加到最大值(M 点)，然后再逐步减小到零，达到零曲率点 Z。为了减小计算量，可以先在原始坐标系(图 7-7(a))中从 E 开始逐点计算 P-w 曲线的曲率，找到最大曲率点 M，与它对应的载荷步为 m，然后再开始搜索零曲率点。把圆弧过渡段的前段 E-I($I=M, M+1, M+2, \cdots$，对应于载荷步 m，$m+1, m+2, \cdots$，见图 7-7(a))逐一转换到统一的标准坐标系中，将其起点 E 置于坐标原点，终点 I 置于右上角，成图 7-7(b)中的一簇曲线，最低的曲线 S_m 对应于弧段 E-M，以此类推。标准坐标系和原始坐标系的转换关系是

$$\bar{P}=10 \cdot \frac{P}{P_I-P_E}, \quad \bar{w}=10 \cdot \frac{w}{w_I-w_E} \tag{7-4}$$

其中，下标 E 表示初屈服点，I 表示各弧段 $S_m, S_{m+1}, S_{m+2}, \cdots$ 的终点。在标准坐标系中先计算弧段 S_m 的终点曲率 κ_m^I，若大于 0.01，则将下一载荷步的弧段 E-$M+1$ 转换到标准坐标系，成 S_{m+1}，计算 κ_{m+1}^I，若还是大于 0.01，再将弧段 E-$M+2$ 转换到标准坐标系来计算 κ_{m+2}^I，如此继续，直至新曲线的终点曲率满足判据 $\kappa_i \leqslant 0.01$。该终点就是零曲率点 Z，相应的载荷就是零曲率载荷 P_Z，也就是准极限载荷 P_p。

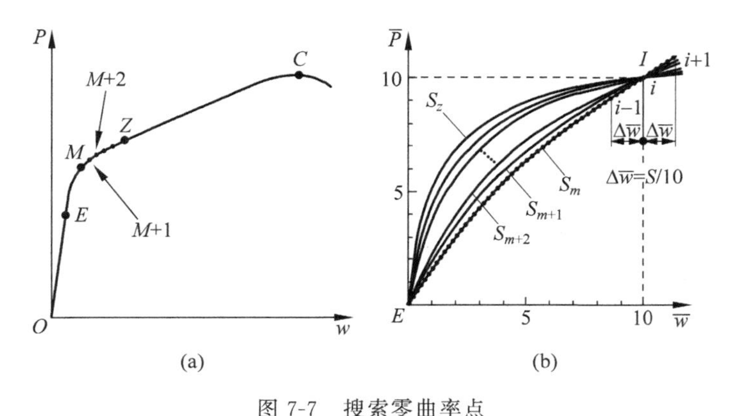

图 7-7　搜索零曲率点

(a) 原始坐标系的 P-w 曲线；(b) 标准坐标系的弧线过渡段

为了保证判据 $\kappa_i \leqslant 0.01$ 的通用性，在计算所有曲线终点 I 处的曲率时都约定取间距 $\Delta\bar{w}$ 等于对应弧段长度 S 的 1/10，即 $\Delta\bar{w}=S/10$(见图 7-7(b))，另外在间距 $\Delta\bar{w}$ 范围内应包含 2 个以上的加载步。

更详细的说明可查阅文献[4]。

经验表明弧长法求得的 P-w 曲线比载荷增量法光滑，能得到更高的曲率计算精度，所以计算准极限载荷时建议采用弧长法。

2) 应变极限载荷

欧盟的压力容器设计标准 EN-13445-3 在附录 B“分析设计——直接法”中采用应变极限来防止结构发生总体塑性变形，规定结构内主结构应变的最大绝对值应小于 5%(正常运行载荷工况)或 7%(试验载荷工况)。为了省略计算结构应变时需要的应力线性化计算，下面偏保守地采用结构内最大总当量应变来代替“主结构应变的最大绝对值”。

由此定义：结构内最大总当量应变达到 5%时的载荷称为应变极限载荷 P_S。

应变极限载荷的确定方法比较简单，只要对每个载荷步计算结构内最大总当量应变的值(它是恒正的)，当它刚超过 5%时，用该步和前一步的载荷通过线性插值来求出对应于总当量应变为 5%的载荷。

应变极限载荷是准极限载荷的近似值。作者曾对球形和椭球形封头中心接管(混合型垮塌机构)、厚壁筒(拉伸型垮塌机构)、纯弯梁(弯曲型垮塌机构)等 180 个算例进行对比，表明应变极限载荷比零曲率载荷平均高出 3.16%。由于它计算简单，又比欧盟的定义保守，可以将它作为近似的准极限载荷。

7.2.5 极限载荷和垮塌载荷的试验测定

各种用试验确定极限载荷和垮塌载荷的方法都基于由试验测定的载荷-位移(或应变)曲线。试验应采用与原型完全相同的全尺寸模型或完全符合相似条件的比例模型。应采用大量程的位移计或应变计，布置足够多的测点，选择对结构垮塌最敏感的位置(如最大位移点或最大应变点)进行测量，以保证能真实地测出结构的承载能力。为得到足够多的可用数据，载荷增量应取得足够小。试验时应首先在弹性范围内进行预加载，检验所用的传感器和仪器是否适用，然后再正式进行全程试验。试验的每个加载步都应保持足够的时间，等待材料充分流动后再继续加载。

根据试验测得的数据绘制以载荷 P 为纵坐标、位移 w(或应变 ε)为横坐标的加载路径曲线，简称 P-w(或 P-ε)曲线，见图 7-8。该曲线由线弹性段 OA、局部塑性变形段 AZ、总体塑性变形直线段 ZC 和总体塑性变形弱化(垮塌)段 CD 或强化段 CD' 四个部分组成。

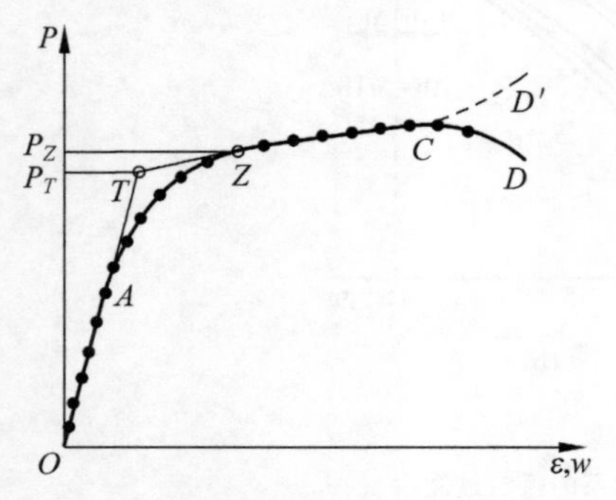

图 7-8 载荷-位移(P-w)曲线

7.2.5.1 极限载荷的测定

曾经提出过许多确定极限载荷的方法，如两倍弹性斜率法、双切线法(又称切线交点法)、零曲率法、两倍弹性变形法、塑性模量法、0.2%塑性应变法、Demir-Drucker 法、3δ 法、塑性功法等[5]。ASME 规范曾先后采用过 0.2%塑性应变法(第Ⅷ卷 1971 版)、两倍弹性变形法(第Ⅲ卷 1974 版)和两倍弹性斜率法(第Ⅲ和Ⅷ卷 1975—1986 版),此后因它们都过于保守而不再采用,目前尚未推荐新的适用方法。

在上述方法中大多数方法带有人为设定的经验系数,不具有客观性。下面重点介绍零曲率法[5]和双切线法[6],它们都是基于 P-w 曲线本身的特征来确定极限载荷并具有客观物理意义的方法。我国的 GB/T 4732—2024 标准已采用这两种方法。试验结果表明[5,7]:零曲率准则更接近实际情况,而 ASME 规范曾采用过的 2 倍弹性斜率准则比较保守;试验测定的极限载荷和采用零曲率准则在载荷-位移曲线上确定的实验极限载荷吻合很好。

(1) 零曲率法。将对应于局部塑性变形阶段(弧段 AZ)进入总体塑性变形阶段(直线 ZC)之临界点 Z 的载荷定义为极限载荷。它是结构进入塑性后 P-w 曲线的曲率变为零的第一个点,简称零曲率点,相应的载荷称为零曲率载荷 P_Z。对理想弹塑性材料和小变形情况零曲率载荷就是精确的极限载荷,对有应变硬化和几何强化的真实结构,零曲率载荷是包含了局部塑性变形阶段中材料硬化和几何强度效应的准极限载荷。

(2) 双切线法。将对应于弹性变形直线(OA)和总体塑性变形直线(ZC)之交点 T 的载荷定义为极限载荷。相应的载荷称为双切线载荷 P_T。对理想弹塑性材料和小变形情况,塑性直线段是水平线(见图 7-1),交点 T 和临界点 Z 对应的载荷相等,所以双切线载荷在数值上就等于极限载荷,即 $P_L=P_T$。理论上双切线载荷是夹芯板的极限载荷。夹芯板由上、下面板和软夹芯层组成,因为夹芯层没有承载能力,局部塑性变形阶段消失,圆弧 AZ 收缩成一个点 T。

根据有材料硬化和几何强化的真实结构的 P-w 曲线确定的零曲率载荷 P_Z 会稍高于按极限分析理论得到的理论极限载荷 P_L,因为 P_Z 包含了局部塑性变形阶段的非线性强化效应。这反映了真实结构具有的实际承载能力,因而是安全的。由于将真实结构的塑性直线段向左延伸时载荷随之下降(见图 7-8),所以由实际 P-w 曲线确定的双切线载荷 P_T 将小于理论极限载荷 P_L。

用试验测得的 P-w 曲线(见图 7-8)来确定极限载荷的步骤如下:

(1) 基于全部试验测点数据,用曲线拟合软件拟合出完整的 P-w(或 P-ε)曲线。

(2) 基于目测弹性直线段的试验测点数据,用曲线拟合软件拟合出弹性直线 OT。

(3) 基于目测总体塑性变形直线段的试验测点数据,用曲线拟合软件拟合出塑性直线 TC。

(4) 曲线段 AZ 和塑性直线的切点为零曲率点 Z,与 Z 对应的载荷为零曲率载荷 P_Z。各人目测判定的切点在横坐标上可能有偏移,但对载荷值 P_Z 的影响很小。可以保守地取曲线段与塑性直线的目测分离点为近似切点。

(5) 弹性直线和塑性直线的交点为 T,与 T 对应的载荷为双切线载荷 P_T。

(6) 试验极限载荷 P_L 可取为零曲率载荷 P_Z 或双切线载荷 P_T,或两者的平均值。

(7) 若有多个位移(或应变)测量点,得到不同的极限载荷,则应取其中最小者为极限载荷。

绘制 P-w(或 P-ε)曲线时横坐标的比例尺不宜取得过大。对比图 7-6 中的曲线 A 和 B 可以看到,横坐标比例尺取大了不易判断零曲率点的位置。

若试验测得的数据量超出曲线拟合软件的处理能力,可以间隔地选择数据点,省略其间的数据，减少拟合点的数量。

容器设计或评定所用的极限载荷应是试验极限载荷乘以设计温度下材料屈服点与试验温度下材料屈服点的比值。

7.2.5.2 垮塌载荷的测定

真实结构 $P\text{-}w$ 曲线的最高点 C(见图 7-8)所对应的载荷为垮塌载荷 P_C，它是结构所能承受的最大载荷。

7.3 塑性垮塌设计准则

7.3.1 美国 ASME 规范

ASME 规范给出两种基于有限元弹塑性分析的防止塑性垮塌的设计方法，即极限载荷分析法和弹塑性应力分析法。这两种方法采用的材料模式和安全系数不同，但设计评定方法相同，都要求同时满足如下两个准则：

(1) 总体准则：采用载荷-抗力设计(LRFD)概念。

① 将结构实际承受的载荷 F(或载荷工况)乘以考虑各种不确定性影响的设计系数 α 作为设计载荷。对极限载荷法取 $\alpha=1.5$，对弹塑性应力分析法取 $\alpha=2.4$。设计系数 α 隐含在 ASME 规范的表 5-4 和表 5-5 的"规定的带系数载荷组合"栏中。

② 将设计载荷 αF 加到结构上，用弹塑性有限元分析来计算结构对设计载荷的抗力。若加上设计载荷后结构是稳定的，则表明设计载荷小于极限载荷或垮塌载荷，结构是安全的，因而设计合格；若在尚未加到或刚加到设计载荷时出现计算发散，则结构抗力不足，设计不合格。

(2) 使用准则：要求在设计载荷组合作用下进行部件变形对设备操作性能影响的评估，以满足由业主/用户提供的使用要求。

ASME 规范设计方法的特点是：

(1) 对结构的弹塑性变形情况同时提供了极限载荷分析和弹塑性应力分析两种方法，可供用户选择。只要能通过其中任何一种方法的评定，设计就合格。弹塑性应力分析法考虑了真实材料性质和几何大变形效应，较准确地反映了结构的实际承载能力。极限载荷分析法一般偏保守。对于材料屈强比较低和几何强化效应显著的部件，两种方法求得的许用载荷相差较大，需要设计者自行决定取舍。

(2) 总体准则是防止塑性垮塌的强度设计准则。在垮塌载荷下结构将发生极大的塑性变形。由于强度准则没有控制变形的功能，满足总体准则的结构有可能产生过量塑性变形，尤其是具有几何强化效应的部件。所以除总体准则外 ASME 规范必须增加控制结构变形的使用准则。规范未给出使用准则的具体实施规则，而是要求业主/用户来提供。

(3) 采用载荷-抗力设计概念。把压力容器规则设计中常用的安全系数 n 改用作设计系数 α，在数值上 $\alpha=n$。按规则设计的思路需要先算出极限载荷或垮塌载荷，除以安全系数 n 得到设计许用载荷，再和结构承受的实际载荷进行比较，以判断结构是否安全。按载荷-抗力设计法只要将实际载荷放大 α 倍后直接加到结构上，如果计算能收敛，设计就合格。这样避免了极限载荷或垮塌载荷的计算，简化了评定过程。

(4) 采用更适用于压力容器常用材料的米泽斯(Mises)屈服条件。

(5) 规定在确定极限载荷时屈服强度应取为 1.5S。这样综合考虑了屈服极限和强度极限对结构安全的影响,避免了采用高强材料时结构安全裕度过小的情况。

7.3.2　欧盟 EN 标准

EN-13445 标准在"附录 B 分析设计——直接法"中给出了基于极限分析的防止总体塑性变形(GPD)的设计方法。其设计准则如下:

(1) 原则:

① 要求用于承载的设计模型采用线弹性-理想塑性本构定律、特雷斯卡(Tresca)屈服条件和关联流动法则。若采用米泽斯(Mises)屈服条件代替特雷斯卡屈服条件,则设计强度参数应乘以$\sqrt{3}/2$。

② 将总安全系数 γ 分解为载荷分安全系数 γ_A(包括 γ_G、γ_Q 和 γ_P 等)和材料分安全系数 γ_R。该标准的表 B.8-1～表 B.8-4 规定了各种分安全系数的值和采用的材料强度参数。

对恒定机械载荷取 $\gamma_A=\gamma_G=1.2$,常用压力容器钢材取 $\gamma_R=1.25$,得到的总安全系数为 $\gamma=1.5$。

③ 将应变极限定义为主结构应变最大绝对值等于 5%(正常运行载荷工况)或 7%(试验载荷工况)。

(2) 应用规则:将原则中规定的设计模型(已加安全系数)的最大主结构应变达到上述应变极限时的载荷(或载荷工况组合)称为下限极限,它是一种应变极限载荷。若结构实际承受的载荷不超过该应变极限载荷,则设计合格。

EN 标准设计方法的特点如下:

(1) 只采用极限载荷分析一种方法,无法考虑材料应变硬化和结构几何强化的效应。

(2) 是一种防止总体塑性变形的变形(刚度)设计准则。上述定义的应变极限载荷大致对应于刚进入总体塑性变形阶段的状态,对它施以安全系数后得到的许用设计载荷将处于局部塑性变形阶段的初期或弹性变形阶段,此时变形很小,已有效地控制了过量塑性变形,不必像 ASME 规范那样另外再加控制变形的使用准则。

(3) 规定采用偏保守的特雷斯加屈服条件。

(4) 按屈强比的不同给出材料分安全系数 γ_R 的不同计算公式,以保证高强钢和铸钢结构的安全性。

7.3.3　二元准则

ASME Ⅷ-2 规范和 EN-13445 标准分别从防止塑性垮塌和防止过量总体塑性变形的角度提出了相应的设计评定准则,它们各有优缺点。下面提出一种同时防止塑性垮塌和过度塑性变形的二元评定准则[8],该准则综合了 ASME 规范和 EN 标准的优点,现已纳入我国 GB/T 4732—2024 标准的附录 B。

众所周知,确定材料许用应力 S 的准则是同时考虑材料屈服极限和强度极限的二元准则,即 $S=\min(\sigma_S/1.5,\sigma_b/2.4)$。材料的力学性能由单向拉伸试件的应力-应变曲线确定。屈服极限对应于该试件进入总体塑性变形阶段的起点,而强度极限对应于总体塑性变形阶段的终点。把这个思想从单向拉伸试件推广到一般结构，材料的应力-应变曲线对应于结构的载荷-位移曲线，屈服极限对应于准极限载荷，强度极限对应于垮塌载荷，这样就得到一个同时防止塑性垮塌和过度塑性变形的二元评定准则：

$$P_a \leqslant \min(P_p/1.5, P_C/2.4) \tag{7-5}$$

其中，P_a 为许用设计载荷，P_p 为准极限载荷，P_C 为垮塌载荷。$P_a \leqslant P_p/1.5$ 是防止过度塑性变形的变形准则，$P_a \leqslant P_C/2.4$ 是防止塑性垮塌的强度准则。

在具体实施二元准则时采用载荷-抗力设计法。计算 P-w 曲线时按 7.2.2 节中垮塌分析(弹塑性应力分析法)的要求进行弹塑性有限元分析，即采用真实应力-应变曲线，考虑几何非线性效应，采用米泽斯屈服函数和关联流动法则。确定准极限载荷 P_p 时可以选择准确的零曲率载荷 P_Z，也可以近似地选择计算效率较高的应变极限载荷 P_S。与欧盟 EN 标准不同，为了避免较复杂的"主结构应变最大绝对值"计算，这里偏保守地将应变极限载荷 P_S 定义为结构内最大总当量应变达到 5%时的载荷。

GB/T 4732 标准二元评定准则的特点如下：

(1) 采用防止塑性垮塌的强度准则 $P_a \leqslant P_C/2.4$。能考虑真实材料性质和几何大变形效应，能准确反映结构实际承载能力，这是 ASME 规范的优点。

(2) 采用变形准则 $P_a \leqslant P_p/1.5$ 代替 ASME 规范的使用准则来防止发生过度塑性变形。可以基于一次弹塑性有限元分析结果同时完成总体准则和使用准则的评定，除了对变形有特殊严格要求的结构外，不需要用户另外提供使用准则，这是 EN 标准的优点。

(3) 在变形准则中用准极限载荷代替极限载荷，合理地减少了极限分析的保守性。

(4) 当极限分析和弹塑性应力分析求得的许用载荷相差较大时设计者往往难于决定取舍，二元准则给出了较为合理的适中方案。

(5) 吸收了 ASME 规范的载荷-抗力设计概念，通过一次弹塑性分析就能完成评定任务。

二元准则的评定步骤如下：

(1) 根据设计条件确定设计载荷或载荷组合，记为 P。

(2) 进行弹塑性有限元分析，采用真实应力-应变曲线或规范提供的弹塑性应力-应变曲线，同时考虑几何非线性效应。参考设计载荷或载荷组合进行比例加载，由零逐步加载到 $2.4P$。若计算收敛，则强度准则通过。若发散，则设计不合格，需修改设计方案重新进行评定。

(3) 从计算结果中提取载荷-变形曲线的数据。

(4) 由载荷-变形曲线确定准极限载荷 P_Z(或根据最大总当量应变达到 5%确定 P_S)。若 $1.5P \leqslant P_Z$(或 P_S)，则变形准则通过。否则，设计不合格，需修改设计方案重新进行评定。

(5) 若强度准则和变形准则都能通过，则设计通过。

计算完成后打印出评定结果和评定简图(见图 7-9)。在简图中除载荷-变形(P-w)曲线外再画上初屈服载荷(yield 线)、准极限载荷(q-limit 线)、$1.5P$($1.5P$ 线)和 $2.4P$($2.4P$ 线)四条水平线，用户可以直接判断评定结果的合理性和定性估计设计载荷的安全裕度。图 7-9 表明：该设计载荷的 $1.5P$ 线距离准极限载荷(变形准则)还有超过 10%的安全裕度。$2.4P$ 线处于载荷-变形曲线的上升段，还未进入趋于垮塌载荷的渐近拉平段，因而强度准则也有足够的安全裕度。设计是合格的。

图 7-9 中准极限载荷 P_Z 和初屈服载荷 P_E(对应于结构内最大应力达到屈服)之差是

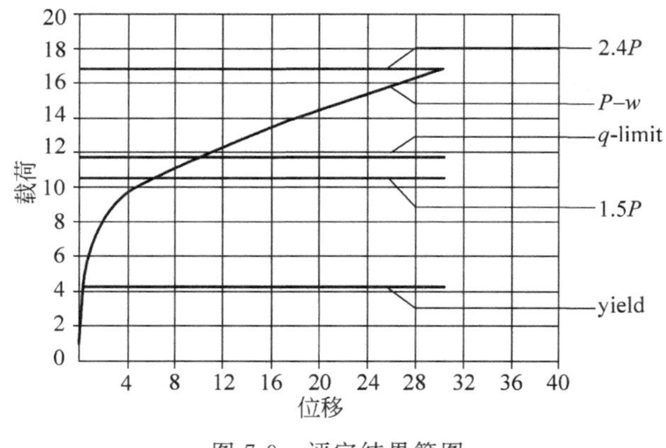

图 7-9　评定结果简图

结构在局部塑性变形阶段提高的承载能力，主要来自载荷重分配效应，还有应变硬化效应和几何强化效应，可以看到两者之差是相当显著的。

7.4　局部失效

关于局部失效的机理和试验观测详见 5.2.2 节。

7.4.1　弹性应力分析

局部失效是在三轴拉应力作用下由膨胀型塑性变形形成微观空洞损伤并逐步累积而导致的局部延性断裂。若希望材料在弹性变形情况下不形成空洞，则防止局部失效的一种简单方法就是将平均正应力 σ_m 限制在弹性范围内，即要求

$$\sigma_m=\frac{\sigma_1+\sigma_2+\sigma_3}{3}\leqslant\sigma_s \tag{7-6}$$

将 $\sigma_s=\frac{3}{2}S$ 代入，S 为材料的许用当量应力，得到$(\sigma_1+\sigma_2+\sigma_3)\leqslant 4.5S$。偏安全地将系数 4.5 取整为 4.0，得到基于弹性应力分析的局部失效准则：

$$(\sigma_1+\sigma_2+\sigma_3)\leqslant 4S \tag{7-7}$$

其中，$\sigma_1+\sigma_2+\sigma_3$ 是一次薄膜加弯曲应力的主应力之和。

ASME Ⅲ规范比 ASME Ⅷ-2 规范要求更严，取 $\sigma_1+\sigma_2+\sigma_3$ 为总应力(一次加二次加峰值)的主应力之和，且式(7-7)右端的 $4S$ 改为 $3.75S$，即安全系数取为 $4.5/3.75=1.2$。

7.4.2　弹塑性分析

对于允许局部高应力区进入塑性的情况，采用基于弹性应力分析的准则(7-7)进行局部失效评定是相当保守的。新 ASME Ⅷ-2 规范强力推荐采用弹塑性局部应变极限准则[9]。

7.4.2.1　理论基础

试验表明：材料微结构损伤的增量 $\mathrm{d}D$ 是由真实塑性应变增量 $\mathrm{d}\varepsilon_{tp}$ 引起的，与应力三轴度 T_r 呈指数关系，与真实应力 S_t 成正比，还与材料性质有关，可表示为

$$\mathrm{d}D=S_t\cdot\gamma\cdot\exp(\alpha_{sl}\cdot T_r)\cdot\mathrm{d}\varepsilon_{tp} \tag{7-8}$$

其中,γ 是材料常数,与晶粒大小、纯度、夹杂含量等影响空洞和微裂纹萌生的因素有关;α_{sl} 是与金相结构有关的材料常数。应力三轴度的定义为

$$T_r = (\sigma_1 + \sigma_2 + \sigma_3)/(3\sigma_e) \tag{7-9}$$

真实应力和真实塑性应变的关系为

$$S_t = S_0 \cdot \varepsilon_{tp}^{m_2} \tag{7-10}$$

其中,S_0 是材料常数,等于真实应变为 1 时的应力值;m_2 是应变硬化系数,由屈强比确定。当真实应变在数值上等于 m_2 时,材料达到强度极限。

将式(7-10)代入式(7-8),对等式两边积分:

$$\int_0^1 \mathrm{d}D = S_0 \cdot \gamma \cdot \exp(\alpha_{sl} \cdot T_r) \cdot \int_0^{\varepsilon_f} \varepsilon_{tp}^{m_2} \cdot \mathrm{d}\varepsilon_{tp} \tag{7-11}$$

即当等式左边的损伤累积到 1 时,等式右边的塑性应变为断裂应变 ε_f。积分后得到:

$$1 = \frac{S_0 \cdot \gamma}{1 + m_2} \cdot \exp(\alpha_{sl} \cdot T_r) \cdot \varepsilon_f^{1+m_2} \tag{7-12}$$

除了断裂应变外,将其他项都移到等式另一侧,然后开根号,得到:

$$\varepsilon_{fm} = \sqrt[(1+m_2)]{\frac{1 + m_2}{S_0 \cdot \gamma}} \cdot \exp\left[-\left(\frac{\alpha_{sl}}{1 + m_2}\right) \cdot T_r\right] \tag{7-13}$$

其中,ε_{fm} 为多轴拉伸情况下的断裂应变,在单轴拉伸下 $T_r = 1/3$,得到断裂应变 ε_{fu} 为

$$\varepsilon_{fu} = \sqrt[(1+m_2)]{\frac{1 + m_2}{S_0 \cdot \gamma}} \cdot \exp\left[-\left(\frac{\alpha_{sl}}{1 + m_2}\right) \cdot T_r\right] \tag{7-14}$$

对比式(7-13)和式(7-14),并利用式(7-9),将多轴和单轴的断裂应变 ε_{fm} 和 ε_{fu} 改称为三轴应变极限 ε_L 和单轴应变极限 ε_{Lu},得到:

$$\varepsilon_L = \varepsilon_{Lu} \cdot \exp\left[-\left(\frac{\alpha_{sl}}{1 + m_2}\right) \cdot \left(\frac{\sigma_1 + \sigma_2 + \sigma_3}{3\sigma_e} - \frac{1}{3}\right)\right] \tag{7-15}$$

其中的单轴应变极限 ε_{Lu} 由试验测定。

图 7-10 给出了相对断裂应变 $\varepsilon_{fm}/\varepsilon_{fu}$ 与应力三轴度 T_r 的指数关系曲线,其中纵轴为对数坐标。可以看出,随应力三轴度的增加,断裂应变迅速减小。双轴等拉平面应力情况($T_r = 0.67$)的断裂应变比单轴拉伸($T_r = 0.33$)约减小一半,而双轴等拉平面应变($T_r > 2.67$)的断裂应变则可能减小数十倍。此外,随着材料应变硬化系数 m_2 的减小(对应于屈强比增大),断裂应变也将明显减小。

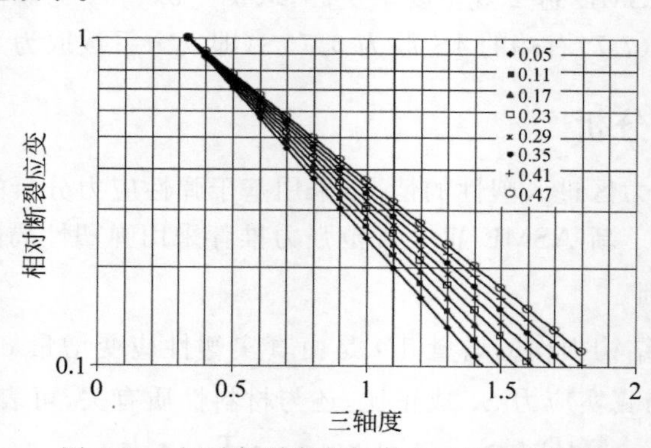

图 7-10 相对断裂应变与应力三轴度的关系

7.4.2.2 评定步骤

第 1 步——取载荷为 $1.7(P+P_s+D)$，其中 P 为规定设计压力，P_s 为流体或松散材料的静压头，D 为容器、内含物和附件的自重。对压力容器部件进行弹塑性应力分析。分析中采用应变硬化弹塑性材料模式，并考虑非线性几何效应。

第 2 步——计算评定部位处的主应力 $\sigma_1, \sigma_2, \sigma_3$ 和下式给定的当量应力 σ_e 以及总当量塑性应变 ε_{peq}：

$$\begin{cases}\sigma_e=\dfrac{1}{\sqrt{2}}\left[(\sigma_{11}-\sigma_{12})^2+(\sigma_{22}-\sigma_{33})^2+(\sigma_{33}-\sigma_{11})^2+6(\sigma_{12}^2+\sigma_{23}^2+\sigma_{31}^2)\right]^{0.5}\\ \varepsilon_{peq}=\dfrac{\sqrt{2}}{3}\left[(p_{11}-p_{22})^2+(p_{22}-p_{33})^2+(p_{33}-p_{11})^2+6(p_{12}^2+p_{23}^2+p_{31}^2)\right]^{0.5}\end{cases} \tag{7-16}$$

其中，σ_{ij} 和 p_{ij} 分别为应力分量和总塑性应变分量。

第 3 步——用式(7-15)确定三轴应变极限 ε_L，其中 ε_{Lu}, m_2 和 α_{sl} 按 ASME Ⅷ-2 规范的表 5-7 确定。

第 4 步——根据材料和制造方法按规范确定成形应变 ε_{cf}。若热处理是按规范要求进行的，成形应变取为零。

第 5 步——若能满足如下应变极限方程，则对规定的载荷工况该评定部位的强度是合格的。

$$\varepsilon_{peq}+\varepsilon_{cf}\leqslant\varepsilon_L \tag{7-17}$$

第 5(a)步——若部件承受的是一个载荷序列，则应按如下累积应变极限损伤法进行评定。将加载路径分为 $k=1,2,\cdots,n$ 个载荷增量，对每个载荷增量计算主应力 $\sigma_{1k}, \sigma_{2k}, \sigma_{3k}$、当量应力 $\sigma_{e,k}$ 和当量塑性应变增量 $\Delta\varepsilon_{peq,k}$。按下式计算第 k 个载荷增量的应变极限 $\varepsilon_{L,k}$：

$$\varepsilon_{L,k}=\varepsilon_{Lu}\cdot\exp\left[-\left(\frac{\alpha_{sl}}{1+m_2}\right)\left(\frac{\sigma_{1,k}+\sigma_{2,k}+\sigma_{3,k}}{3\sigma_{e,k}}-\frac{1}{3}\right)\right] \tag{7-18}$$

每个载荷增量引起的应变极限损伤为

$$D_{\varepsilon,k}=\frac{\Delta\varepsilon_{peq,k}}{\varepsilon_{L,k}} \tag{7-19}$$

由成形引起的应变极限损伤为

$$D_{\varepsilon\text{form}}=\frac{\varepsilon_{cf}}{\varepsilon_{Lu}\cdot\exp\left(-0.67\dfrac{\alpha_{sl}}{1+m_2}\right)} \tag{7-20}$$

若热处理是按规范要求进行的，则成形应变极限损伤取为零。若下式中的累积应变极限损伤不大于 1，则部件中该评定部位对规定载荷序列是合格的。

$$D_\varepsilon=D_{\varepsilon\text{form}}+\sum_{k=1}^{M}D_{\varepsilon,k}\leqslant 1.0 \tag{7-21}$$

7.5 屈曲失效

前面讲述的塑性垮塌失效和局部失效是结构的强度问题，表现为强度破坏，与材料的强度特性(屈服极限、强度极限)有关。屈曲失效是结构的刚度问题，表现为刚度突降，与材料的刚度特性(弹性模量)有关。

大多数工程结构以强度破坏为主,往往不需要做屈曲评定。但是对于存在大范围承压区的薄壁或细长结构,屈曲是最危险的失效模式。所以设计此类部件时防止屈曲失效的分析和评定成为必不可少的基本要求。

关于屈曲失效的机理和试验观测详见 5.2.3 节。

7.5.1 屈曲分析

7.5.1.1 屈曲分析分类

在近代的压力容器规范中屈曲分析均采用普遍适用于各类结构形状和各种加载情况的有限元分析方法。有限元屈曲分析可分为三大类:

(1) 线性分叉屈曲分析。用求解线性特征值问题来确定各阶屈曲临界载荷和屈曲模态,基于线弹性和小变形假设确定屈曲前的预应力状态。

(2) 非线性分叉屈曲分析。用求解非线性特征值问题来确定各阶屈曲临界载荷和屈曲模态,采用考虑材料和几何非线性的弹塑性有限元分析确定屈曲前的预应力状态。

(3) 屈曲垮塌分析。建立有限元分析模型时采用实际结构的非完美几何形状,用考虑材料和几何非线性的弹塑性有限元分析来计算屈曲平衡路径,由平衡路径的最大极值点来确定屈曲临界载荷。由于弹塑性材料模型的初始阶段是弹性模型,所以如果载荷加到极值点时结构仍处于弹性状态,弹塑性有限元分析会自动执行弹性分析。

需要指出的是,虽然都采用弹塑性有限元方法进行计算,且都是垮塌失效,但屈曲垮塌和 7.1 节的塑性垮塌是两种不同的失效模式。屈曲垮塌只发生在承压状态下,而塑性垮塌与结构处于受拉还是承压与状态无关。屈曲垮塌以屈曲模态(一般是具有周期性的波形,简称屈曲波)的形状发生,而塑性垮塌以垮塌机构的形状发生。由于实际结构的初始几何形状是非完美的,在加载过程中承压的薄壁(或细长)结构会自动地逐渐形成屈曲波形,并随着载荷增加而发展,最终导致屈曲垮塌。

7.5.1.2 屈曲分析理论

众所周知,在小变形(即小位移和小应变)情况下的有限元分析基本方程为

$$\boldsymbol{K}\boldsymbol{a} = \boldsymbol{f} \tag{7-22}$$

其中,$\boldsymbol{K}$ 为刚度矩阵,$\boldsymbol{a}$ 为位移列矩阵,$\boldsymbol{f}$ 为载荷列矩阵。

对大变形问题,式(7-22)中的刚度矩阵将由三项组成[10]:

$$\boldsymbol{K} = \boldsymbol{K}_0 + \boldsymbol{K}_\sigma + \boldsymbol{K}_L \tag{7-23}$$

其中,$\boldsymbol{K}_0$ 称为小变形刚度矩阵或材料刚度矩阵,可以是线弹性的或非线性弹塑性的。$\boldsymbol{K}_\sigma$ 称为应力刚度矩阵或初应力刚度矩阵或几何刚度矩阵,它是由屈曲发生前结构内的初应力状态导致的结构承载能力的增强(或减弱),详见下一段的说明。$\boldsymbol{K}_L$ 称为大应变刚度矩阵或初位移刚度矩阵,来自格林大应变公式(式(2-17))中位移一阶导数的二次非线性项。

在小变形理论中,作用在梁和板上的横向载荷都由结构的抗弯刚度来承受,平行于中面的薄膜应力对承受垂直于中面的横向载荷没有任何贡献。但是,当考虑几何非线性时,沿变形后弯曲了的中面分布的薄膜应力也将提供承受横向载荷的刚度。以两端简支的梁为例,在载荷作用下梁向下弯曲,变成曲线。曲线的长度大于直线,如果两端的简支座被固定,梁

将被拉伸，产生轴向拉应力（在板壳内是薄膜应力）。与悬索的自重（横向载荷）可以由索内的轴向拉力来承受一样，当考虑几何非线性时，梁内沿变形后弯曲的梁轴线分布的轴向拉应力也将为承受横向载荷提供附加的薄膜刚度。这种由载荷作用下结构内的薄膜应力（称为初应力）所提供的、协助承受横向载荷的薄膜刚度就是梁-板-壳结构中的应力刚度。由于应力刚度来自与载荷成正比（线弹性情况）的初应力，所以它的大小也与载荷成正比。

大变形问题可分为两类：

（1）小应变-大位移问题。采用小应变的线性应变-位移公式（式(2-18)），基于变形后的结构形状建立平衡方程。常用于薄壁板壳结构和细长梁杆结构。此时刚度矩阵仅含 $\boldsymbol{K}_0$ 和 $\boldsymbol{K}_\sigma$ 两项，而大应变刚度矩阵 $\boldsymbol{K}_L$ 为零。

（2）大应变-大位移问题。采用大应变的非线性应变-位移公式（式(2-17)），基于变形后的结构形状建立平衡方程。此时刚度矩阵包含 $\boldsymbol{K}_0$、$\boldsymbol{K}_\sigma$ 和 $\boldsymbol{K}_L$ 三项，见式(7-23)。

分叉屈曲分析属于小应变-大位移问题。采用比例加载，引入从零开始单调增加的载荷系数 λ，将载荷表示为[11]

$$\boldsymbol{f}=\lambda\bar{\boldsymbol{f}} \tag{7-24}$$

其中，$\bar{\boldsymbol{f}}$ 为参考载荷，可取为设计载荷或单位载荷。于是，分叉屈曲分析的基本方程是

$$(\boldsymbol{K}_0+\lambda\bar{\boldsymbol{K}}_\sigma)\boldsymbol{a}=0 \tag{7-25}$$

其中，$\boldsymbol{a}$ 是屈曲位移。$\bar{\boldsymbol{K}}_\sigma$ 是参考载荷 $\bar{\boldsymbol{f}}$ 下的应力刚度，所以式(7-25)中实际载荷下的应力刚度表示为 $\lambda\bar{\boldsymbol{K}}_\sigma$。

分叉屈曲的基本方程（式(7-25)）是梁-板-壳结构在屈曲后弯曲几何形状上的平衡方程。无论是轴压下的直杆或圆柱壳，还是外压下的圆柱壳或球壳，只要结构的几何形状是完美的，屈曲前所加的载荷只会引起薄膜变形，与横向弯曲变形无关。轴压和外压等载荷不会出现在求解横向屈曲位移的方程中，所以式(7-25)右端的载荷项为零。屈曲前所加载荷的作用在于形成结构内的初应力，因而以乘子的形式出现在方程左端的应力刚度中。

结构发生屈曲的特征是出现非零的屈曲位移，即 $\boldsymbol{a}\neq 0$。式(7-25)存在非零解的必要条件是其系数行列式为零：

$$|\boldsymbol{K}_0+\lambda\bar{\boldsymbol{K}}_\sigma|=0 \tag{7-26}$$

于是分叉屈曲问题在数学上归结为特征值问题。由式(7-26)解得各阶特征值 λ_i 和特征矢量 $\boldsymbol{\psi}_i$。各阶屈曲临界载荷 $P_{cr,i}$ 等于各阶特征值和参考载荷之积：

$$P_{cr,i}=\lambda_i\bar{\boldsymbol{f}} \tag{7-27}$$

相应的屈曲模态就是特征矢量 $\boldsymbol{\psi}_i$。

若式(7-26)中的小位移刚度矩阵 $\boldsymbol{K}_0$ 是线性弹性的，则对应于线性分叉屈曲分析。若 $\boldsymbol{K}_0$ 是非线性弹塑性的，则对应于非线性分叉屈曲分析。

当建模采用了实际结构的非完美几何形状时，计算从一开始就有了初始弯曲变形，因而不再存在完美几何形状下的平衡路径以及由完美形状跳跃到屈曲模态的分叉点和分叉路径。加载路径变成连续变化的曲线。分叉屈曲变成极限屈曲（参见 5.2.3.2 节）。此时特征值方程(7-26)不再适用，应改为采用有限元弹塑性分析进行屈曲垮塌分析。

7.5.2 屈曲评定

屈曲评定采用数值计算方法进行。具体评定过程与选用的屈曲分析类型有关。ASME Ⅷ-2 规范 2023 版[12] 推荐如下两种评定方法。

7.5.2.1 方法 A——线性分叉屈曲分析

ASME Ⅷ-2 称它为五步弹性分析法。本方法用于圆柱壳、圆锥壳、球壳和成型封头等单独部件以及由这些部件组合而成的容器。本方法的评定步骤如下①。

(1) 线性特征值屈曲分析。按规范给定的每种载荷工况组合 $k=1,2,\cdots,n$(见 ASME Ⅷ-2 规范的表 5-14 取表中的 $\beta_b=1.0$)对所设计的结构进行线性特征值屈曲分析。若结构由多个部件组成,应对其中每个部件都提取单独的特征值 $\lambda_{\text{component},k}$ 和相应的屈曲模态。

特征值分析会给出许多阶的特征值和相应屈曲模态,评定时只考虑最危险的、绝对值最小的特征值②和相应屈曲模态。

(2) 弹性应力分析。按规范给定的每种载荷工况组合 $k=1,2,\cdots,n$(取 $\beta_b=1.0$)对所设计的结构进行弹性应力分析。在每个部件的临界屈曲位置(对应于最危险屈曲模态的最大幅值的位置)提取中面处的当量薄膜应力 $P_{m,k}$。

(3) 计算临界薄膜应力。将第 2 步中每个部件的当量薄膜应力 $P_{m,k}$ 乘以该部件相应的特征值 $\lambda_{\text{component},k}$,再乘以如下由壳体形状的非完美性导致的承载能力减弱系数 β_{cr} 得到临界薄膜应力 $\sigma_{\text{component},\text{crit},k}=\beta_{cr}\lambda_{\text{component},k}P_{m,k}$。

① 若临界屈曲位置在圆柱壳或锥壳中,轴向应力分量的减弱系数为

$$\beta_{cr}=0.207,\quad \frac{D_0}{t}\geqslant 1247 \tag{7-28}$$

$$\beta_{cr}=\frac{338}{389+\dfrac{D_0}{t}},\quad \frac{D_0}{t}<1247 \tag{7-29}$$

环向应力分量的减弱系数为

$$\beta_{cr}=0.80 \tag{7-30}$$

② 若临界屈曲位置在球壳或成型封头中,环向和子午向应力分量的减弱系数为

$$\beta_{cr}=0.124 \tag{7-31}$$

③ 若临界屈曲位置不在①或②所述部件中,则应采用方法 B。

(4) 计算许用薄膜应力。对比每个部件的临界薄膜应力 $\sigma_{\text{component},\text{crit},k}$ 和 $0.55\sigma_y$。

① 若 $\sigma_{\text{component},\text{crit},k}\leqslant 0.55\sigma_y$,则第 k 种载荷组合的屈曲许用当量薄膜应力为 $S_{c,k}=\sigma_{\text{component},\text{crit},k}/2$,其中的分母 2 为设计裕度。

② 若 $\sigma_{\text{component},\text{crit},k}>0.55\sigma_y$,则 $S_{c,k}=0.55\sigma_y/2$,或可采用方法 B。

(5) 屈曲评定。若能满足如下评定准则,即实际结构中的当量薄膜应力不超过屈曲评定的许用值,则设计合格,否则修改设计,重新评定:

---

① ASME 规范中为 6 步,这里简化为 5 步。ASME 规范第 3 步中的当量薄膜应力是第 5 步中 $P_{m,k}$ 的 $\lambda_{\text{complnent},k}$ 倍。补充了 β_{cr} 的计算公式。

② ASME-2023 规范第 2 步中取"主导特征值",即绝对值最大的特征值,是否有误?

$$P_{m,k} \leqslant S_{c,k} \tag{7-32}$$

壳体的制造容差应满足规范 4.4.4 节的要求。

7.5.2.2　方法 B——屈曲垮塌分析

若方法 A 中的任一要求不能满足，应采用本方法。本方法的适用性不受限制。

（1）按规范给定的每种载荷工况组合 $k=1,2,\cdots,n$（见 ASME Ⅷ-2 规范的表 5-14）对所设计的结构进行线性特征值屈曲分析。

（2）将实际结构的几何非完美性按第 1 步得到的特征模态分解。非完美性的幅值可以用如下选项之一来确定：

① 规范规定的制造容差，详见 ASME Ⅷ-2 规范的 4.4.4 节。

② 用户设计说明书（UDS）中规定的制造容差。

③ 测量值，若有适用的话。

④ 能满足第 3 步中验收标准的几何非完美性。该计算的非完美性应包括在 UDS 中。

（3）按规范给定的每种载荷组合进行弹塑性分析，分析中各载荷组合应乘以屈曲垮塌载荷系数 $\beta_b=1.67$，且应包括第 2 步的非完美性。

① 分析中应采用弹塑性硬化材料模型、米泽斯屈服函数和关联流动法则。附录 3-D 提供了一种温度相关硬化行为的真应力-应变曲线模型，直至真极限应力前采用该硬化材料模型，超过该极限后为理想塑性行为（即应力-应变曲线的斜率为零）。分析中应考虑非线性几何效应。

② 若弹塑性分析能够收敛，则部件在所加载荷下对该载荷工况是稳定的。否则应修改部件的形状和尺寸（关键参数是厚度）或应减小所加载荷，并重新分析。

7.5.2.3　数值模型

在建立屈曲分析的数值模型时不能随意地改变结构的约束条件，例如，简支、固支、弹性支撑或有间隙等，否则会改变结构的临界载荷和真实屈曲模态。

轴对称壳体会出现轴对称（轴向波形）或非轴对称（环向波形）的屈曲模态，屈曲分析不能采用基于轴对称简化的计算模型，否则会遗漏最小屈曲临界载荷，导致设计方案不安全。

长圆柱壳和短圆柱壳的屈曲模态不同，不能随意将圆柱壳的长度截短。

参考文献

[1] GERDEEN J C. A critical evaluation of plastic behaviour data and a unified definition of plastic loads for pressure components. PVRC Welding Research Council Bulletin，1979，254.

[2] Theory reference，14.12.6 Arc-Length Method，ANSYS Help 16.1，2015，3.

[3] CRISFIELD M A. A fast and incremental/iterative solution procedure that handles snap-through[J]. Computers & Structures，1981.

[4] DUAN C H，SUN Y，LU M W. Zero curvature method and protection criterion against plastic collapse [J]. Journal of Pressure Vessel Technology，2017，139：031204-1-9.

[5] LU M W，ZHANG W M，ZHANG R Y. On the zero-curvature criterion for structures with material strengthening and geometrical non-linearity[J]. ActaMechanicaSinica (English Edition)，1989，2.

[6] SAVE M. Experimental verification of plastic limit analysis of torispherical and toriconical heads，pressure vessel and piping design and analysis. ASME，1，1972：382-416.

[7] 陈钢，刘应华. 结构塑性极限与安定分析理论及工程方法[M]. 北京：科学出版社，2006.

[8] DUAN C H, LI X X, SUN Y, et al. Load and resistance factor design of dual criterion against gross plastic deformation and collapse [C]//Proc. of the ASME 2017 Pressure Vessels and Piping Conference, 2017.

[9] OSAGE D A, SOWINSKI J C. ASME Section Ⅷ-Division 2 Criteria and Commentary. ASME PTB-1-2014.

[10] ZIENKIEWICZ O C, TAYLOR R L, ZHU J Z. The finite element method: Its basic and fundamentals[M]. Butterworth-Heinemann, 2013.

[11] KARDESTUNCER H, NORRIE D H. Finite element handbook [M]. McGraw-Hill Book Company, 1987.

[12] ASME Boiler and Pressure Vessel Code, An International Code, Section Ⅷ, Division 2, Alternative Rules, Rules for Construction of Pressure Vessels, 2023.

第8章

安定和棘轮

本章讲述压力容器的安定和棘轮评定方法，包括弹性分析和弹塑性分析。在弹性分析部分，首先讲述 ASME 规范的弹性棘轮分析方法(3S 准则)、简化弹塑性分析和热应力棘轮评定，给出其应用指南。对 3S 准则的性质和应用范围进行深入讨论，然后介绍 Reinhardt 的三维棘轮边界，最后介绍仅含 2 个方程、无需分区评定的简化弹性棘轮评定方法。在弹塑性分析部分，重点讲述 ASME 规范的零塑性应变判据、弹性核判据和无总体永久变形判据，同时介绍欧盟标准的两个棘轮评定应用准则、R5 评定规程的总体安定准则和日本 JPVRC 的棘轮评定准则。又提出了两个新的棘轮评定准则——垮塌机构准则和损伤累积准则。

8.1 安定和棘轮概述

对于压力容器元件，经常会承受内压引起的一次应力和温度梯度引起的沿壁厚的循环热应力。因工况切换或操作条件变化导致的容器内沿壁厚的温度梯度可以产生热应力，例如，开车和停车。加热和冷却时温度的瞬变也可以引起沿壁厚的温度梯度。对于保温容器，热量的损耗非常小，在瞬变期后，温度沿壁厚再次变为均布。因此，对容器或管道进行弹性分析时，由开车或停车的瞬态变化产生的热应力会在后续的操作中或停车后一段时间内消失。以换热器管束为例，在日常操作状态下，沿壁厚的温差在瞬态加热时达到最大值；停车后，换热管壁面温度变得均匀，此时的热应力也减小为零。当循环热载荷和恒定机械载荷引起的组合应力导致结构丧失安定时，结构将进入交替塑性和/或递增塑性变形过程，在每个加载循环中塑性损伤都会累积，并最终导致疲劳失效或棘轮失效，严重影响设备的安全性。因此，在压力容器的设计和使用过程中，国内外分析设计标准或规范都明确规定，压力容器结构必须进行安定分析、棘轮分析和疲劳分析。本章讲述安定和棘轮分析。

近几十年来对复杂应力状态下的安定分析和棘轮分析进行了大量的理论研究。最初对安定和棘轮的评价公式是基于 Miller[1] 1959 年获得的解析解。1967 年 Bree[2] 根据弹性-理想塑性材料模型，对承受循环热载荷作用的内压圆筒进行了弹塑性分析，得出了著名的 Bree 图，如图 8-1 所示。Bree 图给出了圆柱壳在内压和沿壁厚线性变化的循环温度共同作用下防止产生塑性低周疲劳的弹性安定边界和防止出现棘轮的棘轮边界，两者均被 ASME Ⅷ-2

规范采用，分别是安定评定和热应力棘轮评定（温度沿厚度线性分布情况）的制定依据。

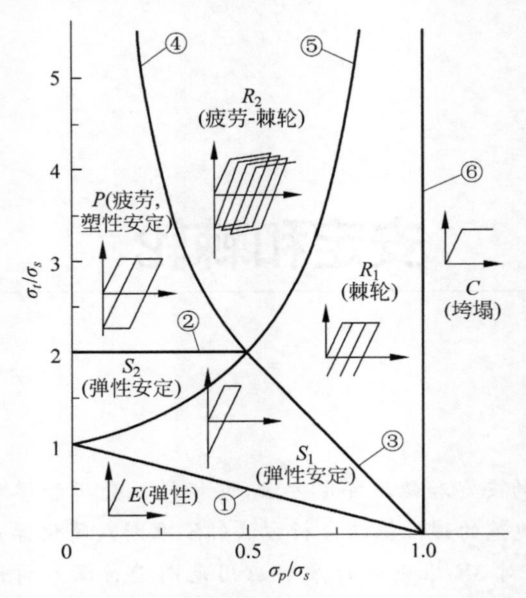

图 8-1 结构在恒定内压和循环温度工况下的力学行为

Bree 图分别以无量纲的恒定机械薄膜应力 $X=\sigma_p/\sigma_s$ 和循环热弯曲应力 $Y=\sigma_t/\sigma_s$ 为横坐标和纵坐标，显示了结构在循环载荷工况下的各种力学行为。包括：

(1) 纯弹性（E 区）：在结构中任一位置载荷所产生的总应力都小于材料屈服强度。

(2) 弹性安定（S_1 和 S_2 区）：经历有限次数的初始循环后不再产生新的塑性变形，材料行为变为完全弹性响应。S_1 区为初始循环中仅在结构的一侧表面发生屈服的情况，S_2 区为初始循环中两侧表面都发生屈服的情况。

(3) 疲劳（P 区）：每个循环的前半周和后半周出现大小相等、方向相反的交替塑性变形。由此引起的疲劳损伤不断累积，最终导致疲劳断裂。

(4) 棘轮（R_1 区和 R_2 区）：结构发生随每个循环不断累积的永久性总体递增塑性变形，最终导致结构垮塌。R_1 区为初始循环发生一侧屈服的情况，仅发生纯棘轮行为；R_2 区为初始循环发生两侧屈服情况，出现疲劳-棘轮耦合行为。

(5) 垮塌（C 区）：当恒定机械载荷足够大时（$X \geqslant 1.0$），将直接导致结构发生无限制的塑性流动而垮塌。

在图 8-1 的每个区中都给出了相应的理想弹塑性应力-应变曲线。为了避免循环回线相互重叠，疲劳-棘轮（R_2）区的应力-应变曲线画成了弱线性强化材料的形式。

弹性安定是指在循环载荷作用下，结构只在初始几次循环中出现少量的塑性变形，在后继的各次循环中将始终保持弹性行为，而不出现塑性损伤的累积。在弹性安定状态下结构不会发生低周疲劳和棘轮。

丧失弹性安定后，结构进入有限寿命的塑性失效过程，有如下两种失效形式：

(1) 疲劳，又称交替塑性。在结构内同一部位每个载荷（应力）循环的前半周和后半周轮流出现大小相等、方向相反的交替塑性变形，在每个循环结束时总塑性变形为零。但在前、后半周内产生的塑性损伤将不断累积，引发疲劳裂纹萌生、扩展，并最终因发生疲劳断裂而导致结构失效。虽然与弹性安定不同，疲劳在每个循环中都会出现塑性变形，但由于每个循环的总塑性变形为零，结构的总体几何形状不会发生永久性改变，所以疲劳是一种塑性安定状态。

(2) 棘轮，又称递增塑性。棘轮现象是结构受恒定的(或交变的)机械应力和交变的热应力同时作用时出现的随每个循环递增的非弹性变形或应变。随着循环次数的增加总体塑性变形不断积累，结构的几何形状将发生递增的永久改变，是一种不安定状态，最终导致结构垮塌，称为棘轮失效或递增垮塌。有交变热应力参与而引起的棘轮称为热应力棘轮。

在 Bree 图中有两组重要的曲线：

(1) 安定边界：结构丧失弹性安定状态的极限边界。由安定-疲劳(S_2-P)边界(直线②，称上安定边界)和安定-棘轮(S_1-R_1)边界(直线③，称下安定边界)组成。

(2) 棘轮边界：结构进入棘轮状态的起始边界。由疲劳-棘轮(P-R_2)边界(曲线④，称上棘轮边界)和安定-棘轮(S_1-R_1)边界(直线③，称下棘轮边界)组成。

上棘轮边界是塑性安定的极限边界(曲线④)，下棘轮边界是弹性安定的极限边界，也就是下安定边界(直线③)。习惯上常把③加④称为棘轮边界，而把②称为安定边界。但在做安定评定时需注意不能遗漏了下安定边界(直线③)。

边界是前后两个状态过渡的临界状态，可以按习惯选用前一状态命名(如安定边界)，或后一状态命名(如棘轮边界)。

安定边界和棘轮边界是分析设计规范拟定安定和棘轮评定准则的重要理论依据。

8.2 安定和棘轮评定——弹性分析

美国锅炉和压力容器规范 ASME Ⅲ 和老 ASME Ⅷ-2(2007 前)以及我国钢制压力容器分析设计标准 JB 4732—1995 都给出了基于弹性应力分析的安定和棘轮评定准则，内容包括安定准则、热应力棘轮准则和简化弹塑性分析三部分。新 ASME Ⅷ-2(2007 及以后)规范和我国新修订的 GB/T 4732—2024 标准把这些老规定综合起来，放在“棘轮评定——弹性应力分析”节中，另外又增加了棘轮评定的弹塑性分析内容。

本节先基于二维 Bree 图进行讨论，然后再扩展到三维情况。

8.2.1 安定准则

8.2.1.1 3S 准则

老 ASME Ⅷ-2 规范在附录 4 中要求一次加二次应力强度满足如下安定准则，简称 3S 准则：

$$S_{\mathrm{IV}} = P + Q \leqslant 3S \tag{8-1}$$

其中，$P = P_L + P_b$ 为一次薄膜加弯曲应力强度，Q 为二次应力强度的范围，S 为材料许用应力。由于丧失弹性安定只是循环载荷下塑性失效的起点，还需经过相当长的寿命后才会发生结构失效，所以安定准则中不必对安定极限应力 3S 加任何安全系数。

新 ASME Ⅷ-2 规范将该准则称为“弹性棘轮分析方法”，并修改为

$$\Delta S_{n,k} \leqslant S_{ps} \tag{8-1a}$$

其中，$\Delta S_{n,k}$ 为一次加二次当量应力范围，注意，这里与老 ASME Ⅷ-2 规范不同，一次应力由当量应力改成了当量应力范围。S_{ps} 为 $\Delta S_{n,k}$ 的许用极限，取下列值的较大者：

(1) 在操作循环中最高和最低温度下材料许用应力 S 平均值的三倍。

(2) 在操作循环中最高和最低温度下材料屈服强度 S_y 平均值的两倍。当最小规定屈服强度与极限拉伸强度之比超过 0.7 或 S 值与时间相关时取(1)中规定的值。

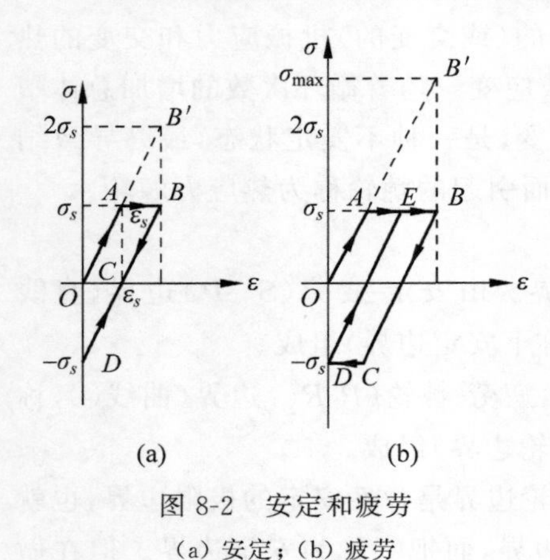

图 8-2 安定和疲劳
(a) 安定；(b) 疲劳

上述安定准则最初来自图 8-2 的一维简化理论模型。如 6.7.2.2 节所述，当名义弹性循环应力的范围小于两倍屈服极限 $2\sigma_s$ 时，各后继应力循环的加卸载路径(图 8-2(a)中的 D-B-D)始终是弹性的，因而结构是弹性安定的。若循环应力的范围大于 $2\sigma_s$，后继应力循环的加卸载路径成图 8-2(b)中的迟滞回线 D-E-B-C-D，其中 E-B 和 C-D 两段是大小相等、方向相反的交替塑性变形，因而结构丧失弹性安定，进入低周疲劳(即塑性安定)状态。注意到$2\sigma_s=3S$，就得到安定准则(8-1)。

从 Bree 图 8-1 来看，安定准则就是安定-疲劳边界②的方程 $Y=\sigma_t/\sigma_s=2$。

一维简化模型是被周围弹性材料约束的局部高应力区(即峰值应力)的理论模型，而 Bree 图来自薄壁圆柱壳中结构应力(即一次加二次的薄膜加弯曲应力)的解析解，所以无论是峰值应力还是结构应力都可以用是否≤3S 准则来判断是否处于弹性安定状态，区别是安定的程度不同：峰值应力对应于严格安定状态，而结构应力对应于总体安定状态，详见 8.2.1.3 节。

无论是一维简化理论模型的导出过程或 Bree 图的界线方程都说明 3S 准则是一个与防止结构发生低周疲劳失效有关的安定准则，与棘轮无关。为了防止发生棘轮还必须另外满足 8.2.2 节中基于下棘轮边界导出的棘轮准则(8-6b)。

8.2.1.2 简化弹塑性分析

3S 准则偏保守，新、老 ASME Ⅷ-2 规范都允许放松其要求，按"简化弹塑性分析"进行设计。简化弹塑性分析方法最早颁布于核电管道规范 USAS B31.7。1971 年 ASME-Ⅲ在分析设计章节中引入了简化弹塑性分析规则，但采用的方法和 B31.7 并不相同。

在简化弹塑性分析中一次加二次当量应力范围可以超过 3S 准则给出的许用极限。这意味着允许结构丧失弹性安定进入低周疲劳(塑性安定)区 P，即进入每个循环都出现交替塑性变形的塑性疲劳状态，因而要将 3S 准则修改为疲劳评定。所谓"简化弹塑性分析"方法就是在疲劳评定中采用弹性分析加塑性修正系数的方法，该方法的核心条款(b)要求用户按照 ASME 规范 5.5.3.2 节的规定进行含疲劳损失系数 K_e 的弹性疲劳评定。

为了避免放松过度，该方法又增加了条款(a)和条款(c)两个限制条件：

(a) 一次加二次薄膜加弯曲当量应力的范围(不包括热应力)小于 S_{PS}。

注：仅允许对具有自限性的热应力放松限制，其他应力还必须小于 S_{PS}。

(c) 部件材料的最小规定屈服强度与最小规定拉伸强度之比小于或等于 0.80。

注：仅当使用延性较好的材料时才允许放松。

除了用条款(a)、条款(b)和条款(c)替代 3S 准则外，简化弹塑性分析还在条款(d)中要求按热应力棘轮评定的规定完成棘轮评定。由于已经超越 3S 准则，允许结构进入塑性安定区，所以棘轮评定必须同时满足基于上(塑性)、下(弹性)棘轮边界的式(8-6a)和式(8-6b)。

简化弹塑性分析用疲劳评定替代 3S 准则，而不放弃棘轮评定要求，又一次说明 3S 准则是一个控制疲劳失效的安定准则，与棘轮无关。

3S 准则控制的是最大一次加二次当量应力范围，弹性疲劳评定则控制最大总当量应力范围。所以，简化弹塑性分析相对于 3S 准则的放松程度与峰值应力在总应力中所占的比例有关。峰值应力的占比越大，放松程度就越大。另外，当热载荷和机械载荷联合作用时，热应力的占比越大，放松程度就越大。

8.2.1.3 安定评定和疲劳评定

上文提到 3S 准则是一种防止进入低周疲劳的评定准则。在应力分类法中已经存在用于最大当量总应力范围的弹性疲劳评定准则：

$$S_V = P + Q + F \leqslant S_a \tag{8-2}$$

为什么要同时规定两个与疲劳相关的准则呢？在深入讨论前先介绍两个概念。弹性安定可分为严格安定和总体安定两类。若最大当量总应力小于等于 3S，则结构内处处都处于弹性安定状态，称为严格安定(strict shakedown)。若最大当量结构应力(一次加二次的薄膜加弯曲应力)小于等于 3S，则结构总体处于弹性安定状态，但局部峰值应力区可能进入塑性安定状态、发生疲劳，此时称为总体安定(global shakedown)。

下面从两方面来说明 3S 准则和弹性疲劳评定的关系。

(1) 根据上述定义，3S 准则是一个控制结构应力(一次加二次应力)的总体安定准则，满足 3S 准则后在峰值应力区仍存在发生疲劳的可能性，所以按照式(8-2)进行控制总应力的弹性疲劳评定是对 3S 准则的必要补充。反之，满足了 3S 准则才能保证结构总体处于安定状态，这是能采用弹性疲劳评定方法控制式(8-2)中的总应力的前提条件，否则必须进行弹塑性疲劳分析。所以，两个评定准则都应满足，缺一不可。

弹性疲劳分析中的 S-N 曲线是根据应变控制下的疲劳试验结果绘制的，试验中每个循环的应变幅值都保持不变。在实际结构中仅当处于总体弹性安定状态时局部高应力区的塑性流动才能被结构的总体弹性变形所限制，才能保持每个循环的应变幅值不变，才符合采用 S-N 曲线进行疲劳分析的条件。此外，S-N 曲线中的应力幅值(S)是用弹性胡克定律从试验中的应变幅值转换过来的，仅当结构处于总体弹性安定状态时才能应用胡克定律。基于这两个理由，通常把基于 S-N 曲线的疲劳分析方法简称为弹性疲劳分析。3S 准则是保证结构总体弹性安定的判据，因而是弹性疲劳评定的前提条件。

热应力具有自限性，属于应变控制加载，所以在含热应力的结构应力超过 3S 准则(但其中的一次结构应力必须满足 3S 准则)的情况下还允许简化弹塑性分析采用 S-N 曲线来进行弹性疲劳分析。

(2) 3S 准则和疲劳评定是两种控制不同应力类型的疲劳准则。二次应力和峰值应力的影响范围不同，危险性也不同。峰值应力的影响范围很小，只引起尺寸小且深度浅的浅表初始裂纹，需要经过相当长的裂纹扩展期才会达到临界裂纹长度，最终导致容器泄漏或疲劳断裂。在此之前可以通过定期检修来发现裂纹、及时修补或更换元件以消除隐患，所以对峰值应力可以采用较宽松的疲劳分析方法进行有限寿命设计。反之，二次应力是薄膜加弯曲应力，影响范围大，涉及半个以上壁厚，一旦形成初始裂纹就会迅速扩展到临界裂纹长度，直接导致泄漏或断裂，所以对一次加二次应力要采用严格的弹性安定准则来控制，杜绝发生低周疲劳的可能性。

有人提问：满足了 3*S* 准则就不会进入疲劳，为什么设计中有时会出现 3*S* 准则能通过而疲劳分析通不过的情况呢？出现此问题的第一个原因是两个准则的评定对象不同。3*S* 准则控制最大结构应力而疲劳分析控制最大总应力。在结构的各个部位各类应力的占比不同，当峰值应力的占比很高时就会出现 3*S* 准则能通过而疲劳分析通不过的情况，此时疲劳分析起主导作用。第二个原因是两个准则的安全系数不同。疲劳分析的安全系数很大（应力的安全系数为 2，循环次数的安全系数为 20），而 3*S* 准则没有加任何安全系数。

8.2.1.4 压力应力

Bree 图的横坐标 *X* 是由恒定内压引起的压力应力，其循环范围为零，在应用 3*S* 准则时是否应该考虑压力应力呢？

ASME Ⅷ-21989 和更早的版本都规定 3*S* 准则的评定对象是“一次加二次应力 *P*+*Q*”，包括恒定的和交变的应力，其中二次应力和交变的一次应力取其循环范围，所以在工程应用中通常 *P*+*Q* 都包括压力应力。此时 Bree 图中 3*S* 准则的方程为

$$X+Y=2 \tag{8-3}$$

ASME Ⅷ-21992 和更晚的版本将评定对象改为“一次加二次应力范围”。2007 年后的新 ASME Ⅷ-2 又加上符号 Δ，改为“一次加二次当量应力范围 $\Delta S_{n,k}$”，即 $\Delta(P+Q)$。恒定压力应力 *X* 的循环范围为零，被排除在外。此时 Bree 图中 3*S* 准则的方程变成

$$Y=2 \tag{8-4}$$

Bradford 认为[3-4]，虽然内压在压力容器运行期间是稳定的，可以看作恒定载荷，但在整个服役期内将经历数十次至数百次的“开车-操作-停车”循环过程，应该属于循环载荷。为此他在 2012—2017 年间发表了多篇关于内压和温度梯度均为循环载荷时的 Bree 问题研究成果，考虑了两者同相交变（相差为 0°）、反相交变（相差为 180°）和异相交变（相差为除 0°和 180°以外的一般情况）的各种情况，给出了修正的安定边界和棘轮边界，简称 Bradford 图，如图 8-3 所示。图中的横坐标与 Bree 图不同，$X=\Delta(\sigma_p/\sigma_s)$ 是无量纲一次应力范围，而非无量纲一次应力(σ_p/σ_s)，纵坐标 $Y=\Delta(\sigma_t/\sigma_s)$ 仍为无量纲二次弯曲应力范围。虚线为原 Bree 的解析解，实线为 Bradford 异相交变情况的解析解，点画线为同相和反相交变情况的解析解。因为同相和反相属于特殊情况，且较保守，下面来对比 Bree 解和异相交变一般情况的解。原来的安定-疲劳边界为水平线②，现在修正为下倾直线 *A*，其方程为 *X*+*Y*=2。原来的安定-棘轮边界③和修正后的 *B* 线（和 *C* 线相切）基本重合。原来的疲劳-棘轮边界④比修正曲线 *C* 更为保守。

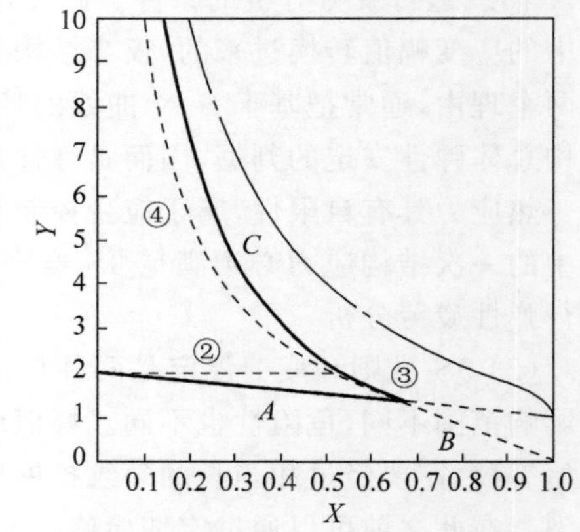

图 8-3 修正的安定和棘轮边界——Bradford 图

新安定-疲劳边界 *A* 的方程形式上和式(8-3)相同，实质上却把“一次加二次应力”准则(8-1)改成了“一次加二次应力范围”准则：

$$S_{\mathrm{IV}}=\Delta(P+Q)\leqslant 3S \tag{8-5}$$

在实际工程中压力容器除了承受压力、温度外

还有自重等其他载荷。自重载荷在设备安装完成后是恒定不变的，评定时可以排除在外。

8.2.2　棘轮准则

8.2.2.1　棘轮评定

老 ASME Ⅷ-2 规范在附录 5 的"壳体中的热应力棘轮"节中给出了棘轮评定准则，其中温度沿壁厚线性变化时的评定准则由两个公式组成：

$$Y=1/X,\quad 0<X<0.5 \tag{8-6a}$$

$$Y=4(1-X),\quad 0.5\leqslant X\leqslant 1.0 \tag{8-6b}$$

其中，式(8-6a)来自 Bree 图的疲劳-棘轮边界④，式(8-6b)来自安定-棘轮边界③。由于棘轮边界只是进入棘轮状态的起点，还需经过相当长的寿命才会发生棘轮失效，所以评定准则式(8-6)中不需加任何安全系数。

新 ASME Ⅷ-2 规范将该准则归入"热应力棘轮评定"，并增加了考虑薄膜热应力影响的评定方程(详见 8.2.3 节)：

$$\Delta Q_{mb}\leqslant S_y/X,\quad 0<X<0.5 \tag{8-7a}$$

$$\Delta Q_{mb}\leqslant 4.0S_y(1-X),\quad 0.5\leqslant X\leqslant 1.0 \tag{8-7b}$$

$$\Delta Q_m\leqslant 2.0S_y(1-X),\quad 0<X<1.0 \tag{8-7c}$$

其中，ΔQ_{mb} 为二次薄膜加弯曲当量热应力范围，ΔQ_m 为二次薄膜当量热应力范围，$X=P_m/S_y$ 为无量纲一次薄膜当量应力，P_m 为稳态的总体或局部一次薄膜当量应力，S_y 为材料的规定最小屈服强度。

压力容器中的棘轮失效是由恒定(或循环)的一次薄膜应力和循环的二次应力共同引起的。如果只有恒定的一次薄膜应力而无循环二次应力，结构一旦失效就直接垮塌。如果只有循环二次应力而无恒定的一次薄膜应力，结构将发生疲劳断裂而非棘轮失效。

棘轮是由沿整个壁厚的递增塑性变形引起的结构总体形状的永久性改变。峰值应力的影响范围很小，不会导致沿整个壁厚的总体塑性变形，所以在棘轮评定中只考虑由薄膜和弯曲应力组成的一次加二次应力，不必考虑峰值应力。

8.2.2.2　3*S* 准则

如前所述，3*S* 准则是与防止疲劳失效相关的安定准则，棘轮失效应由基于棘轮边界的准则(式(8-6a)和式(8-6b))来控制。新 ASME Ⅷ-2 规范把 3*S* 安定准则改称为"弹性棘轮分析方法"引起了不少误解。有人提出了"如果满足 3*S* 准则，是否还需要做棘轮评定"的问题。下面来探讨如果仅用 3*S* 准则进行棘轮评定能否保证结构安全的问题。

1) 准则中不含压力应力的情况

若认为压力应力是循环范围为零的恒定应力，则 3*S* 准则的方程为 $Y=2$。在 Bree 图中对应于安定边界②及其水平延长线。

由图 8-4 可见：当 $0\leqslant X\leqslant 0.5$ 时，安定边界②在上棘轮边界④的下面，用 3*S* 准则进行棘轮评定显然是安全且保守的。所以满足 3*S* 准则后，可以免除式(8-6a)的棘轮评定。但是，当 $0.5<X\leqslant 1.0$ 时，安定边界②的水平延长线在下棘轮边界③的上面，3*S* 准则是不安全的。所以即使满足了 3*S* 准则，还必须补充式(8-6b)的棘轮评定。

3*S* 准则在区间 $0\leqslant X\leqslant 0.5$ 内过于保守，在区间 $0.5<X\leqslant 1.0$ 内又不安全，对棘轮评

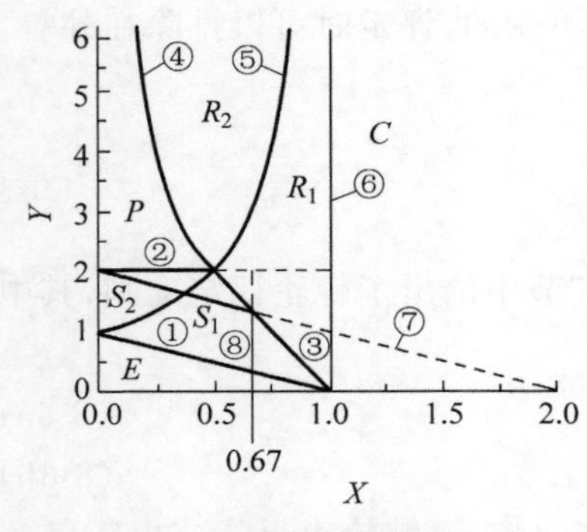

图 8-4　3S 准则和棘轮准则

定而言它既不是必要条件，也不是充分条件。

2）准则中含压力应力的情况

若认为压力应力是范围为 X 的循环应力，则 3S 准则的方程为 $X+Y=2$。对应于图 8-4 中的下倾线⑦，它与下棘轮边界③相交于 $X=2/3\approx0.67$ 处[5]。

在弹性应力分析的评定准则中，除了要求一次加二次当量应力范围满足 3S 准则外，同时还要求一次总体薄膜当量应力满足 $S_{\mathrm{I}}\leqslant1.0S$，即 $X=2/3$，它对应于图 8-4 中的垂直线⑧。可以看出，以斜线⑦和垂线⑧为边界的梯形区域全部落在弹性安定区内。因此有些学者认为，当一次加二次当量应力范围中计入压力应力时，仅用 3S 准则进行棘轮评定就是安全的。

但值得注意的是，规范明确规定"一次加二次当量应力范围 $\Delta S_{n,k}$ 是由线性化的总体或局部一次薄膜应力加一次弯曲应力加二次应力(P_L+P_b+Q)之组合沿截面厚度的最大值导出的当量应力范围"，其中薄膜应力并不只是总体薄膜应力 P_m，还可以是局部薄膜 P_L，而 P_L 的许用极限是 $X=1$ 而非 $X=2/3$。图 8-4 表明在 $2/3<X\leqslant1$ 范围内斜线⑦位于下棘轮边界③的上方，因此当一次薄膜应力超过一次总体薄膜应力的许用值$(X>2/3)$时，仅用 3S 准则进行棘轮评定是不安全的。

8.2.2.3　综述

综合 8.2.1 节和 8.2.2 节的讨论，下面给出关于安定与棘轮准则的应用建议：

(1) 新 ASME Ⅷ-2 规范 5.5.6"棘轮评定——弹性应力分析"节包含了老规范中基于弹性应力分析的"安定评定"和"棘轮评定"两项要求，不只是单纯的棘轮评定。其中的安定评定用于防止疲劳失效。安定评定和棘轮评定的区别在于：上安定边界和上棘轮边界之间相隔了一个塑性安定(疲劳 P)区。

(2) 基于规范 5.5.6 节中的弹性棘轮分析方法、简化弹塑性分析和热应力棘轮评定，可以组成如下两组完整的安定-棘轮评定准则，满足其中之一设计就能通过：

① 弹性安定准则：由 3S 准则、下棘轮边界和热薄膜应力控制条件三个方程组成，详见 8.2.4.1 节的式(8-17(a)，(b)，(c))。此准则将结构控制在总体弹性安定状态下，能基于 3S 准则防止疲劳失效，但对棘轮评定来说是相当保守的。

② 简化弹塑性分析：它的核心条款由含疲劳损失系数 K_e 的疲劳分析和基于上、下棘轮边界的热应力棘轮评定组成，详见 8.2.1.2 节。它允许热应力超过 3S 准则，进入塑性安定(疲劳)状态，但不允许进入棘轮状态。

(3) 3S 准则原来是一个防止疲劳失效的总体弹性安定准则，当 $X>2/3$ 时用于棘轮评定是不安全的。但在保证一次薄膜(含总体或局部)当量应力不大于 $1.0S(X\leqslant2/3)$的前提下，可同时用于防止棘轮失效。

(4) 当 $X\leqslant0.5$ 时，仅满足 8.2.2.1 节(ASME Ⅷ-2 规范 5.5.6.3 节)的热应力棘轮评定要求是不安全的。因为它不能防止因结构进入塑性安定状态而出现的低周疲劳失效，必须补充校核 3S 准则或进行疲劳分析。

8.2.3 三维棘轮边界

2005 年，Kalnins 教授在 ASME 设计与分析小组会议上展示了两个弹-塑性棘轮分析算例。算例 1 为筒体受径向温度梯度和压力，算例 2 为筒体受轴向热应变梯度和压力。这两个算例都能通过 Bree 法的校核。但是弹-塑性计算表明：算例 1 算得的发生棘轮的热应力范围在 Bree 图棘轮边界之上，而算例 2 在 Bree 图棘轮边界之下。也就是说，算例 2(受轴向热应变梯度)虽然可以通过 Bree 法的校核，但不能通过弹-塑性棘轮分析的评定。因而 Bree 法出现了不安全性[6]。

Bree 法在筒体算例 1(受径向温度梯度)中相比弹-塑性分析结果是保守的。这是因为径向温度梯度只引起热弯曲应力，与导出 Bree 图的前提假设一致。而算例 2 中的轴向热应变梯度不仅引起了热弯曲应力，还在环向引起了热薄膜应力，而且后者还占主导。热薄膜应力恰恰是 Bree 法未考虑的，那么热薄膜应力到底对热应力棘轮产生什么影响呢?

Reinhard[7-8]针对上述问题，推导了一次薄膜应力和热薄膜加热弯曲应力同时作用下的棘轮边界解析结果，其基本假设如下：

(1) 材料是理想弹塑性；

(2) 采用梁模型来表示压力容器的壁，在推导过程中可简化为单轴应力模型，见图 8-5。

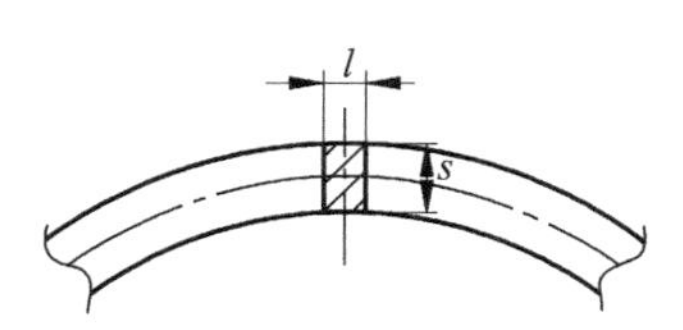

图 8-5 用梁模型表示压力容器的壁

(3) 一次载荷(如内压或自重)是恒定的，不随时间而变。热薄膜和热弯曲载荷同相位循环变化，按比例从极大值到极小值，再回到极大值。

(4) 二次应力的平均值为零，这样可以直接使用应力幅值来进行推导。

8.2.3.1 用于塑性安定分析的非循环方法

棘轮在多次加载下才会发生，故弹-塑性棘轮分析一般要通过多次(至少 3 次)循环后再加以判定。这种做法费时且复杂。非循环方法[7](non-cyclic method)把元件的承载能力分解为承受恒定的一次应力和承受循环的二次应力两个部分。承载能力受限于循环屈服应力，那么增加循环二次应力就会相应减小元件对一次应力的承受能力，反之亦然。不出现棘轮的最大承载能力应该出现于在整个壁厚上一次应力加循环二次应力幅之和达到循环屈服应力。可以看出，该方法与“弹性核”的概念是一致的，即只要在整个载荷循环过程中存在弹性核(不发生贯穿壁厚的塑性)，就不会出现棘轮。

8.2.3.2 一次应力极限的推导

得出一次应力极限的总体思路如下：在关注的每一个点，先计算循环应力幅，然后用扣除该应力幅后的循环屈服应力来计算一次载荷的承载能力。

当梁受热薄膜和热弯曲应力同时作用时，其安定状态有三种情况：状态 1，应变很小，两侧表面都没产生屈服，处于完全弹性；状态 2，一侧表面屈服，另一侧未屈服；状态 3，两侧表面都屈服。此外，按照循环处于两个极端时壁厚两侧的最小应变的符号是否相同(相同用 a 表示，相反用 b 表示)，可将上述三种情况再进一步细分为五种，即 1a、1b、2a、2b 和 3，如图 8-6 所示。对状态 3，两侧应变的符号永远相反，所以不再区分 a 和 b。图 8-6 中虚线表示弹性应力分布,阴影区域代表对一次载荷的剩余承载能力。$\Delta\sigma_m$ 和 $\Delta\sigma_b$ 为二次薄膜和二次弯曲应力范围。

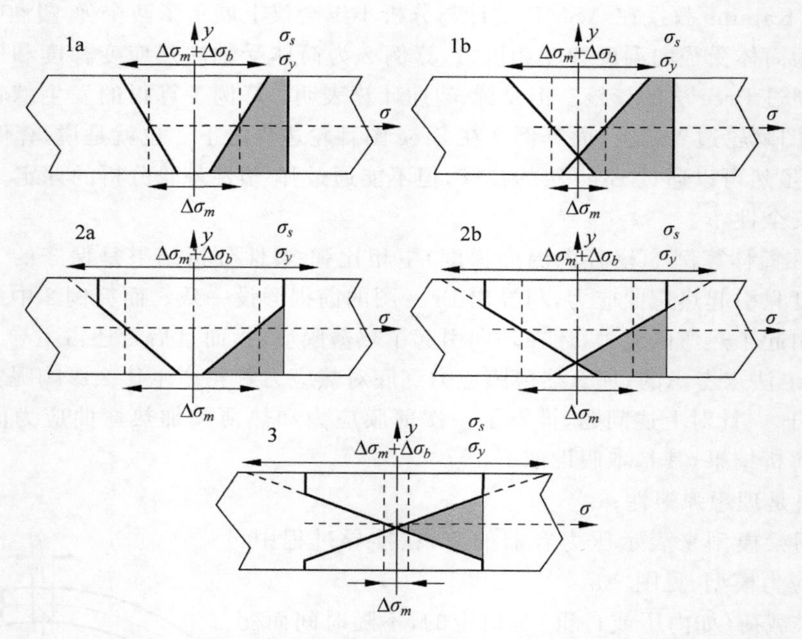

图 8-6 循环载荷终端处典型的弹性和弹-塑性热应力分布[8]

状态 1a(见图 8-6 的 1a)是完全弹性状态,二次薄膜加弯曲应力范围小于两倍循环屈服应力,即 $|\Delta\sigma_{sm}+\Delta\sigma_{sb}|\leqslant 2\sigma_s$。又因为 $(|\Delta\sigma_{sm}|+|\Delta\sigma_{sb}|)/(|\Delta\sigma_{sm}|-|\Delta\sigma_{sb}|)>0$,即两侧应变的符号相同,得到 $|\Delta\sigma_{sm}|\geqslant|\Delta\sigma_{sb}|$。该状态下,棘轮边界处的一次载荷承载能力(即阴影部分的面积)为

$$\sigma_{pm}=\sigma_s-\frac{\Delta\sigma_{sm}}{2} \tag{8-8}$$

状态 1b(见图 8-6 的 1b)仍是完全弹性状态,$|\Delta\sigma_{sm}+\Delta\sigma_{sb}|\leqslant 2\sigma_s$,但两侧应变符号相反,$(|\Delta\sigma_{sm}|+|\Delta\sigma_{sb}|)/(|\Delta\sigma_{sm}|-|\Delta\sigma_{sb}|)<0$,由此得 $|\Delta\sigma_{sm}|<|\Delta\sigma_{sb}|$。该状态下,棘轮边界处的一次载荷承载能力为

$$\sigma_{pm}=\sigma_s-\frac{\Delta\sigma_{sb}}{4}-\frac{\Delta\sigma_{sm}^2}{4\Delta\sigma_{sb}} \tag{8-9}$$

在状态 2a 中(见图 8-6 的 2a)假定上侧屈服,则 $|\Delta\sigma_{sm}+\Delta\sigma_{sb}|\geqslant 2\sigma_s$。因下侧未屈服,则 $|\Delta\sigma_{sm}-\Delta\sigma_{sb}|\leqslant 2\sigma_s$。又因为 $(|\Delta\sigma_{sm}|+|\Delta\sigma_{sb}|)/(|\Delta\sigma_{sm}|-|\Delta\sigma_{sb}|)>0$,即两侧应变的符号相同,得到 $|\Delta\sigma_{sm}|\geqslant|\Delta\sigma_{sb}|$。该状态下,棘轮边界处的一次载荷承载能力为

$$\sigma_{pm}=\left[\sigma_s-\frac{1}{2}(\Delta\sigma_{sm}-\Delta\sigma_{sb})\right]^2\Big/(2\Delta\sigma_{sb}) \tag{8-10}$$

状态 2b(见图 8-6 的 2b)与 2a 类似,只是两侧表面应变符号不同,应符合 $|\Delta\sigma_{sm}+\Delta\sigma_{sb}|\geqslant 2\sigma_s$,$|\Delta\sigma_{sm}-\Delta\sigma_{sb}|\leqslant 2\sigma_s$ 及 $|\Delta\sigma_{sm}|\leqslant|\Delta\sigma_{sb}|$。该状态下,棘轮边界处的一次载荷承载能力为

$$\sigma_{pm}=\frac{\left[\sigma_s-\frac{1}{2}(\Delta\sigma_{sm}-\Delta\sigma_{sb})\right]^2}{2\Delta\sigma_{sb}}-\frac{(\Delta\sigma_{sm}-\Delta\sigma_{sb})^2}{4\Delta\sigma_{sb}} \tag{8-11}$$

在状态 3 中(见图 8-6 的 3)，两侧表面都已经屈服，故有 $|\Delta\sigma_{sm}+\Delta\sigma_{sb}|\geqslant 2\sigma_s$，$|\Delta\sigma_{sm}-\Delta\sigma_{sb}|\geqslant 2\sigma_s$，又因为两侧应变符号相反，$|\Delta\sigma_{sm}|\leqslant|\Delta\sigma_{sb}|$。该状态下，棘轮边界处的一次载荷承载能力为

$$\sigma_{pm}=\sigma_s^2/\Delta\sigma_{sb} \tag{8-12}$$

引入如下三个无量纲数：

(1) $x=\sigma_{pm}/\sigma_s$，因一次薄膜应力不能超过循环屈服应力，故 x 的范围为 0～1；

(2) $y=\Delta\sigma_{sb}/\sigma_s$，因热弯曲应力范围不能超过 4 倍循环屈服应力，故 y 的范围为 0～4；

(3) $z=\Delta\sigma_{sm}/\sigma_s$，因热薄膜应力范围不能超过 2 倍循环屈服应力，故 z 的范围为 0～2。

经过整理，五种状态下的棘轮边界表达式(8-8)～(8-12)可合并成

$$x=\begin{cases}\sigma_y-\dfrac{z}{2}, & y+z\leqslant 2, z>y\\ 1-\dfrac{y}{4}-\dfrac{z^2}{4y}, & y+z\leqslant 2, z\leqslant y\\ \dfrac{[1-(z-y)/2]^2}{2y}, & y+z\geqslant 2, |z-y|\leqslant 2, z>y\\ \dfrac{[1-(y-z)/2]^2}{2y}-\dfrac{(z-y)^2}{4y}, & y+z\geqslant 2, |z-y|\leqslant 2, z\leqslant y\\ \dfrac{1}{y}, & y+z\geqslant 2, |z-y|\geqslant 2, z\leqslant y\end{cases} \tag{8-13}$$

按式(8-13)中五个分段函数绘制三维曲面图，如图 8-7 所示。此即为一次薄膜应力以及热薄膜和热弯曲应力共同作用下的热应力棘轮的边界。

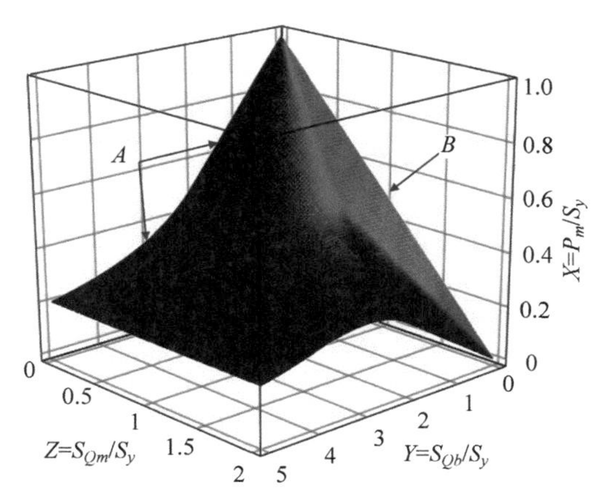

图 8-7　承受一次薄膜应力及循环热薄膜和弯曲应力时的三维棘轮边界曲面图(见文前彩图)

沈鋆、陈浩峰等[9]将 Reinhardt 的三维棘轮边界进一步推广到同时承受一次薄膜和弯曲应力及循环热薄膜和弯曲应力的四维棘轮边界，给出了解析的边界方程。在压力容器的有些应用中局部区域会产生较大的机械弯曲应力，从而影响容器的安全运行。例如，重力作用下卧式容器的鞍座和壳体连接处，风和地震载荷作用下塔器的支撑附件和壳体连接处等。

此时可以采用基于四维棘轮边界的算法，根据计算出的各应力数值，判断是否处于棘轮边界之下，从而完成棘轮评定。

8.2.3.3 ASME Ⅷ-2 的简化三维棘轮边界

在含有 x、y、z 三个参数的三维图形中，令任意一个参数为恒定值可得到一张二维的切片图。可以看出，Bree 图是热薄膜应力为零($z=0$)时的一个特例。

当热薄膜应力不为零时，如果仍然用 Bree 法来校核，相当于把 Bree 棘轮边界线沿 Z 轴延伸成面，如图 8-8 所示。显然，随着 z 的增大，即随着热薄膜应力的增大，Bree 法偏离真实棘轮边界差距越来越大。所以，有必要对 Bree 法的校核条件提出额外的限制条件，以得到保守的、安全的结果。

对热薄膜应力的限制可以由 $y=0$(热弯曲应力为零)切面内的棘轮边界线沿 y 轴延伸而生成，如图 8-8 所示。可以看出，仅靠此平面也不能限制棘轮，因为随着 y 增大(热弯曲应力增大)，该平面出现了不安全的情况，并逐渐远离真实棘轮边界。

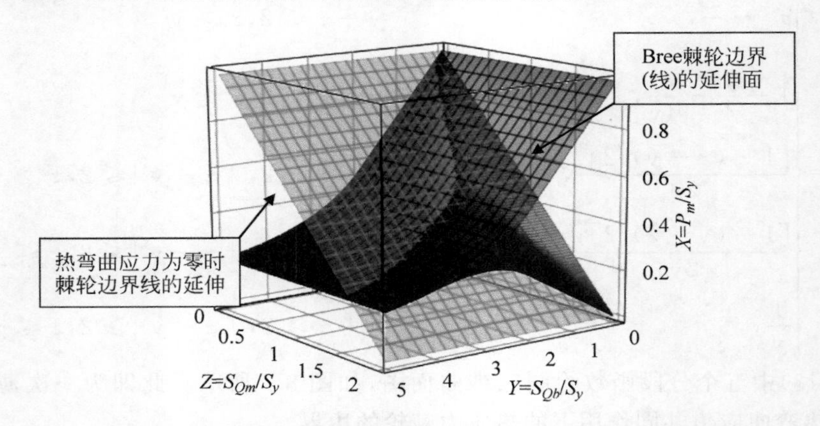

图 8-8 用两个简单边界面来保守地保证真实棘轮边界(见文前彩图)

真实的棘轮边界由五个函数控制，对于工程应用过于复杂，需要进行合理的近似和简化。研究表明，只要同时满足"Bree 棘轮边界延伸面"和"热弯曲应力为零的棘轮边界延伸面"，即可保守地满足真实棘轮边界，如图 8-9 所示。这两个保守的简化边界面可用公式表示为

$$x \leqslant \min\left\{\begin{bmatrix} 1-\dfrac{y}{4}, & y \leqslant 2 \\ \dfrac{1}{y}, & y > 2 \end{bmatrix}, 1-\frac{z}{2}\right\} \tag{8-14}$$

此简化的三维棘轮边界被 ASME Ⅷ-2(2013 版)的"热应力棘轮评定"正式采用，即规范中的式(5-80)、式(5-81)和式(5-84)。详见后面的式(8-15a)～式(8-15c)三式。

8.2.4 三维棘轮边界的简化

8.2.4.1 引入 3S 准则的简化三维棘轮边界

如前所述，ASME 规范中用于棘轮评估的弹性分析方法包括：控制弹性安定状态的 3S 准则和基于棘轮边界、允许结构进入塑性安定状态的热应力棘轮评定。

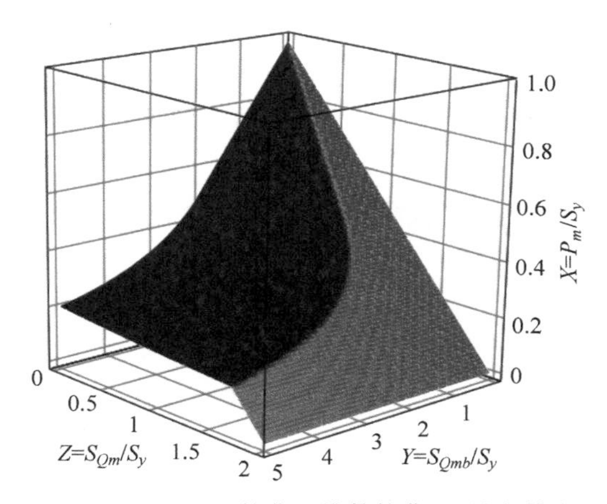

图 8-9 ASME Ⅷ-2 简化三维棘轮曲面(见文前彩图)

当一次应力不超过 $S=2\sigma_s/3$ 时,3S 准则是棘轮评定的保守条件。当一次应力超过 S 时,3S 准则是不安全的,必须补充棘轮评定。对于二维情况,3S 准则的不安全区域相对较小,且比较容易识别。当考虑交变热薄膜应力的影响、将棘轮边界扩展到三维时,3S 准则的不安全区域会加大,且相对较难识别,增加了棘轮评定不安全的概率。3S 准则与三维棘轮边界的空间相对位置如图 8-10 所示。

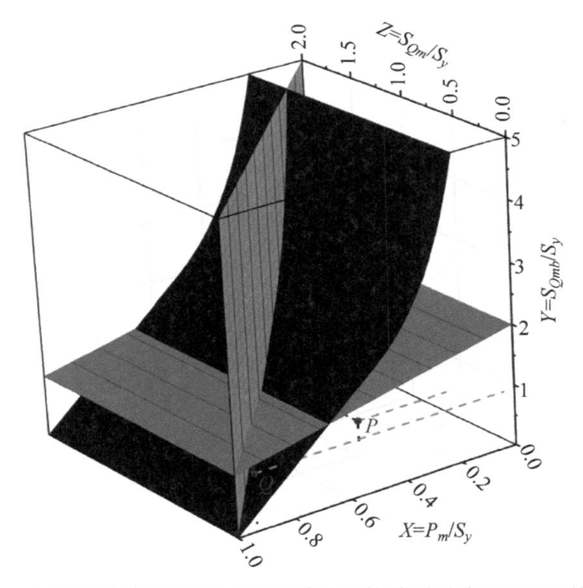

图 8-10 三维热棘轮边界和 3S 准则平面的关系示意图(见文前彩图)

图 8-10 中蓝色曲面是棘轮边界控制条件,由两段组成,可表示为

$$Y=S_{Qmb}/S_y=1/X,\quad 0<X<0.5 \tag{8-15a}$$

$$Y=4(1-X),\quad 0.5\leqslant X\leqslant 1.0 \tag{8-15b}$$

橙色平面为热薄膜应力控制条件,可表示为

$$Z=S_{Qm}/S_y=2(1-X),\quad 0<X<1.0 \tag{8-15c}$$

绿色平面为三维空间中按 Bradford 定义的 3S 准则及其延伸平面,可表示为

$$Y = 2 - X \tag{8-16}$$

在图 8-10 中弹性安定区的边界条件为：在蓝色曲面下，绿色平面下和橙色平面前。例如，P 点坐标$(X,Y,Z)=(0.33,0.33,0.67)$，同时满足这三个条件，因此该点的应力状态是弹性安定的，不会发生棘轮失效。

引入 $3S$ 准则就是将保守的弹性安定边界作为棘轮边界，在图 8-10 中用绿色平面替代蓝色曲面的上半部分。相应的棘轮评定准则为

$$Y = 2 - X,\quad 0 < X < 0.67 \tag{8-17a}$$

$$Y = 4(1 - X),\quad 0.67 \leqslant X \leqslant 1.0 \tag{8-17b}$$

$$Z = 2(1 - X),\quad 0 < X < 1.0 \tag{8-17c}$$

和式(8-15)不同的是：①用 $3S$ 平面方程(8-17a)替代了棘轮曲面方程(8-15a)；②因 $3S$ 平面(绿色)为倾斜面，前两式的 X 分区值由 0.5 改为 0.67。

和二维情况类似，当 $X \leqslant 2/3$ 时，绿色平面远低于蓝色平面，用 $3S$ 准则防止棘轮是保守的。但是当 $X > 2/3$ 时，绿色平面在蓝色平面的上面。如果某应力点落入图 8-10 中的 Q 区(绿色平面下，蓝色平面上和橙色平面前)，尽管满足了 $3S$ 准则，还可能发生棘轮。为此必须补充基于下棘轮(安定)边界的评定准则(8-17b)，并引入考虑热薄膜应力影响的式(8-17c)，将其扩充为三维准则。式(8-17a)～式(8-17c)三式共同构成了完整的安定评定准则，同时是偏保守的棘轮评定准则。

如果仅用 $3S$ 准则进行三维棘轮评定，则不安全区(Q 区)的界限是

$$X > 2/3 \tag{8-18a}$$

$$4(1 - X) < Y < 2 - X \tag{8-18b}$$

$$Z < 2(1 - X) \tag{8-18c}$$

其中，式(8-18a)表示在蓝-绿平面交线之左，式(8-18b)表示在蓝色平面之上、绿色平面之下，式(8-18c)表示在橙色平面之前。

联立式(8-17a)和式(8-17b)可以解得绿-蓝平面的交线为 $X=2/3$ 和 $Y \leqslant 3/4$，代入式(8-17c)可得到三个平面交点的第三坐标为 $Z=2/3$。

8.2.4.2 简化弹性棘轮评定方法

ASME Ⅷ-2 的三维棘轮边界(式(8-15a)～式(8-15c))和引入 $3S$ 准则的简化三维棘轮边界(式(8-17a)～式(8-17c))都由 3 个方程组成，用于棘轮评定时需要联立 3 个方程，且要根据 X 的值选择不同的方程进行分区评定。沈鋆、陆明万等[10]提出一种简化的弹性应力棘轮评定方法。该方法用一个偏保守的曲面方程(8-19a)来逼近 Bree 棘轮边界，将联立的棘轮评定方程减少至 2 个，且适用于 $0 \leqslant X \leqslant 1$ 的整个区间，不必再做分区评定。该简化弹性棘轮评定方法的准则为

$$Y = S_{Qmb}/S_y = 1.3 - 2.2X + 1/(X + 0.1) \tag{8-19a}$$

$$Z = S_{Qm}/S_y = 2.0(1 - X) \tag{8-19b}$$

如图 8-11 所示，该简化棘轮边界(红色曲面)紧邻 Bree 棘轮边界(蓝色曲面)且处于下方，既确保了保守性，又显著地改善了 $3S$ 准则(绿色平面)的过度保守性。

下面举两个例子来说明简化的弹性应力棘轮评定方法。

图 8-11 中的 M 点$(X, Y, Z)=(0.2, 2.5, 0.33)$满足红色面的限制，很明显也满足蓝

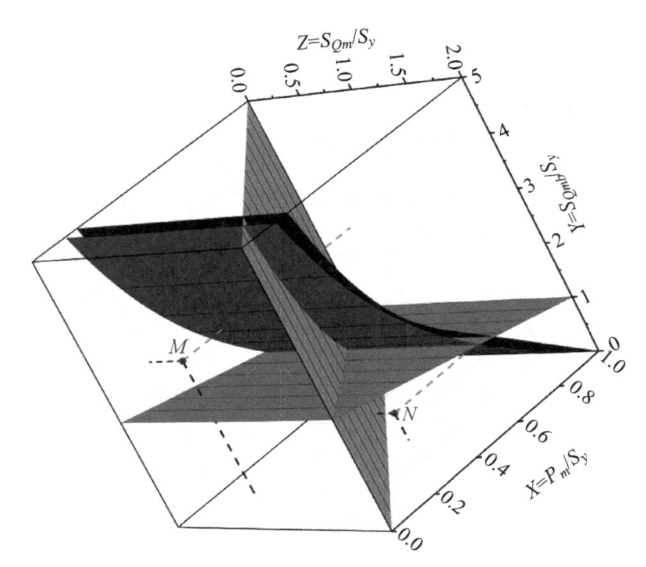

图 8-11　统一的简化棘轮边界和 Bree 棘轮边界、3S 准则平面的关系(见文前彩图)

色 Bree 棘轮边界和橙色平面的要求。因此，该点的应力状态可以通过弹性应力棘轮评定。由于该点高于绿色的 3S 平面，结构处于塑性安定状态，还需补充简化弹塑性分析中含疲劳损失系数 K_e 的疲劳分析。对于 N 点 $(X,Y,Z)=(0.5,0.5,1.2)$，虽然满足简化的棘轮边界和 3S 平面，但因其超过了热薄膜应力的许用极限，因而该点的应力状态是不安全的。M 点和 N 点在 X-Y 平面上的投影分别见图 8-12(a)和图 8-12(b)。

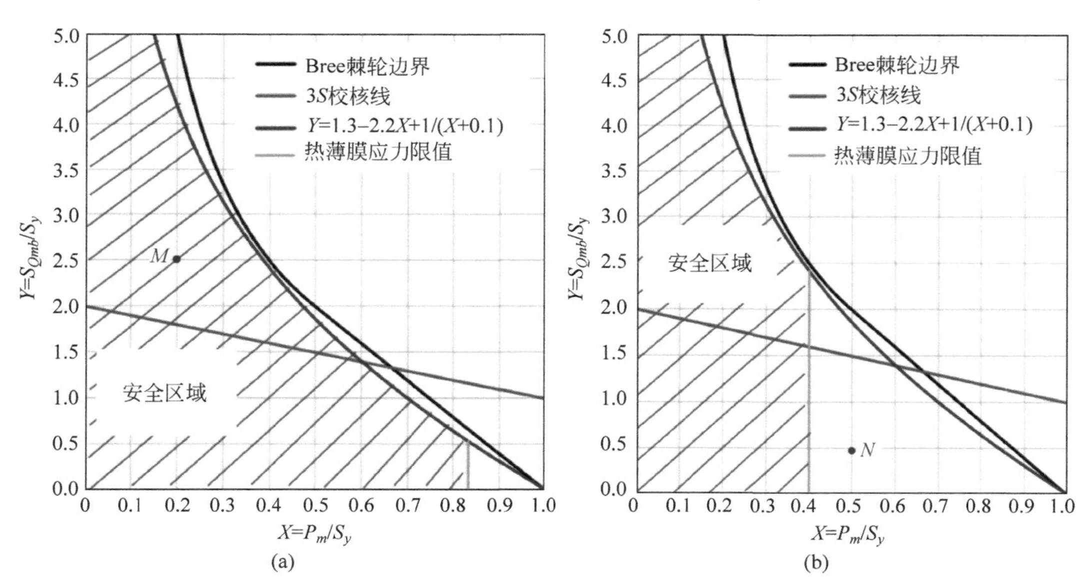

图 8-12　简化的弹性应力棘轮评定方法的举例(见文前彩图)

(a) $(X,Y,Z)=(0.2,2.5,0.33)$；(b) $(X,Y,Z)=(0.5,0.5,1.2)$

评定步骤只需要判断所关注的点(X, Y)是否满足简化的棘轮边界(红线)和热薄膜应力棘轮边界(橙线)的要求。当 $Z=0.33$ 时，如图 8-12(a)所示，所有处于阴影区域的点都是合格的。类似地，当 $Z=1.2$ 时，如图 8-12(b)所示，橙线以内的阴影区域都是合格的，而 N 点处于阴影区域以外，故该点不合格。这种校核方法比 3S 准则更简便，且因为考虑了热薄膜应力范围，因而也更全面。

通过弹性棘轮评定并不能保证不发生疲劳，还需要做疲劳评定。如果满足 3S 准则，结构处于总体弹性安定，可采用弹性疲劳分析对最大总应力进行评定。如果超过 3S 准则，结构进入塑性安定状态，交替塑性的损伤累积将会导致低周疲劳失效，此时，应采用简化的弹塑性疲劳分析方法。

ASME Ⅷ-2 中的“弹性棘轮分析”“简化的弹塑性分析”“热应力棘轮分析”可合并为如下统一的简化弹性棘轮评定方法：

(1) 为防止棘轮破坏，当同时承受恒定的一次总体或局部薄膜当量应力时，二次当量热应力范围的许用极限可按式(8-19a)和式(8-19b)确定。

(2) 如果一次加二次当量应力范围超过 S_{PS} 的限制，但除热应力之外的一次加二次当量应力小于 S_{PS}，则需按照简化弹塑性分析的要求进行疲劳分析。

和 ASME 热应力棘轮评定方法相比，简化弹性棘轮评定方法是一种简便而保守的工程设计方法，它是三维弹性棘轮分析向塑性安定区的推广，可用于一次加二次当量应力范围超过 3S 准则后的简化弹塑性分析。

8.3 安定和棘轮评定——弹塑性分析

8.3.1 安定准则

8.3.1.1 严格安定准则

ASME Ⅷ-2 规范在弹塑性分析棘轮评定中给出了三个判据，其中第一判据要求：在经过不少于 3 次的加-卸载循环后“部件中没有塑性效应(即没有发生塑性应变)”，简称零塑性应变判据。这里要求的是在若干初始循环后(而不是从第一个循环开始)没有塑性应变，所以该判据是一个弹性安定准则，而不是屈服准则。该判据要求整个部件中处处都没有后继的塑性应变，所以是一个严格安定准则。

已提出一些判断“没有发生塑性应变”的方法如下。

1) 应力偏量图法

Zeman 等[11]将循环载荷下弹塑性分析中校核点处的应力路径画在应力偏量图(参见 3.2.2.1 节)中，由此判断结构是否安定到弹性状态。

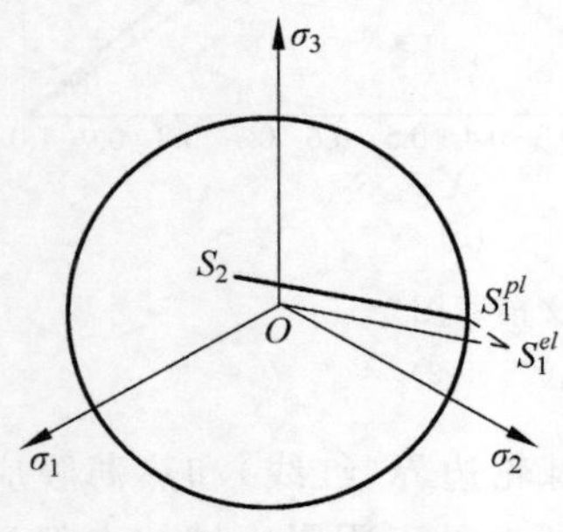

图 8-13　应力偏量图

图 8-13 是经过一个载荷循环后进入弹性安定状态的例子。在第一循环的前半周应力在偏量图中由原点 O 加载到 S_1^{el} 点，该名义弹性应力超出了屈服面(图中的圆周)，已进入塑性。用塑性本构关系求得真实的应力为屈服面上的 S_1^{pl}。真实的应力路径是：当加载路径到达屈服面时沿圆周向上滑移、中性变载到终点 S_1^{pl}。第一循环后半周是弹性卸载，路径沿平行于加载路径的直线向左上方到达 S_2 点。第二循环由 S_2 点向右加载到 S_1^{pl} 为止(因为长度 S_2-S_1^{pl} 等于 O-S_1^{el})，

卸载又回到 S_2 点,整个循环都是弹性行为。其后的后继循环都将按路径 S_2-S_1^{pl}-S_2 弹性往返,因而不再发生后继塑性变形,可判定结构进入弹性安定状态。

本方法的精度高,但需要跟随加载历史反复地加卸载,弹塑性分析的计算量较大,适用于超过弹性极限载荷不远、达到安定前的初始循环次数较少的情况。随着载荷增加,初始循环次数增多,计算工作量将显著增加。

Zeman 的专著[11]详细阐述了欧盟 EN-13445 标准的基本思想和实施方法,是采用 EN 标准从事压力容器设计的工程师们必读的指导性文件。

2) 材料模式判别法

在有限元弹塑性分析中,每个加载步都要根据屈服准则(参见 3.2.2.1 节)和加卸载准则(参见 3.2.2.4 节)判断考察点是否进入塑性状态。若是,则启用塑性材料模式进行塑性分析,计算塑性应变,否则进行弹性分析,塑性应变为零。如果从某一循环开始后继的所有循环都不再启用塑性材料模式,因而塑性应变增量为零,则结构进入弹性安定状态。

若在循环加载的初始几个循环中结构发生塑性变形,而在后继循环中达到连续 3 个循环都处于弹性状态(表现为塑性应变增量为零或有限元程序不调用塑性材料模式),则结构是弹性安定的。若经过 20 次循环还达不到此要求,则认为结构已丧失弹性安定。

注:这里的"20 次循环"是基于保守和经济综合考虑后人为设定的,若增加至 50 次或更多,得到的安定载荷将略微提高,但计算工作量显著增加。

本方法精度高,不必另行绘制应力偏量图,工作量较小。

3) 下限安定定理法

在循环载荷作用下结构内最大应力点处丧失弹性安定时的临界载荷称为安定载荷 P_S。如果施加于结构上的循环载荷不大于安定载荷,则结构是严格弹性安定的,可以将此作为弹性安定准则。

有许多基于上限或下限安定定理来确定安定载荷的方法。这里介绍一种基于 Melan 下限安定定理的计算方法[12],它无须跟随加载历史反复地加卸载,简单实用而偏保守。该方法是 3.4.2 节中求厚壁筒安定载荷的解析解法的思路在有限元数值分析中的推广。

Melan 定理认为:若能找到一个与时间无关的自平衡残余应力场,它与给定的循环载荷引起的弹性应力场叠加后处处都不违背屈服条件,则结构是弹性安定的。

应用 Melan 定理的关键是如何构造最接近安定载荷状态的残余应力场。已经提出许多构造残余应力场的方法。本方法的特点是利用极限载荷的卸载应力场来构造初始安定残余应力场。具体步骤如下:

步骤 1:对所设计的压力容器部件进行弹塑性有限元分析。采用理想弹塑性材料模型、小变形假设、米赛斯屈服准则和关联流动法则。采用单调加载方式将载荷逐步增加到极限载荷 P_L,相应的弹-塑性应力场记为 σ^{Lp}。

步骤 2:卸去极限载荷。卸载是弹性行为,可将上述弹塑性有限元分析中第一步得到的弹性解按比例放大到极限载荷 P_L,相应的弹性应力场记为 σ^{Le},加上负号表示卸载。

步骤 3:构造残余应力场。卸载后结构承受的载荷为零,所以相应的应力场($\sigma^{Lp}-\sigma^{Le}$)是一个与时间无关的自平衡应力场,可以用来构造残余应力场。将其乘以系数 m,使残余应力场的最大应力点达到反向屈服条件:

$$f[m(\sigma_{ij}^{Lp}-\sigma_{ij}^{Le}),\sigma_y]=0 \tag{8-20}$$

若 $m<1$,则极限载荷大于安定载荷。取 $\sigma^R=m(\sigma_{ij}^{Lp}-\sigma_{ij}^{Le})$ 为残余应力场,进入下一步。

若 $m>1$,则极限载荷小于安定载荷。以残余应力场 $(\sigma^{Lp}-\sigma^{Le})$ 为基础加上极限载荷后成 σ^{Lp},卸去极限载荷后又成 $(\sigma^{Lp}-\sigma^{Le})$,如此反复加、卸载均为弹性行为,所以极限载荷就是安定载荷,计算结束。

步骤 4:计算安定载荷。在上述残余应力场上施加一个弹性应力场 $n\sigma^{Le}$(相当于施加 n 倍的极限载荷 nP_L),调整系数 n 使最大应力点达到屈服条件:

$$f\{[n\sigma^{Le}+m(\sigma_{ij}^{Lp}-\sigma_{ij}^{Le})],\sigma_y\}=0 \tag{8-21}$$

于是以后用 nP_L 卸载和加载,应力将在正、负屈服极限间变化,始终是弹性的。根据 Melan 定理,安定载荷为

$$P_S=nP_L \tag{8-22}$$

步骤 5:虽然 $\sigma^R=m(\sigma_{ij}^{Lp}-\sigma_{ij}^{Le})$ 是一个合理的残余应力场,但不一定是最佳的残余应力场,式(8-22)给出的安定载荷是一个保守的下限解。为了提高精度,可以采用二分法反复迭代来逼近真实的安定载荷[13]。具体步骤如下:

(1) 单调加载阶段

将式(8-22)求得的安定载荷记为 P_S^0。按固定增量 $\Delta P_S=0.05P_S^0$ 逐步加载:

$$P_S^{i+1}=P_S^i+\Delta P_S \quad (i=0,1,2,3,\cdots)$$

将载荷 P_S^{i+1} 下的弹塑性应力场 σ_{ep}^{i+1} 和弹性应力场 σ_e^{i+1} 相减求得残余应力场:

$$\sigma_r^{i+1}=\sigma_{ep}^{i+1}-\sigma_e^{i+1} \tag{8-23}$$

判断残余应力场 σ_r^{i+1} 是否不超过屈服条件。若是,为安定情况,继续加载;若否,为不安定情况,进入下面二分搜索阶段。

(2) 二分搜索阶段

用二分法搜索真实安定载荷。将(1)的最后一步不安定载荷 P_S^{i+1} 设为搜索区的上界 $P_{sH}^1=P_S^{i+1}$,上一步载荷设为下界 $P_{sL}^1=P_S^i$,真实安定载荷位于两者之间。令计数器 $j=1$。

取 $P_S^j=(P_{sL}^j+P_{sH}^j)/2$。参考式(8-23)计算载荷 P_S^j 下的残余应力场。判断残余应力场 σ_r^j 是否不超过屈服条件。若否,将 P_S^j 设为新的上界 P_{sH}^{j+1},缩小搜索区,继续二分搜索。若是,则为新的安定载荷。再判断 P_S^j 和上个安定载荷 P_{sL}^j 之差是否已达到计算精度 ε。若否,将 P_S^j 设为新的下界 P_{sL}^{j+1},缩小搜索区,继续搜索;若是,则已找到安定载荷 $P_S=P_S^j$,计算结束。相应的计算流程见图 8-14。

本方法基于下限定理,偏保守,优点是计算量较小。

4) 双极限载荷法

塑性力学指出[14]:对理想弹塑性材料,安定载荷等于两倍弹性极限载荷和塑性极限载荷中的较小者:

$$\bar{P}_S=\min(2P_e,P_L) \tag{8-24}$$

其中,P_e 为弹性极限载荷,P_L 为塑性极限载荷。取 $\bar{P}_S$ 为许用安定载荷,则得到安定评定的双极限载荷准则:若结构的实际循环载荷范围小于塑性极限载荷和两倍弹性极限载荷中的较小者,则结构是安定的。

提出双极限载荷准则的依据是:由于卸载时反向的有利残余应力不能超过 $-\sigma_s$,所以

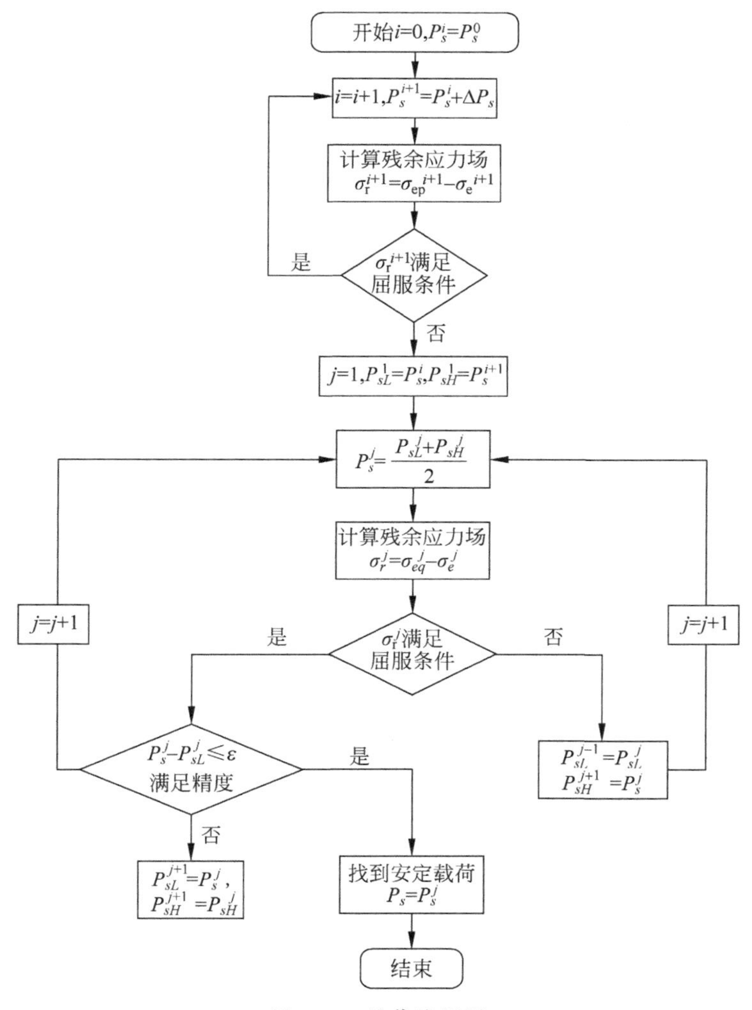

图 8-14 迭代流程图

安定载荷不能大于 $2P_e$，否则加载时的应力将超过 σ_s，后继循环是不安定的；另外，安定载荷不能大于 P_L，否则在第一个循环前半周的加载过程中就会发生垮塌，结构是不安定的。

此准则取决于弹性极限载荷和塑性极限载荷，故称为双极限载荷准则。这两个极限载荷只需通过一次性单调加载弹塑性有限元分析就可以确定，无需循环加载，所以双极限载荷法的计算效率相当高。

对于结构承受多种循环载荷联合作用(如热循环加压力波动)的情况，由于各载荷可以独立变化，各载荷的循环周期也不相同，加载过程中载荷间的相互比例关系将不断变化，综合各种可能的加载路径将形成一个载荷变化域。以两种载荷 P_1 和 P_2 为例，在载荷平面上可以画出最贴近载荷变化域的凸多边形包络，如图 8-15 所示。

对于多维的载荷变化域，无法确切定义单一的“弹性极限载荷”或“塑性极限载荷”，所以式(8-24)仅适用于结构承受单一循环载荷的情况。对于多种循环载荷联合作用的情况，需要用如下科尼希(König JA)第二定理[15]来处理。

科尼希第二定理：若沿载荷变化域 Ω 之凸多边形的所有角点方向(如图 8-15 中的

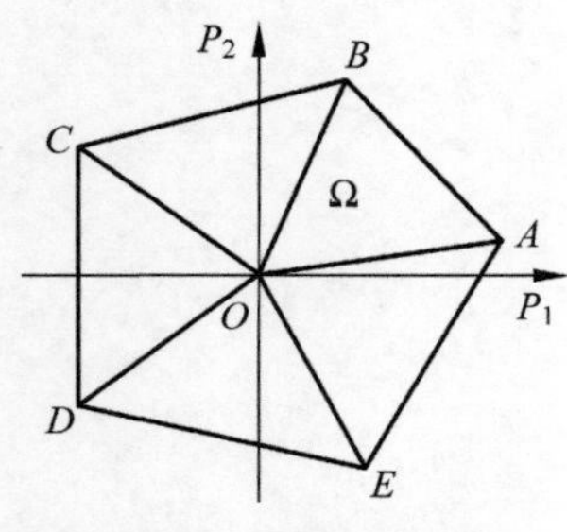

图 8-15 载荷变化域

O-A-O-B-O-C-O-D-O-E-O)施加循环载荷，结构是安定的，则载荷变化域内的任何循环加载路径都是安定的。

该定理指定的路径由从原点出发、指向角点的各条射线 O-A、O-B、O-C、O-D 和 O-E 组成，每条射线都对应于由单一载荷参数控制的比例加载，所以可以应用式(8-24)进行安定评定。应用时要连续地走完 O-A-O-B-O-C-O-D-O-E-O 全程，并在走到每个角点 A、B、C、D 和 E 时进行安定评定，若所有角点处都是安定的，则结构是安定的。需要指出的是，不能独立地对射线 O-A、O-B、O-C、O-D 和 O-E 进行安定评定，这样会遗漏沿前一条射线加卸载后得到的残余应力场对下一条射线的安定载荷的影响。

8.3.1.2 总体安定准则

1) R5 总体安定准则

弹性应力分析中的总体安定准则是 3S 准则。在总体安定状态下反映结构总体特性的载荷-变形行为是弹性的，但在峰值应力区内允许出现局部的交替塑性应变。与此对应，在弹塑性分析中可以通过控制交替塑性区（峰值应力区）的大小来保证结构处于总体安定状态。

EDF 核能发电有限公司在英国出版了由 R5 专家咨询组编制的“结构高温响应评定规程”，简称“R5 评定规程”[16]。其中，在 2/3 卷“无缺陷结构的蠕变-疲劳裂纹萌生过程”的 6.6.1 节中提出了如下总体安定的简单测试方法，可作为弹塑性分析中替代 3S 准则的总体安定准则。

将结构内、外表面附近交替塑性区沿厚度（或应力分类线）方向的深度分别记为 $(r_p)_i$ 和 $(r_p)_o$，规程给出的总体安定准则要求：交替塑性区的总尺寸小于截面厚度 w 的 20%：

$$(r_p)_i + (r_p)_o \leqslant 0.2w \tag{8-25}$$

基于弹性应力分析的结果规程定义：当量弹性应力 $\bar{\sigma}_{el}(x,t)$ 大于修正屈服极限 $K_s S_y$ 的区域为交替塑性区。其中的修正系数 K_s 由试验测定，与材料种类和操作温度有关。规程给出了两种材料的 K_s 随温度的变化曲线。

在弹塑性有限元分析中，可以根据屈服条件准确判断哪里的材料进入了塑性。在循环的前半周和后半周都进入塑性的地方即为交替塑性区。确定交替塑性区的边界，计算其沿厚度（应力分类线）方向的深度，然后代入准则(8-25)就能进行总体安定评定。

目前不少有限元分析软件具有自动确定弹-塑性区交界面，并给出图形显示的功能。稍加改进就能用于总体安定评定。

2) 欧盟 EN 总体安定准则

欧盟 EN13445-3 标准在附录 B 中给出了棘轮（渐增塑性变形 PD）评定的 4 个应用准则，其中“应用准则 2：安定（SD）”要求：“若在所考虑的作用循环下，等效的无应力集中模型能够安定到线弹性状态，则原则得到满足”。其中要求“等效的无应力集中模型安定到线弹性状态”表明它是一个基于一次加二次应力的总体安定准则。专著[11]对如何建立“无应力集中模型”做了说明，和式(8-25)类似，总影响范围小于截面 20%的局部结构干扰源在建立等效的无应力集中模型时可以忽略。

8.3.2 棘轮准则

早期的棘轮评定都采用弹性应力分析方法，即采用 3S 准则和热应力棘轮准则（见 8.2.2 节）。欧盟 EN13445-3 标准于 2002 年对压力容器的渐增性塑性变形（即棘轮）校核提出了新的方法，见 8.3.1.3 节。2007 年 ASME Ⅷ-2 规范引入基于弹塑性有限元分析的方法，为棘轮失效提供了另一种较实用的弹塑性评定方法。在 8.3.2.3 节中提出一种累积损伤棘轮准则。

8.3.2.1 ASME 规范

ASME 规范棘轮评定的原则可简述为：在循环载荷下不允许发生渐增性塑性变形。如何在结构设计中应用该原则，规范给出了若干判据。近 40 年来，基于弹-塑性有限元分析的棘轮评定准则一直是研究热点。最初 ASME 规范（包括Ⅲ、Ⅷ-2 和Ⅷ-3）只是给出了一些笼统的指导意见，如"经过几个循环后，棘轮终止了"，至于如何判断棘轮是终止了还是在继续发展，没有更详细的说明。直至 2007 年，ASME Ⅷ-2 规范给出了较详细的指导，提出三个实用判据。

规范要求建立弹塑性分析数值模型。采用弹性-理想塑性材料模式、Mises 屈服函数和关联流动法则。分析中应考虑非线性几何效应。在经过不少于 3 次的加-卸载循环后，如能满足下列三个条件之一，则棘轮准则被满足：

（1）部件中没有塑性行为（即不发生塑性应变），简称零塑性应变判据。

（2）在部件承受一次载荷的边界中存在一个弹性核，简称弹性核判据。

（3）部件的总体尺寸没有永久性的变化，简称无总体永久变形判据。

第一个判据要求部件处于严格安定状态，已经在 8.3.1.1 节中详细讨论。下面对另两个判据做较详细的分析和讨论。

弹性核判据：在部件承受一次载荷的边界中存在一个弹性核。

这里"承受一次载荷的边界"是指从过程装备意义上定义的压力容器的壁面，而不是指从元件意义上定义的承受压力的容器表面。壁面有一定厚度。弹性核是指在整个循环加载历史中，壁面厚度中始终保持弹性的那部分材料。如果沿承受一次载荷的边界处处都存在弹性核，该弹性部分在每个循环结束后必然恢复到原始状态，部件就不可能产生永久性的递增塑性变形累积，因而不会发生棘轮。

弹性核的概念是由 O'Donnell 和 Porowski[17] 在研究蠕变棘轮引起的累积应变问题时提出的。Kalnins[18] 提议把弹性核作为在循环载荷下结构是否发生棘轮的判据。此判据直观形象，是工程师容易理解和应用的方法。

Kalnins 认为只需在单个循环后存在弹性核就能判定没有发生棘轮。Yamamoto[19] 经过算例验证后指出：在第一个循环中存在的弹性核可能在第二个或更多个循环后消失，所以 ASME 规范要求在加卸载 3 个（或更多）循环后再应用弹性核判据。

在弹塑性有限元分析中应用弹性核判据时可以在经过 3 次（或更多）循环后利用有限元软件后处理器绘制塑性应变云图或沿壁厚绘制塑性应变分布图，如果在沿厚度方向的任意截面上都存在塑性应变为零的弹性区，则可判定满足棘轮准则。根据塑性应变云图还可以直接判断出结构是处于全弹性状态（塑性应变时时处处为零）、弹性安定状态（除初始几个循环外塑性应变处处为零）、塑性安定状态（逐个循环都发生塑性变形，但存在弹性核）或是已进入棘轮状态(弹性核消失)。

某截面上弹性核消失并不一定发生棘轮,所以弹性核判据是保守的。Reinhardt[20]曾给出一个反例,见图8-16。端部带有支杆的悬臂梁,梁端受非对称(平均值不为零)的循环集中力P。由于支杆的轴向刚度大于悬臂梁的弯曲刚度,支杆在屈服前是承载的主要构件。随着循环载荷P加大,支杆截面屈服,弹性核消失。虽然支杆已经屈服,但悬臂梁还处于弹性状态,所以整个梁-杆系统仍然保持弹性安定,棘轮不会发生。仅当载荷增加到梁的根部形成塑性铰,梁-杆系统变为可动机构时,才会发生棘轮。

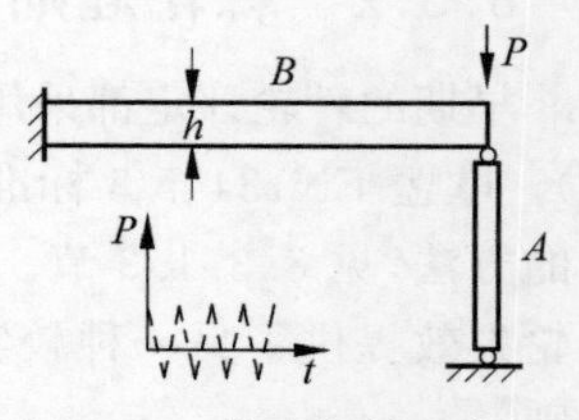

图 8-16 带支杆的悬臂梁

在第6章中讲到,结构在机械载荷作用下发生塑性垮塌的前提条件是形成几何可变的垮塌机构。棘轮是增量垮塌,和一次加载下的塑性垮塌失效一样都是由过量的总体塑性变形导致的,区别仅在于增量垮塌的过量塑性变形是通过一次次的循环加载逐步累积的。结构发生棘轮失效的前提同样需要变成一个几何可变的棘轮机构。基于这一思想,提出如下新判据:

棘轮机构判据:在循环载荷作用下结构形成棘轮机构。

棘轮机构和垮塌机构一样是一种几何可变的机构,区别仅在于垮塌机构是在单调加载下一次形成的,而棘轮机构需要在循环载荷下由加、卸载两个半周的塑性变形来共同实现。参考5.2.1节关于垮塌机构的论述。对于拉压型棘轮机构,如图8-16中的支杆,弹性核消失表现为整个截面同时进入塑性。对于弯曲型棘轮机构,如在图8-16中悬臂梁的根部,截面先在中性面附近形成弹性核,当弹性核消失时截面才变成几何可变的塑性铰。

对于静不定结构,只有在多个截面处消失弹性核才能构成棘轮机构。需要多少个截面?截面位置在哪里?哪种类型的弹性核?这些问题与结构的静不定度、几何形状等特性有关,一般来说棘轮结构和垮塌结构的几何形状是一致的。

无总体永久变形判据:部件的总体尺寸没有永久性的变化。

如果结构在逐个循环中持续产生的递增塑性变形(不包括弹性变形和初始几个循环中出现的塑性变形)为零,则部件的总体形状和尺寸不会出现递增的永久性改变,也就不会发生棘轮。所以,是否发生总体永久变形可以作为棘轮的重要判据。

和其他两个判据相比,以总体变形来评定棘轮失效显得更为直接。总体永久变形可以用位移的永久改变来衡量。应用中遇到的主要问题是如何判定“无”总体永久变形。

采用弹塑性有限元分析,对关键点计算相邻循环的位移增量$\Delta w_n = w_n - w_{n-1}$,下标$n$为循环次数,绘制位移增量随循环次数变化的$\Delta w_n$-$n$曲线。棘轮变形的特点是每个循环的位移增量相同,即$\Delta w_n$-$n$曲线趋于水平。在稳定的水平段连续取4～6个循环,计算各Δw_n的平均值,得到棘轮变形。若该平均值为零,则没有棘轮变形。一般需要计算10～20个循环,若还未进入水平段,再追加更多的循环。

日本压力容器研究会(JPVRC)提出如下交替棘轮准则[19]:每个循环终点的当量塑性应变增量应具有减小的趋势,且减至小于许用极限10^{-4}。Okamoto[21]将10^{-4}称为安定极限。

此准则用当量塑性应变增量而非位移增量来评定棘轮变形。其中的安定极限10^{-4}是基于10个循环的弹塑性计算结果和工程经验判断确定的。此外,为了排除交替塑性变形,应取每个循环平均点(而非峰值或谷值)的当量塑性应变增量。

各国文献中的许多算例表明,棘轮变形(位移增量)随载荷是线性增长的。例如,图 8-17 是 Yamamoto[19] 对承受恒定内压和沿厚度线性分布交变热应力的圆柱壳的计算结果,图中的左侧纵坐标为径向位移增量,对应于○点,右侧纵坐标为当量塑性应变增量,对应于△点。可以看到,利用各载荷下位移增量点的连线(图中右侧的斜线)与横坐标的交点可以确定安定极限载荷,即不发生棘轮变形的载荷。

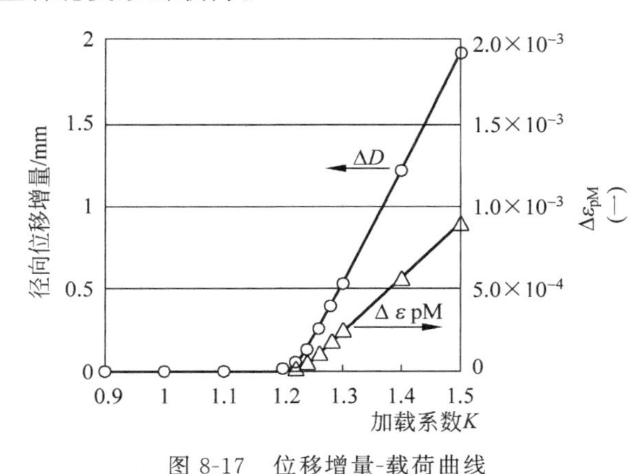

图 8-17　位移增量-载荷曲线

8.3.2.2　两类棘轮准则

在防止疲劳失效的评定中有两类准则。一类是将结构严格控制在弹性安定状态下、不允许结构进入低周疲劳状态的"(弹性)安定准则",即限制一次加二次应力范围的 3S 准则;另一类是允许结构进入低周疲劳状态但防止它发生疲劳断裂的"疲劳准则",即基于 S-N 曲线和累积损伤理论的有限寿命疲劳设计准则。

与此对应,在防止棘轮失效的评定中也有两类准则。一类是基于棘轮边界的准则,将结构严格控制在塑性安定状态(上棘轮边界④)或弹性安定状态(下棘轮边界③)下、不允许结构进入棘轮状态。严格地说这是"弹-塑性安定准则"而非"棘轮准则";另一类是基于棘轮变形的准则,允许结构进入棘轮状态但防止它发生增量垮塌。这可称为"棘轮准则"。

ASME 规范为弹性应力分析和弹塑性分析制定的"棘轮准则"都是基于棘轮边界的准则。目前已经提出了若干基于棘轮变形的棘轮准则。

(1) 棘轮总应变准则

欧盟 EN-13445 标准在附录 B 的"渐增塑性变形(PD)"节中要求满足:"应用准则 1:若能表明在施加了所考虑载荷工况规定的循环次数后,主结构应变的最大绝对值小于 5%,则原则得到满足。若没有规定循环次数,则应假设一个合理的次数,至少是 500 次"。

棘轮应变是整个截面的行为。塑性力学认为,板壳结构在塑性变形中垂直于厚度的截面仍然保持平面,在拉压型棘轮机构中棘轮应变导致截面平移,在弯曲型棘轮机构中导致截面转动,所以棘轮应变只与结构应变有关,与局部的应力/应变集中无关。为此 EN 标准在附注中指出,可以用仅在局部应力/应变集中上有偏离的任何模型中的总应变来代替结构应变。

EN 标准定义结构应变为:在结构的无应力集中模型中的应变,即在除了仅引起局部应力/应变集中的局部细节外考虑了结构真实几何形状的理想化模型中确定的应变。按此定义需要专门建立一个无应力集中的理想化模型来计算结构应变。孙禹、段成红、陆明万[22]

提出计算结构应变的应变线性化方法，建议采用类似于应力线性化的方法将应变等效线性化，从而得到结构应变（即无应力集中模型中的应变），无须另外对理想化计算模型进行有限元分析，是一种简单实用的计算方案。

为了排除对应于疲劳的交替塑性应变，棘轮评定时结构中的主结构应变应取为每个循环中点处的值，或取峰值和谷值的平均值。

应用准则1是一种控制许用棘轮总应变的准则，安全有效，但工作量很大，要求跟随设备服役期内的全部加载历史（至少500次循环）进行弹塑性有限元分析。能否和如何减少计算的循环次数是迫切需要解决的问题。

（2）棘轮应变准则

上节中JPVRC建议的交替棘轮准则是一种控制棘轮应变（在棘轮进入稳定阶段后每个循环的塑性应变增量）的棘轮评定准则。

与EN-13445标准控制许用总棘轮应变大小不同，棘轮应变准则中的最终总棘轮应变将随循环次数的增加而不断增加，所以应严格控制许用的棘轮应变极限值。

8.3.2.3 累积损伤棘轮准则

基于累积损伤理论的疲劳评定方法可用于多种循环载荷联合作用的情况。但由于缺少像绘制疲劳设计 S-N 曲线那样的大量棘轮试验数据，如何确定棘轮失效的许用寿命成为一个难题。我们在此提出一种确定棘轮失效许用寿命的方法，并和累积损伤理论相结合提出一种新的棘轮评定准则，可用于设备承受多种循环载荷的情况。具体评定过程如下：

（1）首先规定一个许用的当量棘轮总应变极限 $[\varepsilon_R]=7\%$。7%的值来自欧盟EN—13445标准，但与EN标准有如下两点不同：一是将控制参数由“主结构应变绝对值”改为“当量棘轮总应变”。棘轮应变和结构应变都只有薄膜和弯曲分量，不考虑峰值应变。主结构应变有3个，计算时要选最大值并取绝对值，而当量应变（它是塑性力学中最常用的量）计算简单且是恒正的。此外，棘轮应变是塑性应变，而结构应变中还包含少量弹性应变。二是将许用值由5%放大到7%。在EN标准中塑性垮塌失效（总体塑性变形GPD）的许用极限是:正常运行载荷工况取5%，试验载荷工况取7%。此外棘轮失效（渐增塑性变形PD）的许用值也取为5%。众所周知，棘轮失效是逐个循环递增的可控失效，其危险性明显小于不可控的塑性垮塌失效，所以许用极限可以适当放松到7%。压力容器的常用钢材都具有优良的延性，其延伸率通常超过7%的3倍以上，所以取7%是足够安全的。EN标准将试验载荷工况下防止不可控的塑性垮塌失效的许用极限取为7%也证明了它的安全性。

为了排除循环载荷引起的疲劳（循环塑性）应变和峰值应变，本方法将循环载荷的平均值作为每个循环的起点和终点，计算终点相对于起点的当量棘轮变形。

（2）对第 k 种循环载荷进行弹塑性有限元分析。绘制当量棘轮应变 $\Delta\varepsilon_{R,k}$ 随循环次数的变化曲线。初始几周是 $\Delta\varepsilon_{R,k}$ 迅速衰减的不稳定阶段，其循环次数记为 $n_{0,k}$，累积的棘轮应变记为 $\varepsilon_{0,k}$。然后，曲线进入水平的稳定段。再计算4个稳定循环，取这些循环的当量棘轮应变的平均值记为 $\Delta\bar{\varepsilon}_{R,k}$，于是，达到许用当量棘轮总应变极限 $[\varepsilon_R]$ 的循环次数为

$$N_k=([\varepsilon_R]-\varepsilon_{0,k})/\Delta\bar{\varepsilon}_{R,k}+n_{0,k} \tag{8-26}$$

其中，N_k 为第 k 种循环载荷下结构的许用寿命。若在设备服役期内该载荷的实际循环次数为 n_k，则该载荷引起的棘轮损伤为 n_k/N_k。

（3）对 $k=1,2,\cdots n$ 种循环载荷（n 为结构承受的循环载荷总数）逐个进行弹塑性有限元分析，并按步骤(2)计算棘轮损伤。根据线性损伤累积理论，若总棘轮损伤

$$\sum_k n_k/N_k \leqslant 1 \tag{8-27}$$

则棘轮评定通过。

略去上述详细计算步骤，累积损伤棘轮准则可简述为：若在各种循环载荷联合作用下结构的累积棘轮损伤 $\sum_{k} n_k / N_k$ 小于 1，则棘轮评定通过。

本准则成立的前提假设是：经过初始几个循环后棘轮变形的增量是稳定的。Bree 的解析解(见 3.5 节)与许多试验和计算结果都验证了这一假设。

线性损伤累积理论适用于多种载荷工况分别独立地、先后施加的情况。但对于逐个循环轮流交替施加不同循环载荷的组合工况，前一个循环的残余应力场会影响后一个循环引起的损伤程度，此类相邻循环的相互影响将导致线性损伤累积理论的误差增大，采用我们提出的载荷单元评定法可以有效地解决这一问题。以两种载荷工况 A 和 B 交替加载(ABAB…)为例，应先把 A 和 B 组合成一个载荷单元 AB，计算它引起的棘轮应变，将整个载荷单元作为一种新的工况，逐个地反复加载，并进行棘轮评定。这样相邻工况的相互影响就能反映在载荷单元的计算中，从而得到可靠的评定结果。

8.3.3 弹-塑性分析实例

大部分复杂结构是无法应用现有的解析解来确定安定载荷组合的。本例采用 ANSYS Workbench 软件，对一个典型结构进行弹-塑性有限元分析来说明如何确定复杂结构的安定载荷组合，也展示了如何利用有限次循环的弹-塑性循环分析来证明弹性核的存在[23]。

8.3.3.1 几何尺寸

带平盖封头的厚壁圆柱壳是压力容器的典型结构，其几何尺寸如图 8-18 所示。

8.3.3.2 模型和分析方法

本例采用实体的 1/4 建模，热分析用 Solid90 单元，结构分析用 Solid186 单元。图 8-19 为弹-塑性分析的有限元网格模型。采用弹性-理想塑性材料模型、von Mises 屈服条件和关联流动法则，屈服强度为 215MPa。为获得温度分布和应力分布的结果，还用到了碳钢的其他典型性能，如热传导系数和比热等。

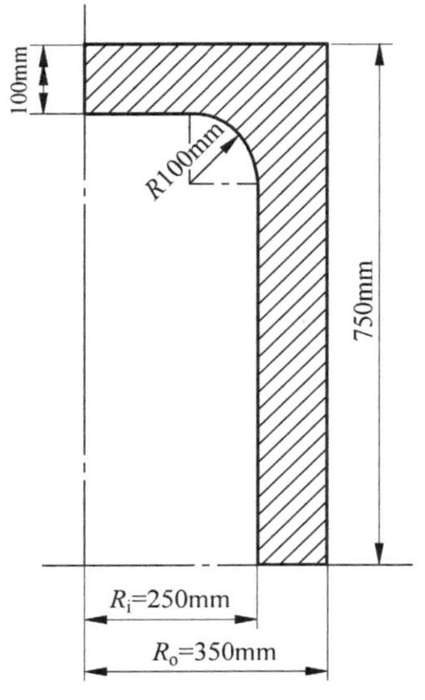

图 8-18 圆柱壳和平盖封头的几何尺寸

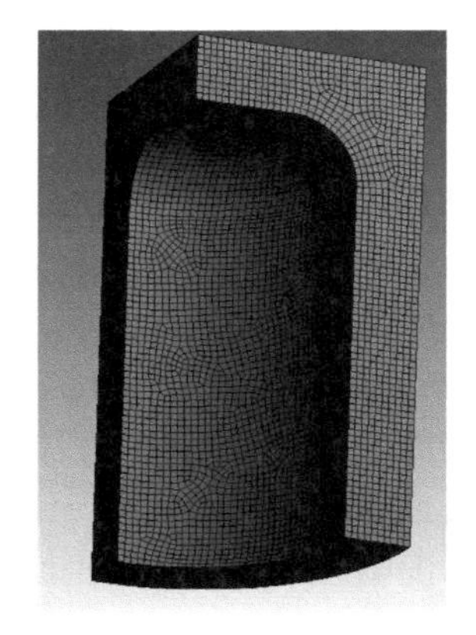

图 8-19 有限元网格模型

对于承受恒定内压和循环弯曲热应力的结构，Bree 单轴模型对其物理响应给出了完善的分析。在有限元弹-塑性分析中，单轴模型可用于建立载荷组合，这些载荷组合可以使远离连接处的圆柱截面上产生安定或棘轮。此分析包括 A、B、C 三种载荷组合工况，它们分别位于图 8-20 上的安定区(S)、棘轮区(R)和交替塑性循环区(P)。

调整三种工况的压力和温度使其产生的应力组合 σ_p 和 σ_t 正好处于图 8-20 所示的位置。σ_p 和 σ_t 的值由模型底部截面的弹性应力进行线性化获得，它们满足如下要求：

工况 A：恒定内压 $\sigma_p = 0.5\sigma_s$ 和循环热应力 $\sigma_t = 1.2\sigma_s$（安定 S_1 区）。

工况 B：恒定内压 $\sigma_p = 0.6\sigma_s$ 和循环热应力 $\sigma_t = 2.0\sigma_s$（塑性棘轮 R_1 区）。

工况 C：恒定内压 $\sigma_p = 0.12\sigma_s$ 和循环热应力 $\sigma_t = 2.4\sigma_s$（受控塑性循环 P 区）。

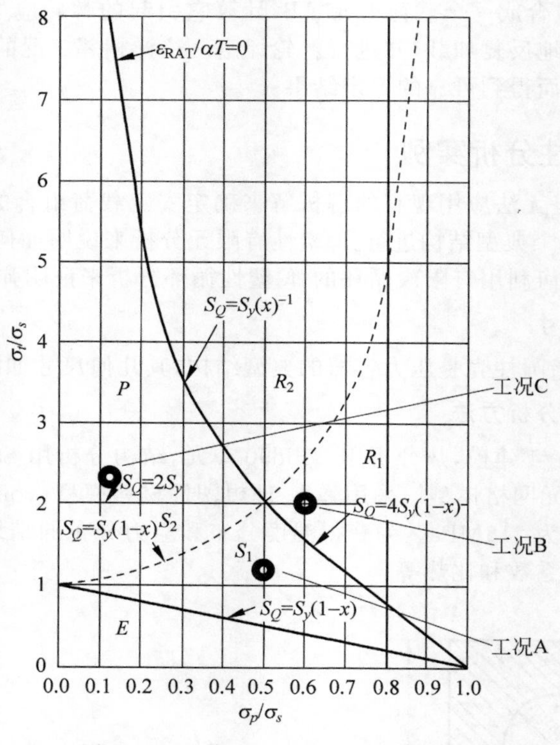

图 8-20　三种工况在 Bree 图中的位置

8.3.3.3　边界条件

给定对称位移边界条件如图 8-21 所示。底部节点的轴向位移为零，但径向可以自由移动。对称面上施加对称约束。在容器的内表面施加均匀内压 p（不同工况下 p 值不同），内压引起环向应力 σ_p。

热应力 σ_t 由温度瞬态变化产生，如图 8-22 所示。首先，对模型的内外表面加热，持续提高内外表面的温度。保载一段时间后，温度沿壁厚渐渐接近均匀分布，然后再开始卸载。卸载初外表面保持常量，内表面瞬时卸载到环境温度 22℃。接下来外表面逐渐冷却至 22℃。以工况 A 为例，按照图 8-22 的曲线分析了四个循环过程。该模型模拟了高温状态下内壁迅速冷却的瞬态卸载过程。初始慢速加热过程模拟了控制较好的开车工况，产生的热应力可以忽略。在外表面良好保温情况下紧急停车，内表面快速冷却，引起沿壁厚的温度梯

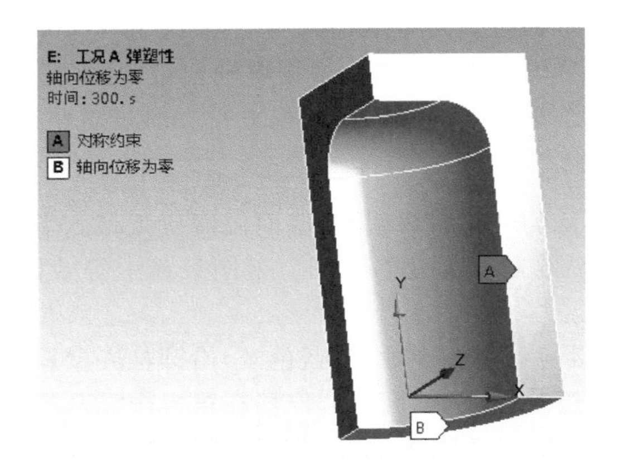

图 8-21　位移边界条件

度，最大热应力产生在冷却的峰值点，此时温度沿壁厚的分布如图 8-23 所示。内壁为环境温度，外壁为最高操作温度，沿壁厚形成明显的温度梯度。对于厚壁圆柱形容器，温度和内压产生的应力沿壁厚呈非线性分布。

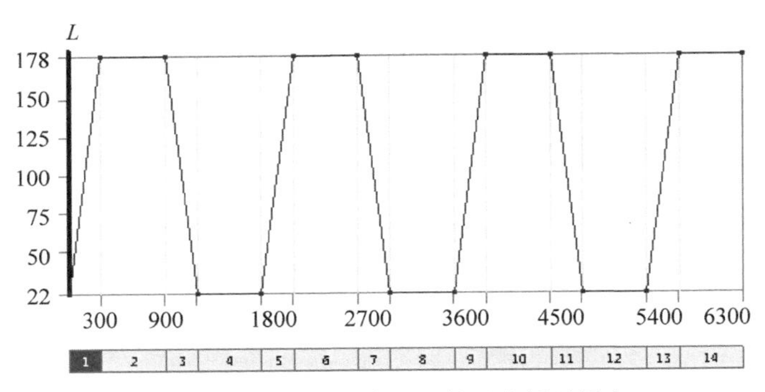

图 8-22　工况 A 内表面上的温度循环历史

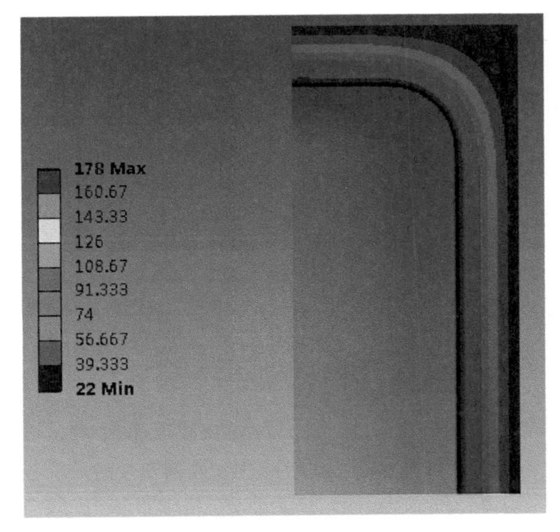

图 8-23　工况 A 沿壁厚的温度分布(见文前彩图)

为了证实结构已处于准稳态弹-塑性循环响应，计算中将重复三个全相同的热循环。按工况 A、B 和 C 的加载条件分别进行计算。根据单轴模型预测，在底部截面处工况 A 为弹性安定状态，工况 B 为递增塑性(棘轮)状态，工况 C 为塑性安定状态。

8.3.3.4 分析结果

循环时间以壁面温度均匀分布时为起点，壁面温度接近最大温度梯度时为终点。在第三个循环结束(第 4800s)后绘制了应变的云图。云图只显示等效塑性应变为零的区域，即弹性核。

图 8-24 是工况 A 的计算结果。弹性核(蓝色区)沿圆柱壳壁厚和平盖的中心层是连续的。由最大位移随时间的变化曲线可以看出，位移在第二个循环后变得稳定。所分析的受压壳体(包括圆柱壳体和平盖)处于安定状态，壳体内任何横截面都没有产生棘轮。

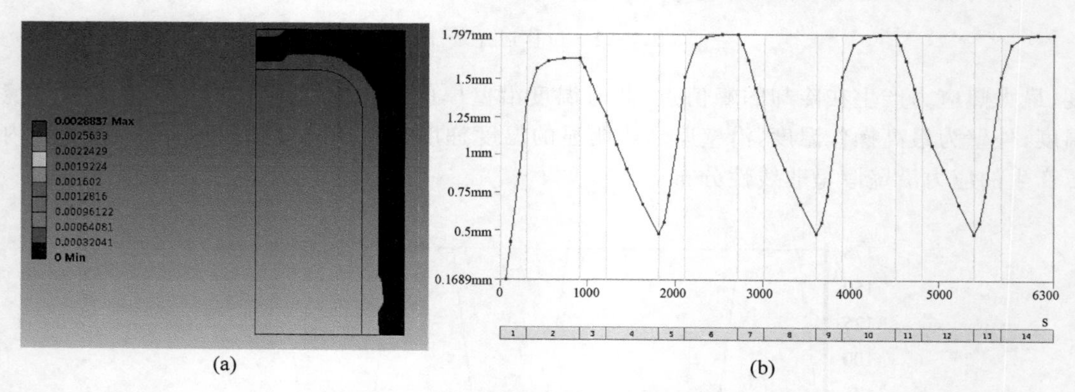

图 8-24 工况 A 的计算结果(见文前彩图)

(a) 弹性核示意图；(b) 最大位移示意图

图 8-25 是工况 B 的计算结果。无论圆柱壳或平盖弹性核都已经消失，产生了棘轮。无塑性应变的弹性核像一个小岛一样存在于圆柱壳和平盖相连的拐角处。位移随着加载循环持续增加，产生了棘轮。其他关键部位的位移也与此类似，整个壳体和平盖都产生了棘轮。

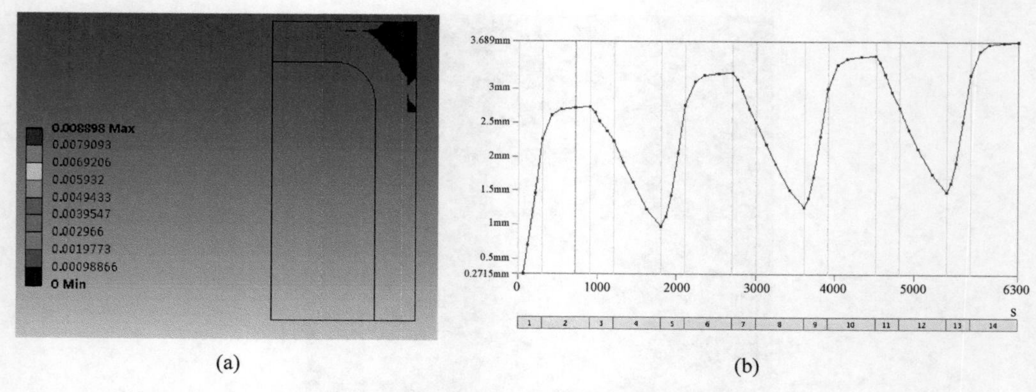

图 8-25 工况 B 的计算结果(见文前彩图)

(a) 弹性核示意图；(b) 最大位移示意图

图 8-26 是工况 C 的计算结果。每个循环在内、外表面都产生了交替塑性应变，而在中性面附近仍存在弹性核，这是没有棘轮的塑性安定(低周疲劳)状态，又称受控塑性循环状

态。可以看到，最大位移在第二个循环后变得稳定，又证实了没有产生棘轮。弹性核在中性面附近的连续分布可以防止圆柱壳在应力重分布过程中产生过量变形。但对于平盖，如果弹性核厚度和平盖厚度之比过小，可能导致过量弯曲变形，使平盖的中心挠度超过设计极限。

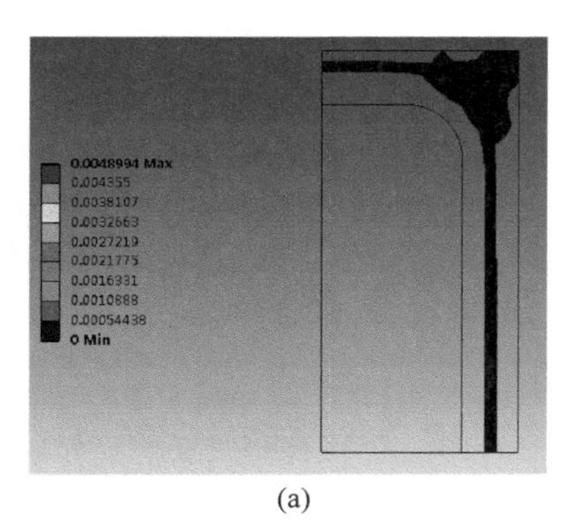

(a)

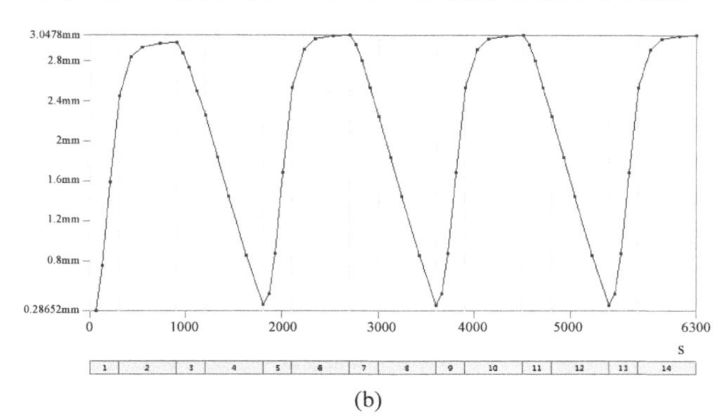

(b)

图 8-26 工况 C 的计算结果(见文前彩图)

(a) 弹性核示意图；(b) 最大位移示意图

本例通过三种工况的计算和分析表明，基于弹性核判据的分析结果与“热应力棘轮”评定的结果是一致的。

8.3.3.5 讨论

弹性应力分析中基于 Bree 图的“热应力棘轮”评定准则可以精确地预测棘轮的开始。在进行循环载荷下复杂结构的弹-塑性分析之前，可以用它来建立部件的初始几何尺寸。

ASME Ⅷ-2 给出的三个弹塑性分析棘轮评定判据之间既有区别，又有联系。零塑性应变判据是弹性核判据的一个特例，即整个结构是一个“大的”弹性核。总体永久变形判据和弹性核判据在评定棘轮时是一致的。当弹性核判据评定为安定时，总体变形会很快趋于稳定；当弹性核判据评定为棘轮时，总体变形会持续增大。

零塑性应变判据较为保守，仅限于弹性安定状态，另两个判据允许进入塑性安定状态。根据总体永久变形不容易判定结构处于弹性安定状态还是塑性安定状态，弹性核判据较为直观，容易实施。

多数情况下，采用弹性-理想塑性材料模型的弹-塑性分析一般通过 3～10 个循环就可以趋于稳定，可以判断是否出现永久性的总体塑性变形和确定弹性核是否存在及其分布区域，但也有一些情况需要经历更多的循环次数才能趋于稳定。一般来说，超出棘轮边界越远，达到稳定需要的循环次数越多，设计人员需要自己根据试算结果来做出判断。

8.4 直接法

ASME 规范中给出弹性棘轮分析、热应力棘轮评定和弹塑性棘轮评定三种方法，前两种基于弹性分析，第三种基于弹-塑性分析，可以采用通用有限元软件中的逐步(step-by-step)非线性分析来实施。而逐步非线性分析一般只能判断在给定的循环加载条件下结构处于何种响应，或者说只能完成安定和棘轮的校核而非设计和优化。如果要获得该结构的安定和棘轮边界,则需要进行大量的反复试算,极其耗时。

Chen H F(陈浩峰)和 Ponter 在缩减模量法[24]和弹性补偿法[25]的基础上首次提出了线性匹配法(LMM)[26]。作为一种实用、有效的数值计算方法,适用于任意几何结构、任意热-机载荷组合情况,可高效准确地计算安定棘轮边界,在工程实际中已有良好的应用。陈浩峰领导的 LMM 团队进一步建立了包含一系列直接法的线性匹配法框架,并开发了一个有图形交互界面(GUI)的软件工具,即 LMM 插件。该软件工具涵盖的主要功能有:热力分析、线弹性分析、弹性安定分析、蠕变断裂分析、塑性安定/棘轮分析、直接稳态分析/疲劳分析,以及蠕变疲劳分析。本节主要对线性匹配法的基本原理进行介绍,并以带接管的筒体为例,对其在循环热载荷和恒定机械载荷下的安定和棘轮边界进行分析计算。

8.4.1 基于线性匹配法的安定与棘轮分析

线性匹配法(LMM)是一种求解非线性材料结构响应的快速直接算法,该方法采用一系列修正弹性模量的线弹性分析来模拟结构的塑性力学行为。LMM 程序计算交替塑性、安定极限和棘轮极限的适用性和有效性已经通过 ABAQUS 的逐步非弹性分析得到了验证。下面简要介绍 LMM 进行安定与棘轮分析的数值格式。

8.4.1.1 交替塑性问题

对于一个体积为 V、表面为 S 的结构体,假设在体积 V 内承受变化的热载荷 $\lambda_\theta \theta^V(x, t)$,在部分表面 S_p 上承受变化的机械载荷 $\lambda_p P(x, t)$,在其他表面 S_u 上满足零位移边界条件,且热载荷和机械载荷的变化具有相同的周期 T。对于一个周期内的时间历程 $0 \leqslant t \leqslant t_0$,结构体的线弹性应力解可表示为

$$\hat{\sigma}_{ij}(x,t) = \lambda_p \hat{\sigma}_{ij}^P(x,t) + \lambda_\theta \hat{\sigma}_{ij}^\theta(x,t) \tag{8-28}$$

其中,$\hat{\sigma}_{ij}^P(x,t)$ 和 $\hat{\sigma}_{ij}^\theta(x,t)$ 分别为单独机械载荷 $P(x, t)$ 与单独热载荷 $\theta(x, t)$ 所对应的线弹性应力解。假设结构材料满足 Drucker 条件,则结构体在循环载荷下的应力、应变率逐渐趋于稳定循环状态,即

$$\sigma_{ij}(t) = \sigma_{ij}(t + \Delta t), \quad \dot{\varepsilon}_{ij}(t) = \dot{\varepsilon}_{ij}(t + \Delta t) \tag{8-29}$$

对于任意的渐进循环历史,其应力解 $\sigma_{ij}(x_k, t)$ 可表示为

$$\sigma_{ij}(x,t) = \lambda \hat{\sigma}_{ij}(x,t) + \bar{\rho}_{ij}(x) + \rho_{ij}^r(x,t) \tag{8-30}$$

其中,λ 为载荷乘子;$\bar{\rho}_{ij}(x)$ 为恒定的残余应力场;$\rho_{ij}^r(x,t)$ 为一个周期内变化的残余应力场,且满足

$$\rho_{ij}^r(x,0) = \rho_{ij}^r(x,\Delta t) \tag{8-31}$$

8.4.1.2 线性匹配法的最小化过程

安定、棘轮分析涉及一个能量的最小化过程,其增量格式可以表示为

$$I(\Delta\varepsilon_{ij}^n, \lambda) = \sum_{n=1}^{N} \int_V [\sigma_{ij}^n \Delta\varepsilon_{ij}^n - (\lambda \hat{\sigma}_{ij}(t_n) + \bar{\rho}_{ij} + \rho_{ij}^r(t_n)) \Delta\varepsilon_{ij}^n] \mathrm{d}V$$

$$\rho_{ij}^r(t_n) = \sum_{l=1}^{n} \Delta\rho_{ij}^r(t_l) \tag{8-32}$$

其中,$\Delta\varepsilon_{ij}^n$ 为第 $n(n=1 \sim N)$ 个时间段内的增量应变,N 为一个循环内的时间段数目。

1）安定分析的全局最小化过程

$I(\Delta\varepsilon_{ij}^{n},\lambda)$的最小化需要用到一个循环内塑性应变增量之和满足应变协调条件这一性质。假设第 k 次迭代时的一系列塑性应变增量 $\Delta\varepsilon_{ij}^{nk}$ 为已知，可以定义剪切模量为 $\bar{\mu}^{nk}$ 的线弹性材料，使结构在相同的应变条件下应力达到屈服面。

$$\frac{2}{3}\bar{\mu}^{nk}\bar{\varepsilon}(\Delta\varepsilon_{ij}^{nk})=\sigma_y \tag{8-33}$$

其中，$\bar{\varepsilon}$ 表示 von Mises 等效应变。

对于安定分析，只有恒定的残余应力项，一个周期内变换的残余应力为零，即 $\rho_{ij}^{r}=0$。因此，安定问题的循环应力历史可表示为

$$\sigma_{ij}(x,t)=\lambda\hat{\sigma}_{ij}(x,t)+\bar{\rho}_{ij}(x) \tag{8-34}$$

一系列线性增量关系可以定义为

$$\Delta\varepsilon_{ij}^{n(k+1)'}=\frac{1}{2\bar{\mu}^{nk}}(\lambda\hat{\sigma}'_{ij}(t_n)+\bar{\rho}_{ij}^{k+1'}) \tag{8-35}$$

其中，上角标′表示偏量。将一个周期内的线性增量表达式相加，可得：

$$\Delta\varepsilon_{ij}^{(k+1)'}=\sum_{n}\Delta\varepsilon_{ij}^{n(k+1)'}=\frac{1}{2\bar{\mu}^{k}}(\lambda\sigma_{ij}^{in'}+\bar{\rho}_{ij}^{k+1'}) \tag{8-36}$$

其中，$\Delta\varepsilon_{ij}^{(k+1)}=\sum\limits_{n}\Delta\varepsilon_{ij}^{n(k+1)}$ 为一个周期内的应变增量之和，且满足应变协调条件；$\bar{\mu}^{k}$ 由 $\dfrac{1}{\bar{\mu}^{k}}=\sum\limits_{n}\dfrac{1}{\bar{\mu}^{nk}}$ 计算得到；σ_{ij}^{in} 由 $\sigma_{ij}^{in}=\bar{\mu}^{k}\sum\limits_{n}\dfrac{\lambda\hat{\sigma}_{ij}(t_n)}{\bar{\mu}^{nk}}$ 计算得到。将式(8-36)进行反复的迭代计算，可以使 $I(\Delta\varepsilon_{ij}^{n},\lambda)$ 趋于最小化，即 $I(\Delta\varepsilon_{ij}^{n(k+1)},\lambda)\leqslant I(\Delta\varepsilon_{ij}^{n(k)},\lambda)$。

2）棘轮分析的两次最小化过程

采用线性匹配方法进行棘轮分析对加载条件有一定的限制，即要求循环载荷历史 $\hat{\sigma}_{ij}(x,t)$能够分解为恒定载荷部分 $\lambda\hat{\sigma}_{ij}^{\bar{F}}(x)$和循环载荷部分 $\hat{\sigma}_{ij}^{\Delta}(x,t)$。棘轮极限的计算由两次最小化过程实现。第一次是确定结构在循环载荷作用下的残余应力和塑性应变演化历史，第二次是确定附加恒定载荷最大值(与安定分析计算过程一样)。

残余应力和塑性应变演化历史的确定基于以下流程。定义弹性应力，假设前一步的残余应力和塑性应变为已知，定义一个增量形式的线弹性方程：

$$\Delta\varepsilon_{ij}^{Tn(k+1)'}=\frac{1}{2\mu}\Delta\rho_{ij}^{n(k+1)'}+\Delta\varepsilon_{ij}^{n(k+1)'} \tag{8-37}$$

$$\Delta\varepsilon_{kk}^{Tn(k+1)}=\frac{1}{3K}\Delta\rho_{kk}^{n(k+1)} \tag{8-38}$$

$$\Delta\varepsilon_{ij}^{n(k+1)'}=\frac{1}{2\bar{\mu}^{nk}}(\hat{\sigma}_{ij}^{\Delta}(t_n)+\rho_{ij}(t_{n-1})+\Delta\rho_{ij}^{n(k+1)})' \tag{8-39}$$

其中，

$$\rho_{ij}(t_{n-1})=\rho_{ij}(t_0)+\sum_{l=1}^{n-1}\Delta\rho_{ij}^{l},\rho_{ij}(t_0)=\bar{\rho}_{ij}^{0} \tag{8-40}$$

整个迭代过程需要进行多次循环分析，每一个循环分析又包含与载荷空间顶点数(载荷时间点数)相同的 N 次内层迭代计算。第一次迭代是计算结构在第一个载荷时间点作用力下变化的残余应力场 $\Delta\rho_{ij}^{1}$。$\Delta\rho_{ij\,m}^{\ n}$ 为第 m 次循环分析在第 n 个载荷时间点作用力下结构变化的残余应力场，其中 $n=1,2,\cdots,N$，$m=1,2,\cdots,M$。若第 M 次循环分析时结构响应达

到收敛，则结构进入稳定循环状态，变化的残余应力场在 N 个载荷增量内的求和为零。因此，每个循环后的恒定残余应力场 $\rho_{ij}(t_0)=\bar{\rho}_{ij}^{0}$ 可以计算如下：

$$\bar{\rho}_{ij}^{0}=\sum_{m=1}^{M}\sum_{n=1}^{N}\Delta\rho_{ij}{}_{m}^{n} \tag{8-41}$$

载荷时间点 t_n 处的塑性应变幅值可以计算为

$$\Delta\varepsilon_{ij}^{p}(t_n)=\frac{1}{2\bar{\mu}^{n}}(\hat{\sigma}_{ij}^{\Delta'}(t_n)+\rho'_{ij}(t_n)) \tag{8-42}$$

其中，$\bar{\mu}^{n}$ 为迭代的剪切模量，$\rho_{ij}(t_n)$为收敛时在时间点 t_n 处累积的残余应力，即

$$\rho_{ij}(t_n)=\bar{\rho}_{ij}^{0}+\sum_{k=1}^{n}\Delta\rho_{ij}{}_{M}^{k} \tag{8-43}$$

8.4.1.3 极限乘子的计算

1）安定载荷计算

安定载荷乘子可以采用如下上限公式进行计算：

$$\lambda^{S}=\frac{\int_{V}\left(\sum_{n=1}^{N}\sigma_{ij}^{n}\Delta\varepsilon_{ij}^{n}\right)\mathrm{d}V}{\int_{V}\left(\sum_{n=1}^{N}\hat{\sigma}_{ij}(t_n)\Delta\varepsilon_{ij}^{n}\right)\mathrm{d}V}=\frac{\int_{V}\left(\sigma_{y}\sum_{n=1}^{N}\bar{\varepsilon}(\Delta\varepsilon_{ij}^{n})\right)\mathrm{d}V}{\int_{V}\left(\sum_{n=1}^{N}\hat{\sigma}_{ij}(t_n)\Delta\varepsilon_{ij}^{n}\right)\mathrm{d}V} \tag{8-44}$$

由式(8-44)可以计算得到一系列单调递减的载荷乘子，最终逼近到安定极限。

2）棘轮极限计算

按照棘轮分析的两次最小化过程，确定结构稳定循环状态下的残余应力和塑性应变，则棘轮极限乘子可以采用如下用计算得到的变化残余应力场修正后的上限公式进行计算：

$$\lambda^{R}=\frac{\int_{V}\sum_{n=1}^{N}\sigma_{y}\bar{\varepsilon}(\Delta\varepsilon_{ij}^{n})\mathrm{d}V-\int_{V}\sum_{n=1}^{N}(\hat{\sigma}_{ij}^{\Delta}(t_n)+\rho_{ij}(t_n))\Delta\varepsilon_{ij}^{n}\mathrm{d}V}{\int_{V}\hat{\sigma}_{ij}^{\bar{F}}\sum_{n=1}^{N}\Delta\varepsilon_{ij}^{n}\mathrm{d}V} \tag{8-45}$$

8.4.2 直接法算例——圆柱壳径向接管结构

圆柱壳上的径向接管结构是压力容器中最常见的结构，在复杂的热-机械循环加载条件下，其应力状态复杂，且存在高度的不连续效应，是压力容器设计中关注的重点结构[27]。为防止开孔接管在循环载荷下发生棘轮或交变塑性失效，本例采用 LMM 直接法对该结构的安定和棘轮边界进行计算，可供工程设计人员设计时参考。

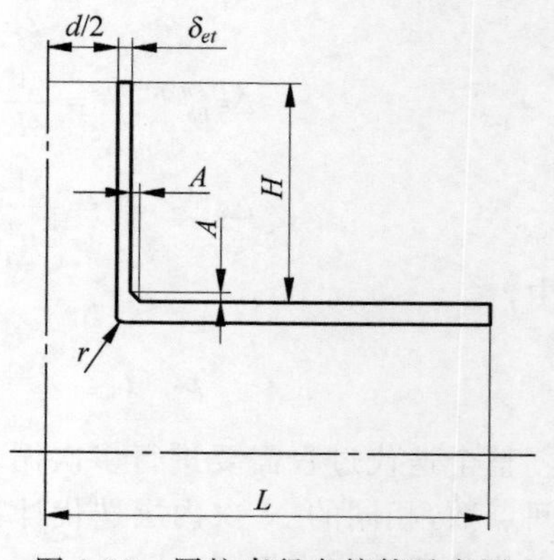

图 8-27 圆柱壳径向接管示意图

8.4.2.1 几何和材料参数

圆柱壳径向接管的简图如图 8-27 所示。结构的几何参数见表 8-1。

表 8-1　结构的几何参数

参数	数值
圆柱壳体的内直径 D/mm	600
圆柱壳体的厚度 δ_e/mm	50
圆柱壳体的长度 L/mm	1000
接管伸出长度 H/mm	500
接管外倒角的高度 A/mm	20
接管内倒角的半径 r/mm	12
接管的内直径 d/mm	160
接管的厚度 δ_{et}/mm	60

采用弹性-理想塑性材料，材料属性见表 8-2。

表 8-2　材料属性

属性	数值
弹性模量/GPa	200
密度/(kg/m^3)	7930
泊松比	0.3
热膨胀系数/[10^{-6} mm/(mm·℃)]	20
热传导系数/[W/(m·℃)]	14.8
屈服强度/MPa	200

8.4.2.2　初始加载和边界条件

考虑到结构几何形状和载荷的对称性，采用 ABAQUS 的 C3D20R 建立 1/4 模型，其有限元模型的载荷和边界条件如图 8-28 所示，主要有以下几项：

（1）$X=0$ 平面上施加对称面约束，Ux，Rot$y$，Rot$z=0$；

（2）$Z=0$ 平面上施加对称面约束，Uz，Rot$x$，Rot$y=0$；

（3）接管的端面（即 $Y=Y_0$ 平面）约束 Y 方向的位移，$Uy=0$；

（4）所有的内表面施加内压 p，初始内压 $p=10$MPa；

（5）圆柱壳的端面（即 $Z=Z_0$ 平面）施加等效压力 p_{eq}；

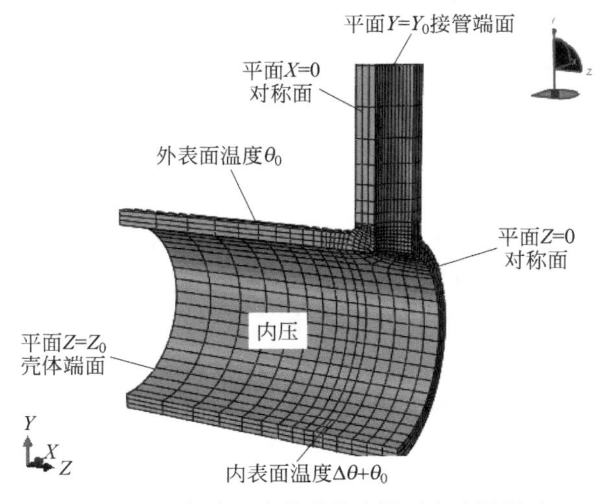

图 8-28　圆柱壳径向接管的有限元和边界图示

(6) 所有外表面的温度假设为 θ_0，所有内表面的温度为 $\theta_0+\Delta\theta$。初始的外壁温度为 0℃，$\Delta\theta$ 为 100℃，内表面温度的加载历史如图 8-29 所示。

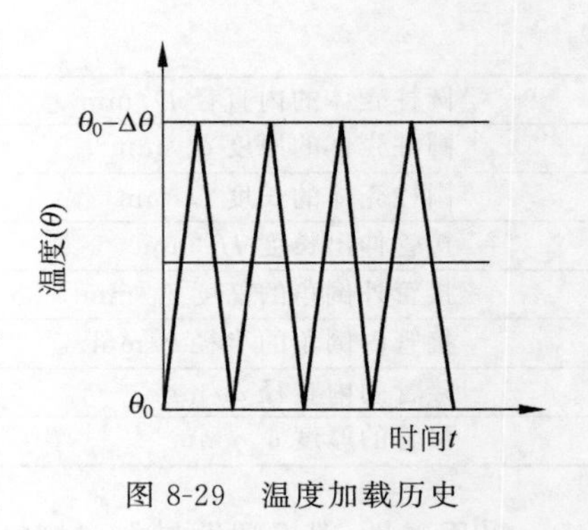

图 8-29 温度加载历史

8.4.2.3 计算安定和棘轮边界

1) 计算步骤

本例模型进行一次 LMM 程序的计算只需要几秒钟。根据一系列内压和温差的变化，可快速获得安定和棘轮边界上的点，从而形成类似 Bree 图的压力-温差曲线图(见图 8-30)，以此来确定安定和棘轮边界，计算步骤如下：

第 1 步：确定点 1，该点对应于结构在纯机械载荷作用下的极限载荷。在 LMM 程序中，极限载荷计算为安定分析的特例。采用单一载荷来模拟单调的载荷工况，初始参考机械载荷取为 10MPa，用 LMM 程序计算出来的载荷放大系数乘以该参考压力即可获得极限载荷。对于该圆柱壳径向接管结构，收敛的载荷放大系数为 3.516，即结构的极限载荷为 35.16MPa。

第 2 步：确定点 2，该点对应于交替塑性极限。该循环温差产生的热应力范围为屈服强度的 2 倍。LMM 程序通过严格的安定分析来计算交替塑性极限，此处将初始参考温差设为 100℃。用 LMM 程序计算得到的载荷放大系数乘以初始参考温差可以获得交替塑性极限的循环温差。对于该圆柱壳径向接管结构，收敛的载荷放大系数为 1.4101，即结构发生交替塑性极限对应的循环温差为 141.01℃。

第 3 步：点 3 是交替塑性极限边界和棘轮极限边界的交点。在 LMM 程序中将计算类型设置为严格安定分析。先预设一个固定的循环温度载荷，即交替塑性极限对应的循环温差 141.01℃；然后，将初始参考机械载荷设置为 10MPa，此时收敛的机械载荷放大系数为 1.875，即可得到点 3 的坐标为(18.75MPa，141.01℃)。

第 4 步：将 LMM 程序中的计算类型改为棘轮分析。通过变化不同的循环温差可以获取一系列的棘轮边界上的点，这些点代表了在棘轮发生之前结构能够承受的最大机械载荷。

第 5 步：以压力为横轴，以循环温差为纵轴，根据上述步骤计算所得的所有点可绘制成类似 Bree 图的安定-棘轮边界图，如图 8-30 所示。

2) 无量纲化

为对圆柱壳径向接管结构的安定和棘轮响应进行深入研究，可将图 8-30 无量纲化。将机械载荷极限值表示为 P_L，本例中 $P_L=35.16$MPa。与循环温差相关的交替塑性极限表示为 $\Delta\theta_{RP}$，本例中 $\Delta\theta_{RP}=141.01$℃。将工作载荷 P_w 除以 P_L 作为横轴，将循环温差 $\Delta\theta$ 除以 $\Delta\theta_{RP}$ 作为纵轴，可得到无量纲化的安定-棘轮极限边界，如图 8-31 所示。

从图 8-31 可以看出，极限边界将整个加载区域分为了三个区域，如果外加载荷处于安定区域，则结构在经历最初几个循环后的所有循环中都表现为弹性状态。如果加载历史处于交替塑性区域，塑性应变在循环中拉、压交替变化，且幅值相等。如果外加载荷处于棘轮区域，塑性应变会随着每个循环不断累积，最终发生递增塑性垮塌。如果外加载荷超出极限载荷，则立即导致塑性垮塌。

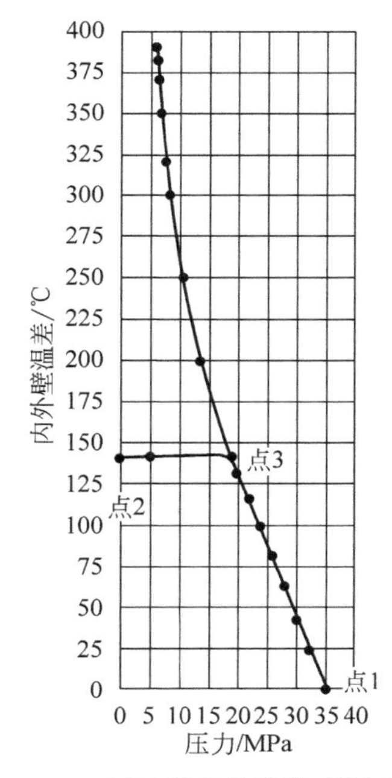

图 8-30 LMM 计算的安定-棘轮边界

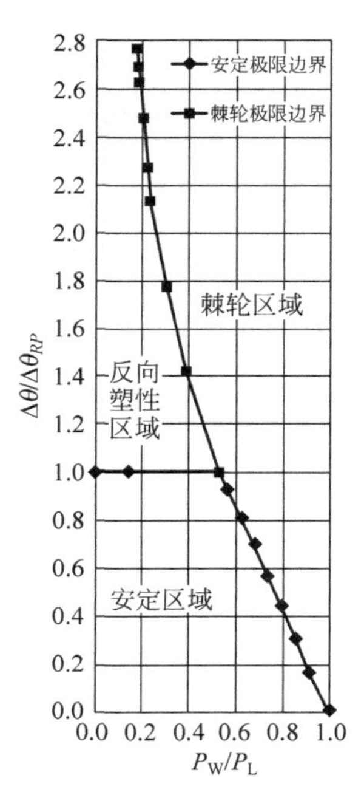

图 8-31 无量纲化后的安定-棘轮边界

8.4.3 讨论

本节以承受循环热-机载荷作用的圆柱壳径向接管为例,采用 LMM 程序计算了该结构的安定-棘轮边界,形成了类似 Bree 图的安定-棘轮极限曲线。对于同类结构不同尺寸和不同材料参数,可以采用相同的步骤来建立一系列的安定-棘轮边界,并进行无量纲处理,从而研究同类结构在循环加载和恒定加载共同作用下的失效机制。

无量纲化 Bree 图的适用范围很广,在设计阶段,如果机械载荷和循环热载荷的加载历史已知,可以方便地根据这种特定结构的 Bree 图判断出结构处于何种状态,避免了大量冗繁的循环计算,简单易实施,可为工程设计人员提供便利。

使用 LMM 进行分析完全可以满足 ASME 规范分析设计的要求,而且该方法没有几何结构的限制,能极大地降低计算时间和设计费用,还能降低在设计阶段时计算结果的不确定因素的影响。鉴于 LMM 的简便性和精确性,可以采用该方法来防止各种复杂结构和复杂加载条件下的棘轮破坏以及交替塑性导致的低周疲劳。

参考文献

[1] MILLER D R. Thermal-stress ratchet mechanism in pressure vessels[J]. Journal of Basic Engineering, Trans. Am. Soc. mech. Engrs, 1959, 81: 190.

[2] BREE J. Elastic-plastic behaviour of thin tubes subjected to internal pressure and intermittent high-heat fluxes with application to fast-nuclear-reactor fuel elements[J]. Journal of Strain Analysis, 1967, 2(3): 226-238.

[3] BRADFORD R A W. The Bree problem with primary load cycling in-phase with the secondary load

[J]. International Journal of Pressure Vessel and Piping, 2012, 44-50: 99-100.
[4] BRADFORD R A W. The Bree problem with the primary load cycling out-of-phase with the secondary load[J]. International Journal of Pressure Vessel and Piping, 2017, 154: 83-94.
[5] 沈鋆,李涛. 对 ASME Ⅷ-2(2013 版)热应力棘轮评定方法修订的解读[J]. 化工设备与管道,2016,43(3): 7.
[6] KALNINS A. Presentation at the meeting of the ASME BPVC Subgroup Design Analysis, Minutes of subgroup design analysis[R]. 2005.
[7] REINHARDT W. A non-cyclic method for plastic shakedown analysis. ASME J. Pressure Vessel Technol., 2008, 130(3), 031209.
[8] REINHARDT W. On the interaction of thermal membrane and thermal bending stress in shakedown analysis[C]//ASME Pressure Vessels & Piping Conference, 2008.
[9] SHEN J, CHEN H, LIU Y. A new four-dimensional ratcheting boundary: derivation and numerical validation[J]. European Journal of Mechanics-A/Solids, 2018, 71: 101-112.
[10] SHEN J, LU M W, BAO H-CH, et al. A modification on 3S criterion and simplified elastic-plastic ratcheting analysis in ASME Ⅷ-2 [J]. International J. Pressure Vessels and Piping, 2020, 188, 104215.
[11] ZEMAN J L, RAUSHER F, SCHINDLER S. Pressure vessel design: the direct route[M]. Elsevier Science Ltd, 2006.
[12] 丁利伟. 压力容器分析设计直接法中 Melan 安定定理的应用[C]//压力容器先进技术——第八届全国压力容器学术会议论文集. 中国机械工程学会压力容器分会,2013.
[13] MUSCAT M, MACKENZIE D, HAMILTON R. Evaluating shakedown under proportional loading by non-linear static analysis[J]. Computers and Structures, 2003, 81: 1727-1737.
[14] SAVE M A, MASSONNET C E. Plastic analysis and design, plates, shells and disks[M]. North-Holland, 1972.
[15] KÖNIG J A. Shakedown of elastic-plastic[M]. Elsevier, 1987.
[16] R5 Panel. Assessment procedure for the high temperature response of structures. EDF Energy Nuclear Generation Ltd. United Kingdom, 2014.
[17] O'DONNELL W J, Porowski J. Upper bounds for accumulated strains due to creep ratcheting[J]. Journal of Pressure Vessel Technology, 1974, 96: 150-154.
[18] KALNINS A. Shakedown check for pressure vessel using plastic FEA. ASME Bound Vol, Pressure Vessel and Piping Codes and Standards, 2001, 419: 9-16.
[19] YAMAMOTO Y, YAMASHITA N, TANAKA M. Evaluation of thermal stress ratchet in plastic FEA. ASME PVP, 2002, 439.
[20] REINHARDT W D. Distinguishing ratcheting and shakedown conditions in pressure vessels[C]//ASME PVP Conference, 2003.
[21] OKAMOTO A, OHTAKE Y. YAMASHITA N. Evaluation criteria for alternating loads based on partial inelastic analyses. ASME PVP, 2002, 439.
[22] SUN Y, DUAN CH-H, LU M W. Strain linearization for structural strain evaluation and maximum equivalent structural strain criterion[J]. International Journal of Pressure Vessels and Piping, 2016, 146: 179-187.
[23] 沈鋆,陈志伟,刘应华. 基于弹性核评定准则的压力容器弹-塑性棘轮分析[J]. 压力容器,2016,33(7): 10-17.
[24] SESHADRI R, MANGALARAMANAN S P. Lower bound limit loads of cracked and notched components using reduced modulus methods[J]. ASME-PUBLICATIONS-PVP, 1998, 368: 129-138.
[25] MACKENZIE D, BOYLE J T, HAMILTON R, et al. The elastic compensation method in shell-based design by analysis [J]. American Society of Mechanical Engineers, Pressure Vessels and Piping Division (Publication) PVP, 1996, 338: 203-207.
[26] CHEN H F, PONTER A R S. Shakedown and limit analyses for 3-D structures using the linear matching method[J]. International Journal of Pressure Vessels and Piping, 2001, 78(6): 443-451.
[27] SHEN J, CHEN H, LIU Y. Rapid thermal stress ratcheting assessment for pressured components based on LMM [C]//Pressure Vessels and Piping Conference. American Society of Mechanical Engineers, 2018, 51593: V01BT01A074.

第9章

疲　劳

本章讲述压力容器的疲劳分析和评定方法，包括弹性分析和弹塑性分析，光滑元件和焊接件。首先概述疲劳失效的基本概念和相关名词，讲述循环计数法、载荷直方图和设计疲劳曲线（S-N 曲线）等基础知识。然后深入讲解和评述压力容器设计中常用的三种疲劳评定方法：基于当量应力的弹性疲劳分析法、基于当量应变的弹塑性分析法和用于焊接件疲劳评定的弹性结构应力疲劳分析法。

9.1　疲劳失效概述

疲劳失效是压力容器部件最常见的失效模式之一。常用压力容器都会承受交变载荷，包括开工-停工、压力波动和温度波动等，这是引起疲劳失效的外因。由于结构复杂，在各个组合部件相互连接的部位（如开孔-接管连接处）或几何形状突变处难免出现较高的应力集中，往往能达到按压力容器规则设计公式计算的应力值的3～10倍，这是引起疲劳失效的内因。随着压力容器的大型化、轻量化和高温、高压的极端工作环境，以及新型高强材料被广泛应用，又显著提高了疲劳失效的发生概率。

在交变载荷作用下结构内的应力随时间发生循环变化，如图9-1所示。应力由初始值经过代数最大值 $\sigma_{\max}$ 到代数最小值 $\sigma_{\min}$ 再回到初始值的变化过程称为应力循环。应力循环的最大和最小应力之差（$\sigma_{\max}-\sigma_{\min}$）称为循环范围。循环范围的一半 $\sigma_a=(\sigma_{\max}-\sigma_{\min})/2$ 称为循环幅值。平均应力为 $\sigma_m=(\sigma_{\max}+\sigma_{\min})/2$。循环幅值和平均应力之比 $A=\sigma_a/\sigma_m$ 称为幅值比。最小和最大应力之比 $R=\sigma_{\min}/\sigma_{\max}$ 称为应力比。当 $R=-1$，$\sigma_m=0$ 时为对称循环或正-反向循环；当 $R=0$，$\sigma_{\min}=0$ 时为脉动循环或加-卸载循环；当 $R=1$，$\sigma_{\min}=\sigma_{\max}$ 时为恒定载荷或静载荷。

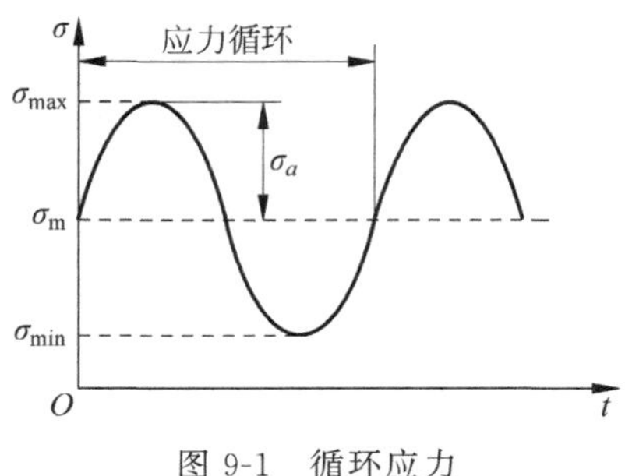

图9-1　循环应力

在给定的循环应力幅值下，导致材料发生疲劳断裂的循环次数称为疲劳寿命。循环应力的幅值越高，疲劳寿命越短。在给定的应力循环次数（寿命）下，能导致材料发生疲劳断裂的最小应力幅值称为疲劳强度。寿命越长，疲劳强度越低。

对压力容器部件常用的铁基黑色金属以及钛合金等金属，当应力幅值降低到一定程度时，无论循环次数如何增加都不会发生疲劳断裂。不会发生疲劳失效的最大应力幅值称为疲劳极限或持久极限，记为σ_r，相应的疲劳寿命约为10^{11}。由对称循环($R=-1$)疲劳试验测得的疲劳极限记为σ_{-1}。当应力幅值小于疲劳极限时，可认为材料具有无限寿命。

疲劳失效有低周疲劳和高周疲劳两类。

低周疲劳是应力幅值较大、疲劳寿命较短(约为10^5次左右，随不同材料而异)的疲劳失效情况。其特点是：循环应力的幅值大于材料屈服极限，在每个应力循环中都会出现正负交替的循环塑性应变。压力容器部件大多发生低周疲劳失效。

高周疲劳是应力幅值较小、疲劳寿命较长(大于10^5次)、载荷交变频率较高的疲劳失效情况。其特点是：应力幅值小于材料屈服极限，因而处于宏观弹性状态。由于存在晶格位错、夹杂、微孔洞等微观缺陷，材料在弹性循环应力下也会萌生微裂纹，并逐渐扩展，最终导致疲劳断裂。高周疲劳经常发生在高速旋转机械(如压缩机、泵)或长期处于振动状态的部件(如高速转轴、飞机机翼和机身)中。压力容器设备中的管系振动如果不加限制，也会发生高周疲劳失效。随着压力容器应用范围的不断扩大，发生高周疲劳的案例也不断增加。

疲劳是在循环应力和应变作用下材料损伤的累积过程。疲劳失效过程分三个阶段：

(1) 裂纹萌生阶段。在滑移带、晶界、微孔洞、夹杂等微观缺陷处因存在高度应力集中而萌生肉眼不可见的微观裂纹，并逐步扩展成0.02～1.0mm长的宏观可见裂纹。

(2) 裂纹扩展阶段。宏观裂纹不断扩展，直至达到临界裂纹长度。

(3) 疲劳失效。一旦达到临界裂纹长度将迅速扩展，导致承压部件泄漏或结构断裂。

这三个阶段在疲劳断口上可以明显地辨别：裂纹萌生阶段对应于面积很小、色泽光亮的疲劳源区；裂纹扩展阶段对应于比较平整、呈海滩花样的扩展区；瞬间断裂阶段对应于断口粗糙的断裂区。

疲劳失效与循环载荷的幅值、循环次数、材料性质、结构形状和构造(尤其是结构不连续性)、制造工艺(热处理、光洁度等)和周围环境(腐蚀的介质)等多种因素有关。下面先讲述载荷简化和材料疲劳性能(S-N曲线)，然后聚焦到疲劳评定和免除准则等工程设计人员最关心的问题。

9.2 循环载荷

9.2.1 载荷历史和直方图

压力容器部件在服役期间所承受的载荷是波动的。例如，开工时载荷增加，停工时载荷卸除；服役期间的压力波动；温度的瞬态变化和波动；外载变化及其引起的强迫振动；地震载荷；不稳定的风载等。

载荷或温度随时间变化的历史称为载荷历史。疲劳评定的对象是应力，通常把结构内由载荷和温度引起的应力随时间变化的历史也称为载荷历史。波动载荷随时间一般是随机变化的，在疲劳评定中常对随机载荷历史进行统计处理(详见9.2.2节)，将其简化为由若干个恒幅应力循环组成的循环载荷，并直观地用载荷直方图来表示。直方图(histogram)是一种由若干矩形块组成的二维统计图形。在载荷直方图中矩形块（简称载荷块）的高度（纵坐标）为循环应力的幅值 S，宽度（横坐标）为该应力的循环次数 n。以图 9-2(a)为例，载荷历史由 3 个恒幅应力循环组成，幅值为 S_1，S_2 和 S_3 的应力分别循环了 n_1，n_2 和 n_3 次。

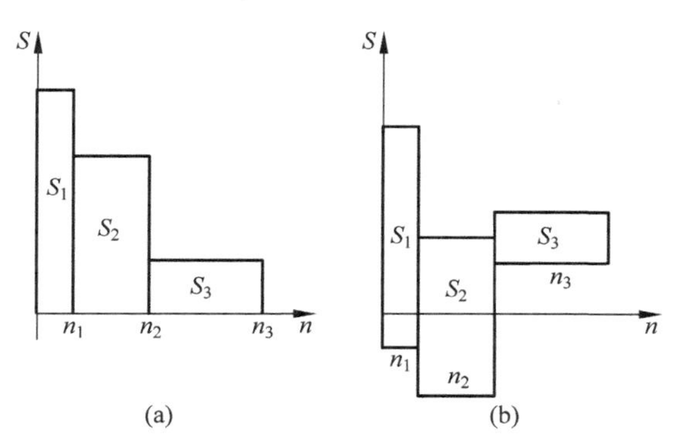

图 9-2　载荷直方图

载荷直方图抓住了载荷历史中对疲劳寿命影响最大的两个关键因素，即应力幅值和循环次数，忽略了其他次要因素。例如，忽略了交变频率的影响，只考虑循环了多少次而不管每个循环经历的时间有多长；又如忽略了载荷变化波形的影响，无论是正弦波、三角波或矩形波都同样算一个循环；还忽略了平均应力的影响，若要反映平均应力高低，矩形块应像图 9-2(b)那样上下错动，而直方图中矩形块的下边都按 $S=0$ 对齐。

在对载荷历史进行统计处理时必须考虑设备运行期间各种载荷的先后施加顺序，因为加载顺序不同，载荷历史曲线的形状就不同，由此得到的载荷直方图也会不同。对于不知道准确顺序的情况，应考虑可能导致最大损伤的施加顺序。一旦简化出载荷直方图后，在疲劳评定中将不再考虑直方图中各矩形块在载荷谱中的排列顺序。例如，图 9-2(a)中直方图的顺序是 S_1、S_2、S_3，它的疲劳评定结果和按 S_3、S_2、S_1 排列的载荷谱是一样的（详见 9.2.2 节）。

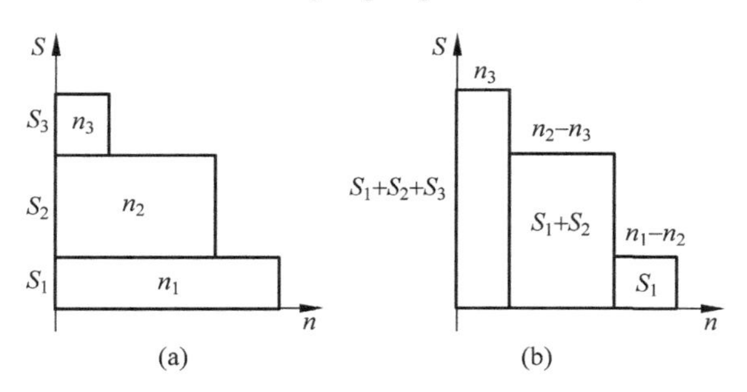

图 9-3　同时加载的直方图

对于在同一时间段内同时施加 S_1，S_2 和 S_3 的情况（由于频率不同，它们在同一时间段内的循环次数可以不同），则需要考虑它们交叉叠加的可能性。精细的做法是采用 9.2.2 节的雨流计数法或最大-最小计数法来处理，也可以简单地采用欧盟 EN-13445 标准 18.9.2 节[1]推荐的简化循环计数法。该方法将循环次数少的载荷块叠放在次数多的载荷块之上，形成阶梯图，然后用各阶梯的高度和宽度来构造新的载荷块。例如，将图 9-3(a)中同时施加的三个载荷块[S_1，n_1]、[S_2，n_2]和[S_3，n_3]用图 9-3(b)中的三个载荷块[$S_1+S_2+S_3$，n_3]、[S_1+S_2，n_2-n_3]和[S_1，n_1-n_2]来代替。该方法假设各载荷块的峰或谷会同时出现,因而最大应力范围等于各载荷块的应力范围之和。实际上由于频率不同,各载荷块的峰或谷是相互错开的,这是一种保守的处理方案。

9.2.2 循环计数方法

疲劳分析所用的 S-N 曲线是在恒幅循环载荷下测定的,只适用于由恒幅循环载荷块组成的载荷历史。工程中实际测定的载荷历史往往是不规则的、随机变化的。把随机变化的载荷历史简化为由恒幅载荷块组成的等效载荷谱的方法称为循环计数法。建立等效恒幅载荷谱的原则是"损伤等效原理",即在等效载荷谱作用下结构的疲劳寿命应该和实际载荷作用下的寿命相同。至今已经提出多种循环计数方法,下面介绍四种工程设计中最常用的循环计数方法。

9.2.2.1 雨流计数法

雨流计数法(简称雨流法)由 Matsuishi 和 Endo 提出[2],它具有与塑性滞迟回线相关的物理意义,较为合理,得到广泛认可。

雨流法的原始思想和步骤如下:

(1) 确定载荷历史中的峰点和谷点,将相邻的峰和谷用直线相连,把曲线简化为折线。然后旋转 90°,以载荷历史起点为顶点,时间轴向下,呈多宝塔屋顶形。如图 9-4 中用细实线画的折线。

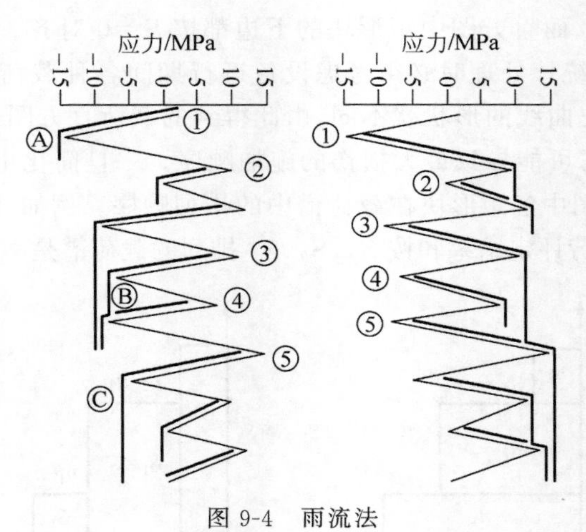

图 9-4 雨流法

(2) 假设雨水下落到多宝塔屋顶上,以最高点 1 为起点沿 1-A 线向左下方流动至屋檐 A 时分流(见左图):一股从屋檐落向地面;另一个新股(见右图)以 A 为起点沿下一层屋顶的上表面反向(向右下)流动。当该股雨流流到屋檐 2 处再次分流,其中的新股为左图中以 2 为起点的雨流。如此不断分流,直到流完最下层屋顶。

(3) 落向地面的雨流有三种情况:

(a) 无阻碍地直接落到地上,如左图从屋檐 A 和 C 下落的雨流。

(b) 落到外伸得更远的下层屋顶上,然后继续流向下层的屋檐后下落,如左图从 3 出发的雨流落到 B 后继续向前,还有右图从 A 和 C 出发的雨流等。

(c) 若下面反向出现的峰(或谷)比本雨流起点的更大(或更小),则本雨流落到该峰(或谷)的高度时自动停止,不再下落。如左图从峰 1 出发的雨流,因峰 2 比峰 1 更大(更右),所以落到 2 的高度就自动停止;从 2 出发的雨流也类似。

(4) 沿屋顶流动的雨流有两种情况:

(a) 无阻碍地直接流到屋檐,然后垂直下落,如左图 1-A 和 5-C 等雨流。

(b) 半路上遇到从上层屋檐落下的雨流,则自动终止,如左图的雨流 4-B,右图中也有三股这样的雨流。

(5) 对循环的范围和次数进行统计:将以上分出的每一股雨流的起点应力和终点应力之差的绝对值定义为半个循环的应力范围。将一对应力范围相等、流动方向相反(分别在左图和右图中)的半循环配对成一个全循环。通常会剩余一些不能配对的半循环,在计算疲劳损伤时半循环的损伤取为相应全循环的一半。

在上述雨流法中步骤(3b)保证了不会遗漏那些可能出现的最大循环范围,而步骤(3c)和(4b)保证了不遗漏大循环内的小循环。

雨流法的物理意义是:计数得到的每个循环对应于一个闭合的应力-应变迟滞回线。图 9-5 的上图为载荷历史,下图为该历史对应的应力-应变(σ-ε)曲线。当载荷从峰 A 卸载到谷 B 时,应力-应变曲线由上顶点 A 沿外回线向左下方到达 B。然后沿中回线向右上方加载到 C。再向左下方卸载,材料对变形历史有记忆,所以经过 B 后会顺着外回线到达下顶点 D。再加载,沿外回线到达 E,然后沿左回线卸载到 F。向 G 加载时,先沿左回线回到 E,再顺着外回线经过 C 加载到G。GH 段应力在弹性范围内线性变化,没有出现迟滞回线。最后向 I 加载时先由 H 弹性恢复到G,再顺着外回线加载到 I,和上顶点 A 重合。整个应力-应变曲线共形成四个回线:外迟滞回线 A○D、中迟滞回线 C○B、左迟滞回线E○F 和弹性往返直线G-H。这和雨流法的计数结果相对应,验证了雨流计数法得到的每个循环对应于一个闭合的应力-应变迟滞回线。

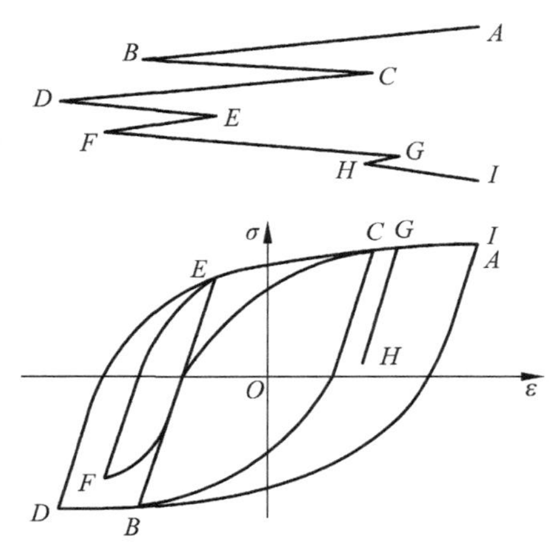

图 9-5　雨流法与迟滞回线

雨流法仅适用于载荷历史可以用单参数表示的情况,其中包括同时按同一比例施加压力、温度等多种交变载荷的比例加载情况先、后独立施加多种交变载荷的顺序加载情况。雨流法不适用于多种交变载荷同时作用且相互独立变化的非比例加载情况。

9.2.2.2　简化雨流法

原始雨流法按半个循环统计,然后再配对成一个全循环,应用起来并不方便,美国 ASTM 标准[3] 给出了更便于应用的简化雨流法。美国 ASME Ⅷ-2 规范和我国 GB/T 4732—2024 标准推荐该方法用于比例加载情况,并直接称为雨流法。

简化雨流法仅适用于重复历史情况。由于压力容器设备的操作过程往往是重复出现的,即使是随机载荷历史,在疲劳分析中通常也仅选取实测记录中某个有代表性的载荷历史段进行重复施加,所以简化雨流法的应用并不失一般性。根据重复施加的特点,可以把载荷历史的起点调整到出现最大峰或最小谷的时刻,这样计数时只会出现全循环,使实施规则大为简化。

重复历史要求代表性载荷段的两端出现大小相同的峰或谷。如果选取的载荷段不满足这个条件，可以保守地令较低（高）一端的峰（谷）值等于较高（低）一端的峰（谷）值，这样就可以重复施加了。

简化雨流法的实施规则如下：

令 X 为所考虑的范围，Y 为与 X 相邻的前一个范围。

(1) 把载荷历史调整成从最大峰（或最小谷）开始。

(2) 读下一个峰或谷。若超出数据，计数结束。

(3) 若少于 3 个点，转第 2 步。

利用未曾抛弃的最新 3 个峰和谷，确定范围 X 和 Y。

(4) 比较范围 X 和 Y 的绝对值。

(a) 若 $X<Y$，转第 2 步。

(b) 若 $X\geqslant Y$，转第 5 步。

(5) 计 Y 为一个循环，抛弃 Y 的峰和谷，转第 3 步。

ASTM 的如下示例有助于读者更好地理解上述实施规则。

先把实际载荷历史的前段 A-B-C-D 移到历史的末端，如图 9-6(a)所示，改成从最大峰 D 起始的重复载荷历史，如图 9-6(b)所示。因为重复施加，这两种载荷历史是等价的。然后按如下步骤循环计数：

(1) $Y=|D\text{-}E|$；$X=|E\text{-}F|$。

$X<Y$，读下一个谷 G。

(2) $Y=|E\text{-}F|$；$X=|F\text{-}G|$。

$X>Y$，计 $|E\text{-}F|$ 为一个循环并抛弃点 E 和 F（见图 9-6(c)）。

注：*“计 E-F 为一个循环”对应于原始雨流法的步骤 3(c)和 4(b)，“抛弃点 E 和 F”对应于原始雨流法的步骤 3(b)。*

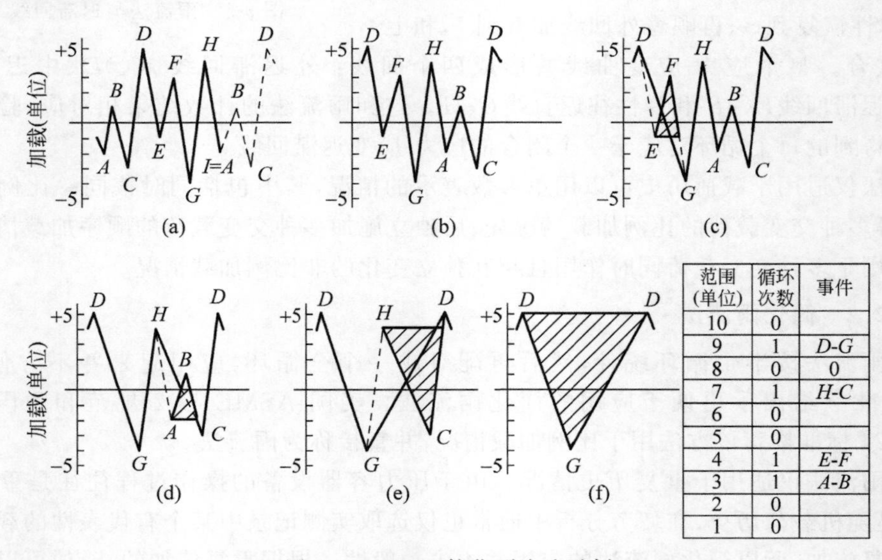

范围(单位)	循环次数	事件
10	0	
9	1	D-G
8	0	0
7	1	H-C
6	0	
5	0	
4	1	E-F
3	1	A-B
2	0	
1	0	

图 9-6 ASTM 简化雨流法示例

(3) 读下一个峰 H。

$Y=|D\text{-}G|$；$X=|G\text{-}H|$。

$X<Y$，读下一个谷 A。

(4) $Y=|G\text{-}H|$；$X=|H\text{-}A|$。

$X<Y$，读下一个峰 B。

(5) $Y=|H\text{-}A|$；$X=|A\text{-}B|$。

$X<Y$，读下一个谷 C。

(6) $Y=|A\text{-}B|$；$X=|B\text{-}C|$。

$X>Y$，计 $|A\text{-}B|$ 为一个循环并抛弃点 A 和 B（见图 9-6(d)）。

(7) $Y=|G\text{-}H|$；$X=|H\text{-}C|$。

$X<Y$，读下一个峰 D。

(8) $Y=|H\text{-}C|$；$X=|C\text{-}D|$。

$X>Y$，计 $|H\text{-}C|$ 为一个循环，并抛弃点 H 和 C（见图 9-6(e)）。

(9) $Y=|D\text{-}G|$；$X=|G\text{-}D|$。

$X=Y$，计 $|D\text{-}G|$ 为一个循环，并抛弃点 D 和 G（见图 9-6(f)）。

(10) 超出数据，计数结束。

本例共统计到四个循环：范围为 9 的 $D\text{-}G$、范围为 7 的 $H\text{-}C$、范围为 4 的 $E\text{-}F$ 和范围为 3 的 $A\text{-}B$。

9.2.2.3 最大-最小循环计数法

对于非比例加载情况，ASME Ⅷ-2 和 GB/T 4732 推荐最大-最小循环计数法。该方法的计数过程为：首先用最高峰和最低谷构造最大可能循环，然后用次高峰和次低谷构造次大循环，直至所有的峰和谷都被用完。

若应用于单参数比例加载情况，该方法是偏保守的。以载荷历史图 9-6(a)为例。图中最高峰和最低谷分别为 D 和 G，相应循环范围为 9；次高峰和次低谷为 H 和 C，范围为 7；第三峰和谷是 F 和 A，范围为 5；最小峰和谷是 B 和 E，范围为 2。可以看出，统计得到的最大和次大循环与简化雨流法相同，第三循环 $F\text{-}A$ 的范围大于雨流法的 $E\text{-}F$，虽然第四循环偏小，从总体损伤来看最大-最小计数法的损伤比雨流法大，因而偏保守，但是雨流法不适用于非比例加载情况，只能采用最大-最小计数法。

9.2.2.4 欧盟 EN 标准的方法

欧盟 EN-13445 标准推荐两种方法：

(1) 在 EN 的 18.9.2 节中推荐简化循环计数法。本方法要求将压力容器部件所承受的载荷组合成若干个相互独立的特定载荷事件。对每个特定载荷事件给出相应的循环应力范围和循环次数，构成直方图中的一个载荷块。然后按 9.2.1 节中关于图 9-3 的说明将载荷块叠放在一起，按循环次数重新组合，得到用于疲劳分析的新的载荷块。

为了避免过于保守，只能对同时或部分同时发生的那些载荷事件进行叠放重组，在时间上完全独立出现的载荷事件应视为独立的载荷块不参与重组过程。

事先将载荷历史合理地分解成若干个载荷块是实施本方法的前提，这要求设计人员或用户具有丰富的工程经验。下面介绍的方法提供了较精确地处理载荷历史的途径。

(2) 在 EN18.9.3 节中推荐水池计数法。本方法把应力(载荷)历史中两个最高峰之间的应力历史曲线当作水池壁,向内灌满水。取该水池的最大深度(即应力最高峰和最低谷之差)作为第 1 个循环应力范围,在最低谷处放水,放水后出现若干个仍有残留水的分水池。任选其中一个,取该分水池的最大深度作为第 2 个循环应力范围,然后在其最低谷处放水,又可能出现若干个二级分水池。对二级分水池重复上述步骤,得到新的循环应力范围,如此反复,直至将该分水池的水全部放空。最后对其他分水池逐个地重复上述步骤,直至整个水池的水全部放空。

本方法与选择最大峰作为重复载荷历史段两端的简化雨流法是等价的,只是采用了比雨流法更直观易懂的解释。在水池法中水平面的作用相当于雨流法中垂直下落的雨流线。

下面以图 9-6(b)的载荷历史为例进行详细说明。整个水池的最大深度为 D-G=9,见图 9-7(a)。在 G 点放水后出现两个分水池,见图 9-7(b)。左分水池深度为 E-F=4,在 E 点放水后清空。右分水池最大深度为 H-C=7,在 C 点放水,出现二级分水池,深度为 B-A=3,见图 9-7(c)。在 A 点放水后整个水池清空。计数结果为 9,7,4,3 四个循环应力范围,和 ASME 雨流法的结果完全相同。

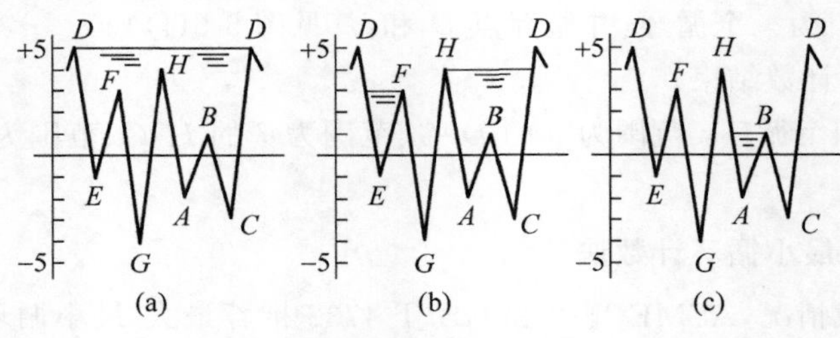

图 9-7 水池计数法

9.3 设计疲劳曲线

9.3.1 S-N 曲线

设计疲劳曲线是描述材料疲劳强度性能的曲线,它是根据材料在各种循环应力幅值 S 下发生疲劳失效的循环次数 N(寿命)的大量试验数据经过安全系数修正后绘制的,简称 S-N 曲线。图 9-8 给出了两组典型的双对数坐标系中的 S-N 曲线。图 9-8(a)用于温度低于 371℃的碳钢和低合金钢,图 9-8(b)用于温度低于 427℃的奥氏体不锈钢。可以看到,当 $N>10^7$ 后曲线的斜率显著减小,在以低周疲劳失效为主的压力容器部件中,有时近似地取 $N=10^7$ 的疲劳强度为疲劳极限。但应注意,若存在高周疲劳失效的可能性,这样处理是危险的,应取 $N=10^{11}$ 的疲劳强度为疲劳极限。

S-N 曲线是根据标准光滑圆棒试件在各种幅值的恒幅对称循环($R=-1$)应力下的大量疲劳试验数据绘制的。采用双对数($\log_{10}-\log_{10}$)坐标系,纵坐标为循环应力幅值,横坐标为试件断裂时的循环次数,简称寿命。考虑到影响疲劳寿命的各种不确定影响因素,绘制曲线时先将各实测数据的应力除以修正系数 2.0、循环次数除以修正系数 20.0(其中包括考虑试验数据分散性 2.0、尺寸效应 2.5、表面粗糙度和环境影响 4.0,将三者相乘)画进 S-N 双对数坐标系中,然后取所有修正试验点的最低包络线作为 S-N 曲线。因而从 S-N 曲线

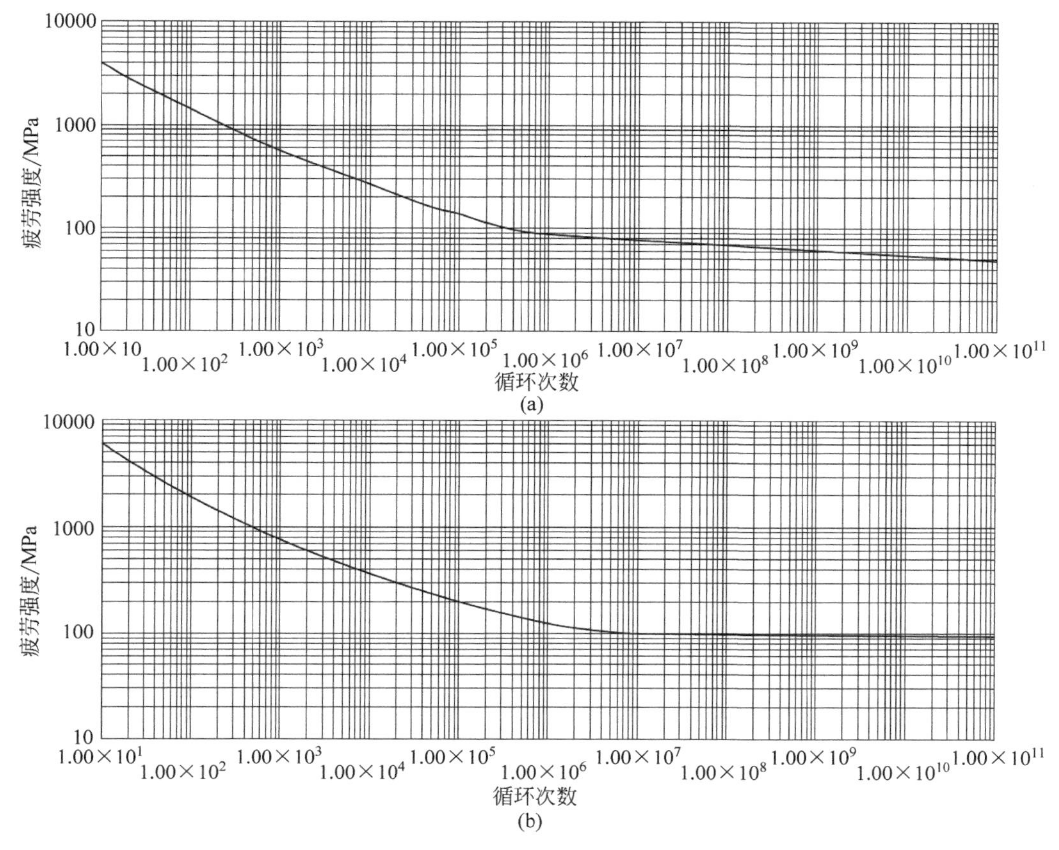

图 9-8 材料疲劳强度曲线

(a) 用于碳钢、低合金钢,温度低于 371℃,$\sigma_b \leqslant 552$MPa,$E=2.07\times10^5$MPa;

(b) 用于奥氏体不锈钢,温度低于 427℃,$E=1.95\times10^5$MPa

查得的应力幅值 S_a(或疲劳寿命 N)是打过安全系数的设计许用值。

在低周疲劳的每个循环中都将出现塑性变形。疲劳寿命不仅与应力大小有关,还与塑性变形量有关。由机械载荷(一次应力)控制的疲劳试验很难准确控制每个循环的塑性变形,导致测得的试验数据非常分散。为了有效控制塑性变形,低周疲劳试验都采用应变控制加载方式,然后基于弹性假设把循环应变幅值乘以弹性模量转换为 S-N 曲线用的名义循环应力幅值。每条 S-N 曲线转换时所用的弹性模量在规范中都有说明。

为了便于设计时采用计算机编程和计算,新 ASME Ⅷ-2 的附录 3-F 和 GB/T 4732 都给出了用数值拟合得到的各 S-N 曲线的函数表达式。

焊缝及其热影响区的材料疲劳寿命一般都低于未焊材料光滑试样的测试结果。在 EN 标准和新 ASME 规范中都另外补充用于焊接接头疲劳分析的 S-N 曲线和设计方法。

9.3.2 平均应力修正

循环应力一般由平均应力 σ_m 和幅值为 σ_a 的对称循环应力叠加而成,见图 9-9(a)。对理想塑性材料,应力循环中弹性名义值超过屈服极限的应力部分都被限制于屈服极限,实际应力循环的平均应力将小于名义平均值。如图 9-9(b)所示，当最大循环应力 $\sigma_s<\sigma_a+\sigma_m\leqslant 2\sigma_s$ 时材料处于安定状态，安定后的应力循环路径为 B-C-B，实际平均应力 σ'_m 由名义平均应力 σ_m 下降为 $\sigma'_m=\sigma_s-\sigma_a$。因 σ_s 为常值，随着循环应力幅值 σ_a 的增大实际平均应力 σ'_m 将反而减小。当 σ_a 增加到 $\sigma_a+\sigma_m>2\sigma_s$ 时材料丧失安定，见图 9-9(c)。循环路径成迟滞回线 B-C-D-E-B，其实际平均应力降为 $\sigma'_m=0$。

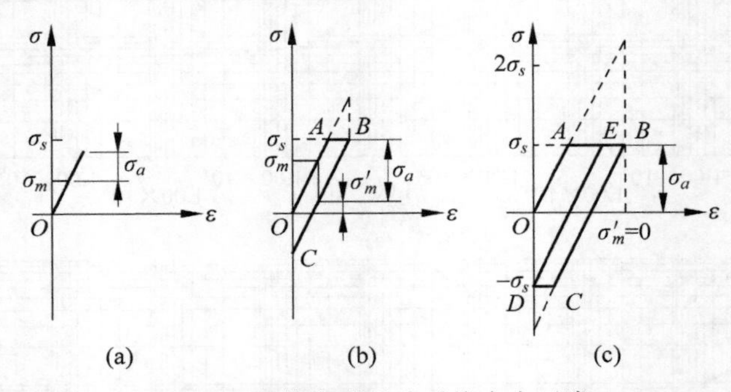

图 9-9 塑性变形导致平均应力下降

(a) $\sigma_a+\sigma_m\leqslant\sigma_s$；(b) $\sigma_s<\sigma_a+\sigma_m\leqslant 2\sigma_s$；(c) $\sigma_a+\sigma_m>2\sigma_s$

规范提供的 S-N 曲线都已经考虑了平均应力影响的修正，修正的原理如下。

拉伸平均应力会导致材料疲劳强度下降。基于大量疲劳试验的结果，Goodman 提出疲劳强度与平均应力存在如下线性关系：

$$\frac{\sigma_a}{\sigma_{-1}}+\frac{\sigma_m}{\sigma_b}=1,\quad 即\ \sigma_a=\sigma_{-1}(1-\sigma_m/\sigma_b) \tag{9-1}$$

其中，σ_{-1} 为对称循环($R=-1,\sigma_m=0$)疲劳试验测得的循环次数达 10^7 时导致疲劳失效的应力幅值，简称疲劳强度；σ_a 表示存在平均应力 σ_m 的情况下循环次数达 10^7 时导致疲劳失效的循环应力幅值，简称等效应力幅值；σ_b 为强度极限。

假设在任意循环次数(不限于 10^7)下 Goodman(古德曼)关系都成立，则可利用它对试验测定的对称循环 S-N 曲线进行修正。式(9-1)对应于图 9-10 中的直线①。由式(9-1)第二式可以看到，与 S-N 曲线上某对称循环应力幅值 σ_{-1} 等效的应力幅值 σ_a 有很多，当平均应力 σ_m 由 0 变到 σ_b 时等效应力幅值 σ_a 将由 σ_{-1} 变到 0。应该用哪个 σ_a 来修正 S-N 曲线中的 σ_{-1} 呢？按保守处理原则应选择最危险的 σ_a。对于某确定的平均应力 σ_m，在弹性范围内最危险(最大)的 σ_a 就是满足如下屈服条件时的值(参看图 9-9(a))：

$$\sigma_a+\sigma_m=\sigma_s,\quad 即\ \frac{\sigma_a}{\sigma_s}+\frac{\sigma_m}{\sigma_s}=1 \tag{9-2}$$

此方程对应于图 9-10 中的直线②。如果加大 σ_a 至超过屈服极限，实际平均应力 σ'_m 将随之减小(图 9-9(b))，危险性反而变小。所以应该在直线①上选满足条件(9-2)的 σ_a 来修正 S-N 曲线，它就是直线①和②之交点 F 的纵坐标 σ_a^F。联立式(9-1)和式(9-2)，消去平均应力 σ_m 得到：

$$\sigma_a^F=\sigma_{-1}\frac{\sigma_b-\sigma_s}{\sigma_b-\sigma_{-1}} \tag{9-3}$$

将对称循环 S-N 曲线上的各 σ_{-1} 点用式(9-3)求得的 σ_a^F 来代替，得到经过平均应力修正的

S-N 曲线,如图 9-11 所示。由图 9-9(c)可以看到,当 $\sigma_a+\sigma_m \geqslant 2\sigma_s$ 时,实际平均应力为零,所以图 9-11 中 S-N 曲线的左半部分修正曲线和原曲线重合。

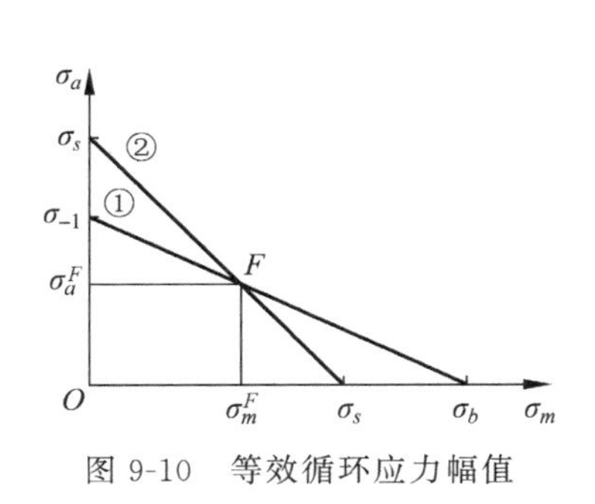

图 9-10 等效循环应力幅值

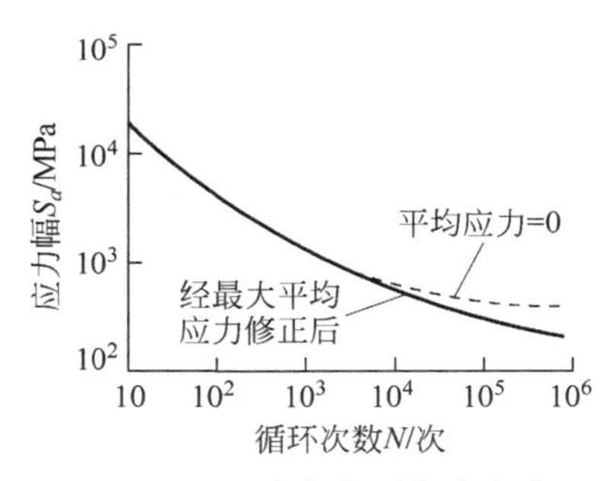

图 9-11 S-N 曲线的平均应力修正

试验数据表明 Goodman 的线性关系稍偏保守,Gerber 提出了如下非线性关系[4]:

$$\frac{\sigma_{am}}{\sigma_a}+\left(\frac{\sigma_m}{\sigma_b}\right)^2=1 \tag{9-4}$$

图 9-12 表明,试验点落在 Goodman 直线和 Gerber 曲线之间,更接近于 Gerber 曲线。

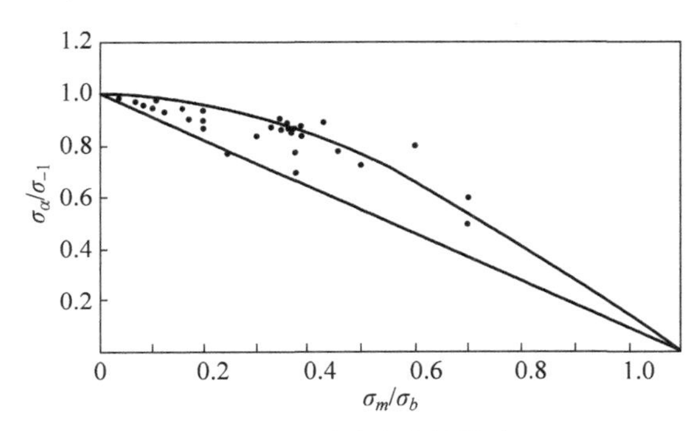

图 9-12 平均应力的影响

9.4 弹性应力分析的疲劳评定

9.4.1 有效交变总当量应力

基于弹性应力分析的疲劳评定方法简称为弹性疲劳分析法。

在弹性应力分析中疲劳评定的控制参数是有效交变总当量应力幅,它是疲劳失效的驱动力。ASME Ⅷ-2 规范采用第四强度理论,这里的"总当量应力"是指用总应力(一次加二次加峰值应力)计算的 Mises 当量应力。"有效"是指仅考虑高于规定门槛值的有效应力循环。例如,根据疲劳分析免除准则,对整体构造和压力循环情况仅将范围超过设计压力 20%的压力波动引起的应力计入有效应力循环。

有效交变总当量应力幅对弹性计算的总应力幅进行了塑性修正,其中包括三个修正系数:疲劳强度减弱系数 K_f、疲劳损失系数 $K_{e,k}$ 和泊松修正系数 $K_{\nu,k}$。

根据是否将局部热应力从总应力中分离出去，ASME 规范给出两种可供选择的有效交变总当量应力幅的计算公式。

(1) 若将局部热应力分离，第 k 种循环的有效交变总当量应力幅 $S_{\mathrm{alt},k}$ 的计算公式为

$$S_{\mathrm{alt},k}=\frac{K_f\cdot K_{e,k}\cdot(\Delta S_{P,k}-\Delta S_{LT,k})+K_{\nu,k}\cdot\Delta S_{LT,k}}{2} \tag{9-5}$$

其中，K_f、$K_{e,k}$ 和 $K_{\nu,k}$ 为上述的三个塑性修正系数，$\Delta S_{P,k}$ 为第 k 种循环的弹性计算总当量应力范围，$\Delta S_{LT,k}$ 为第 k 种循环的当量局部热应力范围。

(2) 若不将局部热应力分离，有效交变总当量应力幅采用如下计算公式：

$$S_{\mathrm{alt},k}=\frac{K_f\cdot K_{e,k}\cdot\Delta S_{P,k}}{2} \tag{9-6}$$

这是一种简易而保守的方法，详见 9.4.1.4 节。

我国 GB/T 4732 标准增加了弹性模量转换关系：

$$S_{\mathrm{alt},k}=0.5K_fK_{e,k}\left(\frac{E_c}{E_T}\right)\Delta S_{e,k} \tag{9-7}$$

其中，E_c 为绘制设计疲劳曲线时采用的弹性模量，E_T 为材料在循环平均温度 T 下的弹性模量，$\Delta S_{e,k}$ 就是 ASME 规范的 $\Delta S_{P,k}$。

下面逐个介绍出现在式(9-5)～式(9-7)中的各类应力和修正系数。

9.4.1.1 当量应力范围的计算

将第 k 种应力循环的起始时刻 ${}^mt$ 和终止时刻 ${}^nt$ 在疲劳评定点处的 6 个弹性总应力分量分别记为 ${}^m\sigma_{ij,k}$ 和 ${}^n\sigma_{ij,k}$ $(i,\ j=1,2,\cdots,6)$。先计算各应力分量的循环范围：

$$\Delta\sigma_{ij,k}={}^m\sigma_{ij,k}-{}^n\sigma_{ij,k} \tag{9-8}$$

然后按下式计算当量总应力范围：

$$\Delta S_{P,k}=\Delta S_{e,k}=\frac{1}{\sqrt{2}}[(\Delta\sigma_{11,k}-\Delta\sigma_{22,k})^2+(\Delta\sigma_{22,k}-\Delta\sigma_{33,k})^2+(\Delta\sigma_{33,k}-\Delta\sigma_{11,k})^2+ 6(\Delta\sigma_{12,k}^2+\Delta\sigma_{23,k}^2+\Delta\sigma_{31,k}^2)]^{0.5} \tag{9-9}$$

将第 k 种应力循环的起点和终点时在疲劳评定点处的 6 个弹性局部热应力分量分别记为 ${}^m\sigma_{ij,k}^{LT}$ 和 ${}^n\sigma_{ij,k}^{LT}$（计算公式见Ⅷ-2 的附录 5.C），则当量局部热应力的计算公式为

$$\begin{cases} S_{LT,k}=\dfrac{1}{\sqrt{2}}[(\Delta\sigma_{11,k}^{LT}-\Delta\sigma_{22,k}^{LT})^2+(\Delta\sigma_{22,k}^{LT}-\Delta\sigma_{33,k}^{LT})^2+(\Delta\sigma_{33,k}^{LT}-\Delta\sigma_{11,k}^{LT})^2]^{0.5} \\ \Delta\sigma_{ij,k}^{LT}={}^m\sigma_{ij,k}^{LT}-{}^n\sigma_{ij,k}^{LT} \end{cases} \tag{9-10}$$

由于局部热应力是因局部热膨胀被周围材料约束而引起的，其剪应力分量可以忽略。

注意，按 2.1.4.2 节的“先加(减)后算”法则，式(9-5)中的 $(\Delta S_{P,k}-\Delta S_{LT,k})$ 并不是式(9-9)和式(9-10)的差，而应先计算两个应力张量的分量差，然后再计算当量压力。即总应力减局部热应力的当量应力范围为

$$\Delta\sigma_{ij,k}=({}^m\sigma_{ij,k}-{}^m\sigma_{ij,k}^{LT})-({}^n\sigma_{ij,k}-{}^n\sigma_{ij,k}^{LT}) \tag{9-11}$$

其中，

$$\Delta\sigma_{ij,k}=({}^{m}\sigma_{ij,k}-{}^{m}\sigma_{ij,k}^{LT})-({}^{n}\sigma_{ij,k}-{}^{n}\sigma_{ij,k}^{LT}) \tag{9-12}$$

为了避免误解，Osage 和 Sowinski[5]将$(\Delta S_{P,k}-\Delta S_{LT,k})$改记为$\Delta S_{P-LT,k}$。

9.4.1.2 疲劳强度减弱系数

疲劳强度减弱系数 K_f 用于考虑应力集中(含焊接接头或局部结构不连续)对疲劳强度的影响，它是同一元件在无焊接或局部不连续时的疲劳强度和有焊接或局部不连续时的疲劳强度之比。如果数值计算模型中已经考虑了局部缺口或焊缝效应，则求得的最大总应力已包含应力集中影响，此时应取 $K_f=1.0$。如果计算中采用无应力集中模型，则应加 K_f 修正。

疲劳强度减弱系数一般应用于焊缝模型。规范中给出了典型焊缝疲劳强度减弱系数的推荐值(如 ASME Ⅷ-2 规范的表 5-11 和表 5-12)，它与焊接类型、焊缝表面状态和无损检测测定的焊接质量有关。

疲劳强度减弱系数应该加在结构应力(即薄膜加弯曲应力，对应于无焊接或局部不连续情况)上，现行规范的式(9-5)～式(9-7)将其加在含峰值应力的总应力上是保守的。Osage 和 Sowinski 提出了修正方案，见文献[5]的 5.5.3.2 节。

对应力集中(局部结构不连续)对疲劳强度的影响问题已经开展了大量研究。下面介绍两个可供工程设计人员参考的研究成果[4]。

(1) 对循环应力幅低于屈服极限的高周弹性疲劳，疲劳强度减弱系数 K_f 和理论(弹性)应力集中系数 K_t 相等。对循环应力幅超过屈服极限的低周塑性疲劳，由于局部高应力区进入屈服导致真实应力集中减小，因而疲劳强度减弱系数 K_f 将小于理论应力集中系数 K_t。局部塑性变形越大，K_f 和 K_t 之比就越小。

(2) 疲劳强度随理论应力集中系数 K_t 的增加而减小，最后达到一个稳定的下限值。

以带半圆槽的轴向拉伸圆棒为例，见图 9-13。若槽的深度不变，当底圆半径变小时，槽的形状趋于裂纹，应力集中系数趋于无穷大。

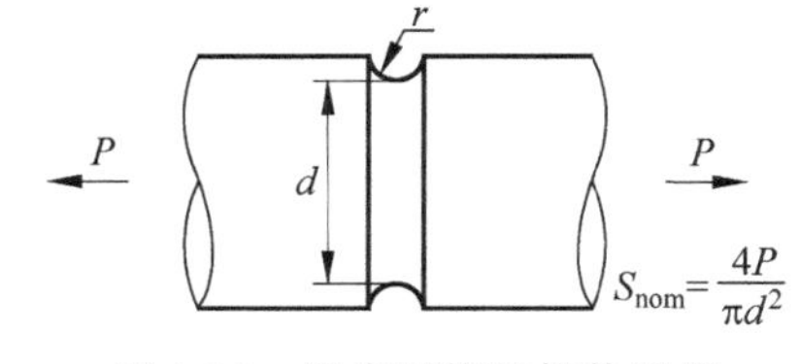

图 9-13 带半圆槽的拉伸圆棒

断裂力学指出，当应力强度因子小于门槛值 $\Delta K_{th}=\Delta S_{th}\sqrt{\pi a}$ 时，或者说当循环应力幅小于门槛值 ΔS_{th} 时，疲劳裂纹将不会扩展。因而带槽圆棒的疲劳强度不会随应力集中系数无限增大而趋于零，ΔS_{th} 是其疲劳强度的下限值。

Frost 和 Dugdale[6]对钢制和铝制的带缺口平板和圆棒试件进行了疲劳试验，结果汇总于图 9-14。他们指出，对总失效寿命(达到疲劳断裂的循环次数)而言确实存在一个应力集中系数的上限，当大于它时疲劳强度不再下降。图中的粗实线在应力集中系数约大于 4 以后变成水平线。换言之，从疲劳强度(即图中的纵坐标，名义应力幅)的角度来看，确实存在一个疲劳强度的下限，当弹性计算的应力集中系数 K_t 继续增加时疲劳强度不会低于此下限值。但是对裂纹萌生(图 9-14 中的虚线)而言并不存在这样的极限，因为裂纹萌生发生在表面，在裂纹萌生时试件的整个截面还处于弹性状态。

9.4.1.3 疲劳损失系数

疲劳损失系数 $K_{e,k}$ 用于考虑塑性应变集中对疲劳强度的影响。它是同一元件在相同

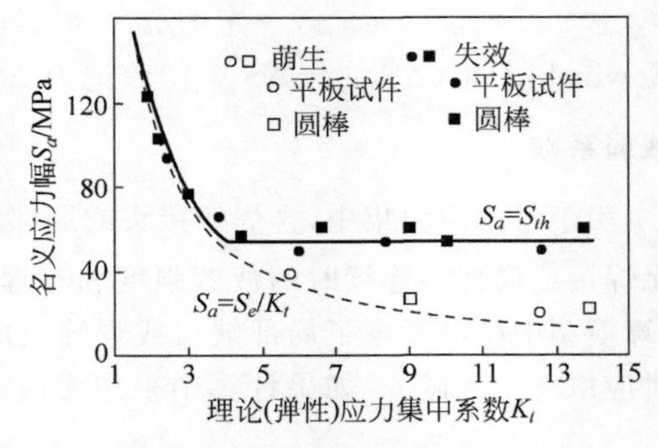

图 9-14　带半圆槽的拉伸圆棒

位移加载条件下危险点处弹塑性分析和弹性分析的当量总应变范围之比[7-8]：

$$K_{e,k}=\frac{(\Delta\varepsilon_{t,k})_{ep}}{(\Delta\varepsilon_{t,k})_{e}} \tag{9-13a}$$

$$(\Delta\varepsilon_{t,k})_{ep}=\frac{\sqrt{2}}{3}[(\Delta e_{11,k}-\Delta e_{22,k})^2+(\Delta e_{22,k}-\Delta e_{33,k})^2+(\Delta e_{33,k}-\Delta e_{11,k})^2+1.5(\Delta e_{12,k}^2+\Delta e_{23,k}^2+\Delta e_{31,k}^2)] \tag{9-13b}$$

$$(\Delta\varepsilon_{t,k})_{e}=\frac{\Delta S_{P,k}}{E_{ya,k}} \tag{9-13c}$$

其中，$\Delta e_{ij,k}$ 为第 k 种循环危险点处的弹塑性总应变分量范围，用弹塑性有限元分析计算；$\Delta S_{P,k}$ 为第 k 种循环危险点处的总当量应力范围，用弹性有限元分析计算；$E_{ya,k}$ 为第 k 种循环平均温度下危险点处的弹性模量。

当塑性区高度集中(影响范围很小)，其塑性应变被周围弹性材料限制时，塑性应变与弹性计算应变基本相同，不会发生应变集中，此时只需考虑高应力区因塑性变形导致的应力集中下降，用疲劳强度减弱系数 K_f 替代弹性应力集中系数 K_t(见 9.4.1.2 节)。当塑性区大到足以导致明显的应变重分布，塑性应变明显大于弹性计算应变时，就必须考虑塑性应变集中效应，用疲劳损失系数 $K_{e,k}$ 来反映塑性应变集中对疲劳强度的影响。

疲劳损失系数的概念最早由 Langer 提出[7]，并称它为应变集中系数 K_ε。下面以 Langer 所举的矩形截面悬臂梁为例来说明塑性应变集中的概念。图 9-15 中的曲线来自弹塑性有限元分析。梁高与梁长之比为 1∶10。采用线弹性和弹性-理想塑性两种材料模式进行计算。左端固支，右端位移加载。先做弹塑性分析，位移加载到固支端根部截面的塑性区深度为半梁高的 10%；然后做弹性分析，右端位移加载到与上述弹塑性计值相同，即两种分析的位移加载水平相同。类似地，再对根部塑性区深度为半梁高的 20%、30%、40%和 50%的四种加载情况进行弹塑性和弹性分析。

图 9-15(a)是塑性区深度为半梁高的 50%时梁上表面的当量总应变沿梁长分布图。由图可见，悬臂梁上表面的弹性应变分布为下倾直线(虚线)，最大当量总应变发生在根部，右端为零。随着载荷增加根部及其邻域的上下表面附近陆续进入塑性，梁的刚度沿梁长分布不再均匀。在根部处塑性区最深，截面弯曲刚度的减弱最严重。图 9-15(a)表明，弹塑性计算曲线在根部附近(左边)塑性区的应变明显高于弹性计算值，而自由端附近(右边)弹性区的应变反而减小了。这是因为在位移加载条件下，当刚度减弱部分的塑性应变(变形)增加

时刚度较强部分的弹性应变(变形)必定减小(得到释放),这样才能保证弹塑性情况和弹性情况在加载端处的总位移相同。在位移加载情况下的塑性应变集中是塑性变形引起的应变重分配,其特点是应变(变形)由弹性区向局部塑性区转移而导致塑性区应变(变形)显著高于弹性计算应变,而弹性区应变将低于弹性计算应变。图 9-15(b)表明,随着塑性区沿梁高方向的加深,应变集中变得越来越严重。

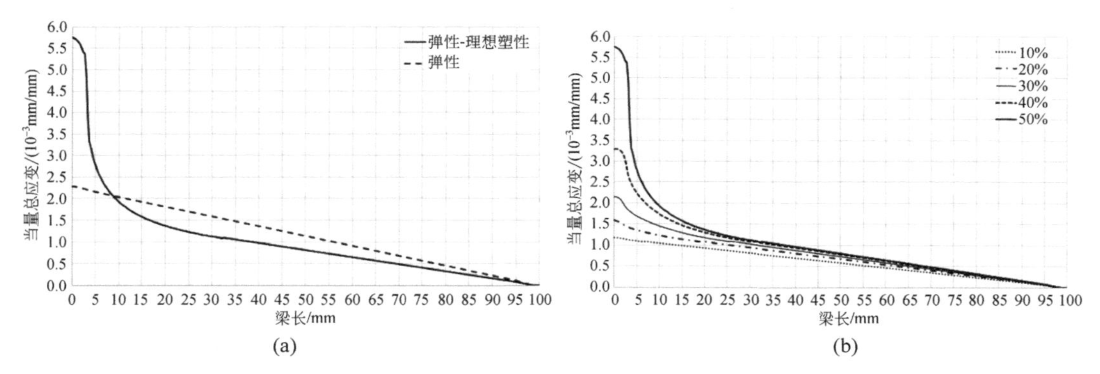

图 9-15 悬臂梁的塑性应变集中——当量总应变沿梁长分布图

(a) 弹性和弹塑性分析的对比;(b) 不同深度塑性区的对比

热胀管系对相连容器塑性变形的弹性跟随是位移加载下塑性应变集中的又一例子。

在力加载情况下塑性区的弹塑性计算应变也将大于弹性计算应变,但与位移加载情况不同,此时通过应力重分布将本来由塑性区承受的载荷转移到低应力弹性区,因而弹性区的应变(应力)将大于弹性计算应变(应力),而非减少。

塑性应变集中导致塑性区的疲劳损伤比无应变集中时更严重,所以需要做相应的修正。

ASME Ⅷ-2 规范在正文中给出了 $K_{e,k}$ 的工程简化计算公式:

$$K_{e,k}=1.0,\quad \Delta S_{n,k}\leqslant S_{PS} \tag{9-14a}$$

$$K_{e,k}=1.0+\frac{(1-n)}{n(m-1)}\left(\frac{\Delta S_{n,k}}{S_{PS}}-1\right),\quad S_{PS}<\Delta S_{n,k}<mS_{PS} \tag{9-14b}$$

$$K_{e,k}=\frac{1}{n},\quad \Delta S_{n,k}\geqslant mS_{PS} \tag{9-14c}$$

其中,S_{PS} 为一次加二次应力范围的许用极限;$\Delta S_{n,k}$ 为第 k 种循环的一次加二次当量应力范围;材料参数 m 和 n 由规范给出,见表 5-13,其中 n 是材料的应变硬化指数,引入参数 m 是为了满足当 $\Delta S_{n,k}/S_{PS}$ 时,$K_{e,k}=\frac{1}{n}$ 的条件,参见根据式(9-14)绘制的图 9-16。

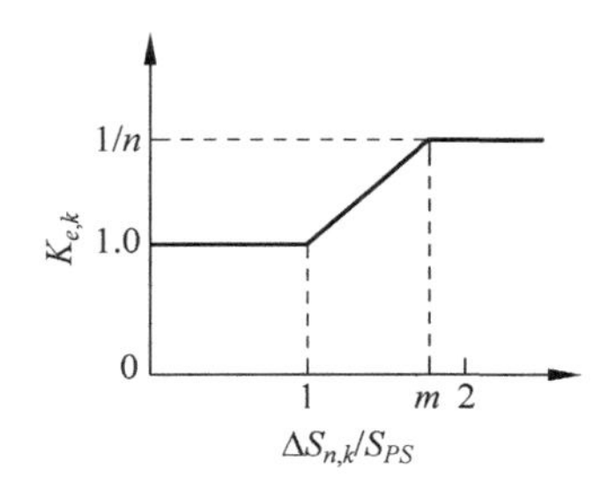

图 9-16 $K_{e,k}$ 曲线

当 $K_{e,k}$ 值大于 1.0 时 $\Delta S_{n,k}$ 已经大于许用值 S_{PS},所以必须满足 8.2.1.2 节的简化弹塑性分析的准则。

规范在其附录 5-C 中还给出一种较详细的 $K_{e,k}$ 计算方法。

ASME 规范给出的 $K_{e,k}$ 最大值为 $1/n$,对低碳钢和低合金钢为 5.0,对奥氏体钢为 3.3。众多研究者都认为这是过于保守的。法国规范 RCC-M 仅将式(9-14)用于机械应力,对热弯曲应力则采用基于 Neuber 法则(详见 9.6.2 节)的公式。Faidy 和 Wasylyk[9] 简介和对比了各国规范关于简化弹塑性疲劳分析的规则,包括美国 ASME Ⅲ(同Ⅷ-2)规范、法国 RCC-M 规则、日本 JSME 规范、俄罗斯 PNAEG 规范和德国 KTA 规范,得到的结论是:各国规范中基于疲劳损失系数 K_e 和泊松修正系数 K_ν 的简化弹塑性疲劳分析方法区别很大。ASME 规范相当保守,RCC-M 规则较符合实际,尤其对不锈钢接管的热冲击问题。Iida[10] 等由缺口圆棒试件的疲劳试验研究结果得出结论:当名义应力范围明显大于 3S 时,ASME 规范的 K_e 是保守的,但当名义应力范围接近于 3S 时,K_e 可能是非保守的。Gurdal 和 Xu[11] 对奥氏体钢阶梯形管道进行了各种不同热瞬态下的疲劳试验,检验了用 ASME、RCC-M、JSME 等规范和弹塑性分析结果所得的 K_e 值,作出的第一个结论是:由弹塑性分析和弹性分析的应变比确定的 K_e(见式(9-13a))所预测的疲劳寿命与试验结果吻合得很好。

9.4.1.4 泊松修正系数

泊松修正系数 $K_{\nu,k}$ 用于考虑由壁厚方向的热梯度引起的双轴应力场导致的塑性应变增强效应,其计算公式是

$$K_{\nu,k}=\frac{1-\nu_e}{1-\nu_p} \tag{9-15a}$$

$$\nu_p=\max\left[0.5-0.2\left(\frac{S_{y,k}}{S_{a,k}}\right),\nu_e\right] \tag{9-15b}$$

其中,ν_e 为弹性泊松比,$S_{y,k}$ 为在第 k 种循环平均温度下的屈服强度,$S_{a,k}$ 为用第 k 种循环的规定循环次数从适用的 S-N 曲线查到的交变应力幅。

泊松修正系数 $K_{\nu,k}$ 用于修正式(9-5)中的当量局部热应力范围 $\Delta S_{LT,k}$。局部热应力的典型实例是接管内表面受热冲击引起的热应力。与压力容器覆层中的热应力类似,由于内表面高温区的热膨胀被管壁低温区的变形所限制,产生双轴等压的应力状态,如图 9-17 所示。考虑到泊松横向变形效应,双轴等压下的应力-应变关系为

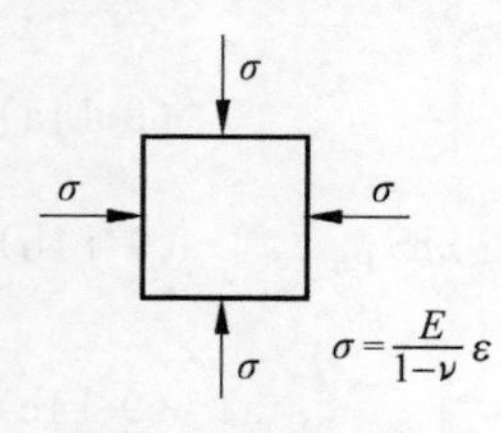

图 9-17 双轴等压

$$\sigma=\frac{E}{1-\nu}\varepsilon \tag{9-16}$$

S-N 曲线是在单轴应力状态下测定的,应力-应变关系为 $\sigma=E\varepsilon$。和式(9-16)相比,当施加相同应变 ε 时(热应力是应变加载),双轴等压应力状态的应力比单轴应力大 $1/(1-\nu)$ 倍,这一效应已经包括在弹性应力计算结果中,无需修正。但是,当高应力区进入塑性后,泊松比将由弹性的 $\nu_e=0.3$ 变为塑性的 $\nu_p=0.5$。相应地,应力又增加了 $(1-\nu_e)/(1-\nu_p)$ 倍,这就是泊松修正系数 $K_{\nu,k}$ 式(9-15a)的来源。将 $\nu_p=0.3\sim0.5$ 代入式(9-15a)可以看到 $K_{\nu,k}$ 的取值范围为 1.0～1.4。

式(9-5)中泊松比修正项 $K_{\nu,k}\Delta S_{LT,k}$ 的计算比较繁琐。既要从总应力中分离出局部热应力 $\Delta S_{LT,k}$,在确定式(9-15b)中的 $S_{a,k}$ 时还要查材料疲劳曲线。为此式(9-6)提供了一种简易的替代方案,采用带疲劳强度减弱系数 K_f 和疲劳损失系数 $K_{e,k}$ 的全(包括局部热应力)交变当量应力范围来进行塑性修正,即用 $K_fK_{e,k}\Delta S_{LT,k}$ 来替代 $K_{\nu,k}\Delta S_{LT,k}$。由于

K_f 不会小于 1.0 和 $K_{e,k}$ 的范围是 1.0～5，而 $K_{\nu,k}$ 的范围只是 1.0～1.4，所以替代方案是保守的。

9.4.2 弹性疲劳评定

基于弹性应力分析的疲劳评定方法简称为弹性疲劳评定，包括载荷处理、弹性应力分析、疲劳寿命（许用循环次数）预测和基于线性累积损伤的疲劳评定四大步骤。

（1）载荷处理

根据用户设计说明书提供的载荷历史（即设备服役期间载荷或应力、应变随时间的变化规律），用循环计数法（见 9.2 节）将其分解为由 $k=1,2,\cdots,M$ 种恒幅循环组成的载荷直方图。

（2）弹性应力分析

① 如果第 1 步提供的是载荷（如压力、温度）直方图，则要将直方图给出的载荷范围加到压力容器元件上进行弹性应力分析，计算危险点处的各应力分量范围。如果提供的是危险点处的应力直方图，可以直接执行下面的②。

② 按 9.4.1 节的式(9-5)或式(9-6)计算有效交变总当量应力幅 $S_{\text{alt},k}$，详细说明见 9.4.1.1 节～9.4.1.4 节。

（3）寿命预测

基于有效交变总当量应力幅 $S_{\text{alt},k}$ 由材料的设计疲劳曲线（S-N 曲线，见 9.3 节）查得第 k 种循环的许用循环次数 $N_k(k=1,2,\cdots,M)$。

（4）疲劳评定

先计算第 k 种循环的疲劳损伤：

$$D_{f,k}=\frac{n_k}{N_k}(k=1,2,\cdots,M) \tag{9-17}$$

其中，n_k 为服役期间第 k 种循环的实际重复次数。

然后根据疲劳损伤线性累积理论进行疲劳评定。如果累积损伤不大于 1，即

$$D_f=\sum_{k=1}^{M}D_{f,k}\leqslant 1.0 \tag{9-18}$$

则疲劳评定通过。否则应修改设计，重新评定。

（5）对容器上需疲劳评定的每一个危险点重复上述各步骤。

讨论：疲劳损伤是在循环载荷作用下材料抗力性能的逐步丧失。疲劳损伤线性累积理论认为，在多种循环载荷作用下材料的总损伤程度由每种循环载荷引起的损伤程度线性叠加而成，与循环作用的顺序无关。实际上作用顺序会产生一定的影响。如果低应力幅作用在前，线性损伤累积理论是合理的。但如果高应力幅作用在前，卸载后产生的有利残余应力场能使后继低应力幅的损伤程度下降，线性损伤累积理论是保守的。

图 9-18 对比了各种加载顺序下的疲劳寿命[4]，其中“高”和“低”分别表示高应力幅和低应力幅。可以看到，高-低加载顺序的寿命最长，低-高加载顺序的寿命最短，两者约差 4 倍。S-N 曲线对疲劳寿命的安全系数是 20，所以 4 倍的误差尚属可接受的。

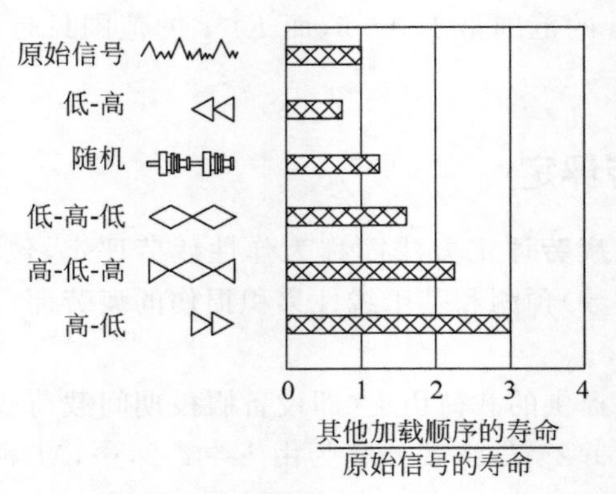

图 9-18　加载顺序的影响

9.5　弹塑性分析的疲劳评定

弹塑性分析的疲劳评定方法简称为弹塑性疲劳分析法。

Kalnins[12]指出，弹塑性疲劳分析方法源自 Coffin 和 Dowling 等提出的局部应变法，其基本假设是：如果用相同材料制成的压力容器光滑元件和光滑疲劳试件在局部表面承受相同的循环应变范围，则形成相同尺寸的小裂纹所需要的循环次数大致相同。该假设的核心是：

(1) 进入塑性后裂纹萌生(小裂纹)寿命仍取决于局部的应力-应变状态。

(2) 进入塑性后疲劳失效的控制参数不再是循环应力范围，而成为循环应变范围。

弹塑性疲劳分析方法采用由弹塑性有限元分析算出的有效当量应变范围来评定疲劳强度。有效当量应变范围由两部分组成，一部分是弹性应变范围，即用线弹性分析得到的当量总应力范围除以弹性模量；另一部分是当量塑性应变范围。为了利用 S-N 曲线，需要将有效应变范围转换为有效交变当量应力幅，它等于有效应变范围与弹性模量之积的一半。用该应力幅即可从光滑试件的疲劳曲线上查得许用循环次数，进行疲劳评定。弹塑性疲劳分析方法已经在有限元分析中直接引入了塑性变形的影响，不必再引入各类塑性修正系数。

弹塑性分析在建模时需要确定几何形状，不适用于几何形状不确定部位(如焊趾根部)的疲劳分析。

弹塑性分析中一般采用比例加载方式，对加载过程中主应力和主应变方向发生变化的非比例加载情况，疲劳评定的精度较差。

9.5.1　循环应力-应变曲线

用弹塑性分析计算循环应力范围和应变范围时，应采用稳定后的循环应力-应变曲线。逐个循环分析法采用循环应力-应变曲线，该曲线上的每个点都表示在相应应变范围作用下稳定迟滞回线转折点处的应力幅和应变幅，见式(9-19)。它由弹性应变和塑性应变两项组成。二倍屈服法采用迟滞回线应力-应变曲线，它是应力范围和应变范围间的关系，见式(9-20)。其中，$\varepsilon_{tr}=2\varepsilon_{ta}$，$\sigma_r=2\sigma_a$，因为右端第二项中的 σ_a 为幅值，需要乘 2 将它转换成范围。

$$\varepsilon_{ta}=\frac{\sigma_a}{E_y}+\left(\frac{\sigma_a}{K_{css}}\right)^{\frac{1}{n_{css}}} \tag{9-19}$$

$$\varepsilon_{tr}=\frac{\sigma_r}{E_y}+2\left(\frac{\sigma_a}{2K_{css}}\right)^{\frac{1}{n_{css}}} \tag{9-20}$$

式(9-19)和式(9-20)中的 E_y 为相应温度下的弹性模量值；K_{css} 和 n_{css} 为规范中给出的两个材料参数，例如可查 ASME Ⅷ-2 附录 3.D 中的表 3-D.2。循环应力-应变曲线方程为弹塑性有限元分析提供了材料模型的必需信息。

式(9-19)和式(9-20)是用线性函数和指数函数的组合对实验数据进行拟合而得到的，具有一般性，就特定材料而言并非十分精确，所以规范规定用户可以采用更为精确的拟合曲线或比所规定的材料循环行为更为保守的曲线。

弹塑性疲劳分析不能采用常用的单调加载应力-应变曲线，这可能导致不保守的结果。

9.5.2 弹塑性有限元分析

弹塑性有限元分析是弹塑性疲劳评定的前奏。将载荷直方图中的每种循环分别施加到压力容器元件上，采用循环应力-应变关系进行弹塑性有限元分析，计算相应的当量应力范围 $\Delta S_{p,k}$ 和当量塑性应变范围 $\Delta\varepsilon_{peq,k}$。

根据加载方式的不同弹塑性有限元分析分为逐个循环分析法和两倍屈服法。

9.5.2.1 逐个循环分析法

逐个循环分析法[12](cycle-by-cycle analysis)将给定的循环载荷逐个循环地反复施加直至循环返转点处的应力和应变达到稳定。可以每个循环正、反向地施加应力幅，采用循环应力-应变曲线；也可以在循环的两个转折点间反复加卸载，采用迟滞回线应力-应变曲线。若循环是非对称的，后一种加载方式会出现平均应力，规范中的 S-N 曲线已经做过平均应力修正，所以不必再考虑平均应力的影响。

有限元软件提供了多种塑性硬化材料模型，有各向同性硬化模型和随动硬化模型。随动硬化又分线性随动硬化与非线性随动硬化。弹塑性疲劳分析方法推荐采用线性随动硬化模型。主流的有限元分析软件(如 ANSYS 的 KIHN)提供的线性随动硬化模型，可以对输入的材料数据进行多线性曲线拟合。

各向同性硬化模型不能形成稳定的循环迟滞回线，随着循环次数的增加屈服面将不断扩大，直至进入弹性状态。非线性随动硬化模型不能通过循环塑性材料模型的有效性检验。所以这两类材料模型都不宜用于循环载荷下的弹塑性分析。所谓有效性检验是指：如果采用某材料模型对单轴应力状态下的拉伸试件进行弹塑性分析，所得到的应力范围和应变范围必须落在输入的循环应力范围-塑性应变范围曲线上，即必须能复制该材料模型，否则该材料模型无效。

9.5.2.2 二倍屈服法

二倍屈服法[12](twice yield method)是以零为起点、载荷范围为终点、采用迟滞回线应力-应变曲线的加载分支进行单调加载的一种弹塑性分析方法。

二倍屈服法的基本假设是：滞后回线的加载分支和卸载分支是几何相似的，如图 9-19 所示。因此只需按加载分支(半个循环)从转折点 A 到另一转折点 C 进行弹塑性有限元分析,即可得出所求的应力范围和应变范围。

图 9-19 中的 A 点对应反向屈服极限 $-S_y$,C 点对应正向屈服极限 S_y,有限元分析时设 A 点处载荷为零,则 C 点处施加的载荷为载荷范围 $S_y-(-S_y)=2S_y$,即两倍屈服极限,这是二倍屈服法名称的由来。

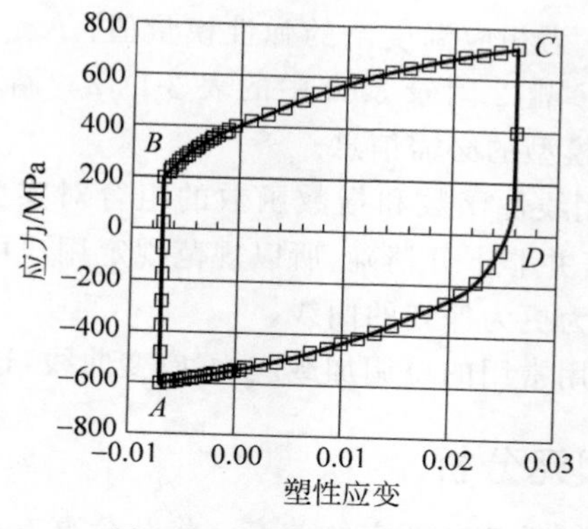

图 9-19　稳定的迟滞回线

迟滞回线应力-应变曲线只给出了应力范围和应变范围间的关系,没有关于平均应力的信息。载荷可以从转折点(或其他点)开始非对称施加,但因塑性变形使平均应力下降(见 9.3.2 节),达到稳定循环时的平均应力是不能预测的。此不确定性对疲劳评定影响不大,因为 S-N 曲线已经对平均应力的影响进行了修正。

二倍屈服法的优点是:只需对加载分支 A-B-C(半个循环)进行单调加载,无需进行卸载或再加载的分析即可求出所需的应力范围和应变范围,因而不要求有限元软件具备循环加载塑性分析的功能,任何具有单调加载下增量塑性分析功能的有限元软件都能使用。二倍屈服法耗费的机时远小于需要多个循环计算的逐个循环分析法。在后处理方面,二倍屈服法可以直接由有限元软件输出所需的应力范围和应变范围,而逐个循环分析法还要在分析结果中搜索并计算转折点处的应力范围和应变范围。由此可见,二倍屈服法是更为简便、有效的循环弹塑性分析方法。

逐个循环分析法的优点是保留了循环加载的特色。而二倍屈服法虽然用单调加载取代了循环加载,但计算结果仍能和逐个循环分析法相同[12]。

9.5.3　有效当量应变范围

在弹塑性分析的疲劳评定中控制变量是有效当量应变范围 $\Delta\varepsilon_{\text{eff}}$。查找 S-N 曲线所需要的有效交变当量应力幅 S_{alt} 是由它换算出来的。

ASME Ⅷ-2 规范中的有效当量应变范围由当量弹性应变范围和当量塑性应变范围两部分组成,对第 k 种循环有

$$\Delta\varepsilon_{\text{eff},k}=\frac{\Delta S_{P,k}}{E_{ya,k}}+\Delta\varepsilon_{p\text{eq},k} \tag{9-21}$$

其中,$E_{ya,k}$ 为第 k 种循环平均温度下的弹性模量。当量应力范围 $\Delta S_{P,k}$ 和当量塑性应变范围 $\Delta\varepsilon_{p\text{eq},k}$ 由下式给出:

$$\Delta S_{p,k}=\frac{1}{\sqrt{2}}[(\Delta\sigma_{11,k}-\Delta\sigma_{22,k})^2+(\Delta\sigma_{11,k}-\Delta\sigma_{33,k})^2+(\Delta\sigma_{22,k}-\Delta\sigma_{33,k})^2+6(\Delta\sigma_{12,k}^2+\Delta\sigma_{13,k}^2+\Delta\sigma_{23,k}^2)]^{0.5} \tag{9-22a}$$

$$\Delta\varepsilon_{peq,k}=\frac{\sqrt{2}}{3}[(\Delta p_{11,k}-\Delta p_{22,k})^2+(\Delta p_{22,k}-\Delta p_{33,k})^2+(\Delta p_{33,k}-\Delta p_{11,k})^2+1.5(\Delta p_{12,k}^2+\Delta p_{23,k}^2+\Delta p_{31,k}^2)]^{0.5} \tag{9-22b}$$

其中，$\Delta\sigma_{ij,k}$ 和 $\Delta p_{ij,k}$ 分别为第 k 种循环的应力分量范围和塑性应变分量范围。这些范围（循环起点和终点的分量之差）由弹塑性有限元分析得到，可采用二倍屈服法或逐个循环分析法计算。当采用二倍屈服法时，弹塑性分析程序可以直接输出 $\Delta S_{p,k}$ 和 $\Delta\varepsilon_{peq,k}$。

因弹性泊松比与塑性泊松比不同，计算当量塑性应变范围的式(9-22b)不适用于弹性情况，所以要另用当量应力范围来计算当量弹性应变范围。从当量应变（应力）计算的角度来看，这样将弹性和塑性分别计算当量应变再相加的做法是保守的（见 2.1.4.2 节）。

为了查找 S-N 曲线，需要利用单轴弹性应力-应变关系将有效当量应变范围换算成有效交变当量应力幅，对第 k 种循环有

$$S_{alt,k}=\frac{E_{ya,k}\cdot\Delta\varepsilon_{eff,k}}{2} \tag{9-23}$$

9.5.4 弹塑性疲劳评定

基于弹塑性分析的疲劳评定方法称为弹塑性疲劳评定，评定过程和弹性疲劳评定类似，包括载荷处理、弹塑性分析、疲劳寿命预测和疲劳评定四大步骤。

（1）载荷处理

根据用户提供的容器设计条件确定循环载荷工况，包括间歇操作（如开车、停车）、压力波动、温度变化、振动等。将载荷历史用循环计数法分解为 $k=1,2,\cdots,M$ 个载荷直方图，每种循环的循环次数为 n_k。取载荷起点和终点之差的绝对值为载荷范围。

（2）弹塑性分析

对第 k 种循环采用二倍屈服法或逐个循环分析法进行弹塑性分析。按式(9-22a)、式(9-22b)、式(9-21)和式(9-23)分别计算当量应力范围 $\Delta S_{p,k}$、当量塑性应变范围 $\Delta\varepsilon_{peq,k}$、有效当量应变范围 $\Delta\varepsilon_{eff,k}$ 和有效交变总当量应力幅 $S_{alt,k}$。

（3）寿命预测

根据有效交变总当量应力幅 $S_{alt,k}$，按疲劳设计曲线或拟合公式确定第 k 种循环的允许循环次数 N_k。

（4）疲劳评定

对 $k=1,2,\cdots,M$，逐个计算第 k 种循环的疲劳损伤 $D_{f,k}=n_k/N_k$。根据疲劳损伤线性累积理论，如果 $D_f=\sum_{k=1}^{M}D_{f,k}\leqslant 1.0$，则疲劳评定通过。否则应修改设计，重新评定。

（5）对容器上需疲劳评定的每一个点重复上述各步骤。

弹塑性疲劳评定的详细流程见图 9-20。

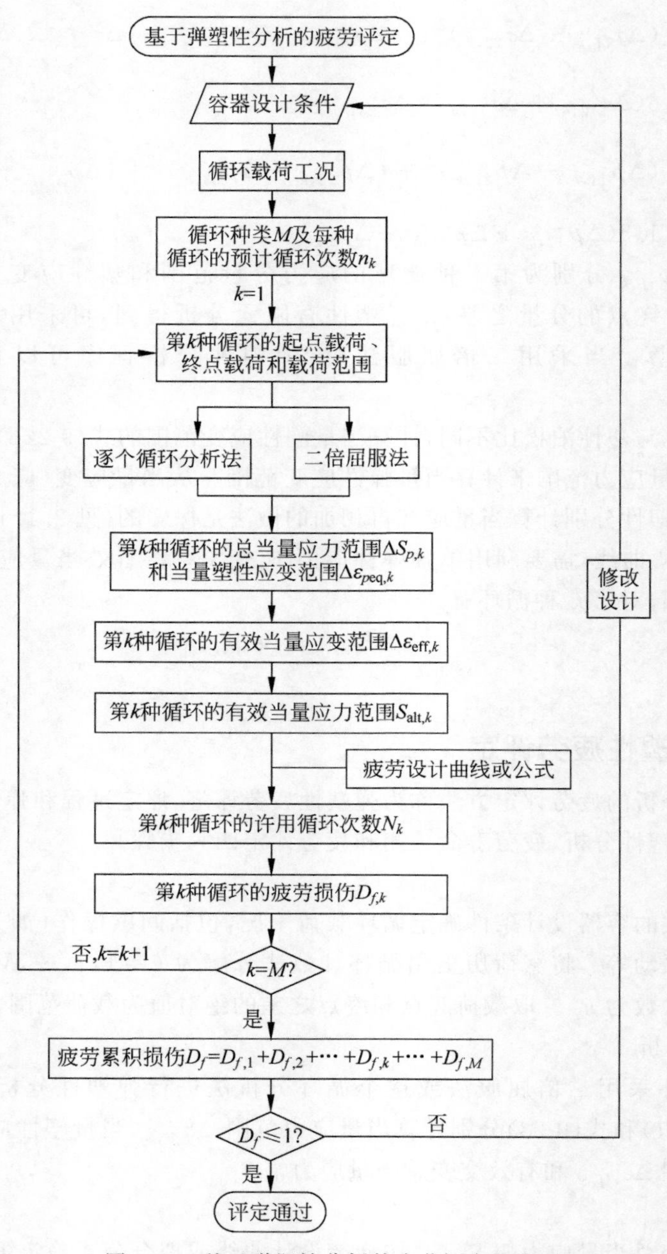

图 9-20　基于弹塑性分析的疲劳评定流程图

9.6　焊接件的疲劳评定

针对焊接件的疲劳评定，ASME Ⅷ-2 提供了一种易于实施的弹性结构应力疲劳分析法，即采用由弹性应力分析得到的结构应力进行疲劳评定的方法。该方法源自美国巴特尔研究中心(Battelle Institute)华裔学者董平沙(Dong P.)及其团队的研究成果"主 S-N 曲线法"[13-15]。主 S-N 曲线法有不少创新特点，下面来逐步展开讨论。

9.6.1　网格不敏感的结构应力

弹性应力分析疲劳评定(见 9.4 节)的评定对象是总应力,即有效交变总当量应力幅。总应力是结构应力(薄膜加弯曲应力)和峰值应力之和,需要精确计算应力集中效应,基于总应力的疲劳评定方法适用于几何形状有明确定义的光滑元件。焊接接头的几何形状复杂,甚至有些细节(熔渣夹杂、砂孔、类裂纹平面缺陷等)是不确定的,因而导致焊接件的疲劳评定成为公认的难题。

常用的有限元法在计算缺口附近的局部应力时是网格敏感的,选择不同的单元尺寸、单元形状或单元类型,计算结果有明显的差异。焊接接头在焊趾处有严重的几何突变,导致固有的应力奇异性,有限元计算的网格敏感性尤为突出。

结构应力是满足静力平衡条件所需要的应力,受网格的影响较小。图 9-21 给出了焊趾处厚度方向的总应力分布示意图,与其静力等效的结构应力由薄膜应力和弯曲应力组成,如图 9-22 所示。主 S-N 曲线法中的结构应力是指垂直于假想裂纹平面的薄膜应力和弯曲应力,它是疲劳裂纹扩展的驱动力。

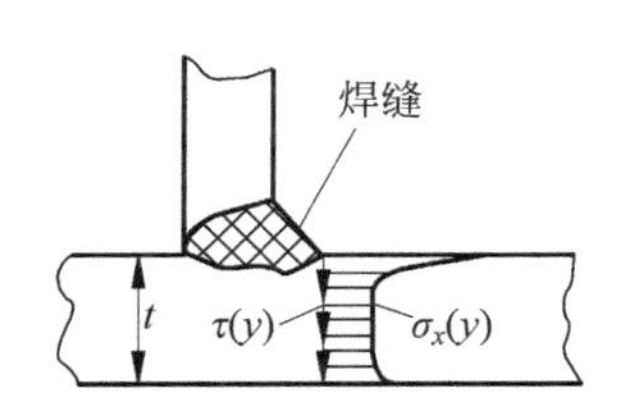

图 9-21　焊趾处的正应力和剪应力分布

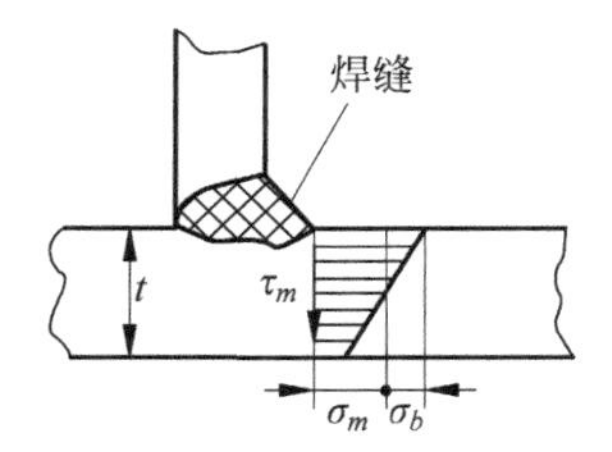

图 9-22　焊趾处的结构应力

ASME Ⅷ-2 规范在附录 5.A 中给出两种计算结构应力的基本方法:

(1) 应力积分法,常用有限元分析中称为应力线性化方法。该方法基于静力等效原理将由计算得到的、沿厚度(或应力分类线)的应力分布进行线性化,得到薄膜应力 σ_m 和弯曲应力 σ_b(参见 5.4 节),两者之和称为结构应力 σ_s。

在有限元法中应力由位移的一阶导数求出,求导过程与单元的类型(形函数)、形状和尺寸有密切关系,所以计算得到的应力分布是网格敏感的,将其线性化得到的结构应力也具有网格敏感性。

(2) 结点力法。该方法直接用有限元计算得到的结点力来计算结构应力。

结点力和结点位移是有限元解中精度最高的量,它们直接满足有限元基本方程(即位移表示的平衡方程),无需做求导运算,所以由结点力法求出的结构应力是网格不敏感的,可推荐应用于焊件接头的疲劳评定。

对任意形状的曲线焊缝,沿焊缝划分单元,如图 9-23 所示。取局部坐标 x' 和 y' 分别平行和垂直于焊缝,则结构应力为

$$\sigma_s = \sigma_m + \sigma_b = \frac{f'_y}{t} + \frac{6m'_x}{t^2} \tag{9-24}$$

其中,t 为截面厚度,f'_y 为垂直于焊缝的线力,m'_x 为沿焊缝切线方向的弯矩,详见 ASME Ⅷ-2 附录 5-A。

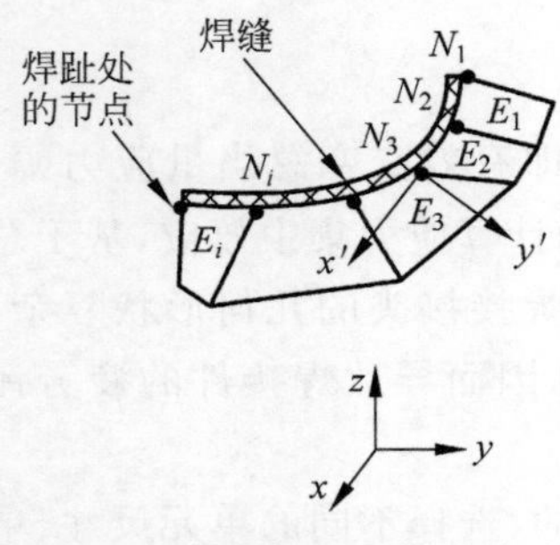

图 9-23　任意焊缝的结构应力计算示意图

主 S-N 曲线法中采用的“结构应力”并不是常用有限元分析中用应力线性化得到的薄膜和弯曲应力(它是由 6 个应力分量组成的应力张量),而是“垂直于假想裂纹平面的薄膜应力和弯曲应力”(它是单轴应力,只有一个应力分量)。

结构应力对应于断裂力学中的远场应力。采用网格不敏感的结构应力既克服了计算焊接接头焊趾处应力集中的困难,又便于进一步引入断裂力学的有效处理方法。

在疲劳分析中,将第 k 种循环的起点和终点分别用角标 m 和 n 表示。基于弹性有限元分析,用结点力法确定起点和终点时的薄膜应力 ${}^m\sigma_{m,k}^e$,${}^n\sigma_{m,k}^e$ 和弯曲应力 ${}^m\sigma_{b,k}^e$,${}^n\sigma_{b,k}^e$,则弹性计算结构应力范围 $\Delta\sigma_k^e$ 为

$$\Delta\sigma_k^e = \Delta\sigma_{m,k}^e + \Delta\sigma_{b,k}^e = ({}^m\sigma_{m,k}^e - {}^n\sigma_{m,k}^e) + ({}^m\sigma_{b,k}^e - {}^n\sigma_{b,k}^e) \tag{9-25}$$

式(9-25)中的薄膜应力和弯曲应力都只有一个分量,可以直接做加减运算,不必计算当量应力。

9.6.2　Neuber 法则

在焊趾附近的高应力区内将出现塑性变形,需要对弹性计算的结构应力范围 $\Delta\sigma_k^e$ 按 Neuber 法则进行局部非线性修正。

Neuber 法是一种无需详细弹塑性分析就能估计弹塑性状态下真实应力和真实应变的局部应力-应变方法,该类方法适用于局部高应力塑性区被周围弹性材料约束、因而可视为应变控制加载的情况。

当应力超过屈服极限后,真实应力 σ 将小于弹性计算应力 σ^e,而真实应变 ε 将大于弹性计算应变 ε^e。Neuber 法则认为:在同一载荷下真实弹塑性情况和理想弹性情况的应力和应变之积保持不变,即

$$\sigma^e \cdot \varepsilon^e = \sigma \cdot \varepsilon = \text{const.} \tag{9-26}$$

这是在 $\sigma-\varepsilon$ 坐标系中的双曲线方程。从物理意义看,它表示理想情况的弹性应变能密度 $\sigma^e\varepsilon^e/2$ 与真实情况的伪弹性应变能密度 $\sigma\varepsilon/2$ 相等(由于真实应变 ε 中含有塑性应变,所以 $\sigma\varepsilon/2$ 不是弹性应变能)。

注:Neuber 法则的原始表述是[16]:弹性计算的理论应力集中系数 K_t 等于真实应力集中系数 K_σ 和真实应变集中系数 K_ε 的几何平均值。即

$$K_t = \sqrt{K_\sigma \cdot K_\varepsilon} \tag{9-27}$$

将应力集中和应变集中系数的定义 $K_t = \sigma^e/\sigma^n = \varepsilon^e/\varepsilon^n$,$K_\sigma = \sigma/\sigma^n$,$K_\varepsilon = \varepsilon/\varepsilon^n$(其中 σ^n 和 ε^n 为名义应力和名义应变,它们只含薄膜和弯曲分量)代入式(9-27)就能导出式(9-26)。

Neuber 法将弹塑性应力-应变曲线方程和 Neuber 法则联立来求解真实应力和真实应变。在循环载荷情况下应力和应变改用它们的范围代替,对第 k 种循环有

$$\Delta\sigma_k \cdot \Delta\varepsilon_k = \Delta\sigma_k^e \cdot \Delta\varepsilon_k^e \tag{9-28a}$$

$$\Delta\varepsilon_k = \frac{\Delta\sigma_k}{E_{ya,k}} + 2\left(\frac{\Delta\sigma_k}{2K_{\text{css}}}\right)^{\frac{1}{n_{\text{css}}}} \tag{9-28b}$$

式(9-28a)和式(9-28b)分别来自 Neuber 法则(9-26)和迟滞回线应力-应变曲线式(9-20)。其中 $E_{ya,k}$ 为第 k 种循环平均温度下的弹性模量,K_{css} 和 n_{css} 为规范给出的两个材料参数。

求解这两个非线性联立方程需要采用迭代法,具体步骤如下:

(1) 按 9.6.1 节用结点力法确定弹性计算结构应力范围 $\Delta\sigma_k^e$,并由 $\Delta\varepsilon_k^e=\Delta\sigma_k^e/E_{ya,k}$ 得到弹性计算结构应变 $\Delta\varepsilon_k^e$,于是式(9-28a)右端成已知值。

(2) 第 1 轮迭代。试取 $\Delta\sigma_{k,1}=0.95\Delta\sigma_k^e$。将 $\Delta\sigma_{k,1}$ 代入式(9-28b)计算 $\Delta\varepsilon_{k,1}$,将 $\Delta\varepsilon_{k,1}$ 回代到式(9-28a)求得 $\Delta\sigma_{k,2}$。

(3) 第 2 轮迭代。采用二分法,取 $\Delta\sigma_{k,3}=(\Delta\sigma_{k,1}+\Delta\sigma_{k,2})/2$。将 $\Delta\sigma_{k,3}$ 代入式(9-28b)计算 $\Delta\varepsilon_{k,3}$,将 $\Delta\varepsilon_{k,3}$ 回代到式(9-28a)求得 $\Delta\sigma_{k,4}$。

(4) 继续用二分法迭代。第 n 轮取 $\Delta\sigma_{k,2n-1}=(\Delta\sigma_{k,2n-3}+\Delta\sigma_{k,2n-2})/2$,求得 $\Delta\sigma_{k,2n}$。若 $\Delta\sigma_{k,2n}-\Delta\sigma_{k,2n-1}\leqslant\xi$($\xi$ 为许用误差),则可确定 $\Delta\sigma_k=(\Delta\sigma_{k,2n}+\Delta\sigma_{k,2n-1})/2$,再由式(9-28a)得到 $\Delta\varepsilon_k=\Delta\sigma_k^e\cdot\Delta\varepsilon_k^e/\Delta\sigma_k$。计算结束。

(5) 上述 $\Delta\sigma_k$ 和 $\Delta\varepsilon_k$ 由基于单轴应力状态的方程式(9-28a)和式(9-28b)解出。局部高应力区受周围弹性材料约束,在垂直于中面的截面上处于平面应变状态,所以实际的结构应力范围 $\Delta\sigma_k$ 还需对弹性模量做平面应变修正:

$$\Delta\sigma_k=\left(\frac{E_{ya,k}}{1-\nu^2}\right)\Delta\varepsilon_k \tag{9-29}$$

多种试验结果都表明:Neuber 法则高估了缺口应力和缺口应变,因而基于 Neuber 法则的疲劳评定是偏保守的。

由于裂纹或缺口处的塑性变形被总体弹性变形所限制,所以塑性区的能量密度分布几乎和线弹性假设下的相同。基于这个事实,Glinka[17] 提出等效应变能密度(ESED)法,即真实情况的弹塑性应变能密度与理想情况的弹性应变能密度相等:

$$\frac{\Delta\sigma^e\Delta\varepsilon^e}{2}=\int_0^{\Delta\varepsilon}\sigma(\varepsilon)\mathrm{d}\varepsilon \tag{9-30}$$

从几何图形看,理想情况的弹性应变能密度 $\Delta\sigma^e\Delta\varepsilon^e/2$ 对应于图 9-24(a)中 E 点左下方的三角形面积。联立求解方程(9-28a)和方程(9-28b)相当于求通过 E 点的 Neuber 双曲线与真实应力-应变曲线的交点 P。Neuber 法则的伪弹性应变能密度 $\Delta\sigma\Delta\varepsilon/2$ 对应于 P 点左下方加阴影线的三角形面积。ESED 法的真实弹塑性应变能密度 $\int_0^{\Delta\varepsilon}\sigma(\varepsilon)\mathrm{d}\varepsilon$ 对应于 P 点左方、应力-应变曲线下方的曲边三角形面积,它比伪弹性应变能密度对应的直边三角形面积多出一块位于割线 OP 上方的弓形面积。所以,在曲边和直边三角形面积相等的条件下,由 ESED 法求得的真实应力-应变点 P' 位于 Neuber 双曲线的左下方,见图 9-24(b),即由 ESED 法求得的真实应力 $\Delta\sigma$ 和真实应变 $\Delta\varepsilon$ 均小于 Neuber 法。

ESED 法与试验结果吻合较好,但计算较复杂。工程设计中常采用简单而保守的 Neuber 法。

9.6.3 等效结构应力参数

结构应力 $\Delta\sigma_k$(见式(9-29))既是裂纹萌生的起因,又是疲劳裂纹扩展的驱动力。断裂力学是裂纹扩展分析的基本理论。根据叠加原理,薄膜和弯曲应力同时作用时的 I 型应力

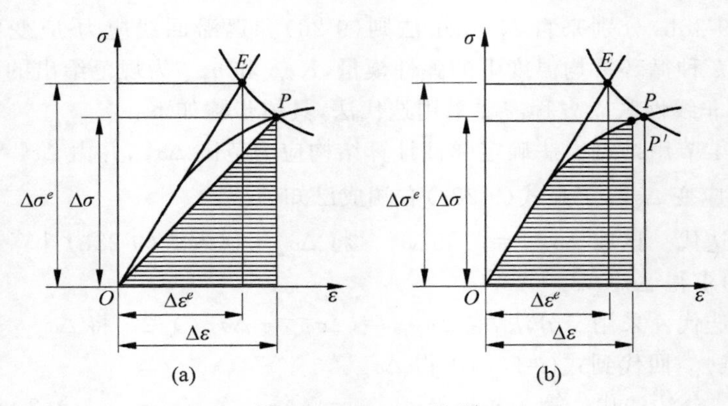

图 9-24 Neuber 法则

(a) Neuber 法则；(b) ESED 法

强度因子为

$$K = K_m + K_b = \sqrt{t}\left[\sigma_m^t f_m(a/t) + \sigma_b^t f_b(a/t)\right] \tag{9-31}$$

其中，σ_m^t 和 σ_b^t 是全厚度 t 上远场结构应力的薄膜和弯曲分量；a 是裂纹深度；$f_m(a/t)$和 $f_b(a/t)$是裂纹-厚度比 a/t 和结构应力 $\Delta\sigma_k$ 的无量纲函数[13]，采用断裂力学中位移控制的应力强度因子解。当结构应力确定后可用上式计算应力强度因子。

由于裂纹闭合等效应，短裂纹出现异常扩展现象。缺口处的裂纹扩展过程可分解为扩展速率不同的两个阶段：缺口应力主导的短裂纹($a/t<0.1$)阶段和结构应力主导的长裂纹($a/t>0.1$)阶段。采用两阶段扩展模型，Paris 公式修正为

$$\frac{\mathrm{d}a}{\mathrm{d}N} = C_0 (M_{kn})^n (\Delta K_n)^m \tag{9-32}$$

其中，ΔK_n 是基于全厚度结构应力的应力强度因子，C_0 和 m 是常规的 Paris 常数和指数，$C_0(\Delta K_n)^m$ 是代表长裂纹扩展阶段的基本项，M_{kn} 是反映短裂纹影响的修正项，其中 $(M_{kn})^n$ 是带缺口的应力强度因子和全厚度应力强度因子之比，$(M_{kn})^n$ 是反映短裂纹影响的修正项。

将式(9-31)中的 K 代入式(9-32)中的 ΔK_n，积分式(9-32)解得[13]：

$$N = \frac{1}{C_0} \cdot t^{1-(m/2)} \cdot (\Delta\sigma_k)^{-m} \cdot I(r) \tag{9-33}$$

其中，$I(r)$是弯曲比 $r = \sigma_b/(\sigma_m + \sigma_b)$的无量纲函数。引入等效结构应力参数 ΔS_k[13]：

$$\Delta S_k = \frac{\Delta\sigma_k}{t^{(2-m)/2m} \cdot I(r)^{1/m}} \tag{9-34}$$

式(9-33)可改写成

$$(\Delta S_k)^m N = CC = 1/C_0 \tag{9-35}$$

对式(9-35)取对数就是双对数坐标系中的 $\Delta S_k - N$ 疲劳曲线方程。

9.6.4 主 *S-N* 曲线

焊接接头的疲劳数据错综复杂，与接头类型、焊缝类型、材料特性、厚度、细部几何形状

(应力集中)、载荷情况等多种因素密切相关。欧盟 EN-13445 标准等多种压力容器和管道设计规范基于当量应力范围(或名义应力范围)将这些数据归纳成一系列平行的 S-N 曲线。Dong 等采用等效结构应力参数 ΔS_k 将这些平行 S-N 曲线进一步归并成统一的 S-N 曲线，称为主 S-N 曲线。由式(9-35)的导出过程可以看到，ΔS_k 已经综合考虑了影响焊接接头疲劳性能的诸多因素，因而能成为焊接件疲劳评定的控制参数。例如，推导中采用断裂力学理论和垂直于裂纹平面的结构应力突出了裂纹在焊件接头疲劳失效中的重要作用；采用由位移控制的应力强度因子解来考虑焊接残余应力的影响；用 Neuber 法考虑了局部应力集中效应；用两阶段扩展模型反映了短裂纹的异常扩展特性；用厚度项 $t^{(2-m)/(2m)}$ 表达了厚度的影响；用无量纲函数 $I(r)$ 概括了载荷模式(弯曲比 r)和失效准则的作用，综合这些考虑成功地将错综复杂的疲劳数据归并成统一的主 S-N 曲线。

大量碳钢和不锈钢焊接管(包括直管对接、焊接弯管、T 字管、斜弯管、法兰组件)和焊件接头的疲劳试验数据证明，采用等效结构应力参数后这些试验数据都能落在主 S-N 曲线附近的窄带范围内。

ASME 规范的弹性结构应力法将主 S-N 曲线法应用于焊接件的疲劳评定，并补充了平均应力修正项 $f_{M,k}$ 和厚度修正，将等效结构应力参数 ΔS_k 定义为

$$\Delta S_{\text{ess},k}=\frac{\Delta\sigma_k}{t_{\text{ess}}^{(2-m_{\text{ss}})/2m_{\text{ss}}}\cdot I(r)^{1/m_{\text{ss}}}\cdot f_{M,k}} \tag{9-36}$$

其中，

$$m_{\text{ss}}=3.6(\text{结构应力的 Paris 指数}) \tag{9-36a}$$

$$t_{\text{ess}}=\begin{cases}16\text{mm}, & t\leqslant 16\text{mm}\\ t, & 16\text{mm}<t<150\text{mm}\\ 150\text{mm}, & t\geqslant 150\text{mm}\end{cases} \tag{9-36b}$$

$$I^{1/m_{\text{ss}}}=\frac{1.23-0.364R_{b,k}-0.17R_{b,k}^2}{1.007-0.306R_{b,k}-0.178R_{b,k}^2} \tag{9-36c}$$

$$R_{b,k}=\frac{|\Delta\sigma_{b,k}^e|}{|\Delta\sigma_{m,k}^e|+|\Delta\sigma_{b,k}^e|} \tag{9-36d}$$

$$f_{M,k}=\begin{cases}(1-R_k)^{1/m_{\text{ss}}}, & \sigma_{\text{mean},k}\geqslant 0.5S_{y,k},R_k>0,\ |\Delta\sigma_{m,k}^e+\Delta\sigma_{b,k}^e|\leqslant 2S_{y,k}\\ 1.0, & \sigma_{\text{mean},k}<0.5S_{y,k},\text{或} R_k\leqslant 0,\ |\Delta\sigma_{m,k}^e+\Delta\sigma_{b,k}^e|>2S_{y,k}\end{cases} \tag{9-36e}$$

$$R_k=\sigma_{\min,k}/\sigma_{\max,k} \tag{9-36f}$$

上式中的下标 ss 表示结构应力，ess 表示等效结构应力，$t_{\text{ess}}^{(2-m_{\text{ss}})/2m_{\text{ss}}}$ 是厚度修正项，$I(r)^{1/m_{\text{ss}}}$ 是载荷模式(弯曲比 r)修正项，$f_{M,k}$ 是平均应力修正项。注意，这里的“等效”结构应力参数和应力分类法中的“当量”结构应力的定义是不同的，虽然两者的英文都是 equivalent。

ASME Ⅷ-2 规范的 5.5.5.3 节还进一步给出了对多轴应力疲劳情况和焊接质量影响的修正。

9.6.5 焊接件疲劳评定

基于主 $S\text{-}N$ 曲线法的焊接件疲劳评定方法称为弹性结构应力法，评定过程和弹性疲劳评定类似，包括载荷处理、弹塑性分析、疲劳寿命预测和疲劳评定四大步骤。

(1) 载荷处理

根据用户提供的容器设计条件确定循环载荷工况和载荷历史。用弹性有限元分析计算焊接接头疲劳评定点处的应力历史。用循环计数法将应力历史分解为包含 $k=1,2,\cdots,M$ 种循环的直方图，每种循环的循环次数为 n_k。

(2) 确定等效结构应力参数

① 用网格不敏感的结点力法计算垂直于假想裂纹平面的结构应力，见 9.6.1 节。

② 用 Neuber 法计算局部非线性结构应力范围 $\Delta\sigma_k$，见 9.6.2 节。

③ 确定等效结构应力参数 ΔS_k，见式(9-36)和 9.6.3 节。

(3) 寿命预测

根据等效结构应力参数 ΔS_k，用规范给定的主 $S\text{-}N$ 曲线确定第 k 种循环的允许循环次数 N_k。

(4) 疲劳评定

计算第 k 种循环的疲劳损伤 $D_{f,k}=n_k/N_k$。根据疲劳损伤线性累积理论，如果 $D_f=\sum^{M}D_{f,k}\leqslant 1.0$，则通过疲劳评定。否则应修改设计，重新评定。

(5) 对容器上需要做疲劳评定的每一个点重复上述各步骤。

9.6.6 疲劳评定方法评述

下面对三种疲劳评定方法进行对比和评述，包括弹性疲劳分析法(方法 1)、弹塑性疲劳分析法(方法 2)和弹性结构应力疲劳分析法(方法 3)。先从驱动力、材料抗力和评定准则三个方面对三种方法的异同做对比。

(1) 驱动力

方法 1 的驱动力是有效交变总当量应力幅 $S_{\mathrm{alt},k}$，它是由弹性计算的总当量应力范围经过塑性修正后得到的，包括疲劳强度减弱系数、疲劳损失系数和泊松修正系数 3 个塑性修正系数。

方法 2 的驱动力是有效总当量应变范围 $\Delta\varepsilon_{\mathrm{eff}}$，它是由弹塑性分析得到的，为了查找 $S\text{-}N$ 曲线再用弹性模量将其换算为有效交变总当量应力幅 $S_{\mathrm{alt},k}$，弹塑性分析已经包括了塑性效应，不必再做塑性修正。

方法 3 的驱动力是等效结构应力参数 $\Delta S_{\mathrm{ess},k}$，它是先用有限元分析中网格不敏感的结点力计算出垂直于假想裂纹平面的弹性结构应力范围 $\Delta\sigma_k^e$，再经过基于断裂力学的厚度修正、载荷模式修正和平均应力修正后得到的。

(2) 材料抗力

方法 1 和方法 2 都采用基于光滑圆棒试件疲劳测试数据的设计疲劳曲线($S\text{-}N$ 曲线)。

方法 3 采用基于各种焊接件和大量焊接接头疲劳测试数据并经过归并处理后的主 $S\text{-}N$ 曲线。

(3) 评定准则

三种方法都采用基于疲劳损伤线性累积理论的评定准则。下面再从工程应用角度对三种方法做评述。

方法1和方法2都应用于无焊缝、几何形状有良好定义的光滑结构元件的疲劳评定。光滑结构元件的疲劳寿命以裂纹萌生阶段为主,占总寿命的80%~90%。裂纹萌生的主因是应力集中,可以采用基于连续介质假设的弹性或弹塑性有限元法来计算。疲劳评定时两者都采用有效交变总当量应力幅 $S_{alt,k}$(取应力集中处的值)和基于光滑试件疲劳数据的 S-N 曲线。两者的唯一区别是计算 $S_{alt,k}$ 时方法1采用弹性计算应力加塑性修正,而方法2采用弹塑性计算的有效总当量应变范围加弹性模量转换。

由于方法1和方法2的计算都是网格敏感的,它们不适用于几何形状不确定的(如焊趾部位或未焊透焊缝)或有应力奇异性(如裂缝尖端)的结构元件。

应用经验表明:方法1总体上是偏保守的,但对疲劳强度减弱系数 K_f 的选择非常敏感,尚需吸收当前的新研究成果做进一步的改进。

方法2通过弹塑性分析较准确地反映了塑性效应,无需加经验修正系数。从计算精度和工作量两方面综合考虑,二倍屈服法具有较高的"性价比"。方法2在应用经验的积累方面尚不如方法1。

方法3应用于焊接件的疲劳评定。焊接件的疲劳寿命受裂纹扩展过程的影响很大,裂纹扩展分析应基于断裂力学理论而非连续介质假设。同时,焊缝具有几何形状不确定性和应力奇异性,需基于网格不敏感的结点力来计算等效结构应力参数 $\Delta S_{ess,k}$。焊接件的疲劳寿命受焊接类型、厚度、细部形状、载荷模式等多种因素影响,需要将各种焊接件的大量疲劳测试数据归并成一条主 S-N 曲线。方法3综合考虑了这些因素是当今最有效的焊接件疲劳分析方法,在海上石油平台、压力容器、汽车、航空航天等众多工程应用中取得了巨大的成功。只是由于其新颖性,当前的规范尚规定需经过用户同意后才能采用。

9.7 疲劳分析免除准则

承受循环操作载荷的部件经常面临疲劳失效的风险,应进行疲劳评定。在ASME Ⅷ-2和GB/T 4732中不仅提供了完整的疲劳分析方法,同时为工程应用方便,还提供了疲劳分析免除准则。疲劳分析免除准则是基于以下考虑:当载荷循环的次数不多,或者受压元件在交变载荷作用下的应力水平不高时,若满足一定的条件,就能满足疲劳强度的限制条件,也就不必再进行疲劳分析。本节从疲劳分析免除准则的基本假设出发,针对ASME Ⅷ-2的疲劳分析免除方法及其不足进行介绍和讨论,并同时介绍我国GB/T 4732—2024标准中疲劳分析免除准则的制定过程。

9.7.1 疲劳分析免除准则的假设

疲劳分析免除准则的成立是有前提条件的。为了让免除准则的判据简洁明了并方便操作,通常作如下基本假设:

(1) 结构满足安定条件,即 $P_m(P_L)+P_b+Q\leqslant 3S$。

(2) 在 $P_m(P_L)+P_b+Q=3S$ 处,应力集中系数可以达到但不得超过2.0;最大应力集中系数取 2.0 是为了控制容器因几何不连续产生的峰值应力不致过大，同时确保容器设计满足分析设计规范对结构和制造的一系列要求。

(3) 将所有交变当量应力幅超过材料持久极限的循环均视为有效循环，计入免除所考虑的循环。

(4) 由显著的压力循环与温度循环所产生的最大应力不会同时发生。

(5) 由两点间的温差 ΔT 产生的热应力不超过 $2E\alpha\Delta T$。

为了保证容器的安全，在执行疲劳分析免除时必须满足上述假设条件。

另外，疲劳分析免除准则的成立是以使用韧性良好的钢材为前提，不适用于韧性差的材料。

9.7.2 ASME Ⅷ-2 的疲劳分析免除准则

ASME Ⅷ-2 中提供了三种疲劳分析免除方法，如果给定的循环次数小于等于 10^6 次，且满足以下条件之一，则疲劳分析可以免除。

9.7.2.1 基于类比设备经验的疲劳分析免除

当所设计的容器有可比性经验（如可类比的操作载荷条件、可类比的几何形状），且根据运行经验能证明类比设备不需要疲劳分析，则设计时可以免除疲劳分析。但对于非整体结构、管螺纹连接接头、螺柱连接件、局部熔透的焊缝、相邻部件之间有显著厚度变化的部位、成型封头过渡区内的连接件和接管等不利影响需要加以关注和评定。

9.7.2.2 疲劳分析免除方法 A

疲劳分析免除方法 A 以光滑试件试验得到的设计疲劳曲线为基础，以交变载荷的许用循环次数 N 为判据，适用于常温抗拉强度 UTS≤552MPa 的钢材。对于整体结构和非整体结构有不同的许用 N 值，若以下 4 种预计循环次数总和不超过表 9-1 中的数值，则可免除疲劳分析。

表 9-1 疲劳分析免除准则 A 的限值（ASME Ⅷ-2 表 5-9）

结构类型	元件类型	限值
整体结构	成型封头过渡区内的连接件和接管	$N_{\Delta FP}+N_{\Delta PO}+N_{\Delta TE}+N_{\Delta T\alpha}\leqslant 350$
	不含裂纹的所有其他元件	$N_{\Delta FP}+N_{\Delta PO}+N_{\Delta TE}+N_{\Delta T\alpha}\leqslant 1000$
非整体结构	成型封头过渡区内的连接件和接管	$N_{\Delta FP}+N_{\Delta PO}+N_{\Delta TE}+N_{\Delta T\alpha}\leqslant 60$
	不含裂纹的所有其他元件	$N_{\Delta FP}+N_{\Delta PO}+N_{\Delta TE}+N_{\Delta T\alpha}\leqslant 400$

(1) 从启动到停车的全程压力循环的预期（设计）次数 $N_{\Delta FP}$；

(2) 压力波动范围超过设计压力 20%（对整体结构）或 15%（对非整体结构）的操作压力循环预期次数 $N_{\Delta PO}$。不必考虑压力变化未超过上述设计压力百分比的压力循环和由环境条件波动所引起的压力循环。

(3) 任意两相邻点之间金属温差变化的有效次数 $N_{\Delta TE}$。注意：该有效次数是由某一定大小的金属温差循环次数乘以表 9-2 中相应的温度系数，进行累加而得。在计算相邻两点之间的温度差时，仅考虑通过焊缝或整个截面的热传导，对越过非焊接接触表面（如容器壳体和补强板)的热传导不予考虑。

(4) 含有不同热膨胀系数材料(包括焊缝)的元件,能导致$(\alpha_1-\alpha_2)\Delta T$超过0.00034的温度循环次数$N_{\Delta T\alpha}$。

表 9-2　疲劳分析免除准则 A 的温度系数(ASME Ⅷ-2 表 5-8)

金属温差/℃	温度系数	金属温差/℃	温度系数
≤28	0	140～194	8
29～56	1	195～250	12
57～83	2	>250	20
84～139	4		

注:若焊接金属温差未知或不能确定,应取系数为20。

9.7.2.3　疲劳分析免除方法 B

ASME Ⅷ-2 2023版[18]的疲劳免除方法B是基于累积损伤理论的评定方法,可评定各种载荷联合作用的效果。该方法适用于所有材料。评判步骤如下:

(1) 根据用户设计说明书确定加载历史,制定载荷直方图。在以下公式中,将用应力幅S_e从适用设计疲劳曲线中查得的循环次数定义为$N(S_e)$。

(2) 根据结构的整体性和焊接质量等级确定疲劳强度减弱系数K_{fb},根据结构的类型确定系数H_C。见表9-3～表9-5。

(3) 根据第1步的载荷直方图确定包括从启动到停车的全范围压力循环的次数$N_{\Delta FP}$,计算与全范围压力循环相关的损伤D_{FP}。

$$D_{FP}=\frac{N_{\Delta FP}}{N\left[\dfrac{K_{fb}H_C(3S)}{2}\right]} \tag{9-37}$$

(4) 根据第1步的载荷直方图确定不包括启动和停车在内正常操作期间的最大压力波动范围ΔP_N,及其对应的显著循环次数$N_{\Delta P}$。显著压力波动循环定义为:压力范围超过$2PS_{as}/[K_{fb}H_C(3S)]$的循环,其中P是设计压力,S_{as}为设计疲劳曲线上对应于1×10^6次循环的应力幅。计算与ΔP_N相关的损伤D_{PN}。

$$D_{PN}=\frac{N_{\Delta P}}{N\left[\dfrac{\Delta P_N K_{fb}H_C(3S)}{2P}\right]} \tag{9-38}$$

(5) 根据第1步的载荷直方图确定在启动和停车期间的最大温差范围ΔT_N,及其对应的循环次数$N_{\Delta TN}$,其中ΔT_N为容器所定义循环中任意两个相邻点之间的最大温差范围ΔT_A,或所定义循环中最大温度与最小温度之差的2倍ΔT_T。计算与ΔT_N相关的损伤D_{TN}。

$$D_{TN}=\frac{N_{\Delta TN}}{N\left[\dfrac{K_{fb}H_C(2E_{ym}\alpha\Delta T_N)}{2}\right]} \tag{9-39}$$

其中,E_{ym}是循环平均温度下材料的杨氏模量,α是两相邻点间平均温度下材料的热膨胀系数。

(6) 根据第1步的载荷直方图确定最大温差范围ΔT_R及其对应的显著循环次数

$N_{\Delta TR}$，其中 ΔT_R 为不包括启动和停车在内正常操作期间的 ΔT_A 或 ΔT_T。ΔT_A 是给定循环中容器任意两相邻点间的最大温差范围。ΔT_T 是给定循环中最大与最小温度之差的两倍，它偏保守，但计算比 ΔT_A 简单。此步骤中的显著温差波动循环定义为：温度范围超过 $S_{as}/(K_{fb}H_CE_{ym}\alpha)$ 的循环。计算与 ΔT_R 相关的损伤 D_{TR}。

$$D_{TR}=\frac{N_{\Delta TR}}{N\left[\frac{K_{fb}H_C(2E_{ym}\alpha\Delta T_R)}{2}\right]} \tag{9-40}$$

表 9-3 方法 B 中的系数(ASME Ⅷ-2 表 5-10)

变　量	结构类型	系数(值)
K_{fb}	整体焊接结构	按照表 9-4 和表 9-5 规定
	整体非焊接结构	1.0
	非整体结构	3.0
H_C	成型封头过渡区内的连接件和接管	1.35
	所有其他部件	1.0

表 9-4 焊缝表面疲劳强度减弱系数(ASME Ⅷ-2 表 5-11)

焊缝条件	表面条件	质量等级(见表 9-5)						
		1	2	3	4	5	6	7
全焊透	机加工	1.0	1.5	1.5	2.0	2.5	3.0	4.0
	焊态	1.2	1.6	1.7	2.0	2.5	3.0	4.0
部分焊透	最终表面机加工	NA	1.5	1.5	2.0	2.5	3.0	4.0
	最终表面焊态	NA	1.6	1.7	2.0	2.5	3.0	4.0
	根部	NA	NA	NA	NA	NA	NA	4.0
填角焊缝	焊趾机加工	NA	NA	1.5	NA	2.5	3.0	4.0
	焊趾焊态	NA	NA	1.7	NA	2.5	3.0	4.0
	根部	NA	NA	NA	NA	NA	NA	4.0

注：填角焊缝和部分焊透焊缝应视为非整体附件，但以下焊缝因其使用限制而无需考虑：

(1) 在(c)、(e)(1)、(f)(1)和(f)(2)中所覆盖的焊缝；

(2) 在(e)(5)和(f)(6)中所覆盖的焊缝可视为整体结构。

详见 ASME Ⅷ-2 的 4.2.5.6 节。

表 9-5 焊缝表面疲劳强度减弱系数(ASME Ⅷ-2 表 5-12)

疲劳强度减弱系数	质量等级	定　义
1.0	1	经机加工或打磨的焊缝，经受全部的体积性检验，且表面接受 MT/PT 检验和 VT 检验
1.2	1	焊态的焊缝，经受全部的体积性检验，且表面接受 MT/PT 检验和 VT 检验
1.5	2	经机加工或打磨的焊缝，经受部分的体积性检验，且表面接受 MT/PT 检验和 VT 检验
1.6	2	焊态的焊缝，经受部分的体积性检验，且表面经受 MT/PT 检验和 VT 检验

续表

疲劳强度减弱系数	质量等级	定　义
1.5	3	经机加工或打磨的焊缝，表面经受 MT/PT 检验和 VT 检验（目测），但焊缝并未经受体积性检验
1.7	3	焊态的焊缝，表面经受 MT/PT 检验和 VT 检验（目测），但焊缝并未经受体积性检验
2.0	4	焊缝经受部分或全部体积性检验，且表面经受 VT 检验，但未经受 MT/PT 检验
2.5	5	仅对表面进行 VT 检验，无体积检验或 MT/PT 检验
3.0	6	仅体积性检验
4.0	7	焊缝背面无限定的，且/或未经受任何检验

注：(1) 体积性检验是根据 ASME Ⅷ-2 第 7 部分的 RT 或 UT。

(2) MT/PT 检验是根据 ASME Ⅷ-2 第 7 部分进行的磁粉或液体渗透检验。

(3) VT 检验是根据 ASME Ⅷ-2 第 7 部分进行的目测检验。

(7) 根据第 1 步的载荷直方图确定在正常运行期间涉及两种不同热膨胀系数材料焊接的部件的最大温差范围 ΔT_M，以及其对应的显著循环次数 $N_{\Delta TM}$。此步骤中的显著温差波动循环定义为：温度范围超过 $S_{as}/[K_{fb}H_C(E_{y1}\alpha_1-E_{y2}\alpha_2)]$ 的循环。应采用两种材料中显著温差最小、循环次数最少的疲劳曲线。计算与 ΔT_M 相关的损伤 D_{TM}。

$$D_{TM}=\frac{N_{\Delta TM}}{N\left[\dfrac{K_{fb}H_C(2E_{y1}\alpha_1\Delta T_M-2E_{y2}\alpha_2\Delta T_M)}{2}\right]} \tag{9-41}$$

(8) 根据第 1 步的载荷直方图确定由规定的全范围机械载荷（不包括压力，但包括管道反力）所计算的当量应力范围 ΔS_{ML}，以及其对应的显著循环次数 $N_{\Delta S}$。此步骤中的显著机械载荷范围循环定义为：当量应力范围超过 $2S_{as}/(K_{fb}H_C)$ 的循环。计算与 ΔS_{ML} 相关的损伤 D_{ML}。

$$D_{ML}=\frac{N_{\Delta S}}{N\left(\dfrac{K_{fb}H_C\Delta S_{ML}}{2}\right)} \tag{9-42}$$

(9) 若各损伤的总和不超过 1.0，则可以免除详细疲劳分析。

$$D_f=D_{FP}+D_{PN}+D_{TN}+D_{TR}+D_{TM}+D_{ML}\leqslant 1.0 \tag{9-43}$$

9.7.2.4 免除方法的评述

(1) 疲劳分析免除方法 A 简单直观，便于应用，无需查看 S-N 曲线，但仅适用于抗拉强度不大于 552MPa 的钢材。关于显著压力波动范围的限制来自单一的循环次数 10^6，它对循环次数小于 10^5 的低周疲劳过于保守，对循环次数大于 10^6 的高周疲劳又不安全。

(2) 疲劳分析免除方法 B 可用于所有材料。它系统地考虑了全程压力循环、操作压力波动、相邻点温差、相邻点温差波动、不同材料引起的温差波动、全程机械载荷循环等各种载荷情况，以及整体结构、非整体结构、成型封头过渡区内的连接件和接管等不同结构形式，是一种较全面的疲劳分析免除方法。2023 版的 B 方法采用累积损伤理论的思想，可以更全面地评定多种载荷联合作用的效果；此外采用了更精细的疲劳强度减弱系数，考虑了焊缝表面焊接质量等级的影响。

(3) 疲劳分析免除准则是对部件而言的。一个设备由多个部件组成,其中有些满足免除条件,而有些则不能。对不能满足免除条件的部件都应该做详细的疲劳分析。

(4) 免除疲劳分析并不等价于免除分析设计。免除疲劳分析的元件宜采用分析设计还是规则设计,应根据它的功能和重要性以及材料、制造和检验情况另做决定。

9.7.3 GB/T 4732 的疲劳分析免除准则

从 ASME Ⅷ-2 早期版本到 2017 版,材料许用应力中对抗拉强度的设计系数从 4.0 减小到 2.4,碳钢的设计疲劳曲线的最大循环次数从 10^7 扩大到 10^{11},这些变化都会影响免除准则的限制条件,但规范未做相应的改变。例如,免除准则方法 A 中对有效循环(压力波动)的限制条件"对于整体结构取设计压力的 20%或对于非整体结构取设计压力的 15%"是以设计系数取 4.0 为基础的。设计系数减小到 2.4 后仍采用此条件会导致疲劳寿命的安全裕度不足。为此 ASME Ⅷ-2 2017 版 5.5.2.1 段中增加了对循环次数的限制条件:"如果指定的循环次数大于 10^6,则免除准则不适用,必须进行疲劳分析"。对某些工业应用而言,仅对循环次数设置单一的限值有一定的局限性。

免除疲劳分析的问题源自 Langer 的研究[19]。基于他的基本思想,我国 GB/T 4732—2024 标准修正了对有效压力波动的限制条件,扩展了循环次数的限制,以适应高周疲劳的设计应用。

考虑只承受压力波动的情况。若设计压力引起的一次加二次当量应力为 S_{P+Q},应力集中系数(疲劳评定点处的总应力与 S_{P+Q} 之比)为 K,压力波动范围和设计压力的比(简称压力波动比)为 F,则在评定点处压力波动引起的应力幅为

$$S_{\mathrm{alt}}=\frac{1}{2}KS_{P+Q}F \tag{9-44}$$

只要 S_{alt} 不大于根据压力波动的次数由疲劳设计曲线查得的许用应力幅 S_a,疲劳评定就能通过。应力集中系数通常控制在 2.0。根据应力分类法的评定要求和 9.7.1 节的假设(1),S_{P+Q} 应满足 3S 准则 $S_{P+Q}\leqslant 3S$。代入上式并整理后,可以得到结论:若压力波动比 F 满足如下条件,则疲劳评定一定能通过,可以免除详细疲劳分析:

$$F\leqslant S_a/3S \tag{9-45}$$

取抗拉强度为 552MPa,安全系数为 4.0,得 $3S=414$MPa。取循环次数为 10^6,由 S-N 曲线查得 $S_a=86.2$MPa,代入式(9-45)得 $F=0.208$,可偏保守地取整为 $F=20\%$。这就是老 ASME 规范免除准则方法 A 中规定只考虑超过"设计压力 20%"的有效压力波动的理论依据。

GB/T 4732—2024 标准取抗拉强度为 540MPa,安全系数为 2.4,得 $3S=675$MPa。循环次数扩展为 10^5、10^6、10^7 三种情况,由 S-N 曲线查出 S_a,再计算 F,结果列在表 9-6 中[20]。

表 9-6 不同循环次数下的压力波动比

循环次数 N	10^5	10^6	10^7
许用应力幅 S_a	138	86.2	76.6
压力波动比 F	2.044	1.277	1.135

将最后一行的应力波动比取整,就得到 GB/T 4732—2024 标准免除准则方法 A 中的规

定："步骤 3：根据步骤 1 的载荷直方图，对于整体结构确定压力波动范围超过设计压力 20%（当 $N \leqslant 10^5$ 时）或 12.5%（当 $10^5 < N \leqslant 10^6$ 时）或 11%（当 $10^6 < N \leqslant 10^7$ 时）的操作压力循环的预计（设计）次数，或对于非整体结构确定压力波动范围超过设计压力 15%（当 $N \leqslant 10^5$ 时）或 9%（当 $10^5 < N \leqslant 10^6$ 时）或 8%（当 $10^6 < N \leqslant 10^7$ 时）的操作压力循环的预计（设计）次数，并记为 $N_{\Delta PO}$。压力波动不超过上述规定值的循环和大气压波动导致的压力循环不需考虑。"

参考文献

[1] EN 13445-3, Unfired pressure vessels-part 3: Design, 2002.

[2] MATSUISHI M, ENDO T. Fatigue of metals subjected to varying stress[J]. Japan Soc. Mech. Engineering, 1968.

[3] ASTM E1049-85(Reapproved 2011), Standard practices for cycle counting in fatigue analysis. 1985.

[4] Fatigue Theory Reference Manual, Fe-Safe Simulia Durability Analysis Software, Safe Technology limited. 2017.

[5] OSAGE D A, SOWINSKI J C. ASME Section Ⅷ-Division 2 Criteria and Commentary, PTB-1-2014.

[6] FROST N E, DUGDALE D S. Fatigue tests on notched mild steel plates with measurements of fatigue cracks[J]. Journal of the Mechanics and Physics of Solids, 1957, 5: 182-192.

[7] LANGER B F. Design-stress basis for pressure vessels and piping: Design and analysis, a decade of progress. ASME, New York, 1972: 84-94.

[8] SLAGIS G C. Meaning of Ke in design-by-analysis fatigue evaluation[J]. Journal of Pressure Vessel Technology, 2006, 128: 8-16.

[9] FAIDY C, WASYLYK A. Nuclear fatigue analysis codified design rules comparison of cyclic plasticity effects. 2015.

[10] IIDA K, KITAGAWA M, TAMURA K, et al. Safety margin of the simplified elasto plastic fatigue analysis method of ASME B and PV code section Ⅲ. Institution of Mechanical Engineers, UK, 1980.

[11] GURDAL R, XU S X. A comparative study of Ke factor in design by analysis for fatigue evaluation. ASME PVP 2008-61222, 2008.

[12] KALNINS A. Fatigue analysis in pressure vessel design by local strain approach: Methods and software requirements[J]. Journal of Pressure Vessel Technology, 2006, 128: 2-7.

[13] DONG P, HONG J K, OSAGE D A, et al. Master *S-N* curve method for fatigue evaluation of welded components. Welding Research Council, New York, 2002.

[14] DONG P, HONG J K, OSAGE D A, et al. Master *S-N* curve method, An implementation for fatigue evlauation of welded components in the ASEM B&PV Code, Section Ⅷ, Division 2 and API 579-1/ASME FFS-1. The Welding Research Council, New York, 2010.

[15] DONG P, HONG K J, DE JESUS A M P. Analysis of resent fatigue data using the structural stress procedure in ASME Div. 2 Rewrite. PVP2005-71511, 2005.

[16] NEUBER H. Theory of stress concentration for shear strained prismatic bodies with arbitrary non-linear stress-strain law[J]. J. Applied Mechanics, Trans. ASME, 1961, 28: 544-550.

[17] GLINKA G. Calculation of inelastic notch-tip stress-strain histories under cyclic loading[J]. Engineering Fracture Mechanics, 1986, 22: 839-854.

[18] ASME Boiler and Pressure Vessel Code, An International Code, Section Ⅷ, Division 2, Alternative Rules, Rules for Construction of Pressure Vessels. 2023.

[19] LANGER B F. Design of pressure vessels for low-cycle fatigue[J]. Journal of Basic Engineering, 1962, 84(3): 389-399.

[20] SHEN J, LU M W, WANG Z, et al. Modification and extension of screening criteria for fatigue analysis[J]. Journal of Pressure Vessel Technology, 2019, 142(1).

名词索引表

D

E

F

G

H

J

Q

R

S

T

W

X